编 著 李世洪 李争平

中国轻工业出版社

图书在版编目（CIP）数据

解酒 / 李世洪，李争平编著. — 北京：中国轻工业出版社，2023.2

ISBN 978-7-5184-4046-7

Ⅰ. ①解… Ⅱ. ①李… ②李… Ⅲ. ①酒—基本知识 Ⅳ. ①TS262

中国版本图书馆CIP数据核字（2022）第110137号

责任编辑：王　韧　李　蕊　责任终审：劳国强　　整体设计：锋尚设计
策划编辑：江　娟　　　　　责任校对：宋绿叶　　责任监印：张　可

出版发行：中国轻工业出版社（北京东长安街6号，邮编：100740）
印　　刷：三河市万龙印装有限公司
经　　销：各地新华书店
版　　次：2023年2月第1版第1次印刷
开　　本：787×1092　1/16　印张：24.75
字　　数：587千字
书　　号：ISBN 978-7-5184-4046-7　定价：98.00元
邮购电话：010-65241695
发行电话：010-85119835　传真：85113293
网　　址：http：//www.chlip.com.cn
Email：club@chlip.com.cn
如发现图书残缺请与我社邮购联系调换
210342K1X101ZBW

前 言

酒作为我们生活的一部分，是极其特殊的，历史也是极其悠久的，它已经不单是一种饮料，还是我们精神生活的一部分。作为酒业从业者，我们必须对酒有一定的了解，要了解它的前世今生，要懂得一些酒文化和酒的常识，为此，我们编写了这本书。

本书的蓝本源于企业的内部培训，培训的一项重要内容是了解有关酒的常识。2018 年初，我们编写了一本内部资料名为《解酒》，印刷了一些用于培训工作，在培训中取得了良好的效果，提高了培训效率。于是，我们便萌生了将这些资料完善后正式出版的想法。

本书凝聚了许多老师和专家的心血，经过反复修改，初步成形，本书内容包括酒的渊源和历史，酒的分类以及各类酒的相关常识，也涉及酒礼及酒仪，以及酒与各类艺术之间的关系等内容，后面还附有全国各地的名酒以备在业务中查阅。可以说这是一本很实用的书，尤其对酒文化爱好者和酒类从业人员都值得一读。

书里既有白酒、啤酒、葡萄酒、黄酒等主要酒类的相关知识，也有古今中外有关酒的故事趣闻。从这本书里，既可以学到知识，也可以读到有趣的故事，还可以拓宽我们的眼界。希望这本书对读者朋友们有所帮助。

为介绍酒的渊源和历史等酒类文化知识，编著者在书中适当引用了已经发表的作品，引用的目的仅限于介绍、评论酒的渊源和历史等。如本书涉及各厂商数据有变动的，请联系作者以便再版时修改。

2022年5月

目　录（本书中酒类排序不分先后）

第一章　酒从何而来…………………………… 1

第一节　酒的基本概念…………………………… 2

第二节　酒是怎么来的…………………………… 4

第三节　历代的酒…………………………… 6

第四节　酒的分类…………………………… 12

第五节　蒸馏酒概述…………………………… 14

第二章　中国白酒…………………………… 21

第一节　白酒总览…………………………… 22

第二节　中国白酒的香型…………………………… 25

第三节　中国白酒的酿造工艺…………………………… 28

第四节　白酒的主要成分和营养物质、有害物质…… 38

第五节　著名白酒…………………………… 40

第六节　白酒的品评…………………………… 50

第三章　葡萄酒…………………………… 53

第一节　葡萄酒的历史…………………………… 54

第二节　葡萄酒的分类…………………………… 56

第三节　葡萄酒的酿造和饮用…………………………… 59

第四节　世界著名葡萄酒…………………………… 61

第五节　中国著名葡萄酒…………………………… 69

第四章　啤酒…………………………… 73

第一节　啤酒概述…………………………… 74

第二节　啤酒的生产工艺…………………………… 76

第三节　世界著名啤酒的产地和品牌……………… 78

第四节　中国著名啤酒……………………………… 80

第五章　黄酒……………………………………… 83

第一节　黄酒概述…………………………………… 84

第二节　黄酒的酿造………………………………… 85

第三节　黄酒的功效与饮用………………………… 88

第四节　中国著名黄酒……………………………… 90

第六章　酒礼、酒俗、酒令 ……………………… 95

第一节　中国古代酒礼……………………………… 96

第二节　中国民间酒俗……………………………… 97

第三节　中国节令酒俗……………………………… 102

第四节　现代酒宴文化……………………………… 106

第五节　古今酒令…………………………………… 109

第七章　酒海趣闻………………………………… 115

第一节　名酒的传说………………………………… 116

第二节　历代著名“酒事” ………………………… 128

第三节　有趣的酒器………………………………… 156

第八章　酒与中华文化…………………………… 161

第一节　酒与诗、词、曲…………………………… 162

第二节　酒与小说…………………………………… 169

第三节　酒与书法…………………………………… 178

第四节　酒与绘画…………………………………… 182

第五节　酒与对联…………………………………… 190

第六节　酒与戏剧…………………………………… 197

第七节　酒与音乐…………………………………… 201

第九章　酒与健康…………………………………… 207

第一节　酒中的营养物质……………………………… 208

第二节　酗酒的危害…………………………………… 209

第三节　科学饮酒的原则……………………………… 212

第四节　饮酒的误区…………………………………… 214

第五节　解酒良方……………………………………… 216

第六节　药酒…………………………………………… 221

第十章　各地名酒…………………………………… 225

第一节　黑龙江省……………………………………… 226

第二节　吉林省………………………………………… 232

第三节　辽宁省………………………………………… 236

第四节　内蒙古自治区………………………………… 240

第五节　宁夏回族自治区……………………………… 243

第六节　甘肃省………………………………………… 244

第七节　新疆维吾尔自治区…………………………… 248

第八节　西藏自治区…………………………………… 251

第九节　青海省………………………………………… 252

第十节　陕西省………………………………………… 252

第十一节　山西省……………………………………… 256

第十二节　山东省……………………………………… 258

第十三节　北京市……………………………………… 269

第十四节　天津市……………………………………… 271

第十五节　河北省……………………………………… 273

第十六节　河南省……………………………………… 278

第十七节　安徽省……………………………………… 283

第十八节　江苏省…………………………………… 290

第十九节　浙江省…………………………………… 293

第二十节　上海市…………………………………… 296

第二十一节　江西省………………………………… 298

第二十二节　湖北省………………………………… 301

第二十三节　湖南省………………………………… 308

第二十四节　福建省………………………………… 311

第二十五节　台湾省………………………………… 315

第二十六节　云南省………………………………… 317

第二十七节　广东省………………………………… 319

第二十八节　广西壮族自治区……………………… 322

第二十九节　海南省………………………………… 324

第三十节　重庆市…………………………………… 326

第三十一节　四川省………………………………… 329

第三十二节　贵州省………………………………… 341

第十一章　茅台历史、茅台集团和茅台镇其他著名酒厂 ………………… 351

第一节　茅台历史…………………………………… 352

第二节　贵州茅台集团概况………………………… 353

第三节　茅台镇其他著名酒厂……………………… 358

附录　白酒知识 90 问 ……………………………… 373

参考文献……………………………………………… 388

第一章

酒从何而来

第一节　酒的基本概念

一、什么是酒

简单地说“酒”是一种有机混合物，可由含有足够糖分的水果、植物根茎或含有足够淀粉的谷物等材料通过发酵、蒸馏或勾调等方法生产出含有食用酒精（乙醇）的饮料。

储酒的坛子见图1-1。

图1-1　储酒的坛子

酒是由多种化学成分组成的混合液体，主要成分为乙醇，此外，还含有微量的酸、醇、酯和醛类物质。酒的提纯可达99.5%vol，低于75%vol称为酒。

乙醇的特征：无色透明，微甜，沸点是78.3℃，熔点是-114℃。

二、酒的别名

自古至今，在人们豪饮与细品酒的过程中，给酒起了许多十分有趣的雅号与别名。

古人给酒起的雅号或别名，多半是在饮酒赞酒的时候。这些名字，大都由一些典故演绎而成，或根据酒的味道、颜色、功能、作用、浓度及酿造方法等而定。酒的很多绰号在民间流传甚广，在诗词、小说中酒的代名词就更为常见。

黄流：出自《诗经》中的《大雅・旱麓》中“瑟彼玉瓒，黄流在中”一句，旧时士大夫熟读四书五经，都知黄流即为杯中物。

黄醅：白居易的《尝黄醅新酎忆微之》中有“世间好物黄醅酒，天下闲人白侍郎”。

欢伯：此别号出自汉代焦延寿的《易林・坎之兑》中的“酒为欢伯，除忧来乐”。可能是因为酒能消忧解愁，能给人们带来欢乐，所以就被称为欢伯。金代元好问在《望月轩》中写道：“三人成邂逅，又复得欢伯”。

忘忧物：陶渊明《饮酒・其七》中的“泛此忘忧物，远我遗世情”。唐代白居易《钱湖州以箬下酒，李苏州以五酘酒相次寄到无因同饮聊咏所怀》中的“劳将箬下忘忧物，寄与江城爱酒翁”。均言酒能使人忘掉忧愁烦恼，故取名“忘忧物”。

钓诗钩、扫愁帚：苏轼在《洞庭春色》中写道：“要当立名字，未用问升斗。应呼钓诗钩，亦号扫愁帚”。因酒能扫除忧愁，且能钩起诗兴，使人产生灵感，所以苏轼就这样称呼它，后来就以“扫愁帚”“钓诗钩”作为酒的代称。

般若汤：佛经中的“般若”是智慧的意思，般若汤是佛教称呼酒的隐语。据说唐代长庆年间，有一游僧到一寺庙诵经，“呼净人沽酒。寺僧见之，怒其粗暴，夺瓶击柏树，其瓶百碎，其酒凝滞，着树如绿玉，摇之不散。僧曰‘某常持《般若经》，须倾此物一杯，即讽咏浏亮。’乃将瓶就树盛之，其酒尽落器中，略无孑遗。”般若汤之名由此而来。苏轼《东坡志林·卷二·僧文荤食名》中这样写道：“僧谓酒为‘般若汤’，谓鱼为‘水梭花’，鸡为‘钻篱菜’，竟无所益，但自欺而已，世常笑之。人有为不义而文之以美名者，与此何异哉！”

红友：宋代罗大经《鹤林玉露·卷八》：“常州宜兴县黄土村，东坡南迁北归，尝与单秀才步田至其地。地主携酒来饷，曰‘此红友也’”。明代王世贞《三月三日屋后桃花下与儿子小酌红酒因忆昨岁从吴明卿诸楚人于弇园禊饮遂成一排律》：“偶然儿子致红友，聊为桃花飞白波”。

曲生、曲秀才：源于《开天传信记》中的神话故事，唐代道士叶法善与一群官员相聚，大家正想喝酒时，突然来了一位少年，自称曲秀才，高声谈论，许久站起，如风一般不见人影，法善以为是妖魅，等这位曲秀才又来时，用小剑刺他，曲秀才化为酒瓶，瓶中美酒盈瓶，其味甚佳，坐客皆醉。后以“曲生”“曲秀才”作为酒的别名。

天禄：出自《汉书·食货志》：“酒者，天之美禄。帝王所以颐养天下，享祀祈福，扶衰养疾……”。相传，隋朝末年，王世充曾对诸臣说：“酒能辅和气，宜封天禄大夫”。后人便以“天禄”为酒的别名。

青州从事、平原督邮：源自刘义庆《世说新语》，“青州从事”是美酒的隐语，“平原督邮”是坏酒的隐语。因为当时青州境内有齐郡，齐与脐同音，凡好酒都是酒力下沉到脐部的，从事是美职；而劣酒则不下肚，至横膈膜为止，平原有鬲县，鬲与膈同音，督邮是贱职，故以此为喻。

杯中物：因饮酒时大都用杯盛着而得名。始于孔融名言：“座上客常满，樽（杯）中酒不空”。陶渊明在《责子》诗中写道：“天运苟如此，且进杯中物”。杜甫在《戏题寄上汉中王三首》诗中写道：“忍断杯中物，祇看座右铭”。

除此以外，酒还有琼浆、玉液、流霞、绿醪，醴（lǐ）泉侯、冻醪、壶觞、酌、酤、醍醐、香蚁、浮蚁、狂药等别名。从对酒的各种称谓来看，古人对酒，有爱有恨、有喜有悲，这反映了各种文化背景下各种人士复杂的心态。

三、酒的度数

酒的度数学名为酒精度，是以体积换算后表示的，国际上常用的表示单位有 3 种写法：Alc/vol；Proof UK和Proof US。其中“Alc/vol”是国际常用表示符号，来自英文“Alcohol和Volume”的缩写。Alcohol=酒精，Volume=体积。酒精体积也可简写为：ABV。

Alc/vol：标准酒精度，由法国化学家盖·吕萨克发明。标准酒精度是指酒液在 20℃条件下，每 100mL 所含有纯酒精体积的比例，这种表示方法相对比较容易理解，因此，被广泛采用。标准酒精度常用“%”表示，有时缩写成 V/V 或“°”，也可注明全词“Alcohol by

Volume”。

Proof UK：英制酒精度。英制酒精度是18世纪英国人克拉克发明的一种酒精度计算方法，如注明70% Proof UK，相当于40% Alc/vol（标准酒精度）。

Proof US：美制酒精度。美制酒精度用酒精纯度（Proof）表示，一个酒精纯度相当于0.5标准酒精度。例如：注明80% ProofUS，相当于40% Alc/vol（标准酒精度）。

目前，国际上通用的表示方法是标准酒精度（在20℃条件下，每100毫升酒中含有的乙醇毫升数，用%vol表示），尤其是进出口酒类，而英制和美制酒精度的使用非常少见。

第二节　酒是怎么来的

一、上天造酒说

历代文人对酒旗（星座名）也多有提及，如李白在《月下独酌四首》其二中有“天若不爱酒，酒星不在天。地若不爱酒，地应无酒泉。天地既爱酒，爱酒不愧天。”这样的诗句，其中的酒星就是酒旗星。上天不只爱酒，还管造酒，古人通常都把造酒的功劳归于天上的酒星。从现代人的观点来看，这样的传说是站不住脚的，但如果我们把大自然整个作为上天来看待，也就好理解了，本来酒就是大自然的产物，说是上天所造，也理所当然。

二、猿猴造酒说

我们知道，最早的酒，应该是野果在自然状态下发酵而成的果酒。在炎热的地区，在茂盛的树林中，很容易出现这样自然发酵的果酒。与这些果酒最早打交道的，应该是猿、猴、猩猩这些灵长类动物。猩猩和猿猴都有“嗜酒”的习性，可见它们在生存的几百万年中，已经有了偶尔喝酒的习惯。

根据猩猩们的好酒习性，有的古人就得出结论，说是它们发明了酒（图1-2）。《粤西偶记》中说：“粤西平乐等府，山中多猿，善采百花酿酒。樵子入山，得其巢穴者，其酒多至数石。饮之，香美异常，名曰猿酒。”

图1-2　猿猴造酒（雕塑）

明代文人李日华则在他的《篷栊夜话》中写道：“黄山多猿猱，春夏采杂花果于石洼中，酝酿成酒，香气溢发，闻数百步……”

类似的记载还有许多，可以说明，在猿类的历史上，已经有了类似酒的酿造物出现，但如果说定义上的“酒”是猿猴们所造，未免就有些牵强了。

三、仪狄造酒说

《战国策》中有“帝女令仪狄作酒而美”，这是有关仪狄造酒最早的记载。《吕氏春秋》中也提到“仪狄作酒醪（láo），变五味”。东汉的《说文解字》中也提到了仪狄：“古者仪狄作酒醪，禹尝之而美，遂疏仪狄。”根据这些古代文献资料所述，仪狄（图 1-3）是我国最早的酿酒人，一般认为是夏时代的人，她用粮食酿造出美味的酒。《战国策》中的记述是这样的：“梁王魏婴觞（shāng）诸侯于范台。酒酣，请鲁君举觞。鲁君兴，避席择言曰：‘昔者，帝女令仪狄作酒而美，进之禹，禹饮而甘之，遂疏仪狄，绝旨酒’。曰：‘后世必有以酒亡其国者。’”

鲁君说的故事是这样的：禹的女儿让仪狄去监管造酒，仪狄经过一番努力，造出来很醇美的酒，于是奉献给禹品尝。禹喝了之后，感觉很好，认为这是美味。可是他不但没有奖赏仪狄，反而疏远了她，不再信任和重用她。而且禹还断言，后世一定有因饮酒误国的君王出现。

图1-3　仪狄像

四、杜康造酒说

古代文献中有关杜康（图 1-4）的传说很多，有的认为杜康就是夏代的少康。少康的父亲叫相，当初寒浞（zhuó）进攻帝丘，杀死了相，相的妻子从墙洞中逃了出来，逃回她的娘家，过了不久就生下少康，也就是杜康，这段事记述在《左传》中。少康长大后很有才能，当过有仍氏的牧正，还当过虞氏的厨官，最后返回夏的故地。他寻集夏的余众，在同姓部落的帮助下，最后打败并杀了寒浞，恢复了夏的基业。

图1-4　杜康（雕塑）

历史上一般认为少康制出了粮食酒。汉代的《世本》中说“少康作秫（shú）酒”。还有一种说法是杜康不是酒的发明人，只是把酒的制作技术推进了一大步。《北山酒经》中说：“酒之作，尚矣。仪狄作酒醪，杜康作秫酒”。

在民间传说中，杜康造酒的故事比较生动。说杜康小时候给外公放羊，一天遇到大雨，他急忙赶着羊回家，却把装了米饭的竹筒丢在树杈上。过了几天，当他放羊又见到那个竹筒的时候，竹筒里秫米饭的味已经变了，变得香味四溢，清香可口。这件事启发了杜康，待其长大后，他和他当庖正的岳父一起研究，最后研究出了一种甜酒，称为“醴”。

真正让杜康出名的，是三国时的曹操，他的名句“何以解忧？唯有杜康”把杜康的大名狠狠地传播开来。而稍加思索便可知，曹操诗中的杜康，是指酒，而不是指杜康这个人。其实在杜康之前，人们早已经开始了饮酒的活动，他并不能称为首创者，他只是改进了酿酒的技术而已。

第三节　历代的酒

一、先秦时期的酒

中国酿酒技术在先秦时期已发展到较高水平，中国酿酒技术最早应追溯到约公元前 4000 年的新石器时代早期。一般认为仰韶文化早期到夏朝初年是我国传统酒酿造的启蒙期，这段时期很漫长，在这一过程中，我们的祖先从自然果酒的发酵过程中受到启发，从享受自然发酵的成果变成主动对果类和粮食进行发酵，并制出水酒。随着粮食产量的增加，随着酿造方法一步步完善，酿造过程和方法逐渐规范起来。自夏代至周代，传统酒酿造技术进入成长阶段，酿酒技术进一步提高和程序化，这一时期的官府专门设置由专员管理的酿酒机构。

图 1-5　大口尊

由于年代遥远，先秦时代造酒相关的信息缺少，尤其很少有确切的文字记载。1979 年，在山东莒（jǔ）县陵阳河大汶口文化墓葬中发现了距今五千年的成套酿酒器具，这套酿酒器具包括煮料用的陶鼎，发酵用的大口尊（图 1-5），滤酒用的漏缸，贮酒用的陶瓮，另外还有饮酒器具，如单耳杯、高柄杯等，共计 100 余件。这一发现，为揭开当时的酿酒技术提供了极有价值的考古证据。

从这些考古发现中我们可以看出，先秦时期酿酒的基本过程有谷物的蒸煮、发酵、过滤、贮存等。已经有了酒曲复式* 发酵酿酒法，并提出了发酵的阶段性理论，创立了被后世酿酒业所遵循的“古遗六法”。在酿酒原料上，先秦时期酿酒除用水果外，还增加了稻谷、粟、秫等新原料；在操作上则注意原料的精细、水质的优美、酿器的清洁和火候的适当及发酵过程的把握等。

自有文字记载以后，随着酿酒技术的不断发展，社会上饮酒之风日盛。到了殷商时期，贵族们酗酒豪饮已经成为常态，这从已发掘出土的大量青铜酒器中可以得到证实。史书上记载：商纣王帝辛开设“肉林酒池”，令众多男女裸逐于肉林，牛饮于酒池。这种风气不只是商朝有，吴国也是如此，到春秋时期的吴王夫差，他在姑苏山构筑姑苏台，置宫伎千人，台上立春宵宫，为长夜之饮。又造天池，池中造青龙舟，整日与宫女们在龙舟上饮酒享乐。结果大家都知道：纣王好酒淫乐，导致商朝的灭亡；夫差纵饮无度，也导致吴国被越所灭。

为吸取商朝灭亡的教训，西周王朝建立了一整套机构对酿酒、用酒进行严格的管理。西周对酒的管理主要可归纳为“三酒”法，即指事酒、昔酒、清酒。这是最早按功用对酒进行分类。事酒专门用于祭祀，这种酒在事前临时酿造，酿期较短，酒酿成后马上使用，不必经过贮藏；昔酒则是经过贮藏的酒，但并没有过滤；清酒在当时算是一种高档酒，这种酒要经过过滤、澄清、贮藏等步骤。周朝对酒的这种分类，说明当时的酿酒技术已经发展得较为完善。

先秦时期酒文化发展的一个显著特点，是酒与当时各国的政治、军事等事件常常相关联，并且酒在其中起到了重要的作用，留下众多与酒有关的典故，其中最有名的一个典故是“鲁酒薄而邯郸围”。

春秋时期，楚国在南方崛起，楚宣王时楚国的国力很强，于是他有些自大。一次他命令天下诸侯备酒前去见他。鲁恭公因故来得晚了一些，而且所备之酒不是很好，这使楚宣王大怒，并当众羞辱了鲁恭公。鲁恭公不甘受辱，说道：“我是周室后代，奉行的是周天子的礼乐制度，曾经为周王室立下了大功，今天向你献酒已经降低了身份，你竟还嫌酒薄，真是太过分了。”于是拂袖而去。楚宣王震怒，不久便发兵伐鲁。谁知楚宣王这一举动让魏惠王大喜过望。魏国早就看赵国不顺眼，早就想伐赵了，之所以没有动兵是顾忌旁边的鲁国去救赵。现在楚国与鲁国打起来了，这可是个绝好的机会，于是魏惠王便率军包围赵国都城邯郸。就这样，只因鲁国所献酒薄，赵国成了受害者，这一故事便也成了家喻户晓的典故。

二、秦汉时期的酒

秦汉时期，尤其到了汉文帝、汉景帝之后，由于农业生产力水平提高，社会相对安定，粮食产量增加，为酿酒业的兴旺提供了物质基础。

---

* 酒曲中只有酵母的发酵法为单式，酒曲中同时有霉菌和酵母的发酵法为复式。

山东诸城凉台出土过一块汉代画像石，上面有一幅酿酒图，这幅画形象地描绘出当时酿酒的盛况。图中一人跪着正在捣碎曲块，一人正在加柴烧饭，一人正在劈柴，一人在甑（zèng）旁拨弄着米饭，一人正在将曲汁过滤到米饭中去，并把发酵醪拌匀。另外，有两人在过滤酒，还有一人拿着勺子，大概是要把酒液装入酒瓶中。

东汉末年，江南的开发加速，农业发展很快，于是其酿酒业也得到了极大发展。北方的曹操则发现家乡“九酝春酒法”新颖独特，所酿的酒醇厚无比，便将此方献给汉献帝。后代许多人认为“九酝春酒法”是曹操所发明。这一方法对后世影响很大，具体的做法是在一个发酵周期中，原料不是一次性都加入，而是分为九次投入。开始先浸曲，第一次加一石米，以后每隔三天加入一石米，共加九次。曹操自称用此法酿成的酒芳香无比，故向当时的皇帝推荐此法。

魏晋南北朝时期，北方战乱多，南方农业得到进一步发展。粮食和劳动力的增加促进了酿酒技术的进步，出现了许多名酒。

北魏时期的贾思勰写下了不朽名著《齐民要术》，这是一部农业技术专著，作为农副业产品之一的酒的生产技术占有一定的篇幅，其中有八例制曲法，四十余例酿酒法。所收录的实际上是汉代以来各地区的酿酒法，是我国历史上第一部系统介绍酿酒技术的著作。

三、隋唐时期的酒

隋唐时期的酿酒业有更大的发展规模，经济的发展是主要原因之一，除此之外还有政策上的原因。隋代对酿酒、售酒在政策上比较宽松，《隋书·食货志》中记载：“罢酒坊，与百姓共之，远近大悦”，也就是朝廷取消了酒类的专卖，百姓可以自行酿酒，自由买卖。这一政策直接使得酿酒业大发展。

唐代前期沿用了隋的酿酒制度，允许自由酿酒和卖酒，不收酒税。

唐代稽征酒税是在安史之乱以后，当时国库空虚，大臣刘晏为充实国库，主张征收酒税，并得到施行。公元780年，唐代撤销了这一税收政策，并于两年之后，对酒实行榷（què）酤，从此至唐代结束，对酒的榷酤从没有中止过。

唐代中期之后的榷酒有四种方式：一是官府卖官酒，定价每斛3000文，粮食便宜的时候每斛也不得少于2000文，由各州县政府负责。民间有私酿薄酒以牟利者，需量罪惩处。二是特许酒户专卖，酒户免徭役，政府提供部分生产资料，必须在指定的区域卖酒，最重要的是要交高额酒税。三是榷酒钱，以某一地区官营酒店和特许酒户一年纳税之总和作为某一地区的酒税加入赋税之中，为这一地区赋税户均摊。到第二年，这一地区人人都可以自酿自售，不另征税。四是榷曲，官府对酒曲自制自售实行专营，百姓由官府处买得酒曲之后，便可以自行酿酒酤卖，不另征税，酒户按官府定价支付曲钱，便等于交纳了酒税。

这些政策既保证了官府酒税的收入，又能使酤户获得实际利益，如果按出酒率为200%计算，酤户利息相当丰厚，出酒率只要在100%以上，就不至于亏损。由于推行这些政策，唐代的酿酒业得到了极大发展，除了长安有大量的粮食提供酿酒外，各地方酿酒业也是均衡发展，甚至还出现了外国人造的酒，当时，有波斯商人在长安和扬州两地酿造波斯名酒“三勒浆”。

四、宋代的酒

宋代时，经济发达的地区主要在南方，因此酿酒业也主要在南方发展。传统的酿造技术在宋代得到了升华，已经形成专业的酿造理论，传统黄酒酿酒工艺、技术、设备到宋代时已成熟并基本定形。

成书于宋代的《酒名记》全面记载了北宋时期全国各地的一百多种名酒，这些酒规模一般都不是很大，基本是小作坊，有的出自皇亲国戚的酒坊，有的出自富裕之家，有的出自著名的酒店、酒库，也有的出自市井民间。这么多有牌子的酒，可见当时酿酒业是多么兴盛。这些名酒以江苏境内为最多，它们或以酿法精细，或以水质优美而名盛一时，为世人所称赞。苏东坡曾赞扬此时的名酒“芬香超佳，天下第一”。

西湖老人繁勝錄
永樂大典卷七千六百三 杭字韻
慶節四更諸縣人從各住本縣諸官制內前待班閤子內
坐待大內門開文武百官入至殿階列班法物儀仗羅列
禁衛待班齊駕登寶殿大臣并金國奉使奏賀玉殿
金階……朝退駕興……百
官出內賀宰執每日常朝諸百官候亦是四更至和寧門
等候門開入內至垂拱殿下待班齊朝班或有奏事者了
畢各退往各衙門治事
街市點燈 慶元間油錢每斤不過一百會巷陌爪扎歡

图1-6 《西湖老人繁胜录》样章

南宋时的《西湖老人繁胜录》(图1-6)载酒名217种，其中有几十种都是名酒，《武林旧事》一书中则记载名酒有54种之多。

宋代酿酒业与之前各朝代有所不同。从酿酒原料上看，宋代以前酿酒多用黍和秫黍，宋代酿酒则多用糯米。从酿酒的曲来看，除了以小麦为制曲的主要原料之外，每一种曲都分别加入了不同的中草药、香料等物。特别值得一提的是，宋代发明了“红曲”。“红曲”是由一种红曲霉产生的，红曲霉系高温菌，需较高的温度才能繁殖。因此，如果没有长期的经验和技术，是无法生产“红曲”的，这有力地证明了宋代制曲技术的精湛。

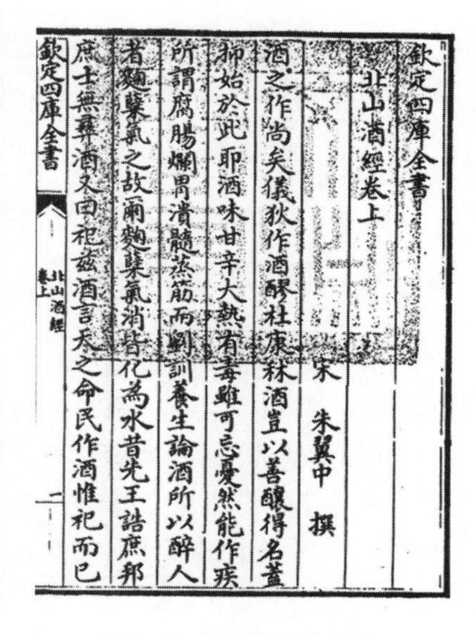
欽定四庫全書
北山酒經卷上
宋 朱翼中 撰
酒之作尚矣儀狄作酒醪杜康秫酒豈以善釀得名蓋
抑始於此耶酒味甘辛大熱有毒雖可忘憂然能作疾
所謂腐腸爛胃潰髓蒸筋而劉訓養生論酒所以醉人
者麴蘖氣之故爾麴蘖氣消皆化為水昔先王誥庶邦
庶士無彝酒又曰祀茲酒言天之命民作酒惟祀而已
欽定四庫全書
北山酒經 卷上
一

图1-7 《北山酒经》样章

宋代之前各朝代留传下来的完整酿酒理论较少，散见于其他史籍中，没有一本系统的酿酒理论书籍流传下来。宋代则不同了，在历史上两宋酿酒理论发展到了一个高峰，酿酒理论书籍不仅数量多，而且内容丰富，《北山酒经》(图1-7)便是其中的代表。这本书在酿酒历史上，最能完整体现我国传统黄酒酿造技术。

《北山酒经》共三卷，上卷总结了历代酿酒的重要理论，并且对全书的酿酒、制曲做了总体概述。中卷论述制曲技术，并收录了十几种酒曲的配方及制法。下卷论述酿酒技术。书中关于制曲酿酒部分，不仅罗列制曲酿酒的方法，更重要的是对其中的道理进行了分析，因而更具有理论指导作用。

《北山酒经》中较详细地记述了煮酒技术，其方法是：将酒灌入酒坛，用一定量的蜡及竹叶等物密封坛口，置于甑中，加热至酒煮沸。煮酒的全套设备就是锅、甑和酒瓶，这说明是隔水蒸煮。这种方法与唐代的“烧酒”方式相比有了很大进步。酒的加热总是在100℃下进行，不能突然升温而引起酒的意外涌出。用这种方法煮酒即使有酒涌出，也是少量的。煮酒是为了更长时间地保藏酒，避免酒的酸败。尽管当时人们并不了解酸败的原因何在。煮酒技术的采用，为酒的大规模生产提供了技术保障。这一点，对于酒业的发展是极其重要的。

《北山酒经》借用“五行”学说解释谷物转变成酒的过程。作者认为：“酒之名以甘辛为义，金木间隔，以土为媒，自酸之甘，自甘之辛，而酒成焉。所谓以土之甘，合水作酸，以水之酸，合土作辛，然后知投者，所以作辛也。”“土”是谷物生长的所在地，“以土为媒”，可理解为以土为介质生产谷物，在此“土”又可代指谷物。“甘”代表有甜味的物质，以土之甘，即表示从谷物转变成糖。“辛”代表有酒味的物质，“酸”表示酸浆，是酿酒过程中必加的物质之一。

图1–8 《酒经》和《酒谱》*

除《北山酒经》外，苏轼的《东坡酒经》则是描述家庭酿酒的佳作。《东坡酒经》言简意赅，虽然只有几百字，但已经把他所学到的酿酒方法完整地体现出来。

北宋时期的《酒谱》*（图1–8）是一部酒文化的佳作，该书从酒的起源、酒之名、酒之事、酒之功、酒之味、酒之器等十几个方面对酒和酒文化进行了全方位的论述。

总的说来，两宋时期的酒，无论是从酿酒业的发展，还是酿酒理论的完善上而言，都是中国酒发展的一个高峰。

五、元、明、清时期的酒

元、明、清时期，酿酒业随着生产力的发展，从规模到酿酒理论都愈发成熟。酿酒理论方面的成果很多记述在相关的著作中，如元代的《饮膳正要》（图1–9）《居家必用事类全集》，元末明初的《易牙遗意》《墨娥小录》等书中都记载了丰富的酿酒理论。值得特别一提

图1–9 《饮膳正要》

* 不同时期的两本书，被编印在了一起。

的是明代的《天工开物》，这本书中制曲酿酒部分关于红曲的制造方法非常宝贵。《本草纲目》中也有许多关于酒的内容，书中将酒分成米酒、烧酒、葡萄酒三大类，还收录了大量的药酒方。清代的烹饪书《调鼎集》较为全面地叙述了黄酒酿造技术，关于酒的内容多达百条，最为珍贵的是关于绍兴酒的内容，其中的《酒谱》中有四十多个有关酒的专题。

明代时，随着城市的不断发展，工商业也得到了充分发展，在各行各业中，酿造业是较为突出的一个，到了明末清初，酿造业逐渐从农业中独立出来，并有了大规模工业生产的雏形。比如明代湖南衡阳，酿酒作坊有万家。如此规模的酿酒作坊，为之后大规模工业化生产打下了基础。

蒸馏酒（烧酒）在明代已经普及，当时除了称为烧酒之外，还有火酒、汗酒、阿拉吉酒等称谓。明代中后期，作为烧酒的"泸州老窖"开始问世。现在大名鼎鼎的宜宾五粮液，其前身杂粮酒（蒸馏酒）也是在明代发展起来的。

在各种著作中，明代对有关造曲的记载最多。在这些记载中，以小麦制造的大曲为最多，用米制造的红曲也很多，其次是小曲，也占有一定的份额。另外还有在这三大类曲的基础上添加其他原料，如中草药等，又衍生出多种特别的曲，通过对酒曲的改造，来酿造出更多类别的酒。

正因为明代在酒曲上做了大文章，这使得明代的保健酒和药酒从产量到种类比前代有巨大的进步。嘉靖皇帝好长生之道，寻求长生不老术，于是在嘉靖年间就出现了《遵生八笺》（图 1-10）一书，书的前言说："此皆山人家养生之酒，非甜即药，与常品迥异，豪饮者勿共语也。"书中列酒 17 种，其中有 6 种均属保健酒类型。如其中的五香烧酒，从它的用料和酿造过程看，滋补性十分明显，书中记载："每糯米五斗，细曲十五斤，白烧酒三大坛。檀香、木香、乳香、川芎、没药各一两五钱，丁香五钱，人参四两，各为末。白糖霜十五斤，胡桃肉二百个，红枣三升，去核。先将米蒸熟晾冷，照常下酒法则，要落在瓮口缸内，好封口。待发微热，入糖并烧酒、香料、桃、枣等在内。将缸口厚封，不令出气。每七日开打一次，仍封至七七日。上榨如常。服一二杯，以腌物压之，有春风和煦之妙。"

图 1-10 《遵生八笺》

到了清代，酒的品种和产量都超过前代，酿酒业更为成熟。仅以当时的江苏为例，就有宿迁、泗洪、泗阳为中心的酿酒都会，酿酒业盛况空前。

随着酿酒业的不断发展，到明清时期人们对饮酒的看法也发展得较为成熟，开始重点讲求酒德和适量饮酒，普遍地认识到醉酒虽然可以给人带来快乐，但也会给身体带来极大伤害，提倡饮酒时"欢而不狂，尽兴而不乱，陶性而不伤身"。

清代时随着酿酒业的兴盛，人们开始有了品牌意识，开始有了各种大量生产的有品牌的白酒、啤酒和葡萄酒。饮酒之风在社会各阶层也更为盛行，饮酒已经不再是上层社会和富裕之家的特有生活方式。

第四节　酒的分类

国际上通常把含有酒精的饮料称为酒。酒可以通过原料、颜色、酒精度、生产工艺、功能等因素进行分类。

一、按酿酒的原料分

1. 粮食酒

粮食酒是指以谷物为原料，经过发酵或蒸馏制成的酒，如啤酒、米酒、威士忌，中国白酒中的茅台、五粮液等。

2. 水果酒

水果酒是指以水果为原料，经过发酵、蒸馏或配制成的酒，如葡萄酒、白兰地酒等。

二、按酒精度分

1. 低度酒

低度酒的酒精度在15%vol及以下。一般发酵酒的酒精度通常不会超过15%vol。当发酵酒的酒精度达到15%vo l时，酒中的酵母会全部被乙醇杀死，因此低度酒常指发酵酒。例如，葡萄酒的酒精度约12%vol，啤酒的酒精度约4%vol。

2. 中度酒

通常人们将酒精度为16%~37%vol的酒称为中度酒，这种酒常由葡萄酒加少量烈性酒调配而成。

3. 高度酒

高度酒也称烈酒，一般指酒精度高于38%vol的蒸馏酒，包括38%vol。

三、按颜色分

1. 白酒

白酒是指无色透明的酒，例如，中国白酒、伏特加酒等。

2. 色酒

色酒是指带有颜色的酒，例如，利口酒、红葡萄酒、黄酒等。

四、按生产工艺分

1. 发酵酒

发酵酒又称为原汁酒，是用含有糖分的液体进行发酵而产生的含酒精饮料。发酵酒的原料可以是水果，也可以是谷物，甚至可以是少量的动物乳汁或蜂蜜等酿造的酒。

以水果为原料的发酵酒典型的是葡萄酒，另外还有以苹果、梨、草莓等水果为原料酿造的其他水果酒。

谷物发酵酒是以大米、糯米等为原料酿造而成的发酵酒，主要有啤酒、黄酒、清酒等品种。

2. 蒸馏酒

蒸馏酒是以含糖分或淀粉的物质为原料经糖化、发酵、蒸馏而成，或者以其他发酵酒为原料蒸馏而成，特点是酒精含量高，可以久存。蒸馏酒的种类很多，除中国白酒外，还有白兰地、威士忌、伏特加、金酒、朗姆酒、特基拉酒等许多种。

3. 配制酒

配制酒是一个比较复杂的酒类系统，配制酒是以发酵酒或蒸馏酒为酒基，与其他酒或非酒精物质进行配制获得。配制酒种类繁多，主要有开胃酒、甜食酒、利口酒和鸡尾酒等类别。

开胃酒是在餐前饮用的酒品，具有生津开胃、增进食欲的功效。通常以葡萄酒或某些蒸馏酒为酒基，加入调香材料配制而成。味美思、茴香酒是开胃酒的典型代表。

甜食酒口味较甜，常以葡萄或葡萄酒为原料配制而成，在西餐中用于佐食甜品。典型的甜食酒有波特酒、雪莉酒、玛萨拉等。

利口酒是以白兰地、葡萄酒、威士忌或其他烈性酒为酒基，加入各种水果果汁以及各种具有芳香或药用价值的植物、矿物质等经过浸泡蒸馏工艺配制而成。

鸡尾酒是指饭店、餐饮业按照自己的配方将烈性酒、葡萄酒、果汁、汽水及调色和调香原料混合制成的酒。这种酒主要由两部分组成：基本原料和调配原料。基本原料称为基酒，调配原料包括利口酒、果汁、汽水、牛奶、鸡蛋等。

五、按功能分

1. 餐前酒

餐前酒是指有开胃功能的各种酒，在餐前饮用。常用的餐前酒有干雪莉酒、清淡的波特酒、味美思、茴香酒和具有开胃作用的鸡尾酒等。

2. 餐中酒

餐中酒是指用餐时饮用的白葡萄酒、红葡萄酒和玫瑰红葡萄酒，甚至是清淡的香槟酒等。

3. 甜点酒

甜点酒是指吃点心时饮用的带有甜味的葡萄酒。这种葡萄酒酒精度高于一般餐酒，通常在16%vol以上。例如，甜雪莉酒、波特酒、马德拉酒等。

4. 餐后酒

餐后酒也称为利口酒或考迪亚酒，是人们餐后饮用的带甜味和香味的混合酒。这种酒多以烈性酒为基本原料，勾兑水果香料或香草及糖蜜制成。

第五节　蒸馏酒概述

酒精类饮料分为三大类，蒸馏酒、酿造酒和配制酒。本书的重点是蒸馏酒，因此在这里先概述一下蒸馏酒，然后在第二章重点再讲蒸馏酒中的中国白酒，第三至第五章将介绍酿造酒中的葡萄酒、黄酒和啤酒。

一、蒸馏酒的分类

由于蒸馏酒的原料不同、工艺不同，因此世界各地和各厂商生产的蒸馏酒就有不同的特点，从而产生了不同的种类。最著名的蒸馏酒除了中国白酒外，还有白兰地、威士忌、金酒、朗姆酒、伏特加、特基拉等。

蒸馏酒的酿造是根据酒精的气化点和水的汽化点不同这一原理，将酿酒的原料经过发酵后加温至 78.3℃，并保持这个温度就可获得气化酒精，再将气化酒精输入冷凝管道冷却后，便是液体酒精。在加热过程中，原材料中的水分和其他物质也会掺杂在酒精中，因而形成质量不同的酒液。大多数的名酒都采用多次蒸馏法或取酒心法等不同的工艺来获取纯度高、杂质含量少的酒液。

蒸馏酒因其酒精含量高，杂质含量少而可以在常温下长期保存，即使在开瓶使用后，也可以存放一年以上的时间而不变质。

二、威士忌

威士忌（Whisky）是以大麦、黑麦、燕麦、小麦、玉米等谷物为原料，经发酵、蒸馏后放入橡木桶中陈酿、勾兑而成的一种酒精饮料。

威士忌的酒精度在40%vol以上，酒体呈浅棕红色，气味焦香。由于威士忌在生产过程中的原料品种和数量的比例、麦芽生长的程序、烘烤麦芽的方法、蒸馏的方式、储存用的橡木桶、储存年限、勾调技巧等的不同，威士忌酒所有的风味和特点也不尽相同。

（一）威士忌酒的分类

威士忌酒一般依照生产地和国家的不同进行分类，可分为苏格兰威士忌、爱尔兰威士忌、美国威士忌和加拿大威士忌几大类，其中以苏格兰威士忌最为著名。

1. 苏格兰威士忌

苏格兰威士忌可分为纯麦威士忌、谷物威士忌和兑和威士忌（混合威士忌）三种类型。目前，世界最流行的、品牌最多的是兑和威士忌。

苏格兰威士忌受英国法律限制：凡是在苏格兰酿造和混合的威士忌，才可称为苏格兰威士忌。它的工艺特征是使用当地的泥煤为燃料烘干麦芽，再粉碎、蒸煮、糖化，发酵后再经壶式蒸馏器蒸馏，产生70%vol左右的无色威士忌，再装入内部烤焦的橡木桶内，贮藏5年甚至更长时间。最后经勾调混配后调制成酒精度在40%vol左右的成品出厂。

在整个苏格兰有四个主要产区，即北部高地、南部低地、西南部的康贝镇和西部岛屿伊莱。北部高地产区有近百家纯麦芽威士忌酒厂，占苏格兰酒厂总数的70%以上，是苏格兰最著名的威士忌生产区。

2. 爱尔兰威士忌

爱尔兰威士忌作为咖啡的伴侣已经被人们悉知，其独特的香味是深受人们喜爱的主要原因。爱尔兰威士忌的生产原料主要有：大麦、燕麦、小麦和黑麦等，以大麦为主，约占80%。爱尔兰威士忌酒用塔式蒸馏器经过三次蒸馏，然后入桶老熟陈酿，一般陈酿时间为8~15年，所以成熟度相对较高。装瓶时，为了保证其口味的连续性，还要进行勾调与掺水稀释。

3. 美国威士忌

美国威士忌以温和的酒质和带有焦黑橡木桶的香味而著名，尤其是美国的波旁威士忌（又称波本威士忌）更是享誉世界。美国威士忌可分为三大类，如下所示。

（1）纯威士忌　所用原料为玉米、黑麦、大麦或小麦，酿造过程中不混合其他威士忌或者谷类中性酒精，制成后需放入炭熏过的橡木桶中至少陈酿两年。另外，所谓纯威士忌，并不像苏格兰纯麦芽威士忌那样只用一种大麦芽制成，而是以某一种谷物为主。

（2）混合威士忌　是用两种以上的单一威士忌以及20%vol的中性谷类酒精混合而成的威士忌，装瓶时，酒精度为40%vol，常用来作混合饮料的基酒。

（3）淡质威士忌　是美国政府认可的一种新威士忌，蒸馏时酒精纯度较高，用旧桶陈年。

4. 加拿大威士忌

加拿大生产的威士忌酒已有200多年的历史，其著名产品是稞麦威士忌和混合威士忌。加拿大威士忌在原料、酿造方法及酒体风格等方面与美国威士忌比较相似。

（二）威士忌的饮用

喝威士忌用杯一般是古典杯，用平底浅杯饮酒能表现出粗犷和豪放的风格。每份酒的标准用量为40mL。威士忌的饮用方法有许多，典型的有下面几种。

（1）威士忌加冰块　在古典杯中，先放入2、3个小冰块，再加入40mL的威士忌。

（2）威士忌净饮　用古典杯或细长小杯饮用。

（3）威士忌兑饮　威士忌可以作为调制鸡尾酒的基酒。

（4）威士忌兑水　所兑的水可以是冰水或可乐等，如在冷饮杯中，先放入2、3个小冰块，再加入定量的威士忌和八分满的苏打水，以柠檬饰杯，插入吸管供饮用。

（5）威士忌兑咖啡　著名饮品爱尔兰咖啡是以爱尔兰威士忌为基酒的一款热饮。先用酒精炉把杯子温热，倒入少量的爱尔兰威士忌，再用火把酒点燃，转动杯子使酒液均匀地涂于杯壁上，再加糖和热咖啡并搅拌均匀，最后在咖啡中加入鲜奶油，与一杯冰水配合饮用。

三、白兰地

广义上讲，所有以水果为原料发酵蒸馏而成的酒都称为白兰地。狭义上讲，葡萄酒经过蒸馏并放在木桶里，经过相当长时间的陈酿而成的酒称为白兰地。一般所说的白兰地，都是狭义的白兰地。

（一）白兰地的分类

白兰地的分类方法很多，但是最著名也最具代表性的白兰地分类方法是依照生产地和国家的不同进行的，可将白兰地分为法国白兰地、西班牙白兰地和美国白兰地以及其他国家白兰地等几个大类，其中以法国白兰地最为著名。

1. 法国白兰地

如果说威士忌是英国的生命之泉，那么白兰地就是法国的生命之泉。一般人只要一提到白兰地，立即会联想到法国白兰地。当然，法国白兰地在品质与产量方面，都是世界第一，尤其是科涅克（干邑地区）所产的白兰地，在品质方面更是顶级。

白兰地的成熟期与葡萄酒、威士忌不同，所储存的时间较长，一般来说5年不算长，有些甚至长达60年。最好的白兰地是由不同酒龄、不同来源的多种白兰地掺兑而成的。兑酒师要通过品尝储藏在桶内的酒类来判断酒的品质和风格，并决定调兑比例。勾兑后的白兰地在适当的容器中调和 6 个月就可装瓶。白兰地与葡萄酒不一样，不在瓶中沉淀，入瓶以后就成为定型产品。只要避光、低温保存、不泄漏，就可长期留用。

2. 西班牙白兰地

除法国以外，西班牙白兰地是最好的。有些西班牙白兰地是用雪莉酒蒸馏而成的。目前许多这种酒是用各地产的葡萄酒蒸馏混合而成，酒味较甜且带土壤味。

3. 美国白兰地

美国白兰地大部分产自加利福尼亚州，它是以加利福尼亚州产的葡萄为原料，发酵蒸馏而成，储存在白色橡木桶中至少两年，有的加焦糖调色而成。

除此之外，葡萄牙、秘鲁、德国、希腊、澳大利亚、南非、以色列和意大利以及日本都生产白兰地。我国烟台张裕集团有限公司生产的金奖白兰地也属于优质白兰地。

另外，还有广义的白兰地——杂果蒸馏酒，比如苹果蒸馏酒、梨蒸馏酒、樱桃蒸馏酒、蓝李蒸馏酒等。

（二）白兰地的饮用与服务

比较讲究的白兰地饮用方法是用白兰地杯净饮，另外用水杯配一杯冰水。喝时用手掌握住白兰地杯壁，让手掌的温度经过酒杯稍微加热一下白兰地，让其香味挥发，充满整个酒杯，边闻边喝，才能真正享受饮用白兰地的奥妙。冰水的作用是：每喝完一小口白兰地，喝一口冰水，清新味觉以便能使下一口白兰地的味道更香醇。

白兰地也可以与其他软饮料混合在一起喝，例如，白兰地加可乐。

四、金酒

金酒因其含有特殊的杜松子味道，所以又被称为杜松子酒。据说金酒诞生于 17 世纪中叶，是由荷兰莱顿大学的一名医学教授首创。他本来想利用杜松子油里的一种物质制成一种利尿药，于是将杜松子加纯酒精一起蒸馏，结果不但药成功了，还诞生了一种新品种的酒。

金酒是以添加杜松子与其他香料的酒液蒸馏或再蒸馏的无色烈酒。传统的金酒，酒液无色、澄清透明、晶亮，具有愉快而典型的杜松子香气和爽净的酒精香，酒精度一般在 35%~40%vol。金酒以大麦、燕麦、粮食谷物为原料，以大麦芽为糖化剂，以酵母菌为发酵剂蒸馏制得，也有以糖蜜为原料生产金酒的。但无论用何种原料都会加入一种产于北半球温暖地带的松柏科植物种子即杜松子为原料。

金酒和威士忌、白兰地不同，不需放入木桶中等待其成熟，所以不管什么品牌的金酒，都可以用较便宜的价钱买到。

金酒按口味风格可分为辣味金酒（干金酒）、老汤姆金酒（加甜金酒）、荷兰金酒和果味金酒（芳香金酒）四种。辣味金酒质地较淡、清凉爽口，略带辣味；老汤姆金酒是在辣味金酒中加入2%（质量分数，余同）的糖分，使其带有怡人的甜辣味；荷兰金酒除了具有浓烈的杜松子气味外，还具有麦芽的芬芳；果味金酒是在金酒中加入了成熟的水果和香料，如柑橘金酒、柠檬金酒、姜汁金酒等。

在酒吧中，每份金酒的标准用量为25mL。于餐前或餐后饮用，需稍加冰镇。也可净饮，或将酒放入冰桶、冰箱或用冰块降温。净饮时常用利口杯或古典杯，也可以兑水饮用。

五、朗姆酒

朗姆酒盛产于西印度群岛，是以甘蔗为主原料制成的蒸馏酒。先将压榨出的甘蔗汁熬煮，分离出砂糖结晶，再利用制糖所产生的糖蜜或制糖过程中剩下的残渣作为原料经发酵蒸馏制成。

朗姆酒的特色在于风味醇和，适合与可乐、果汁等各式非酒精饮料搭配使用，是调制鸡尾酒的主要基酒之一。

朗姆酒根据不同的原料和酿制方法可分为朗姆白酒、朗姆老酒、淡朗姆酒、传统朗姆酒和浓香朗姆酒五种。

朗姆白酒是一种新鲜酒，酒体清澈透明，香味清新细腻，口味甘润醇厚，酒精度55%vol左右；朗姆老酒需陈酿3年以上，呈橡木色，酒香醇浓优雅，口味醇厚圆润，酒精度在40%~43%vol；淡朗姆酒是在酿制过程中尽可能提取非酒精物质的朗姆酒，陈酿1年，呈淡黄棕色，香气淡雅，圆润醇正，酒精度40%~43%vol，多用于混合酒的基酒；传统朗姆酒陈年8~12年，呈琥珀色，在酿制过程中加焦糖调色，甘蔗香味突出，口味醇厚圆润，有时称为黑罗姆，也用来于鸡尾酒的基酒；浓香朗姆酒也称为强香朗姆酒，是用各种水果和香料串香而成的朗姆酒，其酒体香气浓郁，酒精度为54%vol。

按风味特征，朗姆酒又分丰满型和清淡型两种类型。丰满型朗姆酒的生产，首先是将甘蔗糖蜜经过澄清处理，再接入能产生丁酸的细菌和能产生酒精的酵母菌，发酵12天以上，用壶式蒸馏锅间歇蒸馏，得到酒精度约86%vol的无色原朗姆酒，再放入经火烤的橡木桶中贮陈3年、6年、10年等后兑制，有时用焦糖调色，使之成为金黄色或深棕色的酒体。丰满型朗姆酒酒体较重，糖蜜香和酒香浓郁，味辛而醇厚，以牙买加朗姆酒为代表。

清淡型朗姆酒以糖蜜或甘蔗原汁为原料，在发酵过程中只加酵母，发酵期短，用塔式蒸馏器连续蒸馏，原酒液酒精度在95%vol以上，再将原酒在橡木桶中储存半年至1年以后，即可取出勾兑，成品酒酒体无色或金黄色。清淡型朗姆酒以古巴朗姆酒为代表，酒体较轻，风味成分含量较少，无丁酸气味，口味清淡，是多种著名鸡尾酒的基酒。

一般饮用朗姆酒，斟倒在古典杯中再加两块冰就可以了。

六、伏特加

伏特加又名俄得克，俄语的意思是“生命之水”，是一种酒精浓度很高的蒸馏酒。在俄罗斯、芬兰、捷克、波兰等北欧和东欧国家，人们把蒸馏酒的酒精含量提得相当高，因此酒的原味就很少。据称伏特加是用马铃薯制成的，但实际上在俄罗斯和其他地方，伏特加是用谷物制造的。

伏特加是由经官方认可的酿造方法蒸馏而成。制酒厂必须遵循此法规制造不含任何特性、芳香或其他味道的无色烈酒。伏特加可与其他酒类、果汁或饮料调配而吸引消费者，使得它的市场需求量提高。

伏特加最初的用料为大麦，以后逐渐改用含淀粉的玉米、土豆，伏特加在酿造酒醪和蒸馏原酒的过程中与其他蒸馏酒相比并无特殊之处，但伏特加要进行高纯度的酒精提炼，达到95%vol。经再次蒸馏精炼后注入白桦活性炭过滤槽中，进行缓慢的过滤，以使精馏液与活性炭分子充分接触而净化，将原酒中包含的酸类、醛类、醇类及其他微量物质去除，便得到了纯粹的伏特加，它不需要陈酿。经过处理的伏特加，酒液无色，清亮透明如晶体，除酒香外，几乎没有什么别的香味，口味凶烈，劲大冲鼻，咽后腹暖，但饮后绝无上头的感觉。波兰伏特加在酿造过程中，加入许多草卉植物颗粒等调香原料，所以波兰伏特加比俄罗斯的香味更加丰富，更富韵味。

伏特加的标准饮用量为每份 40mL，可选用利口杯净饮或古典杯加冰块饮用，作为佐餐酒或餐后酒。因伏特加是一种无臭无味又无香气的酒，非常适宜兑果汁、汽水饮用，也是鸡尾酒最佳的基酒之一。

七、特基拉

特基拉酒又称龙舌兰酒，特基拉是墨西哥的一个小镇，这种酒以此镇为名。这种酒蒸馏后酒精度 52%~53%vol，香气突出，口味烈，放入橡木桶中陈酿后，口味更加醇和，出厂时酒精度一般40%~50%vol。特基拉酒是墨西哥的特产，被称为墨西哥的灵魂。

特基拉酒许多时候被称为龙舌兰烈酒，是因为此酒的原料特别，是以龙舌兰为原料。龙舌兰是一种仙人掌科的植物，通常要生长 12 年，成熟后割下送至酒厂，再被切成两半后泡洗 24 小时。然后榨出汁来，汁水加糖送入发酵柜中发酵两天至两天半，然后经两次蒸馏，此时的酒香气突出，口味烈。然后酒液放入橡木桶陈酿，陈酿时间不同，颜色和口味差异很大。酒体白色是未经陈酿的，酒体银白色则储存期最多 3 年，金黄色的酒储存至少 2~4 年，特级特基拉需要更长的储存期。

特基拉酒是墨西哥的“国酒”，墨西哥人对此情有独钟，饮酒方式也很独特，常用于净饮。每当饮酒时，墨西哥人先在手背上倒些海盐来食用，然后用腌渍过的辣椒干、柠檬干佐酒，恰似“火上浇油”，美不胜言。另外一种口感比较清爽的喝法是：把冰块搅碎，加入龙舌兰酒后饮用。

第二章

中国白酒

第一节 白酒总览

在酒的世界里，白酒已成为中国的符号，提起法国人们会想到红酒，提起德国人们会想到啤酒，提起俄罗斯人们会想到伏特加，提起中国人们自然会想到白酒。

中国白酒在世界蒸馏酒中独具一格，它有着悠久的历史和深厚的文化积淀。如今的中国白酒，已高高站在了国际蒸馏酒行业的前沿，成为白酒行业标准的制定者与引领者。

白酒的酒液无色透明，因而被称为白酒。又因主要采用烧（蒸）工序，也被称为烧酒。因白酒一般酒精度较高，所以有时也称为烈性酒或高度酒。

白酒的酿造过程大体分为两步：首先是用米曲霉、黑曲霉、黄曲霉等微生物将淀粉分解成糖类，称为糖化过程；然后通过酵母菌发酵，将葡萄糖发酵成酒。白酒的酒曲原料为小麦、大麦、大米、麦麸皮等；制酒时的原料主要有高粱、玉米、大麦、小麦、大米、豌豆等含淀粉物质多的作物。

白酒中除了酒精之外，在酿造的过程中还会产生许多其他物质，主要有酯类、挥发性游离酸、乙醛和糠醛等，酒的香味就是由这些物质所产生的。

一、白酒的特点、名称和起源

蒸馏酒与传统的酿造酒相比，在工艺上多了一道蒸馏工序，中国白酒起源于何时众说纷纭，尚无定论。一般有三种说法：一种说法认为白酒起源于唐代，在唐代文献中，“烧酒”“蒸酒”这样的名称已经出现。唐代文学家李肇写的《国史补》中有：“酒则有剑南之烧春”，唐代称酒为“春”，烧春就是烧酒。唐代文学巨匠雍陶诗云：“自到成都烧酒熟，不思身更入长安”。可见在唐代，烧酒之名已广泛流传了。田锡写的《麴本草》中说：“暹（xiān）罗酒以烧酒复烧二次，入珍贵异香，其坛每个以檀香十数斤烟熏令如漆，然后入酒，蜡封，埋土中二三年绝去烧气，取出用之。”这些诗文中所说的“烧酒”是否就是今天的白酒？单从名字相同还不可定论。有人认为我国民间长期把蒸酒称为烧锅，烧锅生产的酒就是烧酒，但烧锅之名起源于何时，尚待考证，故白酒起源于唐代，其论据尚欠充分。

另一种白酒起源的说法认为白酒是元代时由国外传入。元代时中国与西亚和东南亚交通方便，往来频繁，在文化和技术等方面多有交流。有人认为“阿剌古”酒是蒸馏酒，从印度传入。还有人认为：“烧酒原名‘阿剌奇’，元时征西欧，曾途经阿拉伯，将酿酒法传入中国。”章穆写的《调疾饮食辩》中说：“烧酒，又名火酒、‘阿剌古’。‘阿剌古’番语也。”现有人查明“阿剌古”“阿剌吉”“阿剌奇”皆为音译，是指用棕榈汁和稻米酿造的一种蒸馏酒，在元代曾一度传入中国。

还有一种说法，就是白酒发明于元代。如许浚的《东医宝鉴》就记载说：“烧酒自元时始有，味极辛烈，多饮伤人。”明代李时珍《本草纲目》中也说元代开始用蒸馏法制酒，书中说："烧酒非古法也，自元时始创其法，用浓酒和糟入甑，蒸令气上，用器承取滴露，凡酸败之酒皆可蒸烧。近时惟以糯米或黍或秫或大麦蒸熟，和曲酿瓮中十日以甑蒸好，其清如水，味极浓烈，盖酒露也。"元人忽思慧也在《饮膳正要》中记载了用蒸馏法制酒的工艺。白酒的起源虽晚于黄酒，但据1975年在河北青龙县出土的一套金代铜制烧（蒸）酒锅，经专家鉴定，其铸造时间不晚于金世宗大定年间（公元1161—1189年），据此，我国的白酒实有历史最少也有800年以上了。这一发现，除说明烧酒始创于元代之外，还简略记述了烧酒的酿造、蒸馏方法及蒸馏工具，故能让人信服。

世界著名的六大蒸馏酒分别是白兰地、威士忌、朗姆酒、伏特加、金酒以及中国白酒。白兰地是由葡萄酒蒸馏而成的，威士忌是大麦等谷物发酵酿制后经蒸馏而成的。朗姆酒则是甘蔗酒经蒸馏而成的，而中国白酒是这六大蒸馏酒中唯一的固态发酵的蒸馏酒，它大都是粮食发酵后经蒸馏而成，在工艺上比世界各国的蒸馏酒都复杂得多，因为原料的多样性，使中国白酒的特点也各有风格。中国白酒与世界其他国家的蒸馏酒相比具有特殊的不可比拟的风味。中国白酒酒色洁白晶莹，无色透明，香气怡人、馥郁、纯净，溢香好，余香不尽；口味醇厚柔绵，甘润清冽，酒体谐调，回味悠长。

中国白酒的代表是茅台酒，某种意义上说，它是中国白酒的代名词。茅台酒与英国苏格兰威士忌、法国科涅克白兰地并列为世界三大蒸馏酒，曾蝉联了5届中国名酒评比之冠，先后14次捧回国际大奖。2008年，有美国经济晴雨表之称的《福布斯》杂志评选出全球上市公司2000强排行榜，茅台位列第1253位。在著名的英国《金融时报》全球500强评选中，茅台更是连年入选。除茅台之外，中国白酒还有一大批佼佼者，如泸州老窖、五粮液、剑南春、汾酒、郎酒、酒鬼酒、浏阳河等。

二、白酒的分类

中国白酒在酒类当中是一大类，而且品种繁多。在这一大类中，根据不同的角度，可以分不同的类别，主要有以下几种分法。

（一）按使用的主要原料分

（1）粮食酒　如高粱酒、玉米酒、大米酒等。

（2）瓜干酒　有的地区称为红薯酒、白薯酒等。

（3）代用原料酒　如粉渣酒、豆腐渣酒、高粱糠酒、米糠酒等。

（二）按生产工艺分

（1）固态法白酒　原料采用固态糖化、固态发酵，又经固态蒸馏而成，为我国传统蒸馏工艺。浓香型大曲酒采用此种工艺。

（2）半固态法白酒　即采用固态培菌、糖化、加水以后，于半固态下发酵，或始终在半固态下发酵后蒸馏的传统工艺制成的白酒。这种酒以大米为原料，其典型代表是桂林三花酒。

（3）液态法白酒　原料经过液态发酵，又经过液态蒸馏而成的白酒，又称“一步法”白酒，其产品为酒精，酒精再经过加工如串香、调配后为普通白酒，俗称大路货白酒。

（4）调香白酒　用固态法生产的白酒或用液态法生产的酒精经过加香调配而成。

（5）串香白酒　液态法生产的酒精加入固体发酵香醅重新入甑蒸馏而成。

（三）按糖化发酵剂分

（1）大曲酒　以大曲为糖化发酵剂酿制的白酒。大曲的主要原料是小麦或加入一定数量的大麦。大曲又分为中温曲、高温曲和超高温曲。一般是固态发酵，大曲所酿的酒质量较好，多数名优酒均以大曲酿成。

（2）小曲酒　用小曲酿制的固态或半固态发酵白酒。因气候关系，它适宜于我国南方较热的地带生产。用小曲制成的酒统称为米香型酒。

（3）麸曲酒　用麸曲酿制的白酒，是中华人民共和国成立后在“烟台操作法”的基础上发展起来的，分别以纯培养的曲霉菌及纯培养的酒母作为糖化、发酵剂，发酵时间短，也称快曲酒。由于生产成本较低，为多数酒厂采用，此种类型的酒产量最大。以大众为消费对象。

（四）按香型分

（1）浓香型（也称泸香型、五粮液香型和窖香型）白酒。

（2）清香型（也称汾香型、醇香型）白酒。

（3）酱香型（也称茅香型）白酒。

（4）米香型（小曲米香型，也称郁香型）白酒。

（5）其他香型（也称兼香型、复香型、混合香型）白酒。

（6）馥郁香型（鬼酒香型）白酒。

（五）按产品档次分

（1）高档酒　是用料好、工艺精湛、发酵期和贮存期较长、售价较高的酒，如名酒类和特曲、特窖、陈曲、陈窖、陈酿、老窖、佳酿等。

（2）中档酒　是工艺较为复杂、发酵期和贮存期稍长、售价中等的白酒，如大曲酒、杂粮酒等。

（3）低档酒　又称大路货，如瓜干酒、串香酒、调香酒、粮香酒和在广大农村销售的散装白酒等。

（六）按酒精度分

（1）高度酒（主要指50%vol以上的酒）。

（2）中度酒（一般指40%~50%vol的酒）。

（3）低度酒（一般指40%vol以下的酒）。

第二节　中国白酒的香型

中国白酒香型有两种分法，一种把白酒分为五种，即酱香型、浓香型、清香型、米香型和其他香型等。这一分法在上一节中国白酒的分类中已经提到。另一种分法是把白酒分为十二种：浓香型、酱香型、清香型、米香型为四种基本香型，而老白干香型、芝麻香型、豉香型、药香型、兼香型、特香型、凤香型、馥郁香型这八种香型是由四种基本香型中的一种或多种香型，在工艺的糅合下衍生出来的独特香型。

一、酱香型白酒

以酱香为主，略有焦香（但不能出头），酱香型白酒的标准评语是：无色（或微黄）透明，无悬浮物，无沉淀，酱香突出，幽雅细腻，空杯留香幽雅持久，入口柔绵醇厚，回味悠长。

酱香因源于茅台酒工艺，故又称茅香型。从成分上分析，酱香酒的各种芳香物质含量都较高，而且种类多，香味丰富，是多种香味的复合体，这种香味又分前香和后香。所谓前香，主要是由低沸点的醇、酯、醛类组成，起呈香作用，所谓后香，是由高沸点的酸性物质组成，对呈味起主要作用，是空杯留香的构成物质。

二、浓香型白酒

浓香型白酒具有芳香浓郁、绵柔甘洌、香味协调、入口甜、落口绵、尾净余长等特点，这也是判断浓香型白酒酒质优劣的主要依据。构成浓香型白酒典型风格的主体是已酸乙酯，这种成分香气突出，以浓香甘爽为特点。发酵原料是多种原料，以高粱为主，发酵采用混蒸续糙工艺，采用陈年老窖，也有人工培养的老窖。

浓香型以四川泸州老窖酒为代表，所以又称为“泸香型”。泸州老窖酒的已酸乙酯比清香型白酒高几十倍，比酱香型白酒高十倍左右。另外还含甘油，使酒绵甜甘洌。酒中含有机酸，起协调口味的作用。浓香型白酒的有机酸以乙酸为主，其次是乳酸和已酸，特别是已酸的含量比其他香型白酒要高出几倍。白酒中还有醛类和高级醇。在醛类中，乙缩醛含量较高，会产生更明显的芳香。除泸州老窖外，五粮液、古井贡酒、双沟大曲、洋河大曲、剑南春、全兴大曲、郎牌特曲等都属于浓香型，贵州的鸭溪窖酒、习水大曲、贵阳大曲、安酒、枫榕窖酒、九龙液酒、毕节大曲、贵冠窖酒、赤水头曲等也属于浓香型白酒。

三、清香型白酒

清香型白酒入口绵，落口甜，香气清正。清香型白酒的特征是：清香醇正，醇甜柔和，自然谐调，余味爽净。清香醇正就是主体香乙酸乙酯与乳酸乙酯搭配谐调、琥珀酸的含量高，无杂味，也可称酯香匀称，干净利落。清香型白酒以山西汾酒为代表，因此也称汾香型。另外还有浙江同山烧、河南宝丰酒、青稞酒、河南龙兴酒、厦门高粱酒等也是清香型酒，都属于大曲酒类。

四、米香型白酒

米香型白酒的代表是桂林三花酒。米香型白酒以清、甜、爽、净见长，其主要特征是：蜜香清雅，入口柔绵，落口爽洌，回味怡畅。如果闻香的话，有点像黄醪糟与乳酸乙酯混合组成的蜜香，它的主体香味成分是β–苯乙醇和乳酸乙酯。在桂林三花酒中，这种成分每百毫升高达 3 克，具有玫瑰的幽雅芳香，是食用玫瑰香精的原料。从酯的含量看，米香型酒中仅有乳酸乙酯和乙酸乙酯，基本上不含其他酯类，这是米香型白酒的特点之一。

米香型白酒还有冰峪庄园、西江贡、全州湘山酒、广东长乐烧等。

五、凤香型白酒

凤香型白酒以陕西凤翔的西凤酒为代表。这种香型的酒以乙酸乙酯为主，一定的己酸乙酯香气为辅。西凤酒以当地特产高粱为原料，用大麦、豌豆制曲。工艺采用续楂发酵法，发酵窖分为明窖与暗窖两种。工艺流程分为立窖、破窖、顶窖、圆窖、插窖和挑窖等工序，自有一套操作方法。蒸馏得酒后，再经 3 年以上的贮存，然后进行精心勾兑方可出厂。

西凤酒醇香芬芳，清而不淡，浓而不艳，集清香、浓香之优点融于一体，幽雅、诸味谐调，回味舒畅，风格独特，被誉为“酸、甜、苦、辣、香五味俱全而各不出头”。即酸而不涩，苦而不黏，香不刺鼻，辣不呛喉，饮后回甘、味久而弥芳为妙。

六、药香型白酒

药香型白酒以贵州的董酒为代表。董酒既有大曲酒的浓郁芳香，又有小曲酒的柔绵、醇和、回甜，还有淡雅舒适的“百草香”植物芳香。董酒是全国老八大名酒之一，它以其工艺独特、风格独特、香气组成成分独特“三独特”及优良的品质驰名中外，在全国名（白）酒中独树一帜，2008年9月被权威部门正式确定为“董香型”。

七、馥郁香型白酒

馥郁香型白酒以湖南的酒鬼酒为代表。馥郁香兼有浓、清、酱基本香型的特征。根植于湘西这片沃土之中的酒鬼酒，在秉承湘西传统小曲酒生产的基础上，大胆吸纳中国传统大曲酒生产工艺的精髓，将小曲酒生产工艺和大曲酒生产工艺进行巧妙融合，形成了其独特的生产工艺。

八、芝麻香型白酒

芝麻香型白酒以景芝酒为代表，是以芝麻香为主体，兼有浓、清、酱三种香型之所长，故有“一品三味”之美誉。

九、豉香型白酒

豉香型白酒以广东佛山的石湾玉冰烧酒为代表，是以大米为原料，小曲为糖化发酵剂，半固态糖化并发酵酿制而成的白酒。把蒸出的米酒导入佛山产的大瓮中，然后浸入约100千克的肥猪肉，经过大缸陈藏，精心勾兑，酒体“玉洁冰清”，滋味特别醇和。因为肥猪肉的猪油像玉，摸上去有点凉凉的感觉，所以肥猪肉泡过的酒称为“玉冰烧”。一块猪肉一般可以用许多年。

十、特香型白酒

江西的四特酒和临川贡酒都是特香型白酒的典型代表。特香型白酒以整粒大米为主要原料，不经粉碎，整粒与酒醅混蒸，使大米的香味直接带入酒中，丰富了其香味成分。特香型大曲原料为面粉、麦麸、酒糟按一定比例混合均匀，是白酒生产中独一无二的。

十一、老白干香型白酒

老白干香型白酒以衡水老白干为代表，其特点是香气清雅，自然谐调，绵柔醇和，回味悠长。生产所用大曲也独具特色：纯小麦中温曲；原料不用润料；不添加母曲；曲坯成形时水分含量低［30%~32%（质量分数）余同］；以架子曲生产为主，辅以少量的面曲。酒色清澈透明，醇香清雅、甘洌丰柔，回味悠长而著称于世。

十二、兼香型白酒

兼香型白酒又称复香型、混合型，是指具有两种以上主体香的白酒，具有一酒多香的风格。白沙液、郎酒 1912、口子窖、茅台白金酒、匀酒、西凤酒、井冈酒、董酒、太白酒、白云边酒等都可以归入这一类。

兼香型风格白酒主要有两种：一种为酱中带浓型，表现为芳香、舒适、细腻丰满、酱浓谐调、余味爽净悠长，如湖北白云边酒、小郎酒等；另一种为浓中带酱型，主要表现为浓香带酱香、诸味谐调、口味细腻、余味爽净，如黑龙江的玉泉酒等。

第三节　中国白酒的酿造工艺

一、白酒生产的原料、辅料和水

（一）白酒生产的原料

一般来说，凡含淀粉或糖分的粮谷类作物均可作为白酒酿造发酵的原料。传统的白酒原料以高粱为主，或搭配适量的玉米、小麦、大米、糯米、荞麦等谷物。因产地不同，有的地方也以大米、玉米或甘薯干作为酿酒的主要原料。

优良的酿酒原料要求新鲜、无霉变和杂质，淀粉含量高，蛋白质含量适量，油脂含量少，单宁含量适当，并含有多种维生素和矿物质元素，含果胶质极少。不得含有过多的有害物质，如氰化合物、龙葵苷、黄曲霉毒素等物质。粮谷原料应籽粒饱满，有较高的千粒重，原粮含水分在14%（质量分数，余同）以下。

（二）白酒生产的辅料

用固态发酵法酿造白酒时要使用一定量的填充料，这些填充料是酒醅配料的重要组成部分，其作用是调节入池发酵酒醅的淀粉浓度和酸度，保持一定量的水分和酒精，并对酒醅起到疏松作用以保证发酵和蒸馏的顺利进行。填充料的质量优劣与用量多少关系到产品质量和出酒率，质地良好的填充料能使酒醅疏松、有吸水性、含杂质少、无霉变。常用的填充料有谷糠、稻壳、高粱壳等，所有填充料在使用前都必须经蒸汽蒸后冷却，方可应用于配料，以排除其糠的杂味。

（三）酿造用水

由于白酒属蒸馏酒，其微生物培养、酿酒原料蒸煮、发酵用水和黄酒、葡萄酒、啤酒等酿造用水要求有所不同。原料以满足微生物培养、酿酒发酵为准则，而酿造用水对产品质量却有直接影响。近年来降度及低度白酒迅速发展，这类白酒采用高度酒加水稀释调配的生产工艺，因而用于降度所加的水的质量要求就要高得多。

用于白酒酿造的水源，应符合一般工业用水的条件，水量充沛稳定，水质优良、清洁无污染，水温较低，硬度适中。咸水、苦水等有碍酵母发酵的不宜使用。用于降低酒精度的水，应符合生活饮用水标准。硬度大的水中含钙镁离子多，往往造成降度白酒装瓶后容易析出白色浑浊沉淀物，因而需要软化处理。

二、白酒酿造用曲

（一）大曲

大曲又称麦曲、块曲，是我国传统酿造白酒所用的一种糖化发酵剂。因它的外形和小曲相比较大而取名。大曲采用小麦或大麦豌豆为原料，经粉碎，加水拌匀压制成砖块状的曲坯，放入曲房，依靠自然界的各种微生物，在曲房中掌握一定的温度和湿度进行培养，成熟后风干贮存3~6个月供使用。大曲中不仅存有酿制白酒的各种微生物，同时也积蓄了多种酶，是一种复合酶制剂的粗制品。大曲中的微生物群系随培养温度而异。曲坯最高温度达到60~65℃的称为高温曲，它是以细菌占优势，多数属于芽孢杆菌属，其中有能在50~55℃生长的嗜热芽孢杆菌，大都是枯草芽孢杆菌属。此外还有微球菌属、气杆菌属。也发现有少量的黄曲霉、黑曲霉、红曲霉、青霉、拟青霉、念珠霉、根霉、毛霉等霉菌。曲坯最高温度低于55℃的称为中温曲，其细菌众多，同时含有一定数量的霉菌和酵母菌。在大麦豌豆曲中有犁头霉、根霉、毛霉、黄曲霉、黑曲霉、红曲霉、拟内孢霉、交链孢霉、链孢霉、假丝酵母、汉逊酵母、毕赤酵母、芽裂酵母、类酵母、乳酸杆菌、小球菌、醋酸菌、产气杆菌、芽孢杆菌等二十多个种属。大曲中的各种微生物群在曲坯上生长繁殖，在互生、拮抗的复杂局面下生活在一起，不断地进行着盛衰交替。同时又分泌出各种水解酶类，使大曲具有液化力、糖化力、蛋白质分解力和发酵力，而且会分解原料产生糖类、氨基酸等。高温曲的糖化力比中温曲低2~3倍，液化力却高3~9倍，酸性蛋白酶含量高0. 6~3倍。由于原料来源不同，各地区气候环境条件不同以及培养工艺等因素，使大曲质量存在着极大的差异。大曲在酿酒发酵过程中形成的各种代谢产物，对白酒的产量和风味起着重要的作用。名优白酒酿造通常采用大曲作为糖化发酵剂。

（二）小曲

白酒小曲也是我国传统酿造白酒时常用的一种糖化发酵菌制剂，因外形比大曲小而得名。众多小曲的传统工艺中添加中草药，少则一味，多则百余味。至今除少数名优白酒外，绝大部分已向无药小曲乃至纯培养菌种的根霉酒曲变迁。小曲中的主要微生物以根霉为主，并有少量的酵母。在一些非纯粹培养的小曲中，伴生有其他霉菌（以毛霉居多）、野生酵母和细菌。小曲应用于白酒酿造，根据其生产工艺的特点，用量仅为大曲的1/20左右，相当于酿酒原料的1%左右。小曲酒香气清雅、酒体爽净，有其独特的风格。

（三）麸曲酒母

麸曲是在液态发酵法酒精生产的基础上创新的一种替代大曲的酒曲。它以麸皮为培养基，接种经纯培养且糖化力强的曲霉菌逐步扩大培养制成的糖化剂，并伴以发酵力强的酵母菌经扩大培养而成的酒曲。由于比传统的大曲有更高的糖化发酵力，再辅以酿酒生产工艺的调整变革，自 1955 年全国大力推广应用以后，出酒率有了明显的提高，并节约了大量粮食。

麸曲酒母虽然提高了出酒率，但由于其酶系单纯、酿酒发酵期短，致使产品风味单调，其质量仅能达到普通级白酒水平。

三、传统白酒的生产工艺

（一）清香型大曲白酒的生产工艺

以山西汾酒为代表的清香型大曲白酒，其风味特点为清香醇正、酒体纯净，主体香成分是乙酸乙酯和乳酸乙酯。酿酒工艺特点是地缸发酵、清蒸二次清。技术要点在于必须有质量上等的小麦和豌豆制成的曲，酿酒工艺的中心环节是应消除使酒体产生邪杂味的所有因素，其工艺流程如下所示。

粉碎后的高粱称为红糁，按投料量的 60%~65%分批加入 90℃的热水，拌匀成堆。保持堆心温度在 60℃以上，堆积 20~24 小时，期间每隔 5~6 小时搅堆一次，高温润糁使原料吸收水分，有利于淀粉糊化。然后将红糁均匀地按见汽撒料的方式装甑蒸煮，装完一甑，面上泼洒占投料量 1%~2%的水，大汽蒸煮 80 分钟，使原料达到熟而不黏、内无生心。然后将辅料稻壳盖于糁顶，同时清蒸辅料排除杂味。蒸熟的红糁出甑后立即加水，边加水边搅拌，捣碎其中的团块，并鼓风冷却，使料温比发酵温度高 2~3℃。加入经粉碎的大曲面，为投料量的 9%~10%，拌匀入缸发酵。酒醅温度按季节不同，一般在 11~14℃。使酒醅在 6~7 天达到最高温度为宜。酒醅入缸后用新鲜谷糠沿缸边撒匀，加上塑料膜，再盖上石板，严密封缸。发酵期为 21~28 天。发酵过程的温度控制要求按照“前缓、中挺、后缓落”的原则进行。发酵完毕后即出缸上甑蒸馏，蒸得大楂酒。

蒸完后出甑的酒醅趁热加入占投料量 2%~3%的水，冷却降温，再加入占投料量 10%的大曲粉，拌匀入缸进行二楂发酵。发酵温度按“前紧、中挺、后缓落”的原则进行。发酵期 21~28 天。发酵结束，出缸上甑蒸酒得二楂酒。所得二楂酒按质分别入库，经贮存勾兑成为产品。

（二）酱香型大曲白酒生产工艺

以贵州茅台酒为代表的酱香型白酒，酿酒工艺特点为使用高温大曲，高温堆积，采用条石筑的发酵窖，多轮次发酵，高温流酒，每轮次所得酒液分别长期贮存，最后盘勾为成品。

酱香型白酒的酿酒采用纯小麦制的高温大曲。原料高粱又称为“沙”，二次投料，发酵一月蒸酒为一轮次，共发酵8轮次，一年一个酿酒发酵大周期。第一次投料为总量的50%，称为下沙，第二次投入另一半粮，称为糙沙。原料仅少部分破碎，其整粒与碎粒比为8∶2左右（质量比，余同）。少部分高粱破碎后，先加90℃以上的热水润粮4~5小时，再加入去年最后一轮发酵出窖而未蒸酒的母糟（6或7轮次）5%~7%拌匀，装甑蒸粮1小时至七成熟，带有二三成硬心或白心，即可出甑。出甑沙在晾堂上泼洒90℃水，用量为原粮的10%~12%，拌匀后摊开降温至30~35℃，收拢成堆洒入尾酒翻匀。加入占原料量10%~12%的大曲粉，4~5天待堆顶温度达45~50℃，即可入窖发酵。下窖前先用尾酒喷洒窖壁四边及底部，并在窖底撒些曲粉。蒸沙入窖的同时，浇入尾酒，封窖温度为35℃左右。用泥封窖，发酵30天出窖，称为下沙操作。

糙沙操作是将高粱部分破碎，润料同上述一样，然后加入等量的下沙出窖发酵酒醅混合上甑蒸馏。首次蒸得的生沙酒，全部泼回酒醅内，再加大曲粉，拌匀堆积，操作同下沙。入窖发酵一个月。

将糙沙酒醅取出蒸馏得糙沙酒。甜味好、味冲、有生涩味、酸味重。原酒入库贮存。蒸酒后的酒醅出甑摊凉，加尾酒和大曲粉，拌匀堆积，再入窖发酵一个月，出窖蒸得的酒也称回沙酒。

以后几轮次的操作方法同上。分别蒸得第3、4、5轮次原酒，这三轮次酒统称为大回酒。香浓、味醇、酒体较丰满。第6轮次酒称为小回酒，醇和、煳香好、味长。第7轮次酒称为追糟酒。经8次发酵，完成一个生产酿造周期。

（三）浓香型大曲酒生产工艺

浓香型大曲酒在名优酒中产量最大，分布面广，其风味质量要求为窖香浓郁、绵甜纯净、香味谐调、回味悠长。香气成分以己酸乙酯为其主体香，同时富含乙酸乙酯和乳酸乙酯。酿酒工艺特点是泥窖发酵，混蒸续糌配料，发酵周期长，为45~70天。酿酒原料除五粮液、剑南春采用高粱、小麦、江米、糯米、大米外，一般均用高粱。

各种浓香型白酒的工艺各有区别，但大体过程基本相似，现以最常见的一种工艺为例来说明。

高粱粉碎成4、6、8瓣，按一定比例加入上一窖发酵完毕的母糟，并加经清蒸后的稻糠，拌匀堆积润料，称为粮糟。待蒸完面糟后（面糟即上一批入窖发酵时不加粮及水的酒糟，也称红糟，是放在发酵窖顶部的一甑酒糟），开始蒸粮糟，蒸馏时按质摘酒、分级入库、贮存勾兑后为成品。一般蒸酒时间每甑为15~20分钟，继续蒸完尾酒后，加大火力蒸粮至柔熟不腻，需60~70分钟。出甑立即均匀地泼入85℃以上的热水，稍堆积后即摊平，鼓风冷却至高于入窖温度3~6℃，加入大曲粉拌匀即可入窖发酵，入窖时每甑泼洒稀释的面糟酒。入窖温度随季节而变化，以接近地温为准。待加完面糟后即用泥封窖，发酵60~70天，出窖蒸馏。铲去窖皮泥，先挖出面糟堆于晾堂待蒸，留出窖上层的母糟一甑作为红糟后，其余作为粮糟。当窖内出现黄水时即停止出窖。在剩余的母糟中间或一侧挖出一黄水坑，长宽70~100厘米，深至窖底，进行滴窖。随即将坑内黄水舀净，以后则滴多少舀多少，每窖至少舀4~6次，要做到滴窖勤舀。当蒸完面糟及头甑粮糟已入甑时，才继续挖出窖内母糟。

（四）米香型小曲酒生产工艺

以广西三花酒为代表的米香型白酒，其风味蜜香清雅、入口绵、落口爽净。香气成分乳酸乙酯和乙酸乙酯含量多，并含有较多量的高级醇和苯乙醇。其酿酒工艺特点是以大米为原料，小曲固态堆积，先进行培菌糖化，然后加水液态发酵，液态釜式蒸馏。生产工艺流程如下所示。

大米浸泡→淋干→装甑→初蒸→泼第一次水→续蒸→泼第二次水→复蒸→搅散→摊冷→加小曲粉→下缸→开窝→加温水→泡糟→挖入醅缸→发酵→蒸馏

原料大米用50~60℃温水浸泡约1小时，淋干后入甑蒸煮，待原料变色后泼第一次水，再蒸煮，泼入第二次水继续蒸，无需熟透。将蒸熟饭团搅散，鼓风冷却，加入原料量0.75%的小曲粉，拌匀入缸堆积，在饭缸中间留一空洞供应空气。饭层厚度为12~15厘米，放置20~22小时，随着根霉菌的繁殖同时进行糖化，温度不断上升，达到37℃较为适宜。即可加入水，其温度在34~37℃，搅匀，温度保持在36℃左右。分装两个醅缸发酵，依气温不同而进行保温或冷却，发酵5~6d。发酵液酒精度11%~12%vol，残糖几乎为0，即可倒入发酵醪贮池，并缸后用泵打入蒸馏釜中，用蒸汽加热蒸馏。截头去尾，中流酒控制酒精度58%~60%vol。入库贮存一年，经勾兑出厂。

传统生产方式全部是手工操作，现在已改造为连续蒸饭机、糖化糟及大罐发酵和不锈钢蒸馏锅的机械化作业线，生产效率大为提高。

（五）凤香型大曲酒生产工艺

陕西西凤酒为典型的凤香型大曲酒，其风味醇香秀雅、甘润挺爽、诸味谐调、尾净悠长。酿酒工艺特点是采用续糙配料，新泥窖发酵，发酵期短。生产工艺如下所示。

立窖：将粉碎好的高粱1100千克，加入清蒸后的高粱壳360千克，加50℃温水880~990千克润料，拌匀堆积10~15小时，分三甑蒸煮，时间每甑1.5小时以上，使粮糙达到熟而不黏。出甑后加热水适量，冷却后，加大曲粉入窖发酵。三甑的大糙出甑后加热水及大曲，窖底撒曲粉4.5千克。粮糙入窖后，用泥封窖发酵14天，配粮蒸馏取酒。

破窖：将上述发酵酒醅出窖后，拌入粉碎后的高粱900千克，高粱壳240千克，分4甑蒸馏。蒸酒后出甑加适量井水冷却，加大曲粉拌匀入窖发酵，这四甑酒糟分为三个粮糙，一个回糙，即不再加新粮的酒糟，再次发酵蒸馏后，即作为扔糟，用泥封窖，发酵14天后出窖配粮蒸馏。

顶窖：将破窖发酵成熟酒醅出窖。在三个粮糙中加入高粱900千克，高粱壳165~240千克，分成4甑。另加一个入窖时的回糙，共为5甑蒸酒。第一甑为上排的回糙，蒸酒后冷却不加新粮，只加大曲入窖再次发酵，称之为糟醅（扔糟）。第二甑蒸酒后加水冷却，加曲拌匀入窖为回糙。其余三甑粮糙操作方法及入窖条件同破窖一样，所有酒醅入窖完毕，用泥封窖。发酵14天，出窖配料蒸馏。

圆窖：将顶窖入窖发酵成熟的酒醅，分层出窖，在上中层入窖时的三个粮糙，继续投入粉碎后的高粱900千克，高粱壳175千克，又分成三个粮糙一个回糙。其蒸馏操作同顶窖时一样进行。顶窖入窖时的回糙蒸酒后成为糟醅，冷却后加大曲于窖底成为糟醅。而顶窖入窖时的糟醅经蒸馏后作为扔糟当饲料出售。此后转入正常入窖发酵，发酵14天。至每年夏季停产检修时，将泥窖表面泥层铲除，重新换上新泥筑窖，这是有别于浓香型大曲酒的一条重要工艺措施。

蒸馏所得白酒，按质分级贮存于酒海中（酒海是一种容器，它内壁涂有动物蛋白质及石灰、麻纸形成的涂料层）。存放一年后，即可勾兑成产品。

（六）其他香型白酒生产工艺

1. 药香型曲酒

以贵州省董酒为代表的药香型曲酒，产品风味特色是融植物药香和浓香为一体，酒体爽净。其酿酒工艺特点是原料高粱先进行小曲固态发酵，蒸馏取酒，这是小曲酒，然后将酒糟加大曲，经长达半年之久的发酵，制成香醅，再用小曲酒进行串香蒸馏，得到成品酒。

小曲酒生产：原料高粱加90℃热水浸泡8小时后放水滴干，装甑蒸40分钟，再用50℃左右的水适时焖粮，放去焖水，再蒸2小时，打开甑盖加适量水再蒸20分钟，使水熟透米心。熟粮出甑摊凉，加小曲粉拌匀，入箱培菌。箱底及四周放一层小曲酒糟，约3厘米厚，经24小时，品温以不超过40℃为宜，再和配糟混匀，鼓风冷却至28℃左右入窖，再加适量50℃热水，封窖密闭发酵6~7天，即蒸馏得小曲酒。

香醅生产：取隔天蒸酒后的高粱小曲酒糟750千克，董酒糟350千克，香醅350千克，加麦曲粉75千克，拌匀下窖。夏天将当天的下窖糟耙平踩紧，冬天将发酵糟在窖内或晾堂堆积一天，次日将入窖糟耙平踩紧。每2~3天向窖内洒酒一次，每窖约加60%（质量分数）小曲酒550千克，至12~14天装满窖，用拌黄泥的煤粉封窖，经发酵半年以上，即为香醅。

串蒸：取出窖香醅350~400千克，加1%的稻壳，搓开团块拌匀。底锅加入一定量的小曲酒，加热装香醅于甑篦上进行串蒸。或将小曲发酵酒醅先装甑再装一层香醅串蒸，截取酒精度61%vol的中流酒，分级入库、贮存、勾兑后得产品。

2. 兼香型大曲酒

兼香型大曲酒以湖北白云边酒、黑龙江玉泉大曲等为代表，具有浓香与酱香两种香型的风味特征。该香型酒在酿酒发酵工艺和贮存勾兑中都糅合了浓香及酱香型的生产技艺。

以白云边酒工艺为例，原料高粱先采用高温大曲，新粮经高温堆积，二次投料，7轮次发酵的酱香型生产工艺，然后继续采用中温大曲，续粮低温发酵2轮次。各轮次的酒分层分型蒸馏，按质取酒，贮存勾兑而成产品，其操作方法如下所示。

每年9月初第一次投料，高粱粗粉占20%（质量分数，余同），用80℃以上热水焖粮，加水量为原料的45%，焖堆7~8小时，配加5%第8轮次未蒸酒的母糟，与原料拌匀后上甑蒸，出甑后，加80℃的热水15%拌匀，再加2%的尾酒，冷却至38℃左右，加12%大曲粉，混匀，在晾堂堆积4~5天，入窖发酵，窖壁上层为水泥面，下层为泥面。入窖前先洒尾酒及大曲粉50千克左右。醅料入窖的同时洒入尾酒150千克，入窖完毕用泥封池，发酵一个月。

第二次投料，粗粉碎的高粱占30%，其余为整粒，投料量为原料的45%，加热水焖堆，方法同上排操作。将上排发酵出窖的醅料和焖堆后的原料混匀装甑蒸馏。所得的酒全部泼回入窖酷料。加大曲、尾酒，堆积等操作与上排相同，封池发酵一个月。

其后第3轮至第7轮次的醅料发酵操作，是每轮次蒸酒后就出甑醅料加水15%冷却，再加尾酒2%，凉至38~40℃，加大曲粉8%~12%，拌匀堆积3天后入窖，发酵一个月后蒸酒。出窖时分层次蒸馏，按质取酒，分级分轮次贮存，共得5个轮次的酒。

自第7轮次后，出甑的醅料中再加入总投料量9%的高粱粉，15%水，20‰中温大曲，拌匀，低温入窖发酵一个月，蒸馏得酒，贮存。最后将贮存后的各轮次酒勾兑成产品。

3. 豉香型小曲酒

豉香型小曲酒以广东石湾玉冰烧酒为代表，其豉香风味独特、醇和甘滑、余味爽净。香气成分中壬二酸二乙酯、辛二酸二乙酯等是其特征性成分。酿酒工艺特点是以大米为原料，小曲液态发酵、液态蒸馏至含酒精度32%vol再经肥猪肉浸泡贮存而得产品。生产工艺流程如下所示。

大米→沸水蒸饭→摊凉→入埕（chéng，坛子）发酵→蒸馏→肉埕陈酿→过滤→勾兑→包装→成品

原料大米倒入沸水中蒸饭至熟，打松散后摊凉冷却至35~40℃，加入占原料18%~22%的小曲饼粉，搅匀装入瓦埕中，入发酵室发酵，室温26~30℃，冬季发酵20天，夏季15天，然后将发酵醪装入蒸馏釜中进行蒸馏。所得中间产品酒，俗称斋酒。将其入埕浸泡肥猪肉1~3个月后取出酒液，经沉淀过滤勾兑而成产品。

传统工艺采用手工操作。自20世纪80年代始，经不断的科学试验，至今已改造为用连续蒸饭机、凉饭机、大罐糖化发酵及大罐浸肉陈酿，经压滤、包装的机械化作业，生产效率得到大幅度提高。

4. 特香型大曲酒

江西省四特酒为特香型大曲酒的代表，其特点是酒色清亮，酒香芬芳，酒味醇正，酒体柔和，清、浓、酱香三型具备，但又不偏向任何一型。香气成分中乳酸乙酯含量最多。酿酒工艺特点在于选用整粒米为原料；大曲采用酒糟、麦麸、面粉为原料，用本地产的质地疏松的红褚条石砌成发酵窖，窖底为泥，窖面用泥封，其余生产操作基本上和45天发酵期的混蒸续楂浓香型大曲酒相同。

5. 芝麻香型曲酒

芝麻香型曲酒的代表是山东景芝白干和江苏梅兰春酒，以其具有类似烘烤后的芝麻香而得名。酒味醇厚，酒体爽净。酿酒工艺特点是合理配料，多种微生物高温发酵，缓慢蒸馏，贮存成形。

高粱粉碎后，配加10%的小麦或麸皮作为酿酒原料。用河内白曲为菌种，经扩大培养成麸曲。选用多种产酯能力强的生香酵母及从高温大曲中分离得到的嗜热芽孢杆菌，经分别培养后按比例混合使用于酿酒生产。工艺采用清蒸混入，即出窖发酵酒醅拌入一定量的清蒸稻糠后装甑蒸酒。出甑酒醅加粮后拌匀再上甑蒸料，出甑晾冷，加水加曲和酒母混匀，在晾场

上堆积24~48小时，待堆温由25℃上升到50℃，即捣堆入窖发酵，温度在33℃左右，发酵池材质为水泥结构，窖底垫泥，用泥封窖，发酵28天出窖蒸馏。再经一年贮存，香气逐渐形成，然后经勾兑出厂。

四、普通白酒的生产工艺

（一）麸曲法

以薯类、粮谷及野生含淀粉植物等为原料，采用优良菌种扩大培养制成麸曲及酒母作为糖化发酵剂，经发酵、蒸馏、贮存而得产品。这是中华人民共和国成立后在白酒工业上取得的一项重大技术进步成果，原粮出酒率比传统大曲酒生产提高5%以上，适应国家节约粮食的要求。这项技术的应用始于1953年，1955年轻工业部组织了全国有关技术人员在山东省烟台酒厂系统总结完善了这一生产工艺，称之为烟台操作法。随后在全国大力组织推广，1964年又进行了修订补充，其生产工艺要点是“麸曲酒母、合理配料、低温入池、定温蒸烧”，产区主要在我国北方地区。随着生产技术的不断发展，目前麸曲酒母已逐步被商品糖化酶及活性干酵母所替代。老五甑是其典型的操作法，工艺特点是粮食原料的蒸煮糊化和酒醅的蒸馏同时进行；入池固态发酵酒醅边糖化边发酵；原料粉碎细，辅料糠用量大，水池水分大，发酵期短。

老五甑正常操作时，发酵池内的发酵酒醅有大、二、三楂及回糟共4批，分4甑蒸馏，将薯干、玉米、高粱等原料粉碎成能通过20目筛孔的细粉，和出池的大、二楂发酵酒醅分别配比，混成大、二楂和三甑，分别装甑进行原料蒸煮糊化及酒醅蒸酒。然后出甑冷却，加入麸曲及酒母，加水混匀，达到入池温度要求时，即可入池发酵。上一批入池时的三楂，出池后仅加少量糠，混匀上甑蒸酒后，出甑冷却加曲及酒母，入池发酵称为回糟。上一批入池的回糟，出池后加糠上甑蒸酒后的酒醅称为扔糟，作为饲料出售。根据不同季节气温高低，发酵期在4~5天。当池内发酵酒醅品温不再升高时即可蒸馏取酒。

由于所用酿酒原料不同，尤其使用薯类或野生植物时，常采用原料蒸煮糊化与发酵酒醅蒸馏分开进行，再配料入池发酵的清蒸混入操作法。

（二）小曲法

采用自然培养微生物的小曲作为糖化发酵剂，将原料高粱、玉米或大米经固态发酵酿造蒸馏而得的白酒。其生产工艺采用“匀、透、适”的泡、焖蒸粮法；“低温、定温、定时”的嫩箱培菌法以及“紧桶、快装、定时、定温”发酵法。

将高粱在甑内加水浸泡6~10小时，水温保持80℃左右，水位超过粮面20厘米。泡粮后将水排掉。浸泡后的高粱开蒸汽蒸煮10~15分钟，再由甑底加40~45℃温水渗透粮层，至比水面高出6~8厘米。要求焖水接触高粱后的水温为90~95℃，时间为10分钟。再将焖水排放尽，开蒸汽复蒸1小时左右，即可出甑。蒸熟高粱冷却降温后加0.2%~0.4%小曲粉拌匀，入箱。先在箱底席上撒少许稻壳及曲粉，再将上述熟粮轻铲入箱内，厚度依气温而不同（10~20 厘米）。摊平后面上撒少许稻壳及曲粉，加盖草席，进行培菌。入箱品温28℃，出箱时为 35℃，时间 25 小时左右，夏季 21~22 小时。控制适时出箱是保证正常发酵的重要环节之一。将出箱醅 1 份，摊撒在 4 份蒸完酒出甑冷却后的酒醅上，收堆混匀，入池发酵 5 天后出池蒸馏。面及底的酒醅蒸酒后作为丢糟用于饲料出售，其余酒醅用作下一批配料。

（三）大曲法

大曲法为传统生产工艺，通常采用老五甑混烧操作法。和麸曲法类似，不同点在于大曲法应用自然培养微生物的中温大曲作为糖化发酵剂，发酵期 10 天左右。由于大曲的发酵糖化力较低，发酵期又较长，因此原料高粱的粉碎度相比麸曲法较粗，出酒率也较低，生产成本高。近年来已逐步改变成麸曲法或半酶法，即减少大曲，添加糖化酶和活性干酵母。

（四）液态发酵法

白酒酿造采用仿酒精生产的液态发酵法，替代传统沿用的固态发酵法，是中华人民共和国成立以来在白酒工业上又一重大技术改进。这项早在 20 世纪 50 年代就被列为国家重点科研项目的成果，经过近几十年的不断探索研究于 1964 年终于获得成功。由于该工艺机械化程度高，原料出酒率比固态法高 5%以上以及成本低等优点，采用液态发酵法所生产的普通白酒已占我国白酒总产量的 60%以上，采用该工艺的基本要点在于将酒精生产的优点和白酒传统发酵的特点有机地结合起来，使产品既保持传统白酒的风味、质量，又提高了生产效率和经济效益。因此采用固、液结合法比较合适，总结出了“液态除杂、固态增香”的工艺路线。较普遍应用的有串香法及调香勾兑法。

1. 串香法

串香法起源于贵州董酒的传统生产工艺。在 20 世纪 50 年代中期，北京酿酒厂仿董酒生产工艺，将符合卫生指标的酒精稀释后放入固态蒸馏甑的底锅，再用少量粮食进行固态发酵制成香醅，将香醅装甑于竹篦上部，加热使酒精蒸气透过香醅层，而得到普通白酒，风味质量良好。一般固态发酵法产的白酒在产品中占 10%左右。本法以薯类等为原料先发酵制成酒精后再串香醅，风味质量远比固态发酵法更优。

串香法白酒的质量首先在于酒精的质量。近年来国家制定公布了食用酒精的标准，使各生产厂在改造蒸馏设备上有了长足的进展，酒精质量普遍提高，无须再采用以往的复蒸前添加高锰酸钾和活性炭脱臭除杂的处理方法。

固态酒醅发酵制香醅，是利用优质酒糟，再加少量粮食和大曲，发酵一个月后作为香醅。与酒精串蒸时的比例，一般以4∶1（醅酒质量比）为宜，可随香醅质量而适当调整。在串蒸过程中酒精的损耗和香醅的疏松度、水分、料层厚度以及装甑技术、蒸汽大小都有直接关系。

2. 调香勾兑法

随着食用酒精质量的提高，为了简化生产工序及降低损耗，可不经复蒸串香，而采用直接调配法，即将固态发酵的优质白酒尾酒及少量白酒直接调配，或再辅以微量白酒香精。对于优质白酒蒸馏测定的结果表明，在尾酒中存在着数量众多、品种齐全的白酒香气成分，尤其对口感呈味起重要作用的酸类更是集中在尾酒之中。因此尾酒可作为调香白酒的一个重要的香源是肯定无疑的。根据白酒香气成分分析，合理而有效地应用微量、质量好的食用白酒香精也是可行的，关键还在于要掌握好调配技术。

五、低度白酒的生产工艺

凡含酒精度40%vol以下的白酒称为低度白酒。发展低度白酒，既节约粮食，又对消费者的身体健康有好处。低度白酒起始于20世纪70年代，之后发展迅速。品种由初始的单一浓香型拓展到各种香型。

生产低度白酒是有一定的工艺要求的。若在蒸馏时直接降低酒精度取酒，将使白酒香气成分平衡破坏，风味质量变化过大，因此目前低度白酒所采用的生产工艺均由高度酒加水降度后，再经过除浊、调味勾兑而成。要获得质量好的低度白酒，必须掌握的要点是选用优质的高度原酒，加入优质的降度用水，再选用适宜的除浊方法以及勾兑调味。

根据产品质量的不同档次，选用高度原酒是保证产品保持原有风格特征的前提。一般要求香味成分含量要高。为此依照不同香型，有的在发酵工艺上适当延长发酵时间，或在蒸馏工序中截取前馏分较多的酒作为基酒。

稀释水的质量应选用达到我国生活饮用水的卫生标准，应用无色透明、嗅味正常的软水，采用活性炭、砂滤棒过滤器吸附水中杂质、有机物、微生物及微胶体粒子。用离子交换法、电渗析等方法除去水中钙盐、镁盐等，使硬水软化。如果用硬水兑酒，往往出现澄清后的低度酒重新浑浊或失光现象。

存在于酒中的微量高级脂肪酸乙酯，如棕榈酸乙酯、油酸乙酯、亚油酸乙酯等，因其在低酒精度中溶解度低，当高度原酒加水降度后，就会出现酒体浑浊的情况。除浊的方法应遵循的原则是：不影响产品风味质量。即只能去除絮状浑浊物，而不能带走白酒中的其他香味成分，也不能增加任何其他异杂味。此外还要求操作简便、成本低、效率高。目前在生产中使用的方法大体上有冷冻法和吸附法。

冷冻法：根据高级脂肪酸乙酯在低温时溶解度降低而大量析出的物理性质，将降度后的低度酒冷却至-10℃以下过滤，得清液。使用该法的产品质量好，但处理成本较高。

吸附法：加水后，在浑浊的低度酒中，添加一定量的吸附剂，搅拌后放置24小时，吸取上层清的酒液过滤。常用的吸附剂有玉米淀粉及酒用活性炭，以及硅藻土、高岭土、海藻酸钠、琼脂、纤维素等。

另外还可采用大孔径离子交换法、分子筛法等。各种除浊方法都有其各自的技术要求及优缺点。经除浊过滤后的低度酒，再按各自产品要求进行勾兑调味，稍稍贮存即为产品。

第四节　白酒的主要成分和营养物质、有害物质

一、白酒的主要成分

白酒的主要成分是乙醇和水，二者占总量的98%以上，其余的各种物质含量不到2%。而正是这2%左右的物质，决定了酒的质量，也决定了酒的香气和口味，构成白酒的不同香型和风格，当然也决定了酒的价格。

白酒中除了水和乙醇外，还有高级醇、有机酸、酯类、多元醇及其他类别化合物。

乙醇：即酒精，是白酒中含量最多的成分，微呈甜味。平时所说的酒精度，就是指乙醇的含量，含量越高，酒精度越高，酒性越强烈。有人认为酒精度越高，酒的质量就越好，这是一种误解。实际上乙醇分子与水分子在酒53%~54%vol时亲和力最强，酒的醇和度好，酒味最谐调，茅台酒就巧妙地做到了这一点。酒精度高的烈性酒，对人体有害，常年饮用容易引起慢性酒精中毒，对神经系统、胃、十二指肠、肝脏、心脏、血管都能引起疾病。目前，除全国名优酒保持原来的酒精度以外，其他白酒多数由高度酒改为降度酒，还出现了不少40%vol以下的低度酒。

有机酸类：酸是白酒中的重要呈味物质，它与其他香味物质共同构成白酒所特有的芳香。含酸量小的酒，酒味寡淡，后味短；含酸量大的酒，酒味粗糙。只有适量的酸在酒中才能起到缓冲的作用，可消除饮后上头和口味不谐调等现象。酸还能促进酒体的甜味感，但过酸的酒甜味减少，也影响口味。一般名优白酒的酸含量较高，超过普通液态白酒的两倍。乙酸和乳酸是白酒中含量最大的两种酸，多数白酒的乙酸超过乳酸，优质白酒的乳酸含量较高。

酯类：是白酒中最重要的香味物质。一般优质白酒的酯类含量都比较高，平均为0.2%~0.6%。普通固态白酒比液态白酒的酯含量高一倍，优质白酒又比普通固态白酒的酯含量高一倍，所以优质白酒的香味浓郁。

高级醇：白酒中的高级醇是指碳链比乙醇长的醇类，其中主要是异丁醇和异戊醇，在水溶液里呈油状，所以又称为杂醇油。各种高级醇都有各自的香气和风味，是构成白酒的香气成分之一。多数高级醇似酒精味，但有些醇有苦味或涩味。因此白酒中杂醇油的含量必须适当，不能过高，否则将带来苦涩怪味。但是，如果白酒中根本没有杂醇油或其含量过少，酒味将会十分淡薄。白酒中醇、酯、酸的比例要适当。

多元醇：多元醇在白酒中呈甜味。白酒中的多元醇类，以甘露醇的甜味最浓。多元醇在酒内可起缓冲作用，使白酒更加丰满醇厚。多元醇是酒醅内酵母酒精发酵的副产物。酒醅的低温发酵有利于这些醇甜物质的生成，发酵缓些，发酵期长些，多元醇的积累也就较高。

清香型白酒的主体香气成分为乙酸乙酯，浓香型白酒的主体香气成分为己酸乙酯，米香型白酒的主体香气成分为β-苯乙醇和乳酸乙酯，而酱香型白酒则很难确凿指出主体香气成分是什么，人们对其有关成分的认识尚有争议。通过对白酒微量成分的剖析，可以看出白酒

的各种微量成分的定性种类比较一致，而在量比关系上差异甚大。正是这种差异构成了白酒各种不同的香型和风格特点。

二、白酒中的营养物质和有害物质

白酒中除了含有极少量的钠、铜、锌外，几乎不含维生素和钙、磷、铁等矿物质。乙醇虽然在酒中占的比例比较多，但它不是酒的主要营养成分。酒有着高热量，据测定，每毫升纯酒精可产生热量30焦，和脂肪的热量相当，高于糖和蛋白质的产热量。适量的酒精对人体是有益的，过量的酒精对人体无疑是有害的。白酒内的乙酸、乳酸、乙酸乙酯、丁酸乙酯、己酸乙酯、乳酸乙酯、异戊醇等物质都是人体健康所必需的，从这个角度来说，白酒是有营养的。

白酒中的有害物质也不少，主要有以下几类。

（一）农药残留

农药主要来源于酿酒所用原料，如谷物和薯类作物等，这些粮食在生长过程中如果过多地施用农药，有部分农药毒物会残留在种子或块根中。用这种原料制酒，农药就会进入酒中，饮用后影响健康。

（二）甲醇

甲醇是一种无色液体，有麻醉性，能无限地溶于水和酒精中，它有酒精味，也有刺鼻的气味，味道上和酒精有些相似。甲醇毒性很大，对人体健康有害，如果酒中甲醇的量过大，会引起头晕、头痛、耳鸣、视物模糊等症状。10毫升甲醇可引起严重中毒、失明；急性中毒者可出现恶心、胃痛、呼吸困难、昏迷，甚至危及生命。按中华人民共和国国家卫生健康委员会（以下简称“卫健委”）规定，每百毫升谷类酒中含甲醇不得超过0.04克，薯干及代用原料酒中甲醇含量不得超过0.12克。

（三）醛类

醛类主要是在白酒的生产发酵过程中产生的，它有较大的刺激性和辛辣味，喝酒时的辛辣味大都是由醛类物质造成的。醛类中甲醛的毒性最大，40g/100mL的甲醛我们并不陌生，它就是福尔马林，10克甲醛即可使人致死，可见其毒性之大。乙醛是极易挥发的无色液体，能溶于酒精和水中，在蒸酒时，酒头含乙醛最多，经过贮存，会逐渐挥发一些。人们经常喝乙醛含量高的酒，容易产生酒瘾。乙醛毒性比酒精高出十倍，一般白酒中的乙醛的含量不应超过每百毫升0.0045克。糠醛的毒性相当于乙醇的83倍，因此，它在白酒中的含量必须是非常微小的。

（四）杂醇油

杂醇油为无色油状液体，是白酒的重要成分，它是一种有害物质，含量过高时对人体有害，能使神经系统充血，使人头痛、头晕。有些酒使人上头，主要是杂醇油的作用。杂醇油在人体内氧化慢，停留时间长，醉后不容易恢复。酒中杂醇油的含量一般不超过每毫升0.15克。

（五）重金属铅

白酒中的铅主要来自酿酒设备、盛酒容器、销售酒具。铅对人体危害极大，它能在人体积蓄而引起慢性中毒，其症状为头痛、头晕、记忆力减退、手握力减弱、睡眠不好、贫血等。国家对白酒含铅量的规定，为每升白酒所含的铅不得超过1毫克。

第五节　著名白酒

在中华人民共和国成立以后，为了鼓励和促进酿酒工业的发展，国家组织举行过多次全国评酒会，通过一系列的评酒会，许多中华名酒浮出水面，下面就作者认知所及，列出一些白酒予以介绍，这里所列的白酒，排名不分先后，没有列出的，不代表不知名。

一、茅台酒

茅台酒已有800多年的历史，以其高超的质量，在众多的名酒中独树一帜，被视为“酒中珍品”，见图2–1。

（1）商标

（2）产品

图2–1　茅台酒

茅台酒产于贵州省仁怀县茅台镇。从汉代开始，这里已是由西安经巴蜀到南越的必经商道，它位于贵州北部，在赤水河畔，赤水流域的地层主要为红色砂岩和砾石，这种地层具有良好的通透性，而且这里的红壤土质又富含多种矿物质。赤水河流域受印度洋暖湿气流的影响，夏季炎热多雨，使得赤水河水质优良。赤水河的水入口微甜，含极少的溶解杂质，用这种水蒸馏酿出的酒特别甘美。

从酿造工艺上说，茅台酒属于大曲酱香型白酒，称为“茅香”“酱香”。它的酒液纯净透明，入口醇香馥郁，有令人愉快的酱香，味感柔绵醇厚，回味悠长。酒精度虽高却无刺激感。茅台酒虽然是烈性酒，但它烈而不燥，即使喝过量也不致头痛或呕吐。当年红军四渡赤水，其中三次来到茅台镇，茅台人为了慰问红军，捧出最好的茅台酒，当时红军战士舍不得多喝，而是用它来医治因长途跋涉而产生的疲劳和关节疼痛。

早在西汉时期，仁怀一带就产有名酒——蒟酱酒。北宋时，这里所产双曲法酒，被张能臣载入所著《酒名记》，直到1915年，才以茅台酒命名。

1949年以来，茅台酒又先后14次荣获国际金奖，并蝉联国家名酒之冠。1952年，第一届全国评酒会评出全国八大名酒，茅台酒名列首位。1963年，第二届全国评酒会又评出18种国家名酒，茅台仍在其列，只是排序降于五粮液酒、古井贡酒、泸州老窖特曲、四川成都全兴大曲酒之后，位列第五。后来，在全国三次评奖中，茅台酒又回到了冠军宝座。在国外，许多外国人和华侨也非常欣赏茅台酒，特别是住在东南亚各国的华侨，每当举行宴会时，主人总是在请柬上写着：备有茅台酒招待。这种宴会规格最高，可见茅台酒的魅力非同一般。

茅台酒的酿造采用了独特的传统工艺，工艺操作复杂，酿造过程极其严格。它的特殊品质风格由“酱香”“窖底香”和“醇甜”三大特质融合而成，每种特质又对应着许多微量化学成分。现在茅台酒的组成成分已经分析出数百种，这些成分相互配合形成了它与众不同的自然香韵。

茅台酒以精选高粱（也称为“沙”）为原料。蒸料时的沙是碎粒和整粒按2：8（质量比，余同）的比例掺和的混合粒，生沙发酵后，第二次拌入生沙再发酵，碎整粒的比例改为3：7，这也是和其他白酒原料处理不相同的地方。茅台酒经过两次投料，八次高温堆积发酵，七次取酒，取出的酒分别入库，制酒周期长达一年。成酒后存放多年，然后再经调酒师精心盘勾，再经多年贮存才可成为成品。茅台酒的用曲总量超过了高粱原料，用曲多，发酵期长，多次发酵，多次取酒，这些都是形成茅台酒品质的重要特殊工艺。

茅台酒厂所在的赤水河畔受到严格保护，周围不存在有污染的工厂。山泉水汇合而成的赤水河更是无污染、无杂质，水清味美，这是保证茅台酒品质的一个重要因素。更为独特的是，茅台镇地处山谷中，这一带湿润、闷热的气候，形成了独特的微生物菌群。而且，茅台镇的红色“朱砂土”用于砌发酵池，这种土有利于相关微生物的繁殖，因此，茅台酒具有一种特殊的风味。这些微生物在酒曲和原料上的繁殖，其复杂的生物代谢过程，使茅台酒的风味成分更加复杂、协调，这是其他地方所无法模拟的。20世纪60~70年代，茅台集团曾在贵州仁怀以外的地区建厂，即使同样的生产工艺、同样的技术人员，也无法酿制出茅台酒的味道，只有在茅台镇这块地方，才能造出真正好喝的茅台酒。

茅台酒的窖藏也是一个关键的工艺，酒窖尤其有讲究。从窖池选址、空间高度，到窖内温湿度、透气性控制，以及酒瓮的容量、材质，瓮口泥封的方式等，都要求极为严格，这些都关系到成品酒的质量。酒窖每天要有人检查，实时根据需要开关透气孔，控制温湿度。就连看守酒窖的人也必须衣着洁净、人品端正，在窖内污言秽语，起哄打闹都是不允许的。

茅台在勾兑成品酒时，不加一滴水，因此这个工艺又称为“盘勾”。盘勾都是以酒勾酒，因此勾出的酒纯净、微黄、晶莹，柔绵醇厚，既不刺喉，又不上头，饮后令人愉快舒畅，且有舒筋活血的功效。

二、汾酒

汾酒是清香型白酒的典型代表，它产于山西省汾阳县（今为汾阳市）杏花村。汾酒的名字起源于何时，众说纷纭。据史料记载，这里古代属于汾州府所管辖，汾酒之名便由此而来。汾酒的酿造始于南北朝时期，距今已有1600多年的历史，见图2–2。

（1）商标

（2）产品

图2–2　汾酒

早在南朝时，杏花村所产“百泉佳酿”就著称于世。明末农民起义领袖李自成曾率兵经过杏花村，饮过汾酒，留下“尽善尽美”的佳誉。1915年，汾酒以其优异的品质和独特的风格在巴拿马万国博览会上获得一等优胜金质奖。中华人民共和国成立后，汾酒还连续五届被评为国家名酒金奖，并畅销海内外。

汾酒三绝：清洁卫生，幽雅醇正，绵甜味长。唐代大诗人杜牧曾写下“清明时节雨纷纷，路上行人欲断魂。借问酒家何处有？牧童遥指杏花村。”脍炙人口的诗句中提到汾酒，并在民间广为传颂，这使杏花村的汾酒更加出名。当地人每逢婚丧嫁娶等宴会场合，汾酒都是必备的。虽然汾酒的酒精度为60%vol，在众酒中属于高度酒，但人们喝了以后一点剧烈的刺激性也没有，反而饮后口留余香，使人心旷神怡。因此人们就把汾酒的特点概括为：清亮透明，清香雅韵，入口醇厚、绵柔、甘洌，落口微甜，余味净爽。可见汾酒真的是名不虚传。

俗话说，“名酒产地必有佳泉”，为什么只有杏花村才能酿出好酒来，就得益于当地的水质。杏花村一带地下水源丰富，其含水层为第四系松散岩类孔隙水，地层中锶、碘、锌、钙、镁等元素含量较高，这些元素不仅有利于酿酒，还是优质的天然矿泉水中不可缺少的。据说用杏花村的水煮饭不溢锅，盛水不锈皿，所洗衣服格外柔软干净。传说杏花村有口“神井”至今犹在，当地群众称它为“仙井”。而且，在整个杏花村里，只要把井打到一定的深度，就有“其味如醴”的优质水源源不断地涌出。

杏花村汾酒有一套独特的酿造方法。酿造汾酒选用的主要原料是晋中平原的“一把抓高粱”，选用的糖化发酵剂是用大麦、豌豆制成的“青茬曲”。人们都知道，“一把抓高粱”是山西省平原的主要农作物之一，这种高粱颗粒饱满、大小均匀、壳小、淀粉含量高；经过蒸煮处理后，熟而不黏、内无生心；而青茬曲的特点是气味清香，入口苦涩，断面呈青白色，以上这些都是保证汾酒质量优异的有利条件。汾酒酿造过程洁净、发酵时间长，酒液莹澈透明，清香馥郁，入口香绵、甜润、醇厚、爽洌。杏花村的汾酒一般存放 2~3 年才出厂。因此，汾酒经过道道程序，最后形成了特殊的品质风味。

汾酒酿造起源于唐代以前的黄酒，后来才发展成为白酒（蒸馏酒）的。自 1915 年汾酒在巴拿马万国博览会上荣获一等优胜金质奖后，其蜚声中外，声誉剧增。于是，阎锡山令人集资设立晋裕汾酒有限公司，吞并了杏花村的大小酒家。1948 年汾阳县解放后，正式成立了国营杏花村汾酒厂。随着现代科技的发展，酒厂在传统工艺的基础上，改进了生产工艺，现已成为国内规模最大的白酒厂之一，汾酒产量、质量不断提高到新的水平。

1932 年，全国著名的微生物和发酵专家方心芳先生，到杏花村“义泉涌”酒家考察，把汾酒酿造的工艺归结为“七大秘诀”，即“人必得其精，粱必得其实，器必得其洁，缸必得其湿，水必得其甘，曲必得其时和火必得其缓”的“清蒸二次清”工艺。这些宝贵经验，为进一步开展对汾酒的科学研究奠定了基础。

三、泸州老窖

泸州老窖特曲是我国浓香型白酒的精品，故又称为“泸型”，它产于四川酒城泸州的泸州曲酒厂。泸州是一个典型的四川古城，位于沱江与长江交汇处，依山傍水，终年气候温和，雨水充沛，湿热为主，特别有利于微生物发酵，素有“江城酒乡”之称，见图2–3。

（1）商标

（2）产品

图2–3　泸州老窖

泸州大曲酒早在明代万历年间就已经出现，当时有“舒聚源”酒坊。相传有一个姓舒的举人喜欢饮酒，对当地所产的大曲酒十分欣赏，并多方探求独创大曲酒的技术和设备。他于 1656 年离开官场返回泸州，经过一番考察后，他用小麦曲、红高粱为原料酿成醇和浓香的曲酒，并创办了第一个曲酒作坊，取名“舒聚源”，这便有了“泸州大曲”之称。到清代中叶，泸州的酒已销售到四川全省，年产量达 10 吨左右。到 1946 年，泸州老窖大曲酒年产 1300 吨，并远销上海、南京、成都、重庆、昆明等地。

中华人民共和国成立后，泸州的小酒作坊组织起来成为今天的泸州曲酒厂，产量和质量都上了一个新台阶。1953 年，在全国第一届评酒会上，泸州老窖特曲被评为全国八大名酒之一，并连续在第二届、第三届全国评酒会上被评为 18 种名酒之一；在全国五届评酒会上蝉联国家名酒的称号，并获得金质奖章。

泸州老窖特曲酒的原料主要是糯高粱；制曲用的原料主要是小麦；酿造使用的水是当地的龙泉井水，水质优异，口尝微甜，呈弱酸性，硬度适宜，能促进酵母繁殖。泸州老窖特曲酒的酿造工艺采用混蒸连续发酵法，这种发酵法的操作比较特殊，它的特点是低温发酵、回酒发酵、熟糠合料、发酵周期长以及“滴窖”等。酿出的酒酒色晶莹清澈，酒香芬芳飘逸，酒体柔和醇正，酒味谐调醇浓。真是具有“醇香浓郁，饮后尤香，清洌甘爽，回味悠长”的独特风格。开启瓶盖，香气四溢；喝上一口，口鼻沁香；不燥不辣，甘爽怡人；细细回味，余香悠长，令人心旷神怡、妙不可言。

泸州老窖特曲酒美誉经久不衰的一个重要原因，是其老窖的窖龄长。泸州曲酒厂最老的窖池建于公元 1605 年，距今已有 400 余年的历史，1996 年 12 月 3 日被国务院列入国家级重点文物保护单位。如今，该窖池风貌依旧，令人神往，游人莫不以一睹为幸。

按照泸州人酿酒的传统，新建的泥窖，刚开始仅能产三曲、二曲，即使经过十年后，也只能产部分头曲，而酿制特曲酒的窖龄必须在三十年以上。一般能称为老窖的，最少要有五十年以上的窖龄。老窖在建窖时有特殊的结构要求，随着窖龄的增长，酿出的酒的品质会不断提高。酿酒专家一致认为，只有百年老窖酿出的酒才是合乎理想的佳品美酒。四川泸州老窖酒之所以扬名四海，就是因为其窖龄已经很长。该老窖是一个典型的泥窖，是一个由黄泥筑成的发酵窖器。这样的黄泥不是所有地方都有，泸州老窖能够历经四百多年不损坏，就是因为这里的黄泥特别好，它细腻无沙，黏性很强，经过防渗处理能够长期保水。老窖泥中含有多种酸性杆菌，能使乙酸乙酯产量增加。

泸州老窖特曲酒的制作过程，是先用精选的原料发酵蒸馏得酒，然后将得到的酒液装入特制的酒坛，安放在三百年的老窖中存放 2~3 年，再经过掺兑，然后包装出厂。因此，该酒醇香浓郁，饮后尤香，清洌甘爽，回味悠长。

四、五粮液

五粮液（图 2-4）产于四川省宜宾五粮液酒厂，是浓香型白酒的典型代表。四川省宜宾市的地质、气候、资源、技术等酿酒条件得天独厚，酿酒业历史悠久，久负盛名。汉代时期，宜宾地区的酿酒就已经成规模。五粮液的发展历史可以追溯至唐代，当时被称为“重碧”酒。宜宾盛产荔枝，史书称其“多汗可酿酒”，故当地自古就把美酒和荔枝相联系。到了宋代，这种用荔枝酿的酒被称为“荔枝绿”，黄庭坚曾有《荔枝绿颂》称赞其为天下无与伦比的美酒。明清之际，这里的酿酒逐步发展成为以高粱、大米、荞麦、小麦等几种粮食为原料而酿制的酒，被称为“杂粮酒”。直至 1928 年，才以五粮为原料酿酒，从而被正式称为“五粮液”。现今五粮液酒厂的发酵酒窖，还是明清两代所建，足见其历史久远。

（1）商标　　　　（2）产品

图2-4　五粮液

中华人民共和国成立后，宜宾五粮液酒厂在继承传统操作方法的基础上，对生产工艺进行了大胆革新，并对制酒配方进行了改进，从而使酒的清香味和品质更为优异。在1956年全国名曲酒质量鉴定会上，一举获得了浓香型酒的第一名。从此以后，五粮液酒多次荣获国家名酒称号、金质奖章以及国际金奖。

五粮液的酿造原料为红高粱、糯米、大米、荞麦和玉米五种粮食，糖化发酵剂则用纯小麦制成的大曲。这种曲比较特殊，在外形和制法上都很有特点，被称为“包包曲”，这种曲有利于霉菌的生长。

五粮液的用水取自岷江江心，这里的水质纯净、清洌优良。酿酒的整个操作工序十分精细，所用的发酵窖池是已有300年以上窖龄的陈年老窖。成品酒开瓶喷香扑鼻，入口满口溢香，饮用时四座飘香，饮后余香不尽。

五、剑南春

剑南春（图2-5）原名绵竹大曲，产于四川省绵竹县，属浓香型大曲，是我国历史名酒之一。绵竹县因产酒而得名，素有“酒乡”之称。因绵竹在唐代属剑南道，所产之佳酿便以“剑南春”命名。绵竹酒经历了一个漫长的发展过程后，终于孕育出享誉华夏的名酒——剑南烧春，并成为皇帝专享的贡品。北宋苏轼称赞绵竹酒“三日开瓮香满域”“甘露微浊醍醐清”。由此，北宋时期绵竹酿酒可见一斑。清代康熙年间，剑南春的前身——绵竹大曲酒已远近闻名，后来经过不断的发展，到1922年，绵竹大曲酒坊已经发展到30余家，年产可达三百多吨。

（1）商标

（2）产品

图2-5　剑南春

中华人民共和国成立后，绵竹大曲于1951年成立了地方国营绵竹酒厂，1958年绵竹酒厂在原来大曲酒的传统酿造工艺基础上，调整了原料配方，改进了酿造技术，酿出了超越原来大曲酒的剑南春酒，并多次在国内外获奖。1979年、1984年、1988年分别在全国第三、第四、第五届评酒会上荣获国家名酒称号及金质奖。

剑南春酒主要是以高粱、大米、糯米、玉米、小麦为原料，用小麦制大曲为糖化发酵剂酿制而成的。它的用水取自当地的诸葛井，诸葛井为当地名泉，水质纯净，清洌甜美，微有香气，回味无穷。在酿制过程中采用了红糟盖顶、回沙勾调等新工艺。其配制精巧，操作精细，因而成品酒体无色，清澈透明，芳香浓郁，酒味醇厚，醇和回甜，酒体丰满，香味谐调，清冽净爽，余香悠长。

六、西凤酒

西凤酒（图2-6）产于陕西省凤翔柳林镇，是凤香型白酒的代表，是我国历史悠久的名酒之一。凤翔古称雍州，是中国古代文化的发源地之一。早在西周时，凤翔已有较为发达的酿酒业，当地出土的大量西周青铜器中有各种酒器，充分说明当时盛行酿酒、贮酒、饮酒等活动。相传，唐代凤翔柳林酒已为酒中珍品，被列为贡品。唐肃宗至德二年，雍州改称“凤翔”，从此，凤翔就素称“西府凤翔”。到宋代柳林美酒已为文人钟爱，苏东坡任凤翔府签书判官时，就对柳林酒评价很高，并赋诗云：“柳林酒，东湖柳，妇人手。”明、清时期，柳林酒得到大发展。清代以“凤酒”著称，而且在凤翔附近的几个县生产的烧酒也都称“凤酒”，但仍以柳林酒酒质最佳。

（1）商标

（2）产品

图2-6　西凤酒

中华人民共和国成立后，柳林镇只有7家小酒坊。1956年成立了陕西省西凤酒厂，从此，西凤酒迅速发展，生产规模不断扩大，产量日趋增长，品质风格更加突出，并在国内外多次获奖，并在1952年、1963年和1984年的第一、第二、第四届全国评酒会上被评为国家名酒，两次荣获国家金质奖章。1984年荣获轻工业部酒类质量大赛金杯奖。

西凤酒的主要原料是凤翔县柳林镇产的高粱，并用大麦和豌豆制曲，以井水为酿造用水，用独特的土窖固态连续发酵酿制。发酵窖分为明宫与暗宫两种，发酵窖不用老窖，而用新窖，发窖期仅14~15天，这种情况在所有的名酒工艺中是比较特殊的。蒸馏得酒后，再经 3 年以上的贮存，而且在出厂前，还要进行一次精心勾兑，这样更突出西凤酒的特有风格。

西凤酒具有独特的风格，被称为“凤型”酒。西凤酒集清香和浓香为一体，酒液清亮透明，酒味醇厚，醇香芬芳，清冽、甘润，被誉为“酸、甜、苦、辣、香五味俱全而各不出头”。西凤酒的酒精度可高达65度，为那些喜饮烈性酒者所钟爱。

七、古井贡酒

古井贡酒是浓香型大曲酒，产于安徽省亳州古井酒厂。亳州古称谯（qiáo）陵、谯城，是东汉曹操和华佗的故乡，也是我国著名的酒乡，汉代就已经因酒闻名。据《魏武帝集》中描述，东汉建安元年间，曹操曾向汉献帝刘协上书说安徽亳州是古老的产好酒的地方，并说明了自己曾用“九投法”酿出了有名的“九酿春酒”。到宋代时，亳州酿酒业更为发达，酒的产量已经很大。明朝万历年间，明神宗喝了亳州所产之酒，大为赞赏，并将其列为贡酒，此后明清两代此酒一直为朝廷贡品，古井贡酒也由此得名。1925 年，亳州城内有 54 家糟坊，到了 1948 年仅剩下 18 家糟坊。中华人民共和国成立后，古井贡酒的生产规模得到恢复，众多小酒厂于 1958 年并为公社酒厂，1959 年改建为古井酒厂，并于第二年正式投入生产。1963 年、1979 年、1984 年、1988 年在全国第二、第三、第四、第五届评酒会上荣获国家名酒称号及金质奖，1984年荣获轻工业部酒类质量大赛金杯奖。

古井贡酒以淮北优质高粱为原料，以小麦、大麦和豌豆制曲作为糖化发酵剂，使用古井泉水酿造。古井泉水位于亳州西北20千米的“减店集”（现称为“古井镇”）。古井贡酒利用了现代科学的酿酒技术，采用了传统的老五甑操作法精酿而成，而且沿用了陈年老发酵池，继承了混蒸、连续发酵工艺。酿出的酒液清澈如水晶，浓郁甘润，黏稠挂杯，余香悠长，经久不绝，具有浓香型白酒的独特风韵。

现在古井贡酒的“神曲”与古井贡传统的“老五甑”工艺结合，酿出的古井贡酒，深得广大消费者的青睐。古井贡酒被评酒专家一致认为“古井贡酒的色、香、味都属上乘，不愧为我国古老的名酒之复生。”

八、全兴大曲

相传成都城南有一条锦江，又名府河。江南岸有一家称为锦江的作坊，挖了一口井，该井旱不涸、涝不溢，且水质微甜，大家都称它为“薛涛井”。薛涛生于官宦人家，才情很高，自幼随父到成都。她住在望江楼下，门前有清泉一眼，常汲水磨墨，写字吟诗。后有人取水酿酒，名扬四方，这种酒，就是后来的全兴大曲酒。

全兴大曲酒产于四川成都市酒厂，其前身之一是全兴老号。全兴老号酒坊建于清朝道光四年（公元 1824 年），生产的酒即名为全兴大曲酒，由于该酒酒质佳美，在四川省内外都颇具盛名，因而至今沿用其名。全兴大曲酒酒液清澈透明、醇香浓郁、和顺回甜、味净。饮酒时举杯即能闻到它特有的香气，饮后更是回味无穷。

全兴大曲酒以高粱为原料，使用小麦制的高温大曲为糖化发酵剂，酿造工艺上有一套传统的操作方法。发酵用陈年老窖，发酵期长达60天，做到了“窖热糟醇”；蒸酒时，掐头去尾，中流酒还要经过调酒师严格鉴定，验质分级，然后再勾兑、加浆，分窖分坛入库贮存，库存1年以上才包装出厂。

九、董酒

董酒（图2-7）属于兼香型酒，这是由于其兼有大曲、小曲两类酒的风格因而特地被称为兼香酒。董酒具有独特的香气，饮时甘美清爽、满口醇香、风味优美别致，在我国白酒香型中独树一帜。

（1）商标

（2）产品

图2-7　董酒

大约在20世纪初，出现于贵州省遵义市郊董公寺附近的酒坊，老百姓习惯地把它称为“董酒”。董酒的生产工艺特殊，它以优良的糯高粱为主要原料，用大曲（即麦曲）和小曲（即米曲）为糖化发酵剂，并且配有多种中草药精心酿制而成。大曲中加入藏红花、桂皮、当归等40多种珍贵药材；小曲中加入的中草药更多达90种以上。酿造时用当地山泉水，这样酿造出来的董酒就形成了与众不同的风格。董酒的发酵池用白灰、白泥与洋桃藤泡汁拌和而成。红粱下窖，稻壳盖顶，香糟具有一种沁人肺腑的醇香。酿造过程先用糯高粱以小曲酒酿造法取得小曲酒，再用小曲酒串蒸董酒香糟以取得董酒。董酒香糟是用小曲酒糟、董酒糟、董酒香糟三者混合后，加入大曲在地窖内长期发酵（半年以上）。新产的董酒经鉴定后分级贮存，1年以后再勾兑包装出厂。这样的酿造过程使董酒的香型既不同于茅台的酱香，也不同于泸州老窖特曲的浓香和汾酒的清香，而是介于清、浓香，所以人称它为兼香型酒，也被称为“董香型”，成为四大香型白酒中兼香型的代表酒。

十、郎酒

郎酒（图2-8）因产在四川省古蔺县二郎滩镇而得名，二郎滩镇距贵州茅台镇仅70千米。茅台酒在赤水河上游的东岸，郎酒则在下游的西岸。二郎滩镇四周崇山峻岭，就在这高山深谷之中有一股清泉流出，人称“郎泉”。酒也因取郎泉之水酿酒而名为“郎酒”。

相传二郎滩有一英俊小伙子叫李二郎，爱上美丽的赤妹子，要娶她为妻，但赤妹子父母提出要有100坛美酒为聘礼才许亲。纯朴的小伙子犯了愁，正在这时，他遇到了仙人，并听从了仙人的点化，在荒滩上找泉水，挖断了99把锄头，铲断了99把铁铲，终于挖出泉水酿出了美酒。人们便把李二郎开挖的泉水称为“郎泉”，酿出的酒称为“郎酒”。这个带有神话色彩的故事，寄托了人们对郎酒的喜爱之情。

（1）商标

（2）产品

图2–8　郎酒

郎酒是酱香酒，它酒色透明、酱香纯净、酒质醇柔、甘冽清爽，口感似食鲜果之甜润清爽，回香满口、回味悠长，饮者心旷神怡，饮至微醉仍不上头、不口渴，其韵味并不输茅台酒多少，而且有自己特有的风格。

据记载，北宋年间，二郎滩这里就盛产优质的小曲酒——“小糟坊”，这种酒一直延续到清末，仍为人们所钟爱。清代末年（1907年）以前，当地居民已发现郎泉水适宜于酿酒，开始取之以酿造小曲酒和香花酒，酒质优美，为人们所喜爱，因此逐渐发展。1936年，贵州茅台镇三家茅酒作坊中最好的“成义”酒坊失火，酒师失业。迫于生计，大师傅郑应才被邀请到二郎滩的“集义”酒坊为师。郑应才用“成义”的酒曲，采用当地优质高粱为原料，用小麦制成高温曲为糖化发酵剂，以生产茅台酒的方法，即两次投料、8次加曲糖化、窖外堆积、窖内发酵、7次蒸馏取酒、长期贮存、精心勾兑等工艺酿制。后来不久茅台的“成义”酒坊复业，又用“集义”酒坛的母糟去生产茅台酒。所以有人说，郎酒的“胚胎”中有茅台酒的“基因”，机体中有茅台的“血液”。因此，人们把茅台酒、郎酒称为姐妹酒。

由于郎酒酿造用水是优质的山泉水，酒坛又陈酿于山洞中，老百姓称此酒的特点是“山泉酿酒，深洞贮藏；泉甘酒冽，洞出奇香”。郎酒除了酿制工艺和郎泉水之外，还因为有一对天然溶洞——天宝洞和地宝洞为窖藏室。洞中冬暖夏凉，四季恒温，有利于酒的老熟，是提高酒质的重要因素，是贮酒佳地。两洞是在距郎酒厂约5千米处的蜈蚣岩千仞绝壁间，站在洞口往下看，是滔滔奔流的赤水河，向上看，绝壁似刀削。两洞一上一下，上为天宝洞，下为地宝洞，总面积约十万平方米。“郎泉”和“宝洞”可称为郎酒厂二绝。因此有“郎泉水酿琼浆液，宝洞肚藏酒飘香”之说。

十一、双沟大曲

双沟大曲产于江苏省泗洪县双沟镇，以镇名为酒名，是著名的浓香型白酒。双沟古为泗州之地，据文献描述：宋代诗人苏东坡巡游泗州时，挚友章使君送双沟酿造之美酒，诗人品尝后赋诗曰："使君半夜分酥酒，惊起妻孥一笑哗。"诗中"酥酒"即位于双沟地区的有名美酒。

现在的双沟大曲酒的历史，可以追溯到清代雍正和乾隆年间，相传山西太谷县孟高村人贺氏，路过双沟，发现双沟一带盛产高粱，不仅有清醇甘美的水源，还有酿酒的精湛技艺，于是便在双沟山镇办起了"全德"糟坊。当时双沟镇上已有"广盛""涌源"两家糟坊，由于贺氏将山西酿酒方法传入，与当地酿酒技术结合，酿出的酒"香浓味美"，超过当地原产的酒，因而有"香飘十里，知味息船"的赞语。

双沟大曲酒清澈透明，芳香扑鼻，风味醇正，入口绵柔、甜美、醇厚，回香悠长，浓香风格十分典型，酒精度虽为65%vol，但醇而不烈。

双沟大曲选用优质高粱为酿酒原料，以大麦、小麦、豌豆制高温大曲为糖化发酵剂。酿造用水为淮河水，水质甘美，并有适于促进糖化发酵的矿物质。工艺上用"热水泼浆"，因而酿出的酒入口甜美，这些工艺技术使双沟大曲酒保持了它的独特风格和品质。双沟大曲酒1984年和1988年在全国第四、第五届评酒会上被评为国家名酒。

第六节　白酒的品评

一、白酒感官品评和仪器分析

品评是利用人的感觉器官（视觉、嗅觉和味觉）来鉴别白酒质量的优劣，因为白酒内除了水和酒精之外，还有数百种常见的其他物质，而且这些物质根据酒的品种和酿造方法不同，含量也大不相同，从而造成酒味的千差万别。到目前还没有任何一种分析仪器可以全面代替人工对酒质量的品评，因此，品评仍是鉴别白酒内在质量的重要手段。品评对酒类生产的重要性有以下两点。

一是速度快。白酒的品评不需要经过样品处理，直接通过观色、闻香、尝味，根据色、香、味的情况，直接确定白酒的风格和质量。这个过程一般几分钟即可做到，长的也不过十几分钟。只要受过训练，掌握了品评技巧的人就能很快判断出某一种白酒质量的好坏。

二是较准确。人的嗅觉和味觉的灵敏度较高，在空气中能分辨出1/3000万（分子个数比）的麝香，而精密仪器的分析通常需要经过样品处理，如果不加以浓缩富集等操作，直接进样，用仪器测定结果是相当困难的。因此，有的时候，人的嗅觉比气相色谱仪的灵敏度要高。

品评也有它的弱点，其主观性比较强，影响因素比较多，且因地区性、民族性、习惯性以及个人爱好和心理生理等因素的影响而有一定的差异。品评还难以用数字表达，不容易数字化。因此，感官品评不能完全代替分析检测，有些重要的指标还是要用到仪器检测。化验分析和品评，谁也代替不了谁，只有将二者结合起来，才能发挥更大的作用。

二、白酒品评的作用

白酒的品评在酒的生产和流通中可以起很重要的作用，主要表现在以下几方面。

（1）通过品评确定酒的质量等级　对生产企业而言，在生产过程中，对半成品酒进行实时检验很重要，可以加强中间控制，方便量质摘酒、分级入库和贮存，确保产品质量的稳定，避免生产事故的浪费。

（2）通过品评，可以了解酒质存在的问题，指导生产和新产品的研发　通过品评，可以掌握酒在贮存过程中的物理和化学变化规律，为提高产品质量提供科学依据。

（3）在勾兑和调味中可以提高质量　勾兑和调味是白酒生产的重要环节，它能巧妙地把基础酒和调味酒进行合理搭配，使酒的香味达到平衡、谐调和稳定，从而提高产品质量，突出产品的典型风格，而品评在这一过程中起到了决定性的作用。在勾兑和调味过程中，选好基础酒和调味酒非常重要，通过品评，掌握基础酒和调味酒的特点从而保证成品酒的质量。基础酒要求是无异味、柔和、香味较好，符合一定质量标准且初具一定风格的酒；调味酒是无异味、香气浓郁、典型性特强的酒，其中某种或某几种香味成分含量特别高，可以弥补基础酒的某一缺陷。

（4）把好产品出厂关　白酒不仅要在装瓶前进行品评，以鉴定其质量是否符合标准，对装瓶后贮存期较长的白酒在出库前也要进行感官评鉴，尤其是低度白酒，以检验其质量是否发生变化，是否因物理、化学变化等原因造成质量不稳定，以确保出厂产品质量一致。

（5）利用品评鉴别假冒伪劣商品　白酒在流通领域经常发生假冒商品冲击市场的现象。利用品评是识别假冒伪劣白酒产品直观而又简便的方法。

三、评酒员应具备的条件

很多人可能会有误解，认为评酒员酒量肯定会很大，而事实上，评酒对评酒员的酒量并没有特殊的要求，对评酒员的要求主要有以下几个方面，这些都比酒量本身重要得多。

1. 要有较高的评酒能力与品评经验

评酒能力和品评经验主要来自刻苦学习和经验的不断积累。特别是要在基本功上下功夫，不断提高检出力、识别力、记忆力和表现力。评酒员需要具备灵敏的视觉、嗅觉和味觉，对色、香、味有很强的辨别能力，这是基本条件。在提高检出力的基础上，能识别各种香型的白酒及其优缺点是第二步。通过不断地训练和实践，广泛接触白酒，在评酒过程中提高自己的记忆力，像辨识熟人一样认出不同的酒来，这是第三步。在辨识的基础上，以合理打分或描述来表现色、香、味和风格，并有很高的准确度，这是第四步。

2. 有一定的专业技术和生产基础知识

评酒员既要熟悉产品标准和产品风格，又要了解产品的工艺特点，通过品评找出质量差距，分析产生质量问题的原因，促进产品质量的提高；学习技术理论知识，摸索微生物代谢产物与香味成分的关系，懂得工艺原理，掌握工艺管理与提高白酒质量的关系，熟悉各种香型白酒的特点。

3. 要有健康的身体并保持感觉器官的灵敏

平时要注意保养身体，预防疾病，保护感觉器官，尽量少吃或不吃刺激性强的食物，少饮酒更不能酗酒，这一点估计出乎大多数人的预料，也就是说，评酒员是不能随便乱喝酒的，更不能酗酒。

第三章

葡萄酒

第一节　葡萄酒的历史

有人认为葡萄酒的历史超过一万年，因为葡萄最容易自然发酵。据考古推测，最早栽培葡萄的地区是小亚细亚里海和黑海之间及其南岸地区。大约在7000年以前，南高加索、中亚细亚、叙利亚、伊拉克等地区也开始了葡萄的栽培。多数历史学家认为波斯（即今日伊朗）是最早酿造葡萄酒的国家。有一个无可考证的传说讲述了“葡萄酒的发明史”：有一位古波斯的国王非常喜欢葡萄，于是把吃不完的葡萄藏在密封的瓶中，并写上“毒药”二字，以防他人偷吃。国王日理万机，很快便忘记了此事。这时有位妃子被打入冷宫，生不如死，凑巧看到“毒药”便有轻生之念。打开后，里面颜色古怪的液体也很像毒药，她就喝了几口。在等死的时候，发觉不但不痛苦，反而有种飘飘欲仙之感。

考古学家在伊朗北部扎格罗斯山脉的一个石器时代晚期的村庄里，挖掘出的一个罐子证明，人类在距今7000多年前就已饮用葡萄酒，比以前的考古发现提前了2000年。美国宾夕法尼亚州立大学的麦戈文在给英国的《自然》杂志的文章中说，这个罐子产于公元前5415年，其中有残余的葡萄酒和防止葡萄酒变成醋的树脂。

在古埃及的金字塔中所发现的壁画清楚地描绘了当时古埃及人栽培、采收葡萄和酿造葡萄酒的情景，说明公元前3000年古埃及人就已经知道饮用葡萄酒。

其后，葡萄酒的扩张与古希腊、古罗马有密切关系。古希腊，特别是古罗马的外侵把葡萄扩种到许多地区。然而，对葡萄酒而言，影响最大的却是教会。罗马帝国覆灭，历史进入中世纪（公元5~15世纪），寺院成了葡萄酒酿造技术和文化的集中地。《圣经》里，随处可见葡萄园与葡萄酒的记载。据法国食品协会的统计，《圣经》中至少有521次提到葡萄园及葡萄酒。单纯提到葡萄酒，在《圣经》旧约中有155次，新约中有10次。在几个世纪里，寺院通过扩张及接受捐赠等方式，拥有了许多欧洲著名的葡萄园，葡萄酒被用于圣礼仪式中。当时的寺院对酿酒很重视，非常关注品种的改良和酒质的完美，我们今天所熟悉的葡萄酒的风格也是慢慢从此演变而来的。

后来欧洲人把欧洲葡萄品种传播到世界适合种植的各个角落。15、16世纪，欧洲葡萄品种传入南非、澳大利亚、新西兰、日本、朝鲜和美洲等地。17世纪后人们发明了瓶塞，此前，葡萄酒饮用前一直被装在酒桶中。慢慢人们发现陈年时酒瓶的作用远远大于木桶的作用。

我国有10余种野生葡萄，汉武帝时张骞出使西域引入欧亚品种。我国栽培的葡萄当时主要由西域引进。我国的葡萄酒历史虽然有魏文帝曹丕的“（葡萄）又酿以为酒，甘于鞠蘖”，唐诗“葡萄美酒夜光杯”的赞美，李时珍“葡萄酒驻颜色、耐寒”的评语，但直到1892年印度尼西亚华侨张弼士先生引进欧美葡萄品种，在烟台建立了张裕葡萄酒公司，我国才出现了第一个近代新型葡萄酒厂。中华人民共和国成立时，我国葡萄酒的年产量还不足200吨，直到1966年产量才超过1万吨，1980年的年产量首次超过5万吨。2019年产量为45.1万千升，产量过万吨的品牌已有张裕、长城、王朝、威龙、华夏、丰收、通化等多家。

据考证我国在汉代以前就已开始种植葡萄并有葡萄酒的生产了。司马迁著名的《史记》中首次记载了葡萄酒。公元前138年，外交家张骞奉汉武帝之命出使西域，看到"宛左右以蒲陶为酒，富人藏酒至万余石，久者数十岁不败。俗嗜酒。马嗜苜蓿。汉使取其实来，于是天子始种苜蓿，蒲陶肥饶地。及天马多，外国使来众，则离宫别馆旁尽种蒲陶，苜蓿极望。"(《史记·大宛列传》)。大宛是古西域的一个国家，在中亚费尔干纳盆地，这一例史料充分说明我国在西汉时期，已从邻国学习并掌握了葡萄种植和葡萄酿酒技术。西域自古以来一直是我国葡萄酒的主要产地。《吐鲁番出土文书》(现代根据出土文书汇编而成的)中有不少史料记载了4~8世纪吐鲁番地区葡萄园种植、经营、租让及葡萄酒买卖的情况。从这些史料可以看出在那一历史时期葡萄酒生产的规模是较大的。

东汉时，葡萄酒仍非常珍贵，据《太平御览》卷972引《续汉书》云："扶风孟佗以葡萄酒一斗遗张让，即以为凉州刺史。"足以证明当时葡萄酒的稀罕。

葡萄酒的酿造过程比黄酒酿造要简化，但是由于葡萄原料的生产有季节性，终究不如谷物原料那么方便，因此葡萄酒的酿造技术并未大面积推广。在历史上，内地的葡萄酒，一直是断断续续维持下来的。唐朝和元朝从国外将葡萄酿酒方法引入内地，而以元朝时的规模最大，其生产主要是集中在新疆一带，在元朝，山西太原一带也有过大规模的葡萄种植和葡萄酒酿造的历史，而汉族对葡萄酒的生产技术基本上是不得要领的。

汉代虽然曾引入了葡萄及葡萄酒生产技术，但从未使之传播开来。汉代之后，中原地区大概就不再种植葡萄了。一些偏远地区时常以贡酒的方式向后来的历代皇室进贡葡萄酒。唐代初，中原地区对葡萄酒了解很少，也没有栽种葡萄。唐太宗从西域引入葡萄,《南部新书》丙卷记载："太宗破高昌，收马乳葡萄种于苑，并得酒法，仍自损益之，造酒成绿色，芳香酷烈，味兼醍醐，长安始识其味也。"宋代类书《册府元龟》卷970记载高昌故址在今新疆吐鲁番东约20多千米，当时其归属一直不定。唐代时，葡萄酒在内地有较大的影响力，从高昌学来的葡萄栽培法及葡萄酒酿造法在唐代可能延续了较长的历史时期，以致在唐代的许多诗句中，葡萄酒的芳名屡屡出现，如脍炙人口的著名诗句："葡萄美酒夜光杯，欲饮琵琶马上催"。刘禹锡也曾作诗赞美葡萄酒，诗云："自言我晋人，种此如种玉。酿之成美酒，令人饮不足。"这说明当时山西早已种植葡萄，并酿造葡萄酒。白居易、李白等都写过吟葡萄酒的诗。当时的胡人在长安还开设酒店，销售西域的葡萄酒。

元朝统治者对葡萄酒非常喜爱，规定祭祀太庙必须用葡萄酒，并在山西的太原、江苏的南京开辟葡萄园。至元二十八年在宫中建造葡萄酒室。

明代徐光启的《农政全书》曾记载了我国栽培的葡萄品种有："水晶葡萄，晕色带白，如着粉形大而长，味甘；紫葡萄，黑色，有大小两种，酸甜两味；绿葡萄，出蜀中，熟时色绿，至若西番之绿葡萄，名兔睛，味胜甜蜜，无核则异品也；琐琐葡萄，出西番，实小如胡椒……云南者，大如枣，味尤长。"

第二节　葡萄酒的分类

一、国家标准对葡萄酒的分类

我国国家标准GB/T 17204—2021《饮料酒术语和分类》采用了国际葡萄与葡萄酒组织（OIV）的《国际葡萄酒适用工艺法规》（1996 年版）中有关分类定义的部分。该标准按酒中CO_2含量（以压力表示）和加工工艺将葡萄酒分为：平静葡萄酒、起泡葡萄酒和特种葡萄酒。

“中华人民共和国国家经济贸易委员会公告”2002 年第 81 号文公布的《中国葡萄酿酒技术规范》中对葡萄酒的分类如下所示。

（一）葡萄酒

葡萄酒是指鲜葡萄或葡萄汁全部或部分发酵而成的饮料酒，所含酒精度不得低于7%vol，葡萄酒还可以按下列方式进行分类。

1. 葡萄酒按酒中的含糖量和总酸分类

干葡萄酒含糖（以葡萄糖计）小于或等于 4g/L。或者当总糖与总酸（以酒石酸计）的差值小于或等于2g/L时，含糖最高为9g/L的葡萄酒。

半干葡萄酒含糖大于干葡萄酒，最高为 12g/L。或者总糖与总酸的差值，按干葡萄酒方法确定，含糖最高为18g/L的葡萄酒。

半甜葡萄酒含糖大于半干葡萄酒，最高为45g/L。

甜葡萄酒为含糖大于45g/L的葡萄酒。

2. 按葡萄酒中CO_2含量分类

平静葡萄酒：在20℃时含有CO_2的压力低于0.05MPa，称为平静葡萄酒。

起泡葡萄酒：葡萄酒在20℃时含有CO_2压力等于或大于0.05MPa，称为起泡葡萄酒。

葡萄酒在 20℃时含有CO_2的压力在 0.05~0. 25MPa，称为低起泡葡萄酒（或葡萄汽酒）。

葡萄酒在20℃时当CO_2的压力等于或大于0. 35MPa（对容量小于250mL的瓶子压力等于或大于0.3MPa）时，称为高起泡葡萄酒。

（二）特种葡萄酒

特种葡萄酒是指用鲜葡萄或葡萄汁在采摘或酿造工艺中使用特定方法酿成的葡萄酒。冠以特种葡萄酒名称的酒必须由标准化部门制定标准并有相应的工艺。

1. 利口葡萄酒

利口葡萄酒成品酒精度在15%~22%vol，且由于酿造方法不同而包括下面几种类型。

掺酒精利口葡萄酒：由葡萄生成总酒精度为12%vol以上的葡萄酒再加工制成的利口酒。可以加入葡萄白兰地、食用精馏酒精或葡萄酒精，其中由葡萄所含的原始糖发酵的酒精度不低于4%vol。

甜利口葡萄酒：由葡萄生成总酒精度至少为12%vol的葡萄酒再加工制成的利口酒。可以加入白兰地、食用精馏酒精、浓缩葡萄汁、含焦糖葡萄汁或白砂糖。其中由葡萄所含的原始糖发酵的酒精度不低于4%vol。

2. 高起泡葡萄酒

高起泡葡萄酒系用葡萄、葡萄汁或根据OIV许可的技术酿造的葡萄酒制成。根据酿造技术的不同，高起泡葡萄酒应具有下列特点。

（1）CO_2在瓶中产生。

（2）CO_2在密闭的酒罐中产生。

高起泡葡萄酒按含糖量分为如下几种。

天然葡萄酒：含糖小于或等于12g/L的高起泡葡萄酒。

绝干葡萄酒：含糖大于天然葡萄酒，最高到17g/L的高起泡葡萄酒。

干葡萄酒：含糖大于绝干葡萄酒，最高到32g/L的高起泡葡萄酒。

半干葡萄酒：含糖大于干葡萄酒，最高到50g/L的高起泡葡萄酒。

甜葡萄酒：含糖大于50g/L的高起泡葡萄酒。

3. 葡萄汽酒

按照OIV许可技术酿造的葡萄酒再加工的低起泡葡萄酒，具有同高起泡葡萄酒类似的物理特性，但所含CO_2部分或全部由人工添加。

4. 冰葡萄酒

葡萄推迟采收，当气温低于−7℃，使葡萄在树枝上保持一定时间，结冰，然后采收、压榨，以此葡萄汁酿成的酒。

5. 贵腐葡萄酒

在葡萄的成熟后期，葡萄果实感染了灰绿葡萄孢，使果实的成分发生了明显的变化，用这种葡萄酿成的酒。

6. 产膜葡萄酒

葡萄汁经过全部酒精发酵，在酒的表面产生一层典型的酵母膜后，加入葡萄白兰地、葡萄酒精或食用精馏酒精，所含酒精度等于或高于15%vol的葡萄酒。

7. 加香葡萄酒

以葡萄原酒为酒基，经浸泡芳香植物或加入芳香植物的浸出液（或馏出液）而制成的葡萄酒。

8. 低醇葡萄酒

采用鲜葡萄或葡萄汁经全部或部分发酵，经特种工艺加工而成的饮料酒，所含酒精度1%~7%vol。

9. 无醇葡萄酒

采用鲜葡萄或葡萄汁经过全部或部分发酵，经特种工艺脱醇加工而成的饮料酒，所含酒精度不超过1%vol。

10. 山葡萄酒

采用鲜山葡萄或山葡萄汁经过全部或部分发酵而成的饮料酒。

我国为了与国际接轨，于2003年明令废止了“半汁葡萄酒”（葡萄酒中葡萄原汁的含量达50%，另一半可加入糖、酒精、水等其他辅料）行业标准，半汁葡萄酒的生产到2004年5月17日停止。半汁葡萄酒产品在市场上的流通截止时间最迟到2004年6月30日。

二、饭店、酒吧对葡萄酒的分类

按照国际上饭店、酒吧约定俗成的分类方法，把葡萄酒分成以下四类。

1. 佐餐酒

佐餐酒包括红、白、玫瑰红葡萄酒，由天然葡萄发酵而成，酒精度在14%vol以下，在气温20℃的条件下，含有二氧化碳的压力低于0.05MPa时，都可算无泡佐餐酒。

2. 起泡葡萄酒

起泡葡萄酒包括香槟和各种含气的葡萄酒。香槟酒是法国香槟地区用香槟法生产的葡萄汽酒，由于其制作复杂，酒味独具一格。法国其他地区及世界其他国家产的葡萄汽酒只能称为汽酒（Sparkling Wine）。

3. 强化葡萄酒

强化葡萄酒在制作过程中加入白兰地，使酒精度达到17%~21%vol。它包括雪莉酒、波特酒、马德拉酒。

4. 加香（料）葡萄酒

加香（料）葡萄酒在一般葡萄酒中添加了香草、果实、蜂蜜等，有的添加了烈酒，如味美思等。

第三节　葡萄酒的酿造和饮用

一、葡萄酒的酿造

葡萄酒的酿造，根据酿造的品种、原料、地理和气候环境，采用工艺的不同，可酿制出不同的酒品。

总的来说，葡萄酒是由葡萄汁天然发酵而成，酒精发酵是其中主要的阶段。生产红葡萄酒时，红葡萄带皮发酵，其颜色和单宁酸带进葡萄酒。白葡萄一送到酒厂即进行压榨，用榨出的葡萄汁再发酵酿酒。

葡萄酒发酵的容器一般是不锈钢、水泥罐或木制的大桶。然后可以在同一个大桶中陈熟，或根据葡萄酒种类的要求，在橡木桶中陈熟。新鲜而具有果香味的白葡萄酒很少陈熟。红葡萄酒通常在桶中陈熟两年。

橡木桶作为一种贮存葡萄酒的容器，其历史可以追溯到远古时代，但将橡木桶作为酿制高档葡萄酒的辅助手段大约始于一百年前。由于橡木桶贮存过的葡萄酒的优雅品性日益得到消费者的认可和喜爱，橡木桶越来越受到青睐。

高品质的葡萄酒一定要用橡木桶陈酿，虽然这样的陈酿方法成本昂贵、技术复杂，但却是高质量葡萄酒不可缺少的传统。橡木能使酒具有丰富的单宁和特殊的香草气味。由橡木微孔渗入的少量氧气有助于酒的熟化。

制造酿造葡萄酒的橡木桶的材料通常采用法国的橡树，采用这种橡木制成的橡木桶酿酒，酿造出来的葡萄酒更加醇厚。有些酒厂出于种种考虑，也会选用其他地区的橡木。比如有些国家的酒厂采用美国出产的橡木作为制桶的材料，但由于橡树生长的气候、温度、土壤等诸多方面的差异，法国和美国的橡木无论是在质地还是在自身的气味上，都有一定的差异。用美国的橡木制成的桶酿造出来的葡萄酒会带有明显的香子兰和烟熏的味道，有些美中不足。

盛装高档葡萄酒的酒瓶一定要用软木制成的塞子来封盖。软木是最好的阻止葡萄酒与空气接触的材料。用软木瓶塞不会改变葡萄酒的特性，而且容易盖上和拔开。真正的长软木瓶塞适用于熟化好的酒。通常，地区性的酒使用聚合软木瓶塞，而普通的酒用塑料瓶塞。

（一）红葡萄酒的酿造

（1）红葡萄酒用红葡萄（有时加入一些白葡萄）制成，包含在葡萄皮和果核里的单宁是使酒有个性和便于存放的重要元素。

（2）由于葡萄梗内单宁的含量很大，习惯上在葡萄压榨之前要除梗，因为一旦浆果破裂，发酵就开始了。

（3）将葡萄汁和葡萄皮一起放入酿酒罐，罐中的温度比酿白葡萄酒略高。

（4）原料发酵后，流出的汁称为“滴流酒”，剩下的楂再次发酵后压榨得到的酒称为“压制酒”，这种酒的单宁含量高，因此常与先前的“滴流酒”进行调兑。

（5）普通的红葡萄酒在大橡木桶中经过长短不同天数的老化，再经过多次倒桶、过滤后即可装瓶。

（二）白葡萄酒的酿造

（1）葡萄采摘后尽快送到酿酒场地，所使用的葡萄不要被挤破。

（2）将葡萄珠分离出来，除去果枝、果核，然后在榨出的汁内放入酵母。

（3）为了更好地保存白葡萄的果香，在发酵前让葡萄皮浸泡在果汁中12~48h。

（4）使用水平的葡萄压榨机，制成的白葡萄酒更鲜更香。压榨的过程要快速进行，以防止葡萄的氧化。

（5）白葡萄酒是在不锈钢的酒罐或橡木桶里发酵的。为了保持新鲜的口感，应尽快装瓶，底部酒要过滤。

（三）桃红酒的酿造

桃红葡萄酒与红葡萄酒的主要区别在于红葡萄皮和汁在一起浸泡的时间。当出现了令人满意的颜色（一般是12~36小时）之后，就像酿造白葡萄酒一样开始榨汁，个别的也取一部分酒发酵。

二、葡萄酒的饮用

葡萄酒入口之前，先深深地在酒杯里嗅一下，是一般人喝葡萄酒的做法，而真正懂酒的人在品酒后一定会闻酒塞。喝葡萄酒的七个步骤如下所示。

1. 调酒温

冰镇后，葡萄酒味道较涩。传统上，饮用葡萄酒的温度是清凉室温（18~21℃），在此温度下各年份的葡萄酒都在最佳状态下。一瓶经过冰镇的葡萄酒，比清凉室温下的葡萄酒单宁特性会更为显著，因而味道较涩。

2. 醒酒

葡萄酒充分氧化后才够香。一瓶佳酿通常是尘封多年的，刚刚打开时会有异味出现，这时就需要“唤醒”这瓶酒，在将葡萄酒倒入醒酒器后稍待10分钟，酒的异味散去后，浓郁的香味就散发出来了。

3. 观酒

陈年佳酿的边缘呈棕色。葡萄酒的那种红色足以撩人心扉。在光线充足的情况下将葡萄酒杯置于白纸上，观察葡萄酒的边缘就能判断出酒的年龄，层次分明者多是新酒，颜色均匀的是有些岁月了，如果微微呈棕色，那就有可能是碰到了一瓶陈年佳酿。

4. 摇杯

在酒杯内倒入少许葡萄酒（以适合饮用为宜），以正确的姿势持杯逆时针旋转酒液，旋转幅度不宜过大，防止酒液溅出污染衣物。当酒液自然静置后，观察杯壁，悬挂的酒液会自然垂落，爱酒人士称其为“挂杯”。“挂杯”程度优劣可说明该酒的酒精度高低，一般挂杯明显的，说明酒精度较高。另外，摇杯还能增加酒液与空气的接触，从而增进葡萄酒的氧化，使葡萄酒的香味得到充分散发。大部分葡萄酒在摇杯后的香气差别很大，这也是摇杯最吸引人的地方之一。

5. 闻酒

将杯子靠近鼻前，深吸一口气，仔细感受葡萄酒本身散发出来的果香、发酵时产生的味道，以及好的葡萄酒成熟后复杂而丰富的酒香。第一次闻酒香时的感觉比较直接和清淡，第二次闻酒香时会感觉香味比较浓烈、丰富和复杂。

6. 饮酒

经过闻酒已能领会到葡萄酒的幽香了，再啜入一口葡萄酒，让葡萄酒在口腔内多停留片刻，在舌头上打两个滚，使感官充分体验葡萄酒，最后全部咽下，一股幽香立即萦绕口中。

7. 酒序

先尝新酒，再尝陈酒。一次品酒聚会通常会品尝 2~3 支或更多的葡萄酒，以期达到对比的效果。喝酒时应按照“新在先陈在后，淡在先浓在后”的原则。

第四节　世界著名葡萄酒

欧洲的葡萄酒酿酒历史比较长，有近千年的历史，习惯上把这些有悠久葡萄酒酿造传统的国家称为“旧世界”，也就是欧洲版图内的葡萄酒产区，主要包括法国、意大利、德国、西班牙、葡萄牙以及匈牙利、捷克、斯洛伐克等东欧国家。从地理位置到气候条件，这些国家在葡萄酒种植和酿造上占有先天的优势。哥伦布发现新大陆之后，欧洲移民把葡萄和葡萄酒带到美洲、大洋洲，这些后来的葡萄酒产区称为“新世界”。新世界国家以美国、澳大利亚为代表，还有南非、智利、阿根廷、新西兰等。

不管是旧世界国家还是新世界国家，都有一些著名的酒庄，我们这里简单介绍一些世界著名的酒庄和葡萄酒。

一、罗曼尼·康帝酒庄

罗曼尼·康帝（LaRomanee Conti）的葡萄酒珍稀而名贵，多年来一直独占世界第一葡萄酒宝座，千美元以上一瓶的价格便是最好的证明。无论其生产年份，罗曼尼·康帝的价格均在1000美元左右，酒体色泽深沉，具有淡淡的酱油香、花香和甘草味，芳香浓郁，沁人心脾，见图3-1。

（1）酒标　　（2）产品

图3-1　罗曼尼·康帝酒庄

罗曼尼·康帝葡萄酒在一般市场上是找不到的，只有在特别的地方才能找到它，传说罗曼尼·康帝不是百万富翁能拥有的，只有亿万富翁才能享受得起。

波尔多有帕图斯、拉菲、拉图尔、玛歌和木桐五大知名酒庄，而勃艮第产区同样出名，却只有罗曼尼·康帝一个酒庄来支撑，可见罗曼尼·康帝的声望。酒庄所种的酿造红葡萄酒的葡萄为100%的黑皮诺，植株的平均树龄高达50年，年产量为7000箱，所有产品均是精品，罗曼尼·康帝有如此满园的“珠玉”也无愧于“天下第一园”美誉。

二、帕图斯酒庄

帕图斯酒庄（图3-2）位列波尔多名产区之首，是目前波尔多质量最好、价格最贵的酒王之王，其伟大的品质个性尽显酒中皇者风范。波尔多是当今世界上公认的著名葡萄酒产区之一，那些售价不菲，被投资家追捧的名酒大多产自此地。

帕图斯被公认为是红葡萄酒中最好的产品之一，也是波尔多红葡萄酒中最贵的，口感超级丰富集中，有浓烈的黑果、咖啡和其他一些异域的风味。帕图斯酒庄占地12公顷，年产量约5000箱。因其选用的葡萄品种90%以上是美乐，是世界上顶级的美乐酒。帕图斯酒庄首先是品质取胜，而优秀的品质是来源于其对追求酿酒艺术的完美主义态度。帕图斯葡萄园的种植密度相当低，一般每公顷只有5000~6000棵葡萄树。每棵葡萄树的挂果也只限几串葡

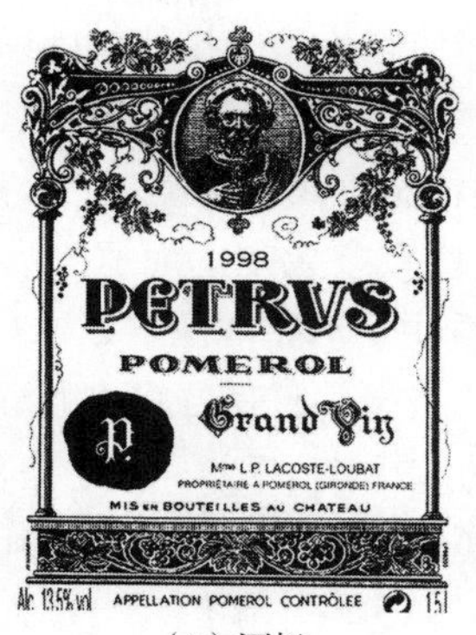

（1）酒标

（2）产品

图3-2　帕图斯酒庄

萄，以确保每粒葡萄汁液的浓度。使用的树龄都在40~90年，采摘时间全部统一在干爽和阳光充足的下午，以确保阳光已将前夜留在葡萄上的露水晒干。采摘时两百人同时进行，一次性把葡萄摘完。

在酿造时，帕图斯酒庄也不惜工本，每3个月将葡萄酒移置于不同材质的橡木桶中。在20~22个月的陈酿期中，也会轮流让新酒吸收各种木材的香味，使得帕图斯酒庄红葡萄酒香味更加复杂。帕图斯酒庄平均年产不超过3万瓶，数量极为有限，所以价格高昂是可想而知的。而且，许多购买者都是投资者，据悉，每年出产的帕图斯酒庄佳酿真正被品尝的数量，远远不及作为生财的囤积品。

三、里鹏酒庄

里鹏酒庄（图3-3）建立于1979年。里鹏酒庄是一个坐落于庞美罗高原中部的小葡萄园酒庄。尽管该酒庄比较年轻，但它的葡萄酒依然与波尔多最优质的葡萄酒定价相当。备受推崇的里鹏葡萄酒，成为“小葡萄酒”或微型葡萄酒中第一个被人们用于收藏的葡萄酒，这些葡萄酒颠覆了传统葡萄酒的分类。

（1）酒标

（2）产品

图3-3　里鹏酒庄

里鹏酒庄葡萄酒出现不久便崭露头角，不但在价格上挑战帕图斯在葡萄酒界的霸权主导地位，更在品质上也狠下功夫。它的稀有葡萄酒和令人难忘的名字，低调朴实的标签都给人以深刻的印象，再加上它一流的品质，都使它在短短几年内就冲上云霄成为精品中的极品。

里鹏酒庄在20世纪80年代以前只是一块寂寂无闻、面积只有1.06公顷的小葡萄园。1979年，眼光独到的酒商雅克·蒂安邦先生看中了里鹏酒庄，以100万法郎的天价买下了这个小小的葡萄园。蒂安邦先生收购庄园后立下目标，誓言要将里鹏酒庄建设成为另一个帕图斯酒庄。在当时，里鹏酒庄的一切所为皆效仿帕图斯酒庄，无论是葡萄园所种品种的比例、种植密度还是酿造方式，且出产量只有拉菲庄园的一半。通过效仿帕图斯酒庄，里鹏酒庄酿造的酒一经推出就声名大噪。后来酒庄又买下旁边一小块约一公顷左右的小葡萄园，扩大了葡萄园的面积。里鹏酒庄每年平均生产约6000瓶美酒，深受葡萄酒收藏家青睐，被称为世界葡萄酒业的一个奇迹。

四、拉图尔酒庄

拉图尔酒庄（Chateau Latour）是法国的国宝级酒庄，酒庄拥有葡萄园面积107.5英亩（1英亩=4046.86平方米，余同），植株的平均年龄为35年。每英亩土地种植葡萄约10000株，年产大约20000箱酒。拉图尔酒庄是1855年分级制度被定级为顶级一等的酒庄之一（图3-4）。

（1）酒标

（2）产品

图3-4 拉图尔酒庄

拉图尔酒庄对葡萄的产量控制得比较严格，在不好的年份时，对采摘后的葡萄还要经过严格的手工筛选。拉图尔酒庄的酒刚刚酿成时十分青涩，甚至有难以入口的感觉，需要在瓶中至少熟成10年。拉图尔酒庄的酒一贯酒体强劲、厚实，并有丰满的黑加仑香味和细腻的黑樱桃香味。

五、瓦兰佐酒庄

瓦兰佐酒庄（Chateau Valandraud）（图3-5）位于法国波尔多右岸的圣埃美隆地区，是波尔多右岸知名的车库酒庄。

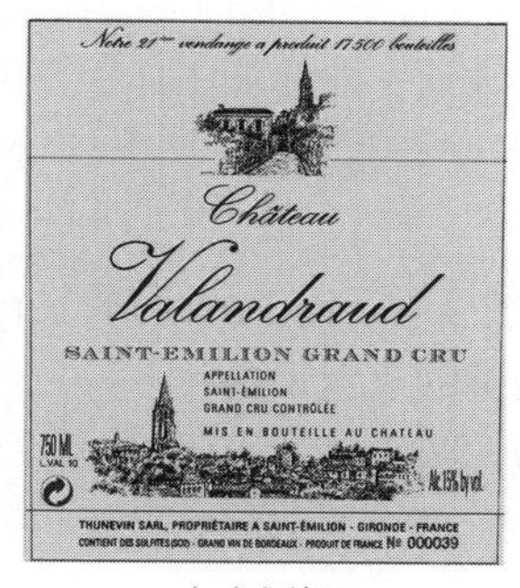

（1）酒标

（2）产品

图3-5　瓦兰佐酒庄

1989年，瓦兰佐酒庄诞生，之后经过几次扩建，规模达到十几公顷。1991年，该酒庄推出首个年份葡萄酒，这些葡萄酒仅有标准装1500瓶。1995年，瓦兰佐葡萄酒的评分比帕图斯酒庄还要高。之后，这里所产葡萄酒的价格便一路飙升。2000年，酒庄开始栽种白葡萄，2003年，酒庄出产第一款年份白葡萄酒。酒庄在酿酒过程中，每个环节都将传统和现代相结合。葡萄在采摘后，会首先进行筛选，只有成熟度最好的葡萄才能进行酿酒。之后，葡萄先放入两个敞口的酿酒容器中发酵，再在橡木桶中进行乳酸发酵，最后放入橡木桶中陈年18个月。这里所用的橡木桶均为新橡木桶，且9个月更换一次。时至今日，酒庄一直秉持着“不好的不要”的理念，始终保持着酒的好品质。

六、拉梦多酒庄

拉梦多酒庄（La Mondotte）（图3-6）只有11英亩，到1996年，拉梦多酒庄才在葡萄酒界一鸣惊人。酒庄出品的La Mondotte具有浓郁奇妙的果香和悠长的余味，人们常将它与里鹏葡萄酒相提并论。

（1）酒标

（2）产品

图3-6　拉梦多酒庄

拉梦多酒庄 1971 年就由尼庞尔格家族买下，在之后相当长一段时间内，由于酒庄面积小，尼庞尔格家族并没有在这里投入多少精力。直到 1996 年，拉梦多酒庄开始一鸣惊人。2012 年 9 月，拉梦多酒庄被列入了圣埃美隆列级一级特等酒庄B级的行列。该酒庄在此之前并没有参与圣埃美隆以往的分级，这次它一跃获得列级一级特等酒庄的级别，实属可喜可贺。

拉梦多酒庄葡萄树的平均树龄为 50 年。拉梦多酒庄的葡萄园推行生物动力栽培法，具体做法是不使用任何化学除草剂或杀虫剂，同时恢复农田耕作——其目的是将葡萄种植发展成为一个更尊重生态的产业，而绝不是追求纯粹的市场利润。

七、木桐酒庄

木桐·罗斯柴尔德酒庄（Chateau Mouton Rothschild，简称木桐酒庄）闻名世界，见图 3-7。

（1）酒标　　（2）产品

图3-7　木桐酒庄

1855 年波尔多酒庄分级，木桐酒庄被列为二级葡萄园酒庄，但当时波尔多“葡萄园分级联合会”也认为木桐酒庄在二级中出类拔萃，所以特地列为二级头名。

1922 年，20 岁的菲利普男爵正式掌管木桐酒庄，成为此家族第一个认真经营酒庄的人。菲利普建立管理制度，改善葡萄园，1924年首创酒庄瓶装线，1926年增建100米长的橡木桶陈酿窖，将木桐酒庄从他入主时的一个农村庄园变为世界先进的顶级酒庄。

由于木桐葡萄酒保持高质量，使酒的价格一直在最高之列，有时还超过四大顶级酒庄的酒价。菲利普提出木桐酒庄升级，并为此努力 20 年。1973 年木桐酒庄正式升级为一级葡萄园酒庄，是波尔多分级后唯一升级为一级葡萄园庄的酒庄。从此，木桐酒庄成为法国波尔多五大顶级酒庄之一。

木桐酒庄葡萄园管理现代化，聘请葡萄种植专家负责，种植密度每公顷 8500 株，平均树龄 45 年。收获时是人工采摘，只采摘完全成熟的葡萄，放在篮子中送到酒坊。使用橡木桶发酵，木桐酒庄是当今一直使用橡木桶发酵的少数波尔多酒庄之一。一般发酵时间为 21~31天，然后转入新橡木桶熟化18~22个月，每年产量在30万瓶左右。

八、奥比昂酒庄

奥比昂酒庄（图3–8）就在波尔多市近郊。奥比昂酒庄在波尔多“五大酒庄”中最小，却是最早成名，它诞生于1525年。

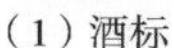
（1）酒标

（2）产品

图3–8　奥比昂酒庄

1660年，当时法国国王用奥比昂的酒招待宾客，从此它开始出名。18世纪，奥比昂开始在酒庄装瓶，改善了酒的熟化过程，延长了奥比昂酒的陈年时间。1855年，在波尔多分级中，奥比昂酒庄被列为一级酒庄。

奥比昂酒庄酿酒颇为传统。人工采摘，经过采摘工选择性采摘后，在流动车上的挑选台精选，然后送到酒庄。葡萄破碎后进入发酵桶开始发酵，没有发酵前的泡皮，而是发酵后泡皮。新酒除糙后进行橡木桶培养，一般用75%（数量占比）的新橡木桶，酒的培养时间为15~18个月。奥比昂与橡木桶公司合作，在酒庄制作橡木桶，以便更符合酒庄对桶的细节要求。按传统三个月倒一次桶，用蛋白澄清，在装瓶前进行滤清，最后装瓶。世界上年份最久的波尔多葡萄酒就出自奥比昂酒庄。

九、玛歌酒庄

玛歌酒庄（Chateau Margaux）是法国葡萄酒五大名庄之一（图3-9）。玛歌（Margaux）在法语中表示有着女性的韵律，而玛歌酒庄葡萄酒恰以优雅、细腻、温柔著称。玛歌酒庄的城堡建于拿破仑时期，是梅多克地区最宏伟的建筑之一。

玛歌酒庄则位于玛歌村。玛歌酒庄建园于1590年。1787年玛歌酒庄已被18世纪最出名的酒评家，当时的美国驻法大使托马斯·杰斐逊点名为法国的四大名庄。在六十多年后的1855年评级时，玛歌酒庄进入了列级名庄中的一级酒庄。

玛歌酒庄的红葡萄种植面积有78公顷，酒庄原有个19世纪建造的老酒窖，在1982年又建设了新酒窖，酒窖里面常年保持温度在13~15℃，安放着26000个橡木桶。酒庄还自己生产橡木桶，每年采用30%自己生产的桶，而正牌酒全部采用新桶。玛歌酒庄是比较恪守传统

（1）商标

（2）产品

图3-9 玛歌酒庄

的酒庄，全部采用橡木桶发酵罐发酵，大部分采用人工操作，连发酵温控都是人工控制，且仍然采用蛋清在桶里沉淀的传统工艺。玛歌酒庄葡萄酒是波尔多的代表，细致、温柔、幽雅，单宁中庸。玛歌酒庄的正牌酒Chateau Margaux自20世纪80年代至今表现相当出色，很多酒评人称之为近年来波尔多左岸最好的一级名庄。

十、拉菲酒庄

国外的葡萄酒在中国影响最大的，莫过于拉菲（图3-10）了。在世界各国，各门各派的“酒王”中，最出名的也应该算是法国的拉菲酒庄了。

拉菲酒庄坐落在法国波尔多波亚克区菩依乐村北方的一个碎石山丘上，气候土壤条件得天独厚，占地178公顷（其中葡萄园区占地103公顷）。拉菲酒庄创始于1763年，自19世纪50年代起，拉菲酒庄便已经享有盛誉。

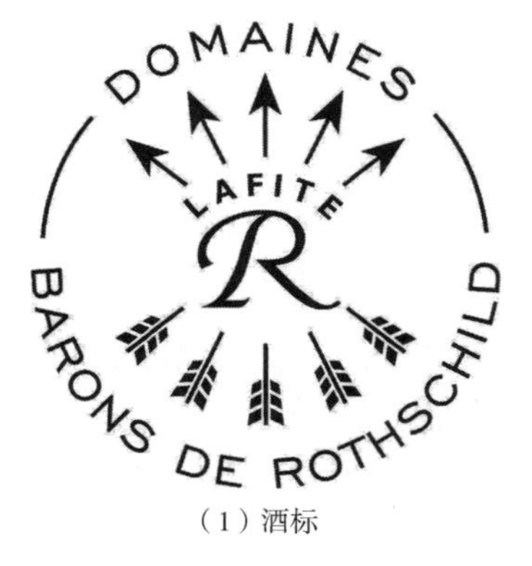

（1）酒标

（2）产品

图3-10 拉菲酒庄

拉菲酒庄是世界上最贵的一瓶葡萄酒的纪录保持者。1985年伦敦佳士得拍卖会上，一瓶1787年的拉菲以十万五千英镑的高价由一位杂志社的老板投得，创下并保持了世界上最贵一瓶葡萄酒的纪录。

拉菲酒庄每公顷种植8500棵葡萄树，平均树龄在四十年以上。每年的产量大约三万箱（每箱12支750毫升酒），此产量居所有世界顶级名庄之冠。以此产量及其能维持的价格相比，拉菲酒庄的成就真是无人能及。

拉菲酒庄的葡萄种植采用非常传统的方法，基本不使用化学药物和肥料，以小心的人工呵护法，让葡萄完全成熟才采摘。在采摘时熟练的工人会对葡萄进行树上的采摘筛选，不好不采。葡萄采摘后送进压榨前会被更高级的技术工人进行二次筛选，确保被压榨的每粒葡萄都达到高质量要求。在拉菲每2~3棵葡萄树才能生产一瓶750毫升的酒。

今天的拉菲酒庄将传统工艺与现代技术互补，技术人员依靠自己的品鉴能力来决定收获、发酵和滗酒的时间。所有的酒必须在橡木桶中进行发酵，需时18~25天。发酵，尝酒，装入优质葡萄酒发酵槽的酒桶中。分离葡萄汁和果渣，得到葡萄酒（第一次压榨出的葡萄汁），随后将剩余的果渣进行加压，从而压榨出葡萄酒，称为“压榨汁”（第二次压榨的葡萄酒）。进行苹果酸-乳酸发酵的第二次发酵过程，随后将葡萄酒分批装入酒桶中，所用酒桶全部来自葡萄园自己的造桶厂。每一桶陈酿酒都要进行几次尝酒以挑选出顶级品质的佳酿。次年三月第一次滗酒，此时进行混合。之后进入酒窖陈年，需时18~24个月，陈年期间还要经一系列滗酒以分离酒与酒糙。最后，为了去除剩余的那些悬浮颗粒，装瓶前在每桶酒中加入4~6个打成雪花状的蛋清以使其凝结并沉至桶底。6月份，由拉菲庄园自己装瓶，所有酒皆一次灌装完毕。

第五节　中国著名葡萄酒

一、长城葡萄酒

长城葡萄酒（图3-11）是中粮集团有限公司（以下简称“中粮”）旗下驰名品牌，是中国葡萄酒知名品牌，是“中国名牌产品”和“行业标志性品牌”。最早使用“长城”牌的葡萄酒是民权葡萄酒厂，1963年民权葡萄酒厂启用“长城”商标两次代表中国参加莱比锡、新加坡国际酒类鉴评会，1979年长城葡萄酒被评为“中国名酒”，1982年被评为“国家优质酒”，1987年被评为“中国出口名特产品金奖”，为国内重要葡萄酒品牌，但该厂一直未正式注册“长城”商标，1988年该品牌被中粮酒业有限公司获得。

“长城”系列葡萄酒是中国最早按照国际标准酿造的地道葡萄酒，中国第一瓶干白、第一瓶干红葡萄酒以及第一瓶起泡酒均在中粮诞生。长城葡萄酒多次在国际专业评比中获奖，远销法国、英国、德国、日本等多个国家和地区，拥有“中国出口名牌”称号。

2004年，“长城”商标被中华人民共和国原国家工商行政管理总局（以下简称“原工商总局”）认定为中国驰名商标。2006年，长城葡萄酒成为北京2008年奥运会正式使用的葡萄酒产品。长城葡萄酒有限公司（以下简称“长城”）在中国最好的葡萄产区之一的河北沙

（1）商标

（2）产品

图3-11　长城葡萄酒

城、河北昌黎和山东蓬莱拥有三大生产基地，其旗下著名产品长城桑干酒庄系列、华夏葡园小产区系列、星级干红系列、海岸葡萄酒系列等产品多次在国际专业评酒会上捧得最高奖项，以独具个性的风格和品味带给消费者丰富多彩的葡萄酒体验。凭借着绝佳的品质和独特的风味让越来越多的国内外爱酒人士迷醉——不仅是亚太经济合作组织（APEC）财长会议晚宴专用酒、博鳌亚洲论坛指定用酒、人民大会堂国宴用酒，还屡次因其卓越的品质被赠予国际政要、商业巨子和学界巨擘。

二、张裕葡萄酒

曾有人猜测张裕葡萄酒（图 3-12）名字的由来，张裕是某人的姓名，此言仅对一半。张裕集团（以下简称“张裕”）的创始人是张弼士，那么“裕”字又做何解释呢？其实这是选择了一个吉兆的字眼，有“丰裕兴隆”之意。张弼士在南洋及两广一带的公司及铺面也常取“裕”字作为宝号，如裕和、裕兴、裕昌、富裕等，这就是张裕老字号名字的由来。

（1）商标

（2）产品

图3-12　张裕葡萄酒

张弼士与葡萄酒的不解之缘，也同法国人有关系。那还是清同治十年（1871 年），已在南洋崭露头角的张弼士，接受一名荷兰友人的邀请，参加在雅加达法国领事馆的一个酒会。法国领事以法国上流社会的礼仪待客，席间自然少不了法国上等的葡萄酒。张弼士品其味果然非同寻常，饮后让人印象深刻。法国领事介绍，咸丰年间（即第二次鸦片战争期间），他曾随法国军队进驻烟台，看到天津、烟台等地漫山遍野生长着野生葡萄。来到中国后无酒相伴，士兵们时常感到枯燥乏味。正在此时，他们想起了所见到的大片的野生葡萄。于是，士兵们用随身携带的小型制酒机榨汁、酿制，酿好的葡萄酒别具特色。于是有士兵打算战后在烟台留下来创立葡萄酒公司，后因战事迅速平息而搁置下来。说者无心，听者有意，张弼士这时心中便萌生了创建葡萄酒公司的想法，不久之后，这一想法便得到了实现。

张裕至今已有 100 多年历史，是中国第一个工业化生产葡萄酒的厂家。1912 年，中国民主革命先驱孙中山先生亲临张裕参观，题赠“品重醴泉”四字，对张裕优异的产品质量给予极高评价。1915 年，张裕的红玫瑰葡萄酒、雷司令白葡萄酒等品种一举荣获巴拿马太平洋万国博览会多枚金质奖章。以后历届全国乃至世界名酒评比中，张裕的产品一直榜上有名。

1. 张裕干红葡萄酒

张裕干红葡萄酒是采用优良玫瑰香型葡萄为主要原料，经低温发酵工艺酿制而成的一种干型葡萄酒。饮用最佳品温 12~16℃。干红葡萄酒佐餐肉制品时具有特异风味。

2. 张裕高级解百纳干红葡萄酒

张裕高级解百纳干红葡萄酒以世界著名的解百纳品系中的品丽珠、蛇龙珠、赤霞珠等葡萄品种为原料，经低温发酵精酿而成，为中国首创。酒体丰满，具有葡萄的典型性，口感醇正，酒香怡悦，酒质典雅独特。

3. 张裕高级雷司令干白葡萄酒

张裕高级雷司令干白葡萄酒选用世界著名的雷司令葡萄品种，采用先进工艺技术酿造而成，该酒果香浓郁、风格高雅，具有微酸爽口的特色，有效地保存了雷司令葡萄的营养成分。

4. 张裕天然白葡萄酒

张裕天然白葡萄酒选用优良白葡萄品种，以科学酿造方法酿制而成。酒液晶亮透明，具有新鲜的果香，酸甜适中，气味清爽，入口舒适，含有葡萄糖、有机酸和多种维生素，营养丰富。

5. 张裕玫瑰红葡萄酒

张裕玫瑰红葡萄酒选用优良的玫瑰香葡萄为主要原料，经科学的酿造方法酿制而成。酒液色泽优美，清亮透明，果香新鲜，酒香浓郁，营养丰富。

6. 张裕天然红葡萄酒

张裕天然红葡萄酒选用优良红葡萄品种，以科学的酿造方法酿造而成，酒液色泽优美，清亮透明，果香新鲜，酒香浓郁，营养丰富。

7. 张裕干白葡萄酒

张裕干白葡萄酒是选用优良的玫瑰香型葡萄为主要原料，经低温发酵工艺酿制而成的一种干型葡萄酒。饮用最佳品温10~14℃。干白葡萄酒佐餐海鲜时具有特异风味。

三、王朝葡萄酒

中法合营王朝葡萄酿酒有限公司（以下简称“王朝公司”）坐落于天津，创建于1980年，是我国第二家中外合资企业，也是亚洲地区规模最大的全汁高档葡萄酒生产企业之一，见图3-13。

DYNASTY®
酒的王朝

（1）商标

（2）产品

图3-13　王朝葡萄酒

王朝公司在河北、天津、山东、新疆等地开辟了数万亩（1亩≈667平方米，余同）葡萄种植基地，根据酒种科学安排葡萄种植，并建立了三级技术辅导站，保证了高质量原料的供给。从种植基地到加工、酿造、蒸馏、储存各个环节实行规范化管理、标准化生产。王朝公司按现代企业制度规范运作，充分利用“王朝”的品牌优势，努力扩大产品出口，积极参与国际市场竞争。王朝职工以创新的精神锤炼出中国葡萄酒的世界级品牌，缔造了一个“酒的王朝”。

王朝葡萄酒享誉海内外，曾获14枚国际金奖、8枚国家级金奖，被布鲁塞尔国际评酒会授予国际最高质量奖。中华人民共和国农业农村部首批将王朝酒确定为无污染、无公害、无病毒、营养丰富的绿色食品。

目前王朝葡萄酒产品远销美国、加拿大、英国、法国、日本、澳大利亚等20多个国家和地区。王朝葡萄酒以霸气的王者态势及独特的酿制工艺赢得了广大市场。

第四章

啤　酒

第一节　啤酒概述

一、啤酒的起源

据研究发现，啤酒最早出现于现在的地中海南岸地区，距今已有四千多年的历史，后来才传入埃及、欧美等地。当初的啤酒，其原料和香料使用很杂，而且酒也浑浊。到公元 8 世纪以后，德国人把啤酒的原料固定为大麦芽，规定酒花为唯一的啤酒香料。这种由大麦芽、酒花、酵母和水酿制而成的啤酒清洌爽口，深受人们欢迎。这种方法后来逐渐传到法国、荷兰等地，酿酒从业者将这种以大麦芽和酒花为主要原料的饮料统称为啤酒。

原来的啤酒主要是家庭酿造，工艺落后，原料和香料不固定，因而酒质很不稳定。随着显微镜的发明，人们观察到啤酒中的酵母菌和杂菌。随后，路易·巴斯德发现啤酒变浑的原因是微生物的作用，他后来发明了灭菌技术，即现在的巴氏灭菌法。酵母学专家汉逊（E. Hansen）对啤酒酵母的培养与分离的研究获得成功，又使啤酒的过滤技术向前迈进一步。现代工业中的冷冻技术的运用进一步促进了啤酒生产的发展。

我国最早的啤酒厂是 1900 年俄国人投资建设的。1901 年，俄国人和德国人在哈尔滨香坊联合建立了哈盖迈耶尔-柳切尔曼啤酒厂；1903 年，捷克人在哈尔滨建立了东巴伐利亚啤酒厂；德国人与英国人合营在山东青岛建立了青岛英德啤酒公司（青岛啤酒厂前身）；以后，又有俄国、德国、法国、日本等国商人相继在中国开办了斯堪的那维亚啤酒厂（上海啤酒厂前身）、沈阳啤酒厂、哈尔滨啤酒厂、北京啤酒厂、怡和啤酒厂（上海华光啤酒厂前身）等。

1904 年，中国建立了自己的啤酒厂，是由杨连名在黑龙江一面坡镇经营的中东啤酒公司。1914 年，李希珍在哈尔滨发起成立股份公司，建立东三省啤酒厂。王立堂等建立五洲啤酒汽水公司。1915 年张庭阁在北京开办双合盛五星啤酒汽水厂，后来又有人于 1920 年在山东烟台建立醴泉啤酒厂，1935 年在广州建立五羊啤酒厂等。中华人民共和国成立前夕，中国仅有的十几家啤酒厂的产量加在一起，年产量仅万吨左右。

中华人民共和国成立后，啤酒工业有了突飞猛进的发展。截止到 2021 年，我国年产 10 万吨以上的厂家就有数十家，其中超过 50 万吨的就有青岛啤酒厂、燕京啤酒厂、哈尔滨啤酒厂、重庆啤酒厂、广州珠江啤酒等。万吨以上的啤酒厂遍及全国各地。

二、啤酒的种类

啤酒的品种繁多，但其主要成分大体相同，分类如下所示。

1. 按生产方式分

按生产方式可分为鲜啤酒和熟啤酒。

鲜啤酒：是指啤酒经过包装后，不经过低温灭菌便直接销售的啤酒，这类啤酒一般就地销售，保存时间不宜太长，在低温环境下一般保存期为一周。

熟啤酒：是指啤酒经过包装后，再经巴氏灭菌的啤酒，它的保存时间较长，可达三个月或更长时间。

2. 按啤酒色泽分

按啤酒成品的色泽大体可分为淡色啤酒、浓色啤酒和黑啤酒等。

淡色啤酒：色度较浅，是啤酒中产量最多的一种。淡色啤酒中又分深浅不同的类型：一是淡黄色啤酒，这种啤酒多采用色泽极浅、溶解度不高的麦芽，糖化周期比较短，麦汁接触空气少，而且多经过非生物稳定剂处理，酒色不带红棕色，而带黄绿色，在口感上多属淡爽型，酒花香味突出；二是金黄色啤酒，这种啤酒所采用的麦芽溶解度高一些，口味清爽而醇和，酒花香味突出；三是棕黄色啤酒，这种啤酒采用的麦芽大都是溶解度高，或者焙焦温度高、通风不良、色泽较深的麦芽，糖化周期较长，麦汁冷却时间长，接触空气多，其口感比较粗重，色泽黄中略带棕色。

浓色啤酒：色泽呈红棕色或红褐色，产量远较淡色啤酒低，国内这类啤酒很少。制造浓色啤酒除采用溶解度较高的浓色麦芽外，尚需要采用部分特种麦芽如结晶麦芽、琥珀麦芽、巧克力麦芽等。

黑啤酒：色泽呈咖啡色或黑褐色。原麦汁浓度 12~20°P，酒精度在 3.5%vol以上，其酒液突出麦芽香味和麦芽焦香味，口味比较醇厚，略带甜味，酒花的苦味不明显。

3. 按啤酒的原辅料分

按酿造啤酒的原辅料可分为全麦芽啤酒、小麦啤酒等。

全麦芽啤酒：全部以麦芽为原料或部分用大麦代替，采用浸出或煮出法糖化酿制而成的啤酒。

小麦啤酒：以小麦芽为主要原料（占总原料 40%以上），采用上面发酵法或下面发酵法酿制而成。

4. 按啤酒的包装容器分

按包装方式，可分为瓶装啤酒、桶装啤酒、罐装啤酒等。

5. 按国家标准分

国家标准把啤酒分为熟啤酒、生啤酒、鲜啤酒。

根据国标GB/T 4927—2008定义：

淡色啤酒：色度 2~14EBC的啤酒。

浓色啤酒：色度 15~40EBC的啤酒。

黑色啤酒：色度大于等于41EBC的啤酒。

6. 啤酒中的新成员

除了以上这些分类外，最近又有许多啤酒家族的新成员，在商业活动中经常会遇到，现列出一些如下所示。

干啤酒：20 世纪 80 年代由日本朝日产业株式会社率先推出，这种啤酒糖的含量低，属于低热量啤酒。干啤酒的发酵度高，含糖低，CO_2 含量高，故具有口味干爽的特点。因这种啤酒的热量低，越来越受到欢迎。

冰啤酒：由加拿大拉巴特公司开发。工艺为将啤酒冷却至冰点，使啤酒出现微小冰晶，然后经过过滤，将大冰晶过滤掉。通过这一步处理解决了啤酒冷浑浊和氧化浑浊问题，处理后的啤酒浓度和酒精度并未增加很多。

暖啤酒：它属于啤酒的后调味。后发酵中加入姜汁或枸杞，有预防感冒和胃寒的作用。

白啤酒：它的主要原料为小麦芽，酒液呈白色，清凉透明，酒花香气突出，泡沫持久，适合于各种场合饮用。

精酿啤酒：它是一种产量较小的啤酒品种，区别于大部分常见的工业啤酒，这类啤酒的酿造方式、口味种类繁多，而且差异很大。

第二节　啤酒的生产工艺

一、生产原料

1. 大麦

大麦是啤酒的核心。酿造啤酒的大麦要求颗粒饱满，应为二棱或六棱大麦，不含杂质，水分含量不超过12%，淀粉含量60%以上，蛋白质含量8%~12%（均为质量分数）。

2. 酒花

酒花是啤酒的灵魂，是一种多年生草本植物，该植物雌雄异株，只有雌株才能结出花体。在酒花松果体状花体的外表面，布满了黄粉状的香脂腺，香脂腺中含有大量的苦味质单宁、酒花油及矿物质。这些物质能赋予啤酒特殊的香味和爽口的苦味，增加啤酒泡沫的持久性，抑制杂菌的繁殖，促进蛋白质凝固，加速啤酒的净化。

3. 酵母

啤酒发酵使用专用的啤酒酵母，分为上发酵酵母和下发酵酵母。

上发酵酵母发酵时，需要较高的温度，发酵时间短，发酵结束时，酵母多漂浮在酒液的表层。

下发酵酵母发酵时，要在较低的温度中进行，发酵时间较长，发酵结束时，酵母多凝聚在酒液的底部。

4. 水

水中的无机物、有机物、微生物的含量和成分，会直接影响啤酒的质量。啤酒中含有89%~91%（质量分数）的水分。啤酒工业消耗水量很大，大啤酒厂多建立一套酿造用水处理系统。处理方法大致有以下几种：煮沸法、定量加饱和石灰水、用酸类中和处理、用石膏改良糖化用水、离子交换法、电渗析法、反渗法、利用活性炭处理等。目的是使酿造用水达到相关的标准。

二、酿造过程

1. 选麦

大麦在收割之后，至少得先经过6~8周储藏，等养足发芽力后才能用于啤酒酿造。先用精选机将杂质去掉，再用筛选机选出颗粒均匀的大麦。

2. 浸麦发芽

将大麦放在槽里，使其吸收发芽所需的足够水分。通过浸麦槽的网状底部下面连续送4~6天的湿空气，使大麦的麦根长到麦粒的1.5倍长，麦芽长到麦粒长度的2/3左右。这时，麦芽内的糖化酶形成并充满活力，这时生成的麦芽称为绿麦芽。

3. 烘干

用热风将绿麦芽烘干，使其停止生长，产生出啤酒所需的色素，然后用除根机去掉麦芽根部，放到筒仓里储藏起来。麦芽分酿造淡色啤酒用的淡色麦芽和酿造黑啤酒用的浓色麦芽，这主要通过调节烘干温度和时间制成。

4. 制浆煮浆

先将麦芽粉碎，再加入大米等辅料和温水搅拌，加热到适当温度。由于麦芽里的酶的作用，麦芽和辅料中的淀粉被糖化变成麦芽糖，将其过滤后得到的澄清的麦汁（糖汁）灌到煮沸锅内，再加入酒花，一起煮沸，让酒花特有的清香和苦味融入麦汁里。

5. 冷却

做好的热麦汁在完全无菌的状态下被送入发酵室内进行冷却（一般冷却到5~6℃）。

6. 发酵

在冷却后的麦汁里加入啤酒酵母。酵母开始发酵，将麦汁中的糖分分解成酒精和二氧化碳。经过1周的低温发酵，就生成了生涩啤酒。

7. 陈酿

生涩啤酒的口感和香味比较粗，把它放在0℃以下的低温下贮藏几十天，让它慢慢熟化。

8. 过滤

成熟的啤酒经过离心器去除杂质，使酒色完全透明或呈琥珀色，这就是通常所说的生啤酒，然后在酒液中注入二氧化碳和少量浓糖进行二次发酵。

9. 杀菌

酒液进行高温杀菌（俗称巴氏杀菌），使酵母停止作用，使酒液能长期贮存。

10. 包装

检查、贴签、包装（分瓶装、听装、桶装、罐装几种形式）。

第三节　世界著名啤酒的产地和品牌

一、美国百威啤酒

百威啤酒诞生于1876年，一百多年来，以其醇正的口感、过硬的质量赢得了全世界消费者的青睐，成为世界销量最多的啤酒，被誉为“啤酒之王”。

二、荷兰喜力啤酒

喜力啤酒原产于荷兰，总部也位于荷兰，凭借其出色的品质，成为全球顶级的啤酒品牌。喜力啤酒在全世界170多个国家热销，其优良品质一直得到业内和广大消费者的认可。喜力啤酒口感平顺甘醇，没有苦涩的味道，是酒吧和各娱乐场所最受欢迎的饮品之一。

三、德国贝克啤酒

德国的贝克啤酒拥有400多年的历史，是德国啤酒的代表，也是全世界最受欢迎的德国啤酒，仅在美国每年的消费量大约有1亿升。该啤酒年出口占德国啤酒出口总量的35%以上，高居德国啤酒出口量第一位。

四、丹麦嘉士伯啤酒

嘉士伯啤酒由丹麦啤酒巨人Carlsberg公司于1847年创立，在40多个国家都有生产基地，远销世界140多个国家和地区。嘉士伯啤酒酒质澄清甘醇，符合欧洲人的口味。嘉士伯十分重视产品的质量，打出的口号即广告词："嘉士伯，可能是世界上最好的啤酒"，深入人心。

五、爱尔兰健力士黑啤

健力士黑啤的原料内有焙焦大麦，故其色泽呈深黑色，与众不同。除焙焦大麦之外，健力士黑啤的原料中还有蛇麻子。健力士将其于都柏林制成的黑啤出口海外，然后与健力士在海外酿制的啤酒互相混合，最终形成产品，以此来保证其酒的味道正宗醇正。

六、日本朝日啤酒

朝日啤酒成立时间不长，于1986年开始研发，生产商通过大规模的市场调查，请顾客品尝啤酒，了解顾客感觉到的啤酒味道，总结出下一个时代人们追求的啤酒味道，于是"醇香且可口"这一啤酒新味道的概念就此诞生。

七、墨西哥科罗娜啤酒

科罗娜（Corona）是墨西哥摩洛哥啤酒公司的拳头产品，因其独特的透明瓶包装以及饮用时添加白柠檬片的特别风味，在美国一度深受时尚青年的青睐。墨西哥摩洛哥啤酒公司创建于1925年，在当地有8家酒厂，年产量达到4100万吨，在本国的市场占有率达60%以上。

八、美国蓝带啤酒

美国蓝带啤酒创始于1844年，曾多次获世界性博览会金奖，其产品以色浅、质优、味醇、气足的特点而著称。

九、日本麒麟啤酒

麒麟啤酒是日本第一品牌，针对日本人喜欢苦味的特点，麒麟啤酒的口味十分特别，深受日本人的欢迎。随着啤酒工业的日益国际化，麒麟啤酒也经销到其他国家。

第四节　中国著名啤酒

一、青岛啤酒

红瓦、绿树、碧海、蓝天交相辉映的青岛，被誉为“东方瑞士”，它地处山东半岛东南、胶州湾畔，青岛啤酒（以下简称“青啤”）就产于这里，见图4-1。

（1）商标

（2）产品

图4-1　青岛啤酒

百年青啤，百年青岛，从来没有一个城市因为一种特色产品而如此誉满全球。青岛因为青岛啤酒走向世界，青岛啤酒因为青岛而走向辉煌。走在青岛的街道上，会看到两旁有众多的青啤广告，这已经成为青岛的一道特有的风景。青岛啤酒已经完全融入了青岛人生活的方方面面。

目前，青岛市的青岛啤酒厂有数家，每个厂家生产不同品种和口味的啤酒，在青岛啤酒集团有限公司可以买到的青啤种类有上百种，不同品种的瓶盖已经成为收藏家们津津乐道的藏品。

青岛啤酒集团有限公司的前身是青岛啤酒厂，始建于1903年，由德国和英国商人合作兴建，是中国最早的一家啤酒厂。经过近一个多世纪的发展，青岛啤酒已成为全国最大的啤酒集团。自1906年获得德国慕尼黑国际啤酒博览会金奖后，青岛啤酒先后获得30多次国际金奖，是国际啤酒界公认的世界三大名牌啤酒（青岛啤酒、德国比尔森啤酒、荷兰汉尼根啤酒）之一。可以说青岛啤酒是民族工业的象征，也是民族工业的骄傲。

不知道是因为有了青岛的山清水秀、人杰地灵才酿造出甘醇芬芳、名满天下的青岛啤酒，还是因为有了几乎与世纪同龄的青岛啤酒才使得青岛这座城市声名远扬，这里吸引着来自国内外的大量游客。毫不夸大地说，许多人尤其是外国友人，是通过青岛啤酒了解青岛的，青岛啤酒为青岛增加了知名度，为青岛人民争了光。走过百年风雨的青岛啤酒厂是历史赐予这座城市的一笔宝贵财富。

二、雪花啤酒

雪花啤酒因其泡沫丰富洁白如雪，口味持久溢香似花，深获业内人士好评，遂命名为“雪花啤酒”，见图4-2。

（1）商标

（2）产品

图4-2 雪花啤酒

华润雪花啤酒（中国）有限公司（以下简称“华润雪花啤酒”）是一家生产、经营啤酒和饮料的外商独资企业。华润雪花啤酒从一个很少被人提起的单一工厂，发展成为全国性的专业啤酒公司，仅用了 10 年的时间。10 年中，华润雪花啤酒是中国啤酒业整合的最重要参与者。从沈阳“雪花”啤酒起步，经过大规模的合资并购及投资改造，目前，全国已有数十家啤酒企业先后以全资或合资的形式加入华润雪花啤酒体系中，并且分别在黑龙江、吉林、辽宁、天津、北京等地设有生产基地。

雪花啤酒一直以其清新、淡爽的口感，积极、现代、充满活力的姿态受到全国消费者的喜爱，其品牌口号为“畅享成长”，成为当代年轻人最喜爱的啤酒品牌之一 。

三、哈尔滨啤酒

哈尔滨啤酒（以下简称“哈啤”，图 4-3）诞生于 1900 年，是中国最早的啤酒品牌。哈尔滨啤酒集团有限公司的最前身乌卢布列夫斯基啤酒厂是中国最早的啤酒生产企业，是名副其实的中国啤酒工业的源头。经过 100 多年的演变、发展，哈啤由小到大、由弱到强，现在已名扬天下。哈尔滨啤酒不但在东北地区占有较高的市场份额，产品还销往全国各地，同时出口到许多国家。

哈尔滨啤酒融百年独特的酿酒经验与当今科学的工艺于一体，秉承干净、利落、醇正、爽口的优良传统，更融入当今世界盛行的清新、淡爽的风格特点。酒质外观晶莹剔透，泡沫洁白细腻，酒花香气清新浓郁，口感醇正淡爽。

哈尔滨啤酒系列产品，一直以悠久的品牌魅力与产品的高质量闻名于国内外市场，其产品口味醇正，质量均一稳定，优良的品质以及完美的形象使得哈尔滨啤酒系列产品在国内多项评比中获得很高荣誉。

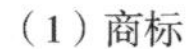
（1）商标

（2）产品

图4-3 哈尔滨啤酒

四、燕京啤酒

北京燕京啤酒股份有限公司（以下简称“燕京啤酒”）坐落于首都北京，1980年建厂，1993年组建集团。燕京啤酒（图4-4）本着“以情做人、以诚做事、以信经商”的企业经营理念，始终坚持走内涵式扩大生产道路，在滚动中发展，年年进行技术改造，使企业不断发展壮大；坚持依靠科技进步促进企业发展，建立国家级科研中心，引入尖端人才，依靠科技抢占先机；积极进入市场，率先建立完善的市场网络体系。

（1）商标

（2）产品

图4-4 燕京啤酒

燕京啤酒拥有现代化的啤酒制作装备，始终瞄准中国啤酒业装备的最高水平。燕京啤酒采用纯天然矿泉水酿造，锶含量高，饮后回味有泉水般的甘甜；保鲜期长达4个月，并通过中国绿色食品发展中心审核，符合绿色食品A级标准。

经过数十年快速健康的发展，燕京啤酒已经成为中国最大的啤酒集团之一，“燕京人”用20年的时间跨越了世界啤酒业100年的发展历程。

第五章

黄　酒

第一节　黄酒概述

一、黄酒的由来

黄酒的历史源远流长，商朝末期至西周初期（公元前1000年左右），定居在陕西岐山地区的西周人，已种稻酿酒，我国谷物酿酒始于龙山文化晚期前（一是当时谷物贮量增多，已有余谷可用于酿酒；二是在龙山文化遗存的墓葬中发掘出了酿酒和饮酒的陶制器皿；三是在古书《黄帝内经·素问》上，记载有稻米酿酒的传说），故可推出黄酒大约有5000年的酿造历史，《诗经》中就有“八月剥枣，十月获稻。为此春酒，以介眉寿”等诗句。直到现在，酿造黄酒的季节同以前相比也没有多大变化。古公亶父的长子泰伯和次子仲雍为了让位给他们的幼弟，来到无锡梅里建立吴国，把种稻、酿酒也传到了吴越一带（今江苏、浙江地区）。

周朝时黄酒分为“事酒”“昔酒”“清酒”。宋代朱熹给这些酒做了注释：“事酒”是有事而酿制的酒；“昔酒”是比较陈的酒；“清酒”是滤去酒糟，祭祀鬼神用的酒。另外，还有专供天子享用的重酿酒（双套酒），称之为“副”。《诗经》里出现的酒名还有“春酒”“黄酒”等。

南北朝时，贾思勰编纂的《齐民要术》详细记载了用小米或大米酿造黄酒的方法，并对酿酒用水做了详细的比较分析，系统地总结了我国劳动人民精湛的酿造技术。

唐朝喜欢饮用甜酒的人也不少，韩愈诗云“一尊春酒甘若饴，丈人此乐无人知”；杜甫诗曰“人生几何春已夏，不放香醪如蜜甜”。一个说其酒如饴，另一个说酒甜得赛蜜糖，把甜酒比成饴和蜜糖。而白居易却不喜欢饮甜酒，他说：“量大厌甜酒，才高笑小诗。”由此来看，唐代酿造黄酒是很普遍的。

北宋朱翼中写的《北山酒经》三卷，总结了大米酒的酿造经验。当时黄酒酿造技术比南北朝时已有了很大改进，如陶制酒坛内涂蜡或涂漆，新酒必须加热杀菌，蒸酒时用松香或黄蜡为消泡剂，榨酒使用压板，并指出酒必须装满（不接触空气），虽不蒸煮，夏季也可保留（《北山酒经》“收酒篇”）。

明代李时珍的《本草纲目》对于用黄酒浸泡药材，制造有疗效的药酒，列举的各种配方达数十则。明、清两代，绍兴酒畅销大江南北，据康熙时期的《会稽县志》上记载：“越酒行天下，其品颇多。”

黄酒从古代发展到今天，历经几千年的漫长岁月，有了翻天覆地的变化，凝聚着劳动人民的聪明和才智，黄酒酿造技术之先进，品种之繁多与黄酒的发展历史是密不可分的。

二、黄酒的分类和质量指标

（一）黄酒的分类

黄酒的种类很多。按原料、酿造方法的不同可分为三类，即绍兴酒，黍米黄酒（以山东即墨老酒为代表）和红曲黄酒（以中国浙南、福建、台湾的黄酒为代表）。

黄酒按风味特点和甜度也可分为三类，即甜型黄酒、半甜型黄酒和干型（不甜型）黄酒。

黄酒按颜色也可分为三类，即深色（褐色）黄酒、黄色黄酒和浅色黄酒。

黄酒中的主要成分除乙醇和水外，还有麦芽糖、葡萄糖、糊精、甘油、含氮物、醋酸、琥珀酸、无机盐及少量醛、酯与蛋白质分解的氨基酸等。因此，黄酒具有较高的营养价值。

（二）黄酒的质量指标

1. 感官指标

（1）色泽　具有本品应有的色泽，一般为浅黄，澄清透明，无沉淀物。

（2）香气　有浓烈的香气，不能带有异味。

（3）滋味　应醇厚稍甜，不能带有酸涩味。要求入口清爽，鲜甜甘美，酒味柔和，无刺激性。北方老酒要求味厚、微苦、爽口，但不得有辣味。

2. 理化指标

（1）酒精度　黄酒酒精度同白酒一样，是以含酒精量的体积百分比计算的。黄酒的酒精含量一般为12%~17%vol。

（2）酸度　总酸度（以醋酸计）一般在 0.3%~0.5%。总酸度如超过 0.5%，酒味就会发生酸涩，影响质量；如果超过过多，必须测定挥发酸含量。黄酒的挥发酸含量应为0.06%~0.1%（以醋酸计）。挥发酸含量超过0.1%的黄酒，就有变质的可能，不能再饮用。

（3）糖度　糖度也是以含糖的浓度计算的。三种甜度黄酒含糖量的百分比分别为：甜型黄酒10~20g/100mL；半甜型黄酒2~8g/100mL；干型黄酒一般为1g/100mL左右。

第二节　黄酒的酿造

黄酒的酿造过程有其独有的特点，而且各地的黄酒酿造过程略有不同，我们以绍兴黄酒为例，来看下它的酿造过程。

一、黄酒的原料

绍兴酒的主要酿造原料为：鉴湖水、上等精白糯米、黄皮小麦，人们分别称这三者为“酒之血”“酒之肉”“酒之骨”。

绍兴酒品质优良名声在外，因而多地有仿制者，但这些仿制者全部照搬制酒配方和工艺，而缺少绍兴酒所特有的原料，故酒质仍无法与绍兴产的酒媲美。如中国的苏州、杭州、无锡、上海、北京、温州、台湾以及日本等地均有仿制的绍兴酒，但终因水质不同，细品比较，与地道的绍兴酒风味差别明显。

精白糯米是绍兴酒的主要原料。酿酒者要求糯米的质量为精白度高，黏性大，颗粒饱满，含杂质、杂米、碎米少，气味良好的上等优质糯米。自古以来，人们就根据酿酒原料的不同给酒分类，原料越好，酒越好，这与现代酿酒对原料的要求是基本相同的。为什么绍兴黄酒要选择精白糯米，并且要求当年产的糯米为好呢？因为精白度高的糯米蛋白质、脂肪含量低，淀粉含量相对较高，这样可以达到产酒多、香气足、杂味少，且在贮藏过程中不易变质等目的。同时，糯米所含的淀粉中95%以上为支链淀粉，容易蒸煮糊化，黏性大，糖化发酵效果好，酒液清，残糟少；发酵后，在酒中残留的糊精和低聚糖较多，使酒质醇厚甘润。当年产的新糯米，在浸渍工序中可使乳酸菌大量繁殖产生微酸性环境，在发酵中，可抑制乳酸菌的繁殖而防止酸败，俗称“以酸制酸”，而陈糯米因经长期贮存，内部的物质发生化学变化，往往引起脂肪变性，米味变苦，会产生油味而影响酒质。因此，绍兴酒的糯米原料，人们归纳为：“精、新、糯、纯”四个字。

小麦是制作麦曲的原料。麦曲是酿造绍兴酒的辅料，其质量好坏在酿造中占有极其重要的地位，故被形象地比喻为“酒之骨”。它的主要功用不仅是液化和糖化，而且是形成酒的独特香味和风格的主体之一。小麦选用皮黄而薄、颗粒饱满、淀粉含量多、黏性好、杂质少、无霉变的当年产优质黄皮小麦，这是绍兴酒酿造无可替代的制曲原料。其特点一是营养成分高于稻米，因蛋白质含量较高，适应酿酒微生物的生长繁殖，是鲜味的来源之一；二是成分复杂，在温度作用下，能生成各种香气成分，赋予酒的浓香；三是小麦麦皮富含纤维质，有较好的透气性，在麦块发酵时因滞留较多的空气，可供微生物互不干扰地生长繁殖，能获得更多各种有益的酶，有利于酿酒发酵的完善，所以绍兴酒的酒曲选用优质黄皮小麦为原料也是有科学道理的。

二、黄酒的酿造工艺

绍兴酒是以糯米为原料，经酒药、麦曲中多种有益微生物的糖化发酵作用，酿造而成的一种低酒精度的发酵原酒。明代《天工开物》记载：“凡酿酒，必资曲药成信。无曲即佳米珍黍，空造不成。”说明了酒药和麦曲在酿酒中的重要作用。

1. 酒药

酒药又称小曲、白药、酒饼，是独特的酿酒用糖化发酵剂，也是优异的酿酒菌种保藏制剂。酒药中的糖化（根霉、毛霉菌为主）和发酵（酵母菌为主）的各种菌类是复杂而繁多的。绍兴酒就是以酒药发酵制作淋饭酒醅为酒母（俗称酒娘），然后去生产摊饭酒。它是用极少量的酒药通过淋饭法在酿酒初期进行扩大培养，使霉菌、酵母逐步增殖，达到淀粉原料充分糖化的目的，同时还起到驯养酵母菌的作用，这是绍兴酒生产工艺的独特之处。酒药还有白药、黑药两种，白药作用较猛烈，适宜于严寒的季节使用，至今绍兴酒传统生产工艺仍采用白药；黑药则是在用早籼米粉和辣蓼草为原料的同时，再加入陈皮、花椒、甘草、苍术等中药末制成，作用较缓和，适宜在暖和的气温下使用。现在因淋饭酒酿季在冬天，用的都是白药，黑药已基本绝迹。

2. 制曲

用粮食原料在适当的水分和温度条件下，繁殖培养具有糖化作用的微生物制剂称为制曲。麦曲作为培养繁殖糖化菌而制成的绍兴酒糖化剂，它不仅给酒的酿造提供了各种需要的酶（主要指淀粉酶），而且在制曲过程中，麦曲内积累的微生物代谢产物，也赋予绍兴酒以独特的风味。麦曲生产一般在农历八九月间，此时正值桂花盛开时节，气候温湿，宜于曲霉菌培育生长，故有“桂花曲”的美称。20 世纪 70 年代前，绍兴的酒厂还是用干稻草将轧成片状的小麦围绕并捆绑成长圆形，竖放紧堆保温，自然发酵而成，称“草包曲”，但这种制曲方法跟不上规模产量日益扩大的需要。20 世纪 70 年代后期，酒厂改进操作方法，把麦块切成宽 25 厘米，厚 4 厘米的正方形块状，堆叠保温，自然发酵而成，称为“块曲”。麦曲中的微生物最多的是米曲霉（即黄曲霉），根霉、毛霉次之，此外，尚有少量的黑曲霉、青霉及酵母、细菌等。成熟的麦曲曲花呈黄绿色，质量较优，有利于酒醪升温和开耙调温。由于麦曲是多菌种糖化（发酵）剂，其代谢产物极为丰富，赋予绍兴酒特有的麦曲香和醇厚的酒味，构成了绍兴酒特有的酒体与风格。

3. 淋饭酒

淋饭酒学名“酒母”，原意为“制酒之母”，是作为酿造摊饭酒的发酵剂。一般在农历“小雪”前开始生产，其工艺流程为：糯米→过筛→加水浸渍→蒸煮→淋水冷却→搭窝→冲缸→开耙发酵→灌坛后酵→淋饭酒（醅）。经 20 天左右的养醅发酵，即可作为摊饭酒的酒母使用。因采用将蒸熟的饭用冷水淋冷的操作方法，故称“淋饭法”制酒。淋饭酒在使用前都要经过认真挑选，采用化学分析和感官鉴定的方法，挑选出酒精度高、酸度低、品味老嫩适中、爽口、无异杂气味的优良酒醅作为摊饭酒的酒母。它对摊饭酒的正常发酵和生产的顺利进行有着十分重要的意义。

4. 摊饭酒

摊饭酒又称“大饭酒”，即正式酿制的绍兴酒。一般在农历“大雪”前后开始酿制。其工艺流程为：糯米→过筛→浸渍→蒸煮→摊冷（清水、浆水、麦曲、酒母）→落缸→前发酵（灌坛）→后发酵→压榨→澄清→煎酒→成品。因采用将蒸熟的米饭倾倒在竹簟上摊冷的操作方法，故称“摊饭法”制酒。因颇占场地，速度又慢，现改为用鼓风机吹冷的方法，加快了生产进度。摊饭法酿酒是将冷却到一定温度的饭与麦曲、酒娘、水一起落缸保温，进行糖化发酵。为了掌握和控制发酵过程中各种成分适时适量的生成，必须适时“开耙”，即搅拌冷却，调节温度，这是整个酿酒工艺中较难掌握的一项关键性技术，必须由酿酒经验丰富的老师傅把关。摊饭法酿酒工艺是糖化和发酵同时进行，故也称“复式发酵”，此项工艺质量控制繁杂，技术难度较大，要根据气温、米质、酒母和麦曲性能等多种因素灵活掌握，及时调整，如发酵正常，酒醪中的各种成分比例就和谐协调，平衡增多，酿成的成品酒口感鲜灵、柔和、甘润、醇厚，质量会达到理化指标要求。摊饭酒的前后发酵时间达90天左右，是各类黄酒酵造期最长的一种生产方法。

5. 压榨

压榨又称过滤。经80多天的发酵，酒醅已经成熟。此时的酒醅糟粕已完全下沉，上层酒液已澄清并透明黄亮；口味清爽，酒味较浓；有新酒香气，无其他异杂气味。经化验理化指标达到质量标准要求，说明发酵已经完成。但因酒液和固体糟粕仍混在一起，必须把固体和液体分离开来，所以要进行压榨。压榨出来的酒液称为生酒，又称生清。生酒液尚含有悬浮物而出现浑浊，还必须再进行澄清，减少成品酒中的沉淀物。

6. 煎酒

煎酒又称灭菌。为了便于贮存和保管，必须进行灭菌工作，俗称“煎酒”。这是黄酒生产的最后一道工序，如不严格掌握，会使成品酒变质，可谓前功尽弃。“煎酒”这个名称是绍兴酒传统工艺沿袭下来的。酿酒人根据实践经验，知道要把生酒变成熟酒才不易变质的道理，因此采用了把生酒放在铁锅里煎熟的办法，称为“煎酒”，实际的意义主要是灭菌。为什么要灭菌，因为经过发酵的酒醅，其中的一些微生物还保持着生命力，包括有益和有害的菌类，还残存一部分有一定活性的酶，因此，必须进行灭菌。灭菌是采用加热的办法，将微生物杀死，将酶破坏，使酒中各种成分基本固定下来，以防止在贮存期间黄酒变质。加热的另一个目的是促进酒的老熟，并使部分可溶性蛋白凝固，经贮存而沉淀下来，使酒的色泽更为清亮透明。

7. 成品包装

煎酒后即可进行包装，主要是为了便于贮存、保管、运输以及有利于新酒的陈酿老熟。绍兴酒自古以来采用25千克的大陶坛盛装，直至现代，虽然其他材料很多，但仍不能与之比拟。用陶坛盛装，即使存放几十年也不会变质，绍兴酒的“越陈越香”主要是靠陶坛贮存的包装形式来完成的。但也有缺点存在，如搬运、堆叠劳动强度大，外表粗糙不美观，占用仓库面积大，贮存期酒的损耗多等。20世纪90年代起，黄酒集团和东风酒厂两家大企业，率先试验用不锈钢材质制作50立方米的大容器贮酒并获得成功。另外，从20世纪80年代起，绍兴的几家大酒厂，瓶装生产线发展较快，高档酒、花色酒均采用玻璃、陶、瓷等材质的小包装供应国内外市场。

第三节　黄酒的功效与饮用

一、黄酒中的营养物质

黄酒是最古老的饮料酒之一，其营养价值超过了有“液体面包”之称的啤酒和营养丰富的葡萄酒。

黄酒含有多种氨基酸。据检测，黄酒中的主要成分除乙醇和水外，还含有 17 种氨基酸，其中有 7 种是人体不能合成的。这 7 种氨基酸，黄酒中的含量最全，居各种酿造酒之首，尤其是能助长人体发育的赖氨酸，其含量比同量啤酒、葡萄酒多一至数倍。黄酒的热能是啤酒的 3~5 倍，是葡萄酒的 1~2 倍。此外，黄酒还含有许多易被人体消化的营养物质，如糊精、麦芽糖、葡萄糖、酯类、甘油、高级醇、维生素及有机酸等，这些成分经贮存陈化，又形成了浓郁的酒香，鲜美醇厚的口味，丰富和谐的酒体，而最终使之成为营养价值极高的低度酒饮料。

二、黄酒的药用价值

黄酒的主要原料是大米、糯米、黍米等。由于在酿造过程中，注意保持了原料原有的多种营养成分，还有原料所产生的糖、胶质等，这些物质都有益于人体健康，且在辅助医疗方面，不同的饮用方法还有着不同的疗效作用。

凉饮：凉饮黄酒，有消食化积、镇静的作用。对消化不良、厌食、心跳过速、烦躁等有一定疗效。

热饮：黄酒烫热饮用，能驱寒祛湿、活血化瘀，对腰背痛、手足麻木和震颤、风湿性关节炎及跌打损伤患者有益。

与鸡蛋同煮后饮用：将黄酒烧开，然后打进鸡蛋 1 个成蛋花，再加红糖用小火熬片刻。经常饮用有补中益气、强健筋骨的功效。可防治神经衰弱、神思恍惚、头晕耳鸣、失眠健忘、肌骨痿脆等症。

与桂圆或荔枝、大枣、人参同煮，其功效为助阳壮力、滋补气血，对体质虚衰、元气降损、贫血、遗精下溺、腹泻、妇女月经不调有疗效。

与活虾（捣烂）60克共烧开服：每日1次，连服3天，可治产后缺乳。

三、黄酒的养生保健作用

由于黄酒有酸、甜、苦、辣、鲜五味一体的独特风味，还有香、醇、柔、绵、爽五感俱全的独特风格，所以历来为饮者所称道，再加上其酒精度较低、营养价值高、具有保健养生的良好功效，所以有"东方名酒"的美誉。黄酒有史以来就备受世人青睐，被誉为"仙酒""神液"，经现代科学检测，是很有道理的。中国黄酒和其他酒类相比较，至少有以下三大优点。

1. 营养丰富

科学分析表明，黄酒中含有的 17 种氨基酸，其含量不仅超过了日本清酒，也远远超过了啤酒和葡萄酒，其中人体所必需的氨基酸的总含量每千克达5600毫克，是啤酒（每升782毫克）的约 7.2 倍，是葡萄酒（每升 1593 毫克）的约 3.5 倍（此处千克视为升，工厂常用）。

每升黄酒中含高达400~596毫克的丙氨酸、精氨酸、谷氨酸、脯氨酸，这在世界酒类中是罕见的。黄酒中除含有大量人体必需氨基酸以外，还含多种糖类。这些糖类使黄酒具有鲜甜味，且易被人体吸收。另外，黄酒中还含有乳酸、乙酸、琥珀酸、多种维生素和芳香物质，对帮助消化、促进食欲都有一定好处。

2. 黄酒是泡制各种药酒的佳品

李时珍在《本草纲目》中就曾明确指出，用黄酒浸泡中草药，可制成疗效很好的药酒，其配方就达60多种，不少方子至今仍沿用。现在不少滋补及妇科药物，都是用黄酒作为“药引子”，这是因为黄酒不但可以柔和地促使药物发挥作用，而且本身就有活血养神的功能。有些中医开处方时，还会注明“用黄酒送下”。在我国江南一带，至今仍有产妇食用黄酒煮鸡蛋以恢复体力的风俗，还有的地方有以黄酒炖鸡滋补身体的习俗。

3. 黄酒是中国烹调过程中的必用之物

很多厨师、家庭主妇，在烹制菜肴时离不开黄酒，这是其他酒类不能代替的。如在烹制鱼虾和肉类菜肴时，加入适量黄酒，会使菜肴增添特殊的香味，更为可口。这是因为黄酒中所含酒精度比较适宜，能渗入肉类组织内部，溶解其中的三甲胺，在烹调加热时，能使之随酒精一起挥发，从而除去各种肉类的腥味。

第四节　中国著名黄酒

一、绍兴黄酒

绍兴酒，简称“绍酒”，是我国黄酒类中的名酒，又称“老酒”，它产于绍兴市。绍兴是目前中国最大的黄酒生产和出口基地，它的酿酒史可追溯到春秋时期，据《吕氏春秋》记载：“越王之栖于会稽也，有酒投江，民饮其流而战气百倍。”到了宋代时期，江南黄酒的发展进入全盛时期，尤其是南宋政权建都于杭州后，绍兴凭着与杭州相距很近的优势，黄酒得到更进一步的发展。清代是绍兴酒的全盛时期，绍兴酒几乎成了黄酒的代名词。到20世纪30年代，绍兴酒生产最盛，绍兴境内酒坊已达两千多家，年产量已达6万余吨。中华人民共和国成立后，原分散的小酒坊联合成立了绍兴鉴湖酿酒公司，其工艺、产量和品质得到了进一步提高，品种也越来越多（图5-1）。绍兴酒1915年、1924年分别在巴拿马万国博览会上荣获一等奖和银质奖，1925年在西湖博览会上荣获金牌。加饭酒为绍兴酒中的最佳品种，1952年被评为全国八大名酒之一；1963年、1979年又分别被评为全国18大名酒之一，并获金质奖；1983年在全国第四届评酒会上又被评为26大名酒之一；1985年分别获巴黎国际旅游美食金质奖和西班牙马德里酒类质量大赛的景泰蓝奖；1989年获得全国第五届评酒会金质奖。

图5-1　绍兴花雕酒

绍兴酒的主要品种有元红酒、加饭酒、善酿酒、鲜酿酒、香雪酒、竹叶青等，其中绍兴加饭酒最负盛名。绍兴加饭酒选用优质的糯米为原料，麦曲为糖化剂，用摊饭法精制而成，这也是它被称为加饭酒的原因。许多人误认为这种酒是吃饭的时候佐饭的，这是错误的。加饭酒在酿造时投入的饭量多，同时还根据加饭量的多少分为双加饭和特加饭。科学家对此进行了分析，一致认为，加饭酒因为含有多种维生素及17种氨基酸等多种营养成分，容易被人体所吸收。

绍兴酒的生产有一套严格的程序，以保证其优良的质量，如它所采用的水是当地的鉴湖水。鉴湖水来自崇山峻岭，经岩层与沙砾过滤净化，水质澄清、甘洌可口，并含有多种矿物质，是酿造绍兴酒得天独厚的天然资源。鉴湖北所产的白塔牌绍兴酒味甘、色清、气香，为绍兴酒中上品。因为绍兴酒具有香气馥郁芬芳、色泽橙黄、清澈等独特风格和久藏不坏、越陈越香的优点，被人们称誉为“长者之风”。

二、福建黄酒

福建黄酒采用糯米、大米为主要原料，红曲和白曲混合使用酿造而成。福建黄酒中比较有名的品种有：沉缸酒、老酒、四半酒、五月红、琼浆酒、玉液酒等，其中沉缸酒和老酒曾多次在国内获奖。

沉缸酒产于福建省龙岩市，是甜型黄酒的典型代表，是久负盛名的高级滋补保健低度酒。龙岩沉缸酒因在酿制过程中，酒醅经“三浮三沉”，最后深入缸底，沉缸酒由此而得名。它的酿酒历史并不算很长，始于清朝嘉庆年间。沉缸酒于1963年、1979年、1983年连续三次在全国评酒会上荣获国家名酒称号。

龙岩沉缸酒选用优质糯米为原料，配以祖传秘方药曲，以福建红曲和特制白曲为糖化发酵剂，酒精含量高，经20多道工艺流程酿制，然后藏窖3年陈酿方可出品。沉缸酒甘甜醇厚，酒味芳香，有不加糖而甜、不着色而艳红、不调香而芬芳三大特点。酒液鲜艳透明呈红褐色，饮后回味绵长。此酒不仅味美可口，而且营养丰富，内含有18种人体所需的氨基酸和多种维生素。长期以来，民间素有“斤酒当九鸡”之誉，意思就是说一斤沉缸酒的营养价值相当于九斤鸡肉。

福建老酒产于福建省福州市，属半甜型黄酒，是红曲稻米黄酒的典型代表。福建老酒因每投料170千克出酒四埕（音chéng，酒瓮）半，故又称“四半酒”。它的酿酒历史已有240多年，曾多次被评为全国优质酒。福建老酒的原料主要选用古田县一带所产的上等糯米，以古田红曲和以多种中药组成的白露曲为糖化发酵剂，沿用传统技艺酿制，采用分坛发酵，冬酿春熟，发酵期长达百余天，然后经多年贮存才出厂，是滋补酒中的佳品。

三、九江封缸酒

九江封缸酒产于江西省九江市，属于甜型黄酒，因制成后要密封陈酿5年以上，故又称为陈年封缸酒。

古时九江“陶家酒”甚为出名，唐代大诗人李白和白居易都赋诗称赞过陶家酒。第二次鸦片战争后，九江辟为对外通商口岸，酿酒业得到了进一步的发展，并远销全国各地，当时的外国商人都竞相争购陈年封缸酒带回国去。中华人民共和国成立后，九江封缸酒不断改进工艺，调整配方，以其优异的品质和独特的风格在全国多次获奖。1963年，封缸酒被评为江西名酒，1979年在全国第三届评酒会上被评为全国优质酒，1983年被评为江西省优质酒。

九江封缸酒选用优质糯米及本地矿泉水为主要原料，以根霉曲为糖化发酵剂，采用传统工艺和先进科学技术酿制而成，封缸酒经密封5年后，其酒呈琥珀色泽，透明晶莹，香气浓郁，柔和爽口。

四、丹阳黄酒

丹阳黄酒产于江苏省丹阳市，俗名陈酒，它还有许多美称，如“百花老陈”“状元红”“十里香”“玉乳浆”“曲阿酒”等。此酒因进贡朝廷而闻名，并在黄酒中独树一帜，是我国甜型黄酒中一个古老的优良品种。

丹阳自古出名酒，为我国著名的黄酒产地之一。它的酿酒历史可追溯到西周时期，从出土的文物来考证，丹阳早在西周时期就有相当规模的酿酒活动。唐代时期，曲阿（即丹阳）酒被列为“天下名肴佳酒”之列。元明两代，丹阳酒在文人墨客的诗词中经常被提到。

丹阳黄酒系列品种在国际国内曾多次获奖，如1908年获巴拿马评酒会金质奖，1910年获南洋劝业会头等奖，1971年在江苏省评酒会上被评为江苏省“七大名酒”之一，1979年荣获江苏省优质产品及国家优质酒称号，1983年荣获国家银质奖和金杯奖。在民间，丹阳黄酒也享有盛誉，被人们称为黄酒中的骄子，酒林一绝，饮誉天下。目前，丹阳黄酒畅销东南亚和欧美等地。

丹阳黄酒的酿造选用当地优质糯米为原料，用酒药糖化，特制麦曲发酵，长期陈酿而成，并采用当地的玉乳泉为酿酒水源。酿造过程继承和发扬了“古遗六法”的传统工艺，创造出了一套独特的、传统的酿酒方法。丹阳黄酒系列品种有：丹阳封缸酒、古花酒、老陈酒等，其中丹阳封缸酒属于高档产品。

丹阳封缸酒属甜型酒，它选用当地特产的优质桂花香糯、小红糯为原料，以当地水质甘美纯净的练湖水为酿造用水，酿造工艺独具一格，采用低温糖化、适时加酒的传统工艺精制而成。酿出的酒液鲜艳透明，呈棕红色琥珀光泽，鲜甜香美，醇和爽口。灌坛封缸贮窖越久，风味越佳，饮后余味无穷，使人舒畅爽适。丹阳酒还具有很高的营养价值，它含有人体易于吸收的20多种氨基酸和各种维生素及微量元素。

五、即墨老酒

即墨老酒古称“醪酒”，是我国北方黄酒的主要代表，与南方的绍兴加饭酒齐名，素有“南绍兴，北即墨”之说。

即墨老酒产于山东省青岛市即墨县，早在北宋时期就已经有此酒名，至今已有900多年历史。宋神宗熙宁年间，老酒酿造工艺已普及民间，生产已具相当规模。清代道光年间，即墨老酒产销达到极盛时期。1932年即墨有黄酒作坊已达500余家，年产量数百吨，并远销国内外。

1950年即墨黄酒厂成立，凭借即墨老酒所具有的独特风格，此酒在国内外多次获奖。1963年和1979年分别在全国第二届和第三届评酒会上被评为全国优质酒；1984年在全国轻工系统酒类质量大赛中荣获金杯奖，被专家们誉为我国黄酒的“北方骄子”和“典型代表”。

即墨老酒选用当地黍米为原料，以崂山矿泉水为酿造用水。在酿造过程中继承和发扬了“古遗六法”，即“黍米必齐，曲蘖必时，水泉必香，陶器必良，堪炽必洁，火剂必得”，并与现代工艺结合酿制而成，使其具有独特的地方风味。

即墨老酒酒色墨褐略带紫红，浓厚挂碗，味微苦焦香，余味深长。此酒酒精度为12%vol，入口无刺激感，常被中医作为药引或配伍药剂使用。即墨老酒含有17种氨基酸，16种人体所需要的微量元素，以及多种酶类及维生素。常饮此酒，能增强体质，促进人体新陈代谢，并具有强心肌、软血管、降血脂、降胆固醇、延年益寿的效用，被人们誉为“滋补健身之佳酿”。

六、兰陵美酒

兰陵美酒产于山东省兰陵县兰陵镇，是高酒精度甜型黄酒，历史上著名的“东阳酒”“兰陵酒”“金花酒”均指兰陵美酒。兰陵美酒在李时珍著的《本草纲目》及我国一些古典戏曲中也曾提到。

自西汉时期，兰陵美酒就已销往外地，江苏省徐州市狮子山汉墓中发掘出的两坛兰陵美酒可为证，泥封上有“兰陵函印”戳记。到了唐代，兰陵美酒生产已很发达，远销至长安、江宁、钱塘等地。当时著名诗人李白曾作《留客中行》，赋诗赞道：“兰陵美酒郁金香，玉碗盛来琥珀光。但使主人能醉客，不知何处是他乡。”可见兰陵美酒在当时社会上受到人们普遍的欢迎。宋代时期，全国许多城镇的酒店，为了招徕顾客，都在店门前挂起“兰陵佳酿”的招牌。后经元、明、清各朝代，兰陵美酒一直长盛不衰。1915 年，兰陵美酒在太平洋万国博览会上荣获金牌奖，从此，兰陵美酒走出国门，驰名海外。1987 年在上海举行的中国第一届黄酒节上，兰陵美酒荣获一等奖；1990 年，兰陵美酒再次荣获第 28 届世界产品质量评比博览会金奖。

兰陵美酒选用黍米为原料，并以麦曲糖化发酵，用上等大曲加玉米、黍米、红枣、冰糖、郁金、龙眼肉、鲜玫瑰等原料酿制而成。继承和发扬了传统的酿造工艺，工艺精细，独树一帜。兰陵美酒风味别具一格，色、香、味俱佳。兰陵地下水甘美，适于酿酒。兰陵地下水分为碱水和甜水两种，其中碱水含有多种矿物质，人不能饮用，专供造酒用水。有了这种特殊的水加持，兰陵美酒如虎添翼。

兰陵美酒具有天然形成的琥珀色泽，纯净晶莹；香气馥郁沁人，幽柔不艳；甜酸适中，酒体和谐，醇厚可口，回味悠长。从保健的角度来说，兰陵美酒是一种具有养血补肾、舒筋健脑、益寿强身功能的滋补酒，如经常饮用，有健身美容的功效。

第六章

酒礼、酒俗、酒令

第一节　中国古代酒礼

自夏、商、周三代以来，礼就成为人们社会生活的总准则、总规范。饮酒行为自然也纳入了礼的轨道，这就产生了有关酒的礼节——酒礼，用以体现有关酒的活动中的贵贱、尊卑、长幼乃至各种不同场合的礼仪规范。

上古的时候，酒产量少，技术又难以掌握，所以先民平时是无法饮酒的。只有当祭祀等重大庆典之时，才可按一定规矩分饮。那时饮酒是先献于鬼神，饮酒的目的，也是要同神鬼相接，同庄严神秘的祭祀庆典相连。从那时候起，酒礼就成为“礼”的一部分，是“礼”的重要环节，《礼记》见图6-1。

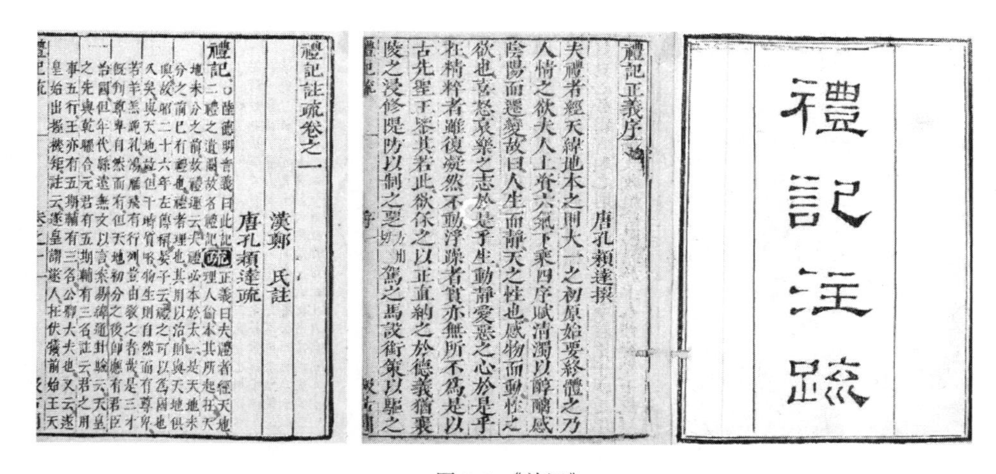
禮記注疏

禮記正義序　唐孔穎達撰

夫禮者經天緯地本之則大一之初原始要終體之乃人情之欲夫人上資六氣下乘四序賦清濁以醇醨感陰陽而遷變故曰人生而靜天之性也感物而動性之欲也喜怒哀樂之志於是乎生動靜愛惡之心於是乎在精粹者雖復凝然不動浮躁者實亦無所不爲是以古先聖王鑒其若此欲保之以正直納之於德義猶襄陵之浸修隄防以制之駕之馬設銜策以驅之

禮記注疏卷之一　漢鄭氏註　唐孔穎達疏

图6-1 《礼记》

到西周时期，酒礼演变为一套严格的礼节。《尚书》中的《酒诰》，是周公颁布的，其中明确指出天帝造酒的目的并非供人享用，而是祭祀神灵和列祖列宗，因而必须禁止“群饮”，违者必处死。在这篇文章中，周公告诫臣属“饮惟祀，德将无醉”。就是说，只有祭祀时才可以喝酒，而且不允许喝醉。酒，在先民看来，与祭祀活动本身一样，是神圣之物，是要以很庄严的态度来对待的。

到了春秋时期，酒仍然主要用于祭祀和一些大型的政治活动中。当时的观念认为酿酒主要是为了表示对上天的感激与崇敬。王公大臣们在一定场合可以饮酒，而下民饮酒作乐则是莫大罪过。

到战国时期，由于政治的分散和权力的下移、经济文化的进步，关于酒的观念和风气也发生了很大改变，对于酒礼的约束和恐惧都已经淡化，祭祀之外的饮酒活动开始普遍起来。

秦汉到隋唐时期，儒家礼教思想占据主导地位，礼乐文化逐渐确立，酒文化中“礼”的色彩也越来越浓，于是像《酒戒》《酒警》《酒箴》《酒德》之类的文章比比皆是，有关饮酒的各个环节都被纳入了礼的范畴。为了保证酒礼的执行，历代都设有酒官。汉有酒士、晋有酒丞、齐有酒吏、梁有酒库丞、隋唐有良酝署。

在古代的酒礼中，非常明显地反映出儒家和法家的礼教和治国思想，等级、尊卑、长幼之序、祖先至长等观念渗透于酒礼之中。君乃国之主，父为家之主，礼序之道等也都体现在饮酒之道中。比如酒宴中要君先饮，臣后饮，君臣可共饮而不可对饮。

第二节　中国民间酒俗

夏、商、周时期，酒与人们的礼仪风尚和生活习俗就已经有着千丝万缕的联系，并且公式化、系统化。曲蘖的使用，在当时使酿酒业得到了前所未有的发展。而社会生活中对酒的重视程度非常之高，这可以反映在风俗民情和农业生产上的用酒活动中。

在中国古代，社会经济主要以农业为主，因此在开镰收割、清理禾场、农事结束以后，劳作了一年的人们总要屠宰羔羊，来到乡间学堂，每人设酒两樽，呼朋唤友庆祝丰收，高举牛角杯，祝愿长命百岁，同时预祝来年五谷丰登和衣食无忧。

在周朝的风俗礼仪中，有冠、昏（婚）、祭、丧、聘、乡、射、朝八种形式，而且基本上都以酒为脉络而贯穿其中，以及有声色、歌舞、服饰等各项要求。例如，男子在年满 20 岁时就要行冠礼，在冠礼活动中“嫡子醮用醴，庶子则用酒”，表示已经成长为成年人，并以此来庆贺自己走向成熟。这里面所说的无论是味甜的醴，还是味浓的酒，都是祝福生命成长的标识。

周朝时期，婚姻仪式从提亲到完婚已经形成完整体系，仪式的各个环节也都有着专门的规定，可见当时的婚姻习俗已经走向规范化和程式化。

首先一个男子相中某一女子，就必须请媒人提亲，然后待女方应允后，就开始走一系列的程序，即纳采、问名和纳吉等，这些都是不可缺少的过程。当婚期到来，就“父醮而命之迎，子承命以往，执雁而入，奠雁稽首，出门乘车，以俟妇于门外，导妇而归，与妇共牢而食，合卺而酳。”在新婚仪式上，一对新人共同食用祭祀后的肉食，一同饮用新婚水酒，以酒来祝愿两人长相厮守，白头到老。

周朝的时候，民间流行射礼这种风俗，射礼的等级分为三等，但“凡射，皆三次，初射三耦射；再射三耦与众耦皆射；三射，则以乐节射，不胜者饮。”而酒则在射礼中成为惩罚失败者的物品，以此来供大家娱乐。

周朝的社会经济以农业为主，他们有着乡饮的习俗，是以乡大夫为主人，处士贤者为宾客来进行传承的。在乡饮活动中,“凡宾，六十者坐，五十者立”。饮酒，尤以年长者为优厚。“六十者三豆，七十者四豆，八十者五豆，九十者六豆。”这就是在以酒为主体的民俗活动中对老人尊敬奉礼的民风，在这里我们可以看到其生动的社会生活风俗画面。

现在，中国传统文化的三大风俗礼制，是“集前古之大成，开后来之改政”而进行传承沿袭的。像近现代民间习俗中各种风俗，都可以在周朝的风俗文化“八礼”中找到其渊源，如婚礼酒、月米酒、节日酒、丧葬酒、生期酒、祭祀酒等。

随着社会生活的发展变化，民风民俗活动因受到社会政治、文化、经济发展的影响，它的内容和形式也在不断地经历着发展变化，甚至是活动情节上也有着很大的变化。然而，尽管社会更替，变化不断，但在民俗活动中酒的使用这一社会现象，虽历经数代而沿用不衰。

一、婚礼酒

婚姻是人生之中的大事，无论是东方国家，还是西方国家，每一个人都要面对婚姻的抉择。结婚标志着一个新的家庭的诞生，同时也是一个老的家庭的延续。东西方对婚姻都极为重视，但在婚姻仪式上，却千差万别。

西方人的婚姻大部分是在教堂里举行，届时新人及其亲朋好友都来到教堂参加，并在牧师的主持下完成婚礼仪式，随后再参加酒会以示祝贺。中国人要在举行婚礼仪式后大宴宾客，以示祝福。在中国的一些地方，如西南的四川、云南等地，婚宴甚至要吃上整整三天，而且少不了开怀畅饮。客人饮酒越多，新人“聚喜”也就越多。

在中国，根据地域的不同，婚酒的形式也有所不同。

1. 喜酒

喜酒就是婚礼酒，就是与成婚完婚有关的酒事活动。婚礼酒是中国较为常见的一种酒事活动。在婚事中，酒是不可缺少之物，基本上从提亲到定亲的每一个环节都不能没有酒的存在。从提亲到索取生辰八字，媒人每次去姑娘家商议婚事，都必须携带礼品，而提亲酒是必不可少的喜庆之物。

当婚期订下后，男方就会准备酒、肉、面、蛋、糖、果、点心等饮食。而到了成亲典礼时，女方上花轿后，来到男方家，第一件事就是要祭拜男方家的列祖列宗，几案都会摆着烧酒、猪头、香烛。这时，新人双双跪下，司仪就会口内念念有词。最后，把猪头砍翻，将酒慢慢地洒在新郎和新娘面前。随后，新人过堂屋拜天地，礼毕之后新人就会进入洞房，共饮交杯酒，借此表明白头到老和忠贞不贰的爱情。

当洞房仪式结束后，新人要一起向前来参加婚礼酒宴的人敬酒致谢。此时，小伙子们都会向一对新人劝酒，逗趣和玩笑一番。可以说，婚礼酒宴充满民间特有的欢乐情趣与祝福。

2. 女儿酒

“女儿酒”，最早出现在南方，记载可追溯到晋朝嵇含所著的《南方草木状》，说南方人生下女儿数周，就开始酿酒，酿成酒后，将酒坛埋藏于池塘底部，等到女儿出嫁的时候，宴饮宾客时才取出饮用。可见这种酒在地下埋藏多年，其口感和味道是非常醇正的。现在，这种酒在绍兴得到继承，并美其名为“花雕酒”，虽然酒质与一般的绍兴酒没有明显的区别，但其装酒的坛子却极为与众不同。这种酒坛还在土坯时，就雕上各种喜庆图案，如人物鸟兽、花卉、山水亭榭等。等到女儿出嫁时，主人便取出此酒，请画匠用油彩画出“百戏”，如“八仙过海”“嫦娥奔月”“龙凤呈祥”等，并配以吉祥如意、花好月圆的“彩头”。

3. 交杯酒

共饮交杯酒，是中国婚礼程序中的一个传统习俗，在古代又被称为“合卺”，卺的本义是一个瓠分成两个瓢。《礼记·昏义》有记载“合卺而酳”，孔颖达曾解释说“以一瓠分为二瓢谓之卺，婿之与妇各执一片以酳（即以酒漱口）”。

后来，“合卺”又引申为结婚。在唐朝，交杯酒这一名称被确定下来。到了宋朝，在礼仪上，盛行用彩丝将两只酒杯相连，并绾成同心结，夫妻互饮一盏，这种风俗在我国流传非常之广。如绍兴地区的婚礼上，喝交杯酒时，由男方亲属中儿女双全的中年妇女主持，喝交杯酒前先要给坐在床上的新郎新娘喂几颗小汤圆，然后斟上两盅花雕酒，新婚夫妇各饮一口，再把这两盅酒混合，再分为两盅，表示“我中有你，你中有我”，饮酒之后，再由人向门外撒喜糖，表示普天同庆。

另外，在婚礼上新郎和新娘普遍饮交臂酒，这是为了表示夫妻相爱。在婚礼上，夫妻各执一杯酒，手臂相交而饮。我们现在的婚礼也经常见到这样的“交杯酒”仪式。

“交杯酒”在不同的地区和民族是不同的。北方的满族人在结婚时，有饮“交杯酒”的习俗，以及在举行婚礼前后有“谢亲席”的习俗。“谢亲席”是将一桌酒席置于特制的礼盒中，由两人抬着送到女方家，以表示对女方家养育了女儿给男方家做媳妇的感谢之情。另外，还要做一桌“谢媒席”，用圆笼装上，送到媒人家，表示对媒人介绍婚姻的感激之情。

而满族人的“交杯酒”和汉族人的“交杯酒”又有所不同。虽然都叫“交杯酒”，但在满族的结婚仪式中，新人送走宾客后，洞房内的新郎给新娘揭下盖头，新郎要坐在新娘左边，娶亲太太便捧着酒杯，先请新郎抿一口，再由送亲太太捧着酒杯，请新娘抿一口，然后将酒杯交换，请新郎新娘再各抿一口，这样便完成了交杯酒的仪式。

4. 回门酒

举行婚礼后的第二天，新人需要根据习俗“回门”，也就是回到娘家探望长辈。这时，娘家要办酒席款待前来贺喜的宾客，一对新人要前往敬酒，因此俗语称为“回门酒”。回门酒一般只是午餐举办，酒宴之后夫妻回家。

5. 会亲酒

会亲酒是指在中国的订婚仪式上饮用的酒，表示新人的婚姻已经定下，男方向女方下彩礼，此后男女双方不能无故退婚，赖婚。

二、百日酒

百日酒或月米酒，是具有中国民间特色的酒事活动，从名字上讲就会让人联想到与女性“坐月子”有关。在中国的传统家庭里，女性分娩的前几天，都会煮一坛米酒，是给刚生下孩子的女性催奶用的，以保证孩子有充足的奶水吃，另外还可以用来款待前来祝贺的客人。

当这家的新生儿满月或百日的时候，主人还要办“百日酒”或“月米酒”。酒席的数量一般根据客人多少来定，一般少则三五桌，多则三十桌，而来参加酒宴的客人，还要赠送主人红包或者礼包，内装有红蛋、泡粑等物。这在中国人的观念里，象征着圆圆满满、红红火火，以表示对主人的祝贺。

三、寄名酒

中国古代大家族的孩子出生后，由于古人封建迷信，出于对孩子能够茁壮成长的考虑，孩子的父母就会请人给孩子算命，如果算出命中的克星和厄难，就会把他送到附近的寺庙里，当寄名和尚或道士，有钱人家则会举行寄名仪式。在拜见了法师或道长之后，便会在家中大办酒席，祭祀祖先，邀请亲朋好友为孩子祝福一番，称为“寄名酒”。这在旧时的中国十分盛行，是专门为初生的孩子置办的酒席，以表示祝福之意。

四、生期酒

在中国，子女都会为老人过寿辰，必为其操办酒席，这称为“生期酒”。特别是老人的整岁生日，如 60 岁生辰更是要大办一桌酒席为其祝寿。中国自古就称 60 岁的老人为花甲老人，因为中国的古历法是以 60 年为一轮，即为一个花甲，所以届时大摆酒宴（图 6-2），亲朋好友都会来，并携礼品以表示祝贺。有钱的人还会在席间请民间艺人，主要是花灯手进行说唱表演。

图6-2　寿宴

在我国贵州的黔北一些地区，花灯手要分别装扮成张果老、铁拐李、吕洞宾、何仙姑等八仙依次演唱，还要一边唱一边向老寿星献上自制的长生酒、长生拐、长生扇、长生经、长生草等物品，献礼之后，还要恭敬地献酒一杯，祝愿老寿星长寿安康。

五、丧葬酒

在中国的风俗传统中，各民族都普遍用酒来祭祀祖先和神灵，以及在死者的丧葬礼仪上也用酒举行一些仪式，以表示对死者的哀悼之情。

在死者入葬前，他的亲朋好友都会来吊祭他。在中原的汉族地区，人们的习俗是“吃斋饭”，即吃“素饭”，这与人们有为死者超度的习俗有关。超度死者的亡灵是一种宗教活动，有的地方吃“斋饭”被称为吃“豆腐饭”，其实就是葬礼期间举办的酒席，基本上是吃素，但饮酒却是不可缺少的。

汉族人在清明节为死者上坟祭奠，也是有酒有肉。在一些重要的节日或举行家宴时，都会为死去的祖先留着上席，一家之主也只坐在次要席位上。在祖先的灵像前，还要点燃蜡烛，放酒与菜，以表达对亡灵的哀思和敬意。同样，在酒席宴上，也会先为祖先置放酒菜，其意为让祖先先饮过酒或进过食后，一家人才能开始进食饮酒。

六、祭拜酒

中国是有着几千年历史的文明古国，在中国祭拜酒涉及的事务非常之广。祭拜酒因袭于远古时期对祖先诸神的崇拜祭奠。在类型上可以分为两类，一类是对祖先诸神的崇拜祭奠酒，一类是立房造屋、修桥铺路等需要动土的祭拜酒。

逢年过节或遇灾难时，都要对祖先诸神设酒祭拜。在中国传统春节期间，家家户户都要准备丰盛的酒菜，燃香、点烛、焚化纸钱，请祖先回来饮酒过除夕，以示想念之意，借此机会一家“团聚”。家中还要按照长幼的次序轮流给祖先磕头，随即立候于桌边，家长将所敬之酒全部洒于桌前，节日的祭拜才算结束，然后全家才能用餐。

再者，古时人们有了灾难或病痛，或者遇到不顺利或不顺心的事时，都会认为是得罪了神灵，从而去求祖先保佑。这种思想，一直流传到今天，并影响着现代人。每当遇到灾难，人们就会举行一系列的祭拜神灵和祖先的活动，并且祭告时都会用酒来祈求神灵和祖先的宽免和保佑。这些娱神活动的形式就是置办水酒菜肴，以酒菜敬献神灵和祖先。在中国人的传统意识和理念中，一直充斥着“万物皆有神”的思想，比如有扰神之事如果不祭拜，人们的内心就不会清净。可见，对祖先诸神的崇拜祭奠是我国传统的习俗。

在进行立房造屋、修桥铺路事务时，行祭拜酒，其意是祈求土地给予方便，因为在中国人的传统观念里，“动土”就是在打扰大地的宁静安和，有犯山神土地的意思，所以凡破土动工前都要置办酒宴行祭拜礼，并在即将动工的地方祭拜山神和土地神。另外，鲁班被公认为是工匠的祖师，为了确保工程的顺利，人们还要祭拜鲁班，其意为祭告祖师，以求保佑工程平安顺利。在造房修路的祭拜仪式上，还要请有声望的工匠主持，备上酒菜纸钱，祭拜神灵和祖先以求保佑平安。在工程中，凡遇到上梁、立门等工程，都要进行隆重的仪式行祭拜酒，这其中都是以酒为主导，以表示诚心与敬意。

现在，随着社会文化的发展与进步，祭拜酒这样的风俗传统正在渐渐离人们远去，但作为一种中国民间的习俗，在人们记忆的书架上将不会消失，并成为中华民族文化的一部分保留下来。

七、开业酒和分红酒

所谓的开业酒和分红酒，是为店铺开业和生意红火而置办的喜庆酒。在中国人的概念里，在事业的诞生和成长中，每一次成功都值得庆贺，店铺开张、作坊开工的时候，老板都会置办酒席，请来亲朋好友共同庆贺，这称为“开业酒”。而到了店铺或作坊年终按股份分配红利的时候，也要办庆贺的酒席，以酒祝祷一年的丰收，这称为“分红酒”。

八、接风酒、壮行酒

接风酒是为来自远方的朋友而置办的酒，并欢迎朋友的到来，这称为“接风洗尘”，也称为“接风酒”。而壮行酒也称为“送行酒”，有朋友要离开前往远方，为其举办酒宴，表达送别之情。朋友是我们每个人不可缺少的，而朋友有聚也有散，相聚时固然高兴，以酒畅饮不在话下。但与朋友离别又是忧伤的，于是备酒宴以表示惜别，因此又有了“壮行酒”，祝愿朋友一帆风顺。

另外，在战争年代，战士们上战场作战时，都面临着生命危险，因此都会为他们斟上一杯酒，用酒为战士们壮胆送行，称为“壮行酒”。

第三节　中国节令酒俗

随着社会经济的发展和社会生活水平的提高，人们的节日逐渐增多。这些日子或欢乐，或悲哀，或沉重，但都可以使人们相聚在一起，举杯畅饮，以表示内心的各种情感。中国民间的一年中，有几个重大节日，它们的共同点就是都以饮酒活动来传情达意。

一、除夕

春节，又称为过年，是中华民族最重要的节日，是每个家庭一年之中必须团聚的日子。春节的前一天，就是除夕，它是春节的前奏。春节，被西方人称为“中国年”。

除夕，俗称大年三十夜，是旧历一年里最后一天的晚上。依照中国的传统和习俗，人们都要在除夕夜“别岁”，又称为“辞岁”，也就是“守岁”，即除夕夜一晚上不睡觉，送走旧的一年迎来新的一年。

除夕夜守岁的习俗，已经成为中国人最为注重的节日活动中的一项，除夕夜的年夜饭也极为丰盛，在酒席中一家人都会饮酒以庆祝辞旧迎新，即使平时不喝酒，人们也会在年夜饭中喝一点酒，以表示生活美满。

二、春节

农历的正月初一是一年的第一天，过去称为元旦，辛亥革命之后才被称为春节。作为新年的元日，除正常的走亲访友、祝福拜年外，饮酒也是十分重要的。

过年的习俗在汉朝已经开始。新年的第一天，从年龄最小的开始饮椒柏酒，以祈求一年的兴旺和辟邪无灾。元日饮椒柏酒的习俗到唐代发展成为饮屠苏酒，宋后慢慢淡化了屠苏酒。“屠苏”是草庵的名称。饮屠苏酒始见于东汉，在明朝李时珍的《本草纲目》中可以见到相关的记载：“屠苏酒，陈延之《小品方》云：此华佗方也。元旦饮之，辟疫疠一切不正之气。”饮用方法也非常讲究，由幼及长。相传，古时有一个人住在屠苏庵中，每逢大年除夕的夜里，他都会给邻里一包药，让人们把药浸泡在井水中，到春节，再用井水兑酒，全家人从年纪小的到年纪大的依次饮用，据传说这样可以使全家人一年都不会生病，也不会传染上瘟疫。后来，人们就把草庵的名字作为酒名。

大约从东汉开始，正月初一在京师的各级官吏都要到朝廷给皇帝行贺年之礼，皇帝在接受群臣的朝贺后，便设宴款待。就是到元、清两朝蒙、满入主中原后，这一习俗也没有改变。发展到今天是家中的小辈在新年给长辈拜年，新年纳福，亲戚之间互相贺岁恭贺新禧。

三、元宵节

元宵节是指正月十五这一天，又称“上元节”“灯节”“元夜”等。汉代就有了正月十五观灯的习俗，到唐代元宵节正式成为节日。这一天除了观灯的风俗习惯，还有跑旱船、舞龙灯、耍狮子的习俗，于是人们把过元宵节称为“闹元宵”。这一天人们习惯要吃“元宵”，元宵又称“汤团”“圆子”，取其合家团圆之意。1913 年，袁世凯认为“元宵”与“袁消”谐音，下令将元宵改为“汤圆”，所以现在很多地方称元宵为汤圆。元宵节这天还要饮元宵酒，因为新年的欢愉即将告一段落，有时畅饮元宵酒还会形成狂饮的局面。

四、清明节

清明是二十四节气之一，一般在旧历四月初的某日。中国人一般把寒食节与清明节合为一个节日，有给先人扫墓、踏青的习俗。

清明节饮酒的原因主要有两个：一是借酒来祭奠祖先，以表哀思之情，并用酒平缓哀悼亲人的心情；二是寒食节期间，按照旧时的习惯不能生火，只能吃凉食，因此饮酒可以暖胃肠，在这个节日里，饮酒不会受到限制。古人在清明时节饮酒赋诗也非常多，最著名的要算杜牧的《清明》："清明时节雨纷纷，路上行人欲断魂；借问酒家何处有，牧童遥指杏花村。"

五、端午节

端午节又称端阳节，这个节日始于春秋战国时期，在每年农历的五月初五，传说是为了纪念诗人屈原而出现的节日，并在这个节日赛龙舟、吃粽子、以酒祭江，以表示对屈原的哀思。

在这一天，人们为了辟邪、除恶、解毒而饮菖蒲酒、雄黄酒（图 6-3）。另外，人们还饮蟾蜍酒以壮阳增寿，饮合欢花酒以镇静安眠。其中，最为普遍和流传最广的是饮菖蒲酒。菖蒲酒是我国传统的时令饮料，菖蒲酒和雄黄酒都是以白酒为基酒，加入菖蒲、雄黄等物质配制而成。《白蛇传》中的许仙由于听信了法海和尚的话，在端午节这一天让白娘子饮下了雄黄酒，结果使白娘子显现了白蛇的原形，也是端午节饮雄黄酒这一习俗在文学作品中的应用。现在人们知道雄黄酒中的雄黄含有硫化砷这一有毒成分，因此端午节饮雄黄酒的人已经很少了。民间相信雄黄能杀百毒，故农村中端午节那一天在旮旯边、墙脚仍然洒雄黄酒来杀虫除毒。现在端午节中午饮白酒已成为一种新的饮酒习俗。

图6-3　雄黄酒

菖蒲酒中的菖蒲原是道家的辟邪之物，与艾草一样常被人们挂在门楣上驱邪，后在端午的酒中加入菖蒲的目的也是用来辟邪。

六、中秋节

中秋节，在每年农历的八月十五日，由于中秋夜月亮最亮、最圆，人们习惯上把中秋月圆视为团圆的象征，并有亲人团聚的习俗，又有“团圆节”之称。在北宋太宗年间，确立八月十五为中秋节，从此中秋节形成了祭月、拜月、赏月等风俗，后来又发展成吃月饼和饮团圆酒的习俗。

古时中秋月夜，人们早早地吃好中秋的团圆饭，然后女人们陈设瓜果、月饼于楼窗前或庭院中，点燃香烛祭月。圆月初上，女人开始拜月，以求有嫦娥的美貌。男人们则坐在旁边，饮酒赏月，畅谈团聚的幸福、举杯邀月。

在这个节日里，无论家人团聚，还是挚友相会，都会饮酒赏月。据五代王仁裕著的《开元天宝遗事》记载：唐玄宗在宫中举行中秋夜酒宴，并熄灭灯烛，月下进行“月饮”。韩愈在诗中写道：“一年明月今宵多，人生由命非由他。有酒不饮奈明何。”到了清朝，中秋节饮桂花酒成为风俗习惯。

七、重阳节

重阳节始见于汉朝，在农历每年的九月初九日。每逢重阳节，就要登高、赏菊、饮菊花酒，这一风俗一直延续至今。我国从1989年开始，将重阳节定为“老人节”。

重阳节登高的习俗始于西汉。《续齐谐记》说：东汉有个叫恒景的人，随仙人费长房学道，费长房告诉恒景九月九日他全家有难，必须佩茱萸登高饮菊花酒方可避难，恒景按照老师的教导行事，终于避免了灾难。从此，逢农历九月九日重阳，人们纷纷在门上插茱萸，身上佩茱萸，随身带上菊花酒外出登高避难，于是登高饮酒的习俗一直流传了下来。唐朝王维的《九月九日忆山东兄弟》写道：“独在异乡为异客，每逢佳节倍思亲。遥知兄弟登高处，遍插茱萸少一人。”便是与重阳节有关的一首家喻户晓的诗。

明朝医学家李时珍在《本草纲目》一书中，对常饮菊花酒做过注解，可“治头风，明耳目，去痿，消百病”“久服令人好颜色，不老”“令头不白”“轻身耐老延年”等。因此，古人在食菊花的根、茎、叶、花时，还会用来酿制菊花酒。历史上酿制菊花酒的方法也不一样。晋朝是“采菊花茎叶，杂秫米酿酒，至次年九月始熟，用之。”明朝是用“甘菊花煎汁，同曲、米酿酒。或加地黄、当归、枸杞诸药亦佳”。清朝则是用白酒浸渍药材，采用蒸馏提取的方法酿制药酒。因此，从清朝开始，酿制的菊花酒，就称为“菊花白酒”。

八、冬至

冬至也是二十四节气之一，这天北半球白昼最短，夜晚最长，又名长日、至日、冬节。自然界也进入冬季最后的严寒阶段，从这一天开始“数九”。

冬至这天有好多习俗，这一天要备办饮食，祭祀先祖。这天的祭祖酒就称为“冬至酒”或“拜冬酒”，古代民间的冬至酒除了必须置备三牲、菜蔬外，还要准备好寒衣纸钱，以烧给冥间的先人用来御寒和冥间的“消费”，就是所谓的“送寒衣”。之后人们坐下来吃冬至酒和冬至饺子、冬至面或冬至馄饨。

唐朝大诗人白居易的《邯郸冬至夜思家》写道：“邯郸驿里逢冬至，抱膝灯前影伴身。想得家中夜深坐，还应说着远行人。”足可说明冬至须回家的习俗。而冬至前一天晚上的冬夜则需早早睡觉，以享受一年当中最长的一夜，据说这一夜每个家人都在家中睡安稳了，合家一年中才会无病无灾。

冬至这天还有一个习俗是尊师敬老，这天要进献酒肴。有些地方，在冬至前学生要领家长一起，提上酒，带上菜，去向教师敬酒以示慰问。相传黄帝是在冬至这一天得道成仙的，所以演变出尊师敬老的风俗。

第四节　现代酒宴文化

现代生活节奏快，与古代相比，现代酒宴已经非常简化了，酒席文化已经脱离了原来繁杂的礼仪，但即使是这样，现代酒宴还是有一定规矩的，这些规矩或者说文化，透着现代生活的气息，也保留了一些传统酒文化的精髓。

一、年夜饭

年夜饭（图 6-4）是中国家庭一年中最隆重的酒宴。由于这是旧年最后一天的最后一餐饭，同时即将迎来新年的第一天，人们纷纷准备除旧迎新，于是便借吃团圆饭这种聚会的形式来表达对新一年的希望，对长辈的感激，对子孙的希冀。

往往在除夕来临的前几天，家庭成员们就已经开始准备过年的东西了，这就包括年夜饭。除夕来临时，人们通常会精心布置房屋，贴春联、贴福字、放爆竹、剪窗花、挂灯笼等。一家老小，忙忙碌碌地准备，其乐融融。

许多地方吃年夜饭时，家里都要把大门关起来，且不能大声说话，不能敲击碗筷，这叫闭门生财。吃完年夜饭后，要将桌子上的碗筷收拾干净，但即便地上有垃圾，也不能扫，这是为了把财留下，然后再打开大门，这叫开门大吉。

图6–4　年夜饭

一般来说，年夜饭上的酒以白酒为主，每家每户这时都会不惜把最好的酒拿出来。饭桌上，一般都按照长幼的次序各自落座，晚辈向长辈敬酒，送上祝福，长辈为了表达对晚辈的关爱之情也会赐酒，与之同饮。一家人欢声笑语，乐在其中。现在人们的健康意识强了，很少有人在年夜饭的时候喝得烂醉了。

对许多家庭来说，年夜饭是一家人难得相聚的时光。这样的团聚往往令家中的老人在精神上得到安慰与满足，老人家看着儿孙满堂，一家大小共叙天伦，抚养子女所付出的心血总算没有白费，这是何等的幸福。这种情形下大家举杯迎新，可谓其乐融融。

二、婚嫁酒宴

成家是个人人生经历中最重要的一关，其中的婚礼具有重要的意义。婚嫁酒宴在中国通常称为喜酒，是指为了庆祝结婚而举办的宴会。原来生活条件差，各地的婚宴风俗不尽相同，现在生活条件好了，各地的婚宴风俗也趋于统一，形式和内容都差不多，见图6–5。

现代婚嫁酒宴一般和婚礼同时进行，不管婚礼用什么形式，酒宴依旧保持着中国酒宴的传统。当婚礼仪式结束后，新人都会换上象征着特殊意义的以红色为主的敬酒服，挨桌给来宾敬酒，对来宾表示感谢。中国北方一般酒宴的时间都安排在中午，南方沿海地区大多安排在晚上，认为晚上才是正餐时间，并且晚上酒宴结束后可以闹洞房。而农村的婚宴往往更有特色，大多数地方也都安排在中午一餐，也有些地方会摆上三天三夜的流水席，让父老乡亲吃个痛快，同时还会搭上舞台载歌载舞。

图6-5　婚宴

三、乔迁宴

“乔迁”二字来源于《诗经·小雅·伐木》中的“出自幽谷，迁于乔木”。乔迁宴是乔迁新居或者新居落成时举办的酒宴，寓意人们迁居的同时，生活上一个新台阶。自古就有搬入新居之前大摆筵席的传统。有些地方也称乔迁宴为“暖房”，意思是为入住后一家人讨个好彩头。参加宴会的人为了向主人恭贺，会带着礼品前去，然后在主人的新居畅饮一番，据说这样可以增加新房的人气。

四、年会

前些年，年会一般是公司或企事业单位安排在年底放假前的年终总结聚餐晚会，后来年会除了吃饭喝酒，又增加了表演节目、互动游戏等活动，甚至还有抽奖、发红包等环节。

年会没有一定的形式，各单位都是根据自己的情况安排设计。年会宴席间也没有什么特别的规矩，与平时的聚餐没有多大区别，只是人多了点。年底了，辛苦了一年的人们，聚在一起，大家都把酒言欢，同时盘点一年来的收获。通过年会这样的形式，可以使同事间沟通感情，培养默契，增强凝聚力。

第五节　古今酒令

酒令是酒桌上的游戏，是饮酒时助兴取乐的特有方式。酒令有两人玩的，也有多人玩的。玩酒令游戏可以活跃酒桌上的气氛，是佐酒欢宴的重要一环。酒令形式多样，不同的酒令适合不同的人群，酒令也就成为酒文化中的重要一环。

从古代的射箭到后来的投壶，每一个时代酒令都有新的发展。到今天，酒令可以说是五花八门，不同的职业、不同的身份、不同的教育水平、不同的趣味、不同的年龄，都可以找到适合自己的酒令。

酒令可以分为通令和雅令两大类。通令如抽签、划拳、猜数等游戏；雅令流行于过去的文人阶层，一般需要一定的《四书》《五经》和诗词格律等的知识基础，如四书令、花枝令、典故令、拆字令等，这些现在已经很少有人会了。

一、通令

通令又称俗令，是大众玩的酒令。这些酒令无论文化水平高低，都可以轻松学会。这些酒令规则简单，不受场地和场合限制，通行于几乎所有的酒场，因此被称为通令。

1. 石头、剪刀、布

“石头、剪刀、布”可以说是最简单的，但酒桌上一般用得并不多。一般是两人对抗，其方法是：伸食指、中指为剪刀，五指全伸开为布，握拳为石头。剪刀可以剪开布，布可以包住石头，石头可以砸坏剪刀，这个游戏因为节奏太快，所以用得比较少（图6-6）。

2. 出宝

出宝有两种方法：其一，首先推举一人为庄家，由庄家出宝（宝既可以是一种物品，又可以是一种物品的数量）。是物，让猜者猜有无；是数，则猜数的多少。如猜中，庄家认输饮酒；如猜不中，猜者认输饮酒，其饮酒量在出令前事先商定。其二，仍由庄家出宝（主要是出一种物品的数量，其数量是有限制的，最少为“1”，最多不能超过全桌人数，但在规定范围内可任意出），一人猜，或大家共同猜；若第一个首先猜中，便称开门三声炮，由庄家喝三杯，猜不中，猜者饮三杯；若大家共同猜，第一个猜不准后便认输饮酒，接着依次猜，以庄家饮酒为收令。有些地方还有这种行令法：庄家出宝，

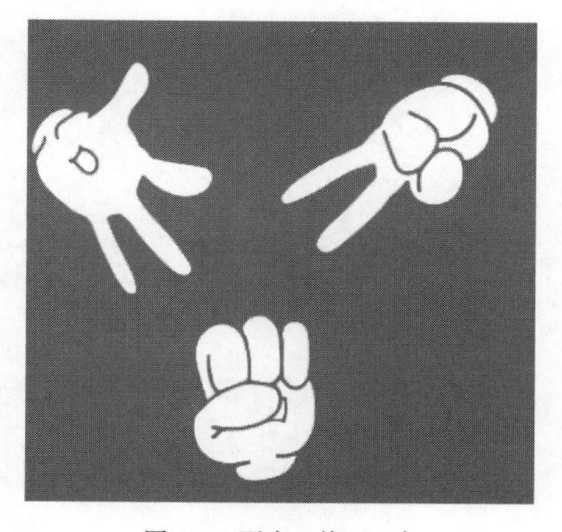

图6-6　石头、剪刀、布

个个自猜，谁猜中谁饮酒，全猜不中由庄家自饮。

3. 拳令

拳令也称划拳（图 6-7）、划枚，这个游戏具有一定的技巧性，很能显示参与者的反应速度。划拳时洪亮的喊声使与席者精神为之振奋，令气氛更加活跃，但在公共场合不太适合用此令。酒桌上划拳有以下几种形式。

（1）摆擂台令　此酒令也称“争擂主”。其方法是：席中有一人摆擂台，首先是自饮一杯，宣布挑战，再斟上三杯酒，准备迎战；席间不论何人均可挑战；挑战者也先自饮一杯酒表示应战，然后与擂主交锋，划拳竞争。应战者败一次饮一杯，连饮三杯，便认输退出；若应战者连续三次打败擂主，擂主便自动下台，应战者为擂主；若擂主百战百胜，无人再应战，则封擂收令。

图 6-7　划拳

（2）花拳令　此酒令适用于二人对垒，其特色是边划拳边表演。手舞足蹈，增添喜庆气氛。

此外，还有两军对垒令、过桥拳令、七星赶月令、走马拳令、打通关令和下楼令等拳令。

拳令有些规定必须注意：一是注意礼节，对尊者、长者，不能唱咏“哥俩好”；二是不能伸大拇指指对方，这样有失礼仪；三是划拳呼喊要掌握分寸，把握火候，不可不分场合扯开嗓门吼，更忌讳冲着酒桌唾沫四溅；四是不能逞强好胜，把获胜当作自己高傲自大、目中无人的资本；五是对方出现差错时，不要过于计较，不能得理不饶人。

4. 骰令

骰令是一种古老的酒令，很早就有，而盛行于唐代，至今仍然非常流行，现在一般把骰子称为色子，为行令工具，有时用一枚，有时用多枚，最多可达五、六枚。

骰令有不同的形式，可两人玩，也可以多人玩，依令限数，因人、因时而定。此令简便、快捷，带有很大的随机性，不需要什么技巧，基本凭运气，特别受豪饮者青睐。常见的骰令有如下几种。

（1）猜点　适合多人玩，令官用骰筒装进两枚骰子后，盖好筒盖，然后用手使劲摇动骰筒。摇动后请席上人猜点数，猜毕，令官当众开启骰筒，如有人猜中，令官自饮，如无人猜中，猜者饮。

（2）对数　酒桌上将两个骰子装于玻璃杯中，以摇骰子的人为首，在座各位依次排序，骰子摇到几就该几号对应的人喝，喝酒的人又当庄，继续摇。两个骰子的点数如果一样，喝酒数加倍，见图6-8。

图6-8　骰子

（3）六顺令　席上用一枚骰子摇，每人每次摇六回。边摇边说令辞：“一摇自饮幺，无幺两邻挑（即如果是1，摇令者自饮，若不是1，相邻的左右两人饮酒）；二摇自饮两，无两敬席长（若不是2，首席贵宾及年长者饮酒）；三摇自饮三，无三对面端（即骰子呈3点时，摇者自饮，不是3时，对座饮用）；四摇自饮红（红4），无红奉主翁（主人饮）；五摇自饮梅，无梅任我为（梅为点数5，若不是5，任摇者随意指定一人饮用）；六摇自饮全（即6），非全饮少年（年少者饮）。”摇毕送次座摇，方法同前。

5. 押指头

押指头令俗称“大压小”，其方法是：大拇指压食指（二指），食指压中指（三指），中指压无名指（四指），无名指压小指，小指压大拇指，如此循环。此令规则比较简单，很容易掌握。

6. 走北京

走北京又称“出指对数”。该酒令人数越多，兴趣越浓，气氛越活跃。宴席中，首先由三人开始，甲（1、4、7）、乙（2、5、8）、丙（3、6、9）三人同时出指（用右手，出指数自主）合计所出点数，是谁的数谁饮酒。例如：三人合计指数为5，乙应饮酒，继而谁饮酒谁再为甲，隔过的就由下座人递补，循环往复。另外，还可以不分甲、乙、丙，席中选出三人，伸出指后，总计所出点数（指数），然后从贵宾开始，依顺时针方向数数，轮到谁就让谁饮酒。

7. 走马灯

走马灯酒令一般以两根筷子交叉呈十字状拴在一起，然后将一根筷子的一头插入空瓶中，瓶子放桌中间，拨动横着的筷子，让其旋转，待筷子停止转动时，横筷两端指向的两人饮酒，每次都是两人共同饮酒。饮毕，继续拨动筷子重新开始。

类似这酒令的也可以用汤勺，将汤勺放桌中间，拨动汤勺转动，待汤勺停止时，勺柄指向谁则谁饮酒。

8. 虎棒鸡虫

老虎、棒子、鸡、虫，一物克一物，两人相对，各用一根筷子相击桌子，同时口喊“老虎老虎……”，然后或喊老虎，或喊棒子，或喊鸡，或喊虫。规则是棒击虎，虎吃鸡，鸡吃虫，虫吃棒；被吃者饮酒，若棒子与鸡、虎与虫同时喊出，则不分胜负，跟着节奏往下喊。此游戏适合两个人玩，也可一人当庄，多人轮流玩。

9. 鱼头令

鱼头令是从酒礼中演化出来的一种酒令，一般一场酒只有一次机会用此令，该酒令借助上全鱼类大菜的机会，将鱼头对准首席后，由东道主发号施令。鱼的部位所对的客人不同，敬酒的杯数也不同，一般是“头三、尾四、背五、腹六”。此酒令往往是在大家酒兴正浓之际的插曲。

10. 猜单双

猜单双的道具可以是任何席间物品，如瓜子、糖果以及卷烟、火柴棒、扑克牌等。出令的人不准空手，两手中都要握有物品。手中拿好东西，伸出双手后定规矩，谁要哪只手，谁要奇与偶，谁要什么颜色等。猜中时，出手者饮酒；猜不中，猜者饮酒。

11. “两只蜜蜂”令

两人相对，口中念“两只小蜜蜂呀，飞到花丛中呀，飞呀，飞呀……”两臂要同时上下伸展做呼扇状，当念到“飞呀飞呀”时，同时一只手出石头、剪刀、布，随即赢的一方就作打人耳光状，左一下，右一下，同时口中发出“啪、啪”两声，输方则要顺手势摇头，作挨打状，口喊“啊、啊”；如果两人出的手势一样，就要作出亲嘴状，还要发出两声配音，并做出动作，声音出错则饮酒。这种酒令玩的时候非常滑稽，会引起全桌人大笑。

12. 击鼓传花

击鼓传花是一种既热闹又紧张的罚酒方式。宾客依次坐定位置，由一人击鼓，击鼓的地方与传花的地方是分开的，以示公正（屏后击鼓）。开始击鼓时，花束就开始依次传递，鼓声一落，如果花束在某人手中，则该人就得饮酒。击鼓的人要有些技巧，有时紧，有时慢，造成一种捉摸不定的气氛。如果花束正好在两人手中，则两人可通过猜拳或其他方式决定胜负。击鼓传花是一种老少皆宜的方式，尤其女客多时适用。

13. 竖旗杆

竖旗杆又称“掰手腕”，酒桌旁坐久了，会感觉疲倦，此时便可行此酒令，松筋活血，振奋精神。方法是：两人对面坐，置肘于桌上，直竖小臂，双方用手使劲压制对方，谁先倾斜歪倒，谁就是失败者，败者饮酒。

二、雅令

雅令就是古代文人玩的酒令，这种酒令不是读书人一般玩不来。文人酒令大都是争奇斗巧的文字游戏，表现的是温文尔雅及翩翩风度之下的机智和才华。

文人酒令的种类较多，而且流传时间久远，地域差异较大。即便是同一类酒令也不是千篇一律的。雅令的种类很多，这里举几个例子，以供大家对其有个初步的了解。

1. 文字令

汉字的特殊造型结构，为文人雅士们在字词酒令上争奇斗巧提供了广阔的舞台。汉字可拆析离合，或交易增损；可移字换形，又可象形指事；还可利用音义异同或借代或通假变化无穷，给人一个充满遐想梦幻的美妙世界。

文字令的溯源应追及至春秋之际的“会宴歌咏”。在当时，“饮之必诗”的风尚已为人们所接受，后来就演变成“即席联句”或赋诗的习俗，到西汉时就已经很流行了。这种风气随文学艺术的发展畅行不衰，流传至今。

行文字酒令，有捷令和限时令之分。捷令要在令官出令后斟酒至某人（依座次顺行）处，某人即刻应令，或掷骰子以数指定应令人即时应令。限时令主要是针对比较复杂的酒令而规定的，如诵诗、填词、歌赋之类，一般以燃香或奏乐曲为手段，如在半炷香内不完成令就要认输饮酒，或一曲终了尚未完令，也应认输饮酒。

拆字令：拆字令是难度较大的一种酒令。首先是令官将一句古诗写在纸上，然后从中任意抽出一个字来，要求每人作对，将对出的词句写在纸上，注上自己的名字，交令官收存；然后将每个人所作的对都展示出来，若能与古诗吻合成联的，便全筵席共贺，共同举杯饮酒；若虽不成联，但能自通、能咏吟的也可免饮；对那些风马牛不相及者便罚酒。

《笑林广记》里记载有这样一个故事，故事中的事和拆字令有些相仿：有一个吝惜鬼，姓白，绰号白吃。无论何处宴会，不请便至，坐下就吃，村中人都非常讨厌他。于是人们在村前三圣祠立一匾，上写“圣贤愁”三字。一日，八仙中的吕洞宾和铁拐李云游至此，看见“圣贤愁”三字，不解其意，随即化为云游道人，访问缘由。当地人说：“我们这里有一白吃者，吃遍一方，见了他，虽圣贤也要愁，故有此匾。”吕洞宾对铁拐李说：“我二人虽非圣贤，见了他断不至于愁，倒要会会他，领教一二。”吕洞宾吹了一口仙气，变了一壶酒和几碟菜，刚要斟酒，白吃已至面前说“二位在此，多有失礼”，随即坐在一旁就要动手吃酒。二仙急忙阻拦道：“这酒不可白吃，要将匾上三字，各吟诗一首，说对了方准吃酒，说不对就轰走。”白吃说：“请二位先说。”吕洞宾行拆字令，指着匾上的“圣”字说：“耳口王，耳口王，壶中有酒我先尝，席上无肴难下酒，割个耳朵尝一尝。”当即抽剑将自己的耳朵割下。铁拐李又指着“贤”字应令：“臣又贝，臣又贝，壶中有酒我先醉，席上无肴难下酒，割下鼻子把菜配。”于是将吕洞宾手中宝剑接过，也当即将鼻子割下。白吃看了大吃一惊，心想我从来没见过如此请客的，便指着“愁”字说道：“禾火心，禾火心，壶中有酒我先斟，席上无肴难下酒，拔根汗毛表寸心。”两位仙人无可奈何道：“你真是聪明绝顶的圣贤愁啊！”那白吃哈哈笑道：“往常我是一毛不拔，今天我拔了一根汗毛，是最破费的了！”

移字换形：此酒令要求应令人将令官推出的字不添减笔画，只需将字的某一部分拆出移位变成另外一个字，全筵席的人轮流说，不成者罚酒。蒲松龄在《聊斋志异·鬼》中写下了这样一个酒令。

有一个买卖人，借宿于古庙中。夜深人静时看见有几个人在饮酒行令，觉得十分有趣，便凑上去，希望看个究竟，只见第一个人说：“田字不透风，十字在当中，十字推上去，古字赢一盅。”第二个人说：“回字不透风，口字在当中，口字推上去，吕字赢一盅。”第三个人说：“囹字不透风，令字在当中，令字推上去，含字赢一盅。”第四个人说：“困字不透风，木字在当中，木字推上去，杏字赢一盅。”最后一位先生冥思苦想也想不出一个合适的字可移字换形，无奈之下，脱口而出：“日字不透风，一字在当中，一字推上去……”众人齐声：“是什么？”“一口一大盅！”先生说完便一饮而尽。饮毕，大家哄堂大笑，虽然最后那位先生没有完成任务，但绝妙的结尾却其乐无穷。

2. 诗令

中华民族的文明史乃是一部诗歌史。从《诗经》开始，中华上下五千年，到处是诗的旋律、诗的海洋，诗成了人们的精神寄托，成了民族力量的源泉。因此，诗人借酒赋诗，以诗为合，珠联璧合，成为最美的艺术篇章之一。

以诗为令源于西汉武帝刘彻，盛行于唐代武则天时期。武则天常与其宠信上官婉儿借酒吟诗，借诗饮酒，创制了很多富有浪漫情调的诗酒令；才子王勃、王昌龄、王之涣、李白、杜甫、白居易即席和唱的名诗佳作也不胜枚举；刘禹锡、陆游、秦观、唐伯虎、郑板桥等人的赋诗绝唱更是流传千古。文人以诗为酒，将酒诗化、美化成为彼此相融的民族瑰宝。

诗令主要有天字头古诗令、春字诗令、七平七仄令等。对于一般人来说，这些酒令太难了。

3. 蹊跷令

雅令本是文字游戏，就是这样的游戏，也有人为显示自己高人一筹，便要出刁钻古怪的招数，编造些稀奇晦涩的酒令，这类酒令便被人称为蹊跷令。蹊跷令主要包括饮中八仙歌令、红楼悲愁喜乐四字令、喜相逢令、口字令、颠倒令、官场讽喻令、酒筹令、安雅堂酒令和拈古人名令。下面拿拈古人名令举个例子。

一天，苏轼携秦观、黄庭坚和佛印和尚泛舟会饮。苏轼即兴行令，要求其他三人唱和。苏轼起令道：“要一种花落地无声，接一个与此花有关的古人，并接一相关古人，这一古人又须引出另一古人，前者询问后者一件事，后者用两句唐诗回答，要求前后串联，不许硬凑。”

苏轼令道：“雪花落地无声，抬头见白起。白起问廉颇（两人同为战国武将）：‘为何不养鹅（鹅常见为白色）？’廉颇曰：‘白毛浮绿水，红掌拨清波。’”

秦观应道：“笔花落地无声，抬头见管仲（管城子是笔的别称）。管仲问鲍叔牙（同是春秋时齐桓公的大夫）：‘如何不养竹（竹是制笔管的）？’鲍叔牙曰：‘只须三两杆，清风自然足。’”

黄庭坚应道：“蛀花落地无声，抬头见孔子（虫蛀的地方必有孔）。孔子问颜回（师徒关系）：‘因何不种梅（梅花有色，和颜相接）？’颜回曰：‘前村深雪里，昨夜一枝开。’”

佛印禅师接令：“天花满地无声，抬头见宝光（天竺佛名）。宝光问维摩（有名的居士）：‘斋事近何如（居士是常设斋施僧的）？’维摩曰：‘遇客头如鳖，逢僧项似鹅。’”

第七章

酒海趣闻

第一节　名酒的传说

一、茅台

贵州茅台酒是中国名酒，说起茅台酒的诞生，民间曾经流传着这样一个故事（图7-1）。

早在清朝康熙年间，一个秋天，贵州仁怀县的得月楼走进来一帮商人，走在最前面的那个人名叫贾富。刚刚踏入酒楼，贾富便连声叫嚷起来："拿酒来！"贾富祖籍山西汾阳，而汾阳当地酿制的汾酒是全国出名的，他从小生活在酿酒之乡，自然养成了饮酒的习惯，一日无酒便觉口中无味，一日三餐无酒不欢，尤其喜欢喝家乡的汾酒，就连外出做生意，他也让伙计随身带上，可谓一日不可无汾酒。

如今到了这里，他一如既往，准备痛饮汾酒。谁想伙计双手一摊，说："老板，咱家的酒早就喝光啦！"这时，小二赶忙将一壶仁怀烧酒端上来。贾富一看有酒，也不管什么酒，便忙拿起酒壶就喝，可谁想到那酒刚喝了一口，就有一股辣味且又苦又涩。贾富大失所望，叹口气道："咳，这样一个好地方，竟然没有一坛好酒！"

没想到，这句话让店老板听到了，于是他便走到贾富身边说道："客官，此言口气未免太大了，你怎知我们仁怀就没有好酒呢？"

贾富听后，忙道歉道："对不起，言语冒犯之处，请多见谅！不过，这种酒实在未见其味啊。"

店老板忙笑道："客官莫急，要品好酒，那也容易。"于是，他一招手，只见店小二立即搬出十几坛酒摆在堂前。店老板指着这些酒说："客官一品便知我们仁怀有无好酒了。"

贾富看到一排酒坛，不慌不忙地站起身来，围着酒坛看了一番，再对着酒坛由远而近地吸了几口气，之后斟了一碗酒，饮了一点含在口中，喷了三喷，放下酒碗，这招叫作"看

图7-1　茅台镇

色、闻香、品味”，只有内行人才明白。

贾富一看二吸三啧的动作，被店老板看在眼里，他马上就知道贾富是一个品酒的高手。店老板不由得心生钦佩，忙向他请教鉴酒之道。

贾富直率地说道：“这些酒都不怎么样啊！唯其中有一坛陈年老酒还勉强说得过去，但回味也不是很好。”

店老板听后，忙作揖施礼道：“不瞒客官，这坛陈年老酒入窖有二十多年了，除此之外，确实再没有好酒了。”

贾富想了一想，说道：“此地山清水秀，应该可以酿出好酒啊。”

“客官所说极是，那就请客官赐教一二吧。”店老板望着贾富连忙施礼。

贾富见他如此诚意，便欣然应允说：“好！你等我一年。明年我定会前来教你！”

第二年秋季，贾富果然再次到来，同来的还有一位酿制汾酒的师傅，身上挑着酒药和工具，这是贾富特地从山西杏花村重金聘请的名师。贾富和这位师傅在各处察看一番，来到一个名为芳草村的村庄，这个村子因芳草遍野而得名。配制酒的师傅就把这里定为酿酒的地方，后来人们果然在这里配制出了远近闻名的好酒，因此芳草村也越来越兴旺发达，村庄的名字也改为茅台镇。

贾富和酿酒师傅按照汾酒的酿制方法，加上贵州仁怀的自然条件，经过八蒸八煮，酿出了甘醇无比、香气袭人、质液醇正的美酒。这种酒在当时称为“华茅酒”，因古时“华”和“花”是通假字，“华茅”就是“花茅”，其含义也就是“杏花茅台”。

二、五粮液

宜宾盛产荔枝，因此荔枝酒在宜宾是非常出名的，在《华阳县志》和《太平御览》中均有记载。宜宾的荔枝多汁甜美，可酿制美酒，因此当地自古就以美酒和荔枝为命题写有美丽的诗篇。

如，唐朝就有重碧酒，永泰元年，大诗人杜甫在戎州写诗：“胜绝惊身老，情忘发兴奇。……重碧拈春酒，轻红擘荔枝。”

酿制“荔枝绿”的原料有很多种。《叙州府志》记载：“荔枝绿酒，宋王公权造，黄庭坚称为‘戎州第一’，有《荔支绿颂》曰：王墙东之美酒，得妙用于六物。三危露以为味，荔支绿以为色。哀白头而投裔，每倾家以继酌。”

在宋朝，宜宾还有一种佳酿名为“姚子雪曲”，是用粮食酿制而成。黄庭坚曾在《金鱼井》中赞戎州酒：“姚子雪麴，杯色争玉。得汤郁郁，白云生谷。清而不薄，厚而不浊。甘而不哕，辛而不螫。”

明朝时期，有“咂嘛酒”，并记载于《本草纲目》中：“秦、蜀有咂嘛酒，用稻、麦、黍、秫、药曲、小罂（罂：一种小口大肚的容器）封酿而成，以筒吸饮。”五粮液酒厂有旧糟坊的老窖遗物，为明朝所遗，这一历史见证，到今天已有三百多年了。

“杂粮酒”的出现，大约是在明末清初，这种酒总结、吸收了以往酿酒的经验与技术，对“荔枝绿”和“姚子雪曲”的酿造都有所借鉴，以高粱、糯稻、荞麦、粳稻、玉米五种谷物为原料，经过老窖发酵、蒸馏酿制而成，再经过不断地调整与改进，在 1928 年才最后确定下来酿酒配方。

1929 年，制订“杂粮酒”配方的邓子均在一次聚会上，请名家高手品尝“杂粮酒”，大家品尝后，均赞不绝口。酒席间，宜宾县前清举人杨惠泉说：“如此佳酿，名为杂粮酒，似嫌凡俗，以我之见，此酒集五粮之精华而成玉液，应该叫五粮液！”邓子均与大家听后，都拍手称赞。从此，“五粮液”这一佳酿便正式流传于世，声名远播。

五粮液酿造工艺颇为独特，这主要是因为它以五种粮食为酿造原料，其中糖化发酵剂尤为重要，以纯小麦制曲，有一套特殊制曲的方法，制成“包包曲”，酿造时则需要用陈曲。五粮液用水取自岷江江心，水质极为清冽。发酵窖是陈年老窖，有的窖甚至是明朝遗留下来的，并用陈泥封窖，发酵期两个半月以上。经过分层蒸馏、量窖摘酒、高温量水、低温入窖、滴窖降酸、回酒发酵、双轮底发酵、勾调等一系列工序后，方能酿制成美酒佳酿。

图 7–2　五粮液酒厂

五粮液酒厂照片见图 7–2。

三、汾酒

据传说，汾酒与古代一位名叫贺鲁的将军有过一段动人的故事，并与当地的一口神泉有关。山西汾阳县（今汾阳市）杏花村的汾酒，因为这段故事，才声名远播达千年之久。

相传，大将军贺鲁武功盖世，骁勇善战。一年，他抗御外敌凯旋，经过杏花村，因慕名汾酒“饮而不醉，醉而不晕”，便来到当地品尝这人间美酒。

正当贺鲁喝得酣畅兴浓之时，忽然听到拴在店外的战马嘶鸣起来，他探头一看，马儿甩着尾巴有些躁动。将军便冲着马儿说道：“哟，你也按捺不住啦？也想喝一点吗？好吧，就让你也尝一尝这美酒吧！”于是，将军让店家把马牵到后院，在马槽里倒入满满一槽酒糟，那马居然美美地吃了起来。店内，贺鲁将军足足喝了大半坛酒；店外，那匹马也转眼吃了大半担酒糟，最后人醉马倒。

贺鲁久战沙场，虽已喝得大醉，却强打精神要走，吓得店家连忙劝阻：“将军酒已过量，请在店里歇息歇息再起程吧！”贺鲁直了直身体，睁大眼睛摆摆手说：“不碍事，不碍事！”便跌跌撞撞地来到后院，去牵醉得半倚半跪在地上的马，将马牵出院门，纵身跨上马鞍，晃晃荡荡离开店铺。

贺鲁伏在马背上，醉眼蒙眬，热血涌动，酒劲发作，突然身子一挺，“啪！啪！啪！”连挥了三个响鞭。那马本已喝醉，听到鞭响，突然惊醒，猛地狂奔起来。但是吃了大半担酒糟的马才奔到村西葫芦谷，就马失前蹄，把贺鲁摔了下来。将士们都慌了手脚，忙把将军扶起来。再看那马，前蹄深深地陷进土中，士兵们赶忙拉出马，只听一声嘶鸣，马猛地抽出前蹄。随即，从马拔出前蹄的土中喷射出一股清泉，让人惊讶的是，这里霎时间成了一口泉井。

将士们争先恐后地畅饮起泉水来，只觉清纯甘甜，令人身心舒畅。当时，贺鲁将军和那匹马也饮了这口泉水，突然间酒醒大半，变得神清气爽。

图7-3　20世纪70年代的汾酒酒厂

从此，这股涓涓泉水不论遇到多严重的干旱，都始终不会枯竭，人们便称其为“神泉水”。杏花村便改用此泉水酿酒，使得酒色更清，味道更醇正。于是，杏花村的汾酒更是声名大噪，享誉国内外。

20世纪70年代的汾酒酒厂见图7-3，现代汾酒酒厂综合楼见图7-4。

图7-4　现代汾酒酒厂综合楼

四、西凤酒

凤翔，古称雍州，其酿酒历史悠久。这个名字似乎与凤凰有着极为密切的联系，因此“西凤酒”就应运而生了。

据传说，三千多年前殷王朝时期，殷王在征服“井方”时喝到一种美酒，觉得是不同寻常的酒，就将这种酒带回宫中，作为王室的御酒，这便是后来的“西凤酒”。

据考古发现，在西周时期，雍州已开始酿酒。西周青铜器在雍州境内被大量挖掘出来，其中酒器的品种非常多，这说明当时酿酒、储酒、饮酒等酒事非常盛行。据资料记载，西凤酒“以凤翔、宝鸡、岐山等县所产最优，味醇馥，与山西汾酒不相上下”。

现在，陕西省的凤翔、岐山、宝鸡、眉县一带，是春秋五霸之一秦穆公的兴起之地。因此，这一地方所酿制的酒又称“秦酒”。《酒谱》中曾记录说：“秦穆公伐晋，及河，将劳师，而醪惟饮一钟。蹇叔劝之曰：‘虽一米可投之于河而酿也’，于是乃投之于河，三军皆醉。”这就是著名的典故“秦穆公投酒于河”。

那么，“西凤酒”与“秦酒”有着什么渊源呢？这与当地流传的凤凰故事有关，另外秦国非常崇拜凤鸟，因此而得名也有可能。嬴姓的秦国崛起于西部，其祖先却来自东方崇拜凤鸟的部落。据《史记》记载，秦国的女始祖称为女修，她因吞食玄鸟的卵而有身孕，生下男始祖大业，大业生伯益，伯益的大儿子称为鸟俗氏，传说其后裔是“鸟身，人言”。这说明秦国的祖先曾是以玄鸟为图腾，并对凤非常崇拜。所以，先秦时期的凤翔、宝鸡一带就流传着一些传说，如“陈宝化雉”和“吹箫引凤”。

“陈宝化雉”故事的主人公陈宝就是陈仓宝夫人，传说她是一只雌性神雉幻化而成的石鸡。故事出自宝鸡，宝鸡在古时名陈仓，据《列异传》记载：陈仓人得异物以掀之，道遇一童子云：“此名为媪，在地下食死人脑。”乃言“彼二童子名陈宝，得雄者王，得雌者霸。”乃逐童子，化为雉。秦穆公大猎，果得其雌。为立祠祭，有光、雷电之声。雄止南阳，有赤光长十余丈，来人陈仓祠中。所以世俗谓之宝夫人祠，抑有由也。据考证，立祠的是秦文公，而不是秦穆公，但不管是谁，“陈宝化雉”的故事在《列异传》中有记载，秦国之所以能坐上霸主宝座，靠的主要是陈宝，也就是两只神雉，后来陈仓改名为宝鸡，也是因为这个神奇的故事。

“吹箫引凤”这个故事，记载于刘向《列仙传》中，讲的是秦穆公女儿弄玉和箫史成婚后，吹箫引来凤凰，于是两人乘龙驾凤而去。箫史是秦穆公时期的人，善于吹箫。穆公有一个女儿名叫弄玉，箫史非常喜欢她，并娶之为妻，于是教弄玉做凤鸣，居数十年，吹似凤声，凤凰纷纷飞来，于是修筑凤台，夫妇在此居住，不下数年，最后他们乘龙驾凤而去。

唐朝时期，吏部侍郎裴行俭送波斯王子回国，路过凤翔柳林镇，裴饮酒后赋诗道：“送客亭子头，蜂醉蝶不舞。三阳开国泰，美哉柳林酒。”宋朝时期，苏轼在凤翔府做判官时，写诗称赞柳林酒道：“花开美酒唱不醉，来看南山冷翠微。”明朝时期，苏浚也有赞誉柳林酒的诗文《东湖》，诗中写道：“黄花香泛珍珠酒，华发荣分汗漫游”。

可见，将柳林美酒和凤翔这个地方联系起来，用“西凤酒”代替“柳林酒”，始于美丽的神话故事，到酒名的变更，大概始于宋朝。

早在唐朝时期，凤翔就俗称“西府凤翔”，因此“西凤”的出处就由此而来。唐肃宗时期，为了唐室中兴，国家就将雍州改称“凤翔”，以示吉祥。凤翔原本是一个县，变成了一个州，范围扩大，级别提高了。据张能臣《酒名记》中记载：在宋朝“凤翔橐泉”酒十分有名，清朝也以“凤酒”而闻名。因此在宝鸡、岐山、郿县（今眉县）以及凤翔县等地酿造的酒，统称为“凤酒”。1909年，西凤酒参加南洋赛会，获得二等奖，于是闻名海内外。

五、古井贡酒

东汉末年，汉献帝刘协在位，曹操挟天子以令诸侯。曹操，谯郡人，也就是今天的安徽亳州。当时有一个名为减村的村落，村里有一个名叫减平花的女子，聪明美丽，母亲每天教她读书识字。后来母亲去世了，后娘待她不好，不是打就是骂。之后她生了一场大病，脸也麻了，头也秃了，村里人就给她起了个外号叫“傻平平”。后娘嫌她脏，就不想养她了，也不给她做饭了。幸而她的嫂子对她非常好，给她吃穿，照顾生病的平花，给她煎汤熬药。“傻平平”每天只知道在屋里看书习字，平时基本不出门。

古井贡酒厂见图7-5。

图7-5　古井贡酒厂

此时，汉献帝的妃子死了，曹操进言："臣夜观天象，见女星在东方出现，娘娘应在东方。请陛下择个吉日，起驾前往东方。"汉献帝应允。曹操带领人马，簇拥着献帝往东方去选娘娘，随后来到曹操故乡谯郡。

谯郡城北有一个演兵场，曹操早年曾在此练兵。曹操令人在练兵场筑了一个"选娇台"，让各地才貌双全的女子都来应选。皇上坐在台上，过去了很多天，没有一个女子被汉献帝看上。

曹操问道："陛下，不知可看到称心的美人？"汉献帝摇头说："没有。"曹操却欣然道："陛下，我算着娘娘今天会骑着土龙来到这里！"汉献帝和众臣都大吃一惊，曹操命令将官："四下里巡查，切莫惊吓了娘娘！"

将官们找了许久也未曾找到，只有一位将官报告说："骑土龙的娘娘没见到，只有一位女子骑在土墙上，看热闹哩！"曹操喜道："那就是了，快请来见驾！"

于是，那位姑娘被接到了选娇台。那位女子来到皇上和文武群臣面前，所有人不由得大吃一惊。只见那女子脸又麻，头又秃，衣裳又脏，浓鼻涕一直垂到嘴巴下。众人都露出厌恶的表情。

这女子便是减平花，她因为想看看皇上如何选娘娘，就爬到院子墙头看热闹。谁知正因这一举动，竟被选中成为了娘娘。

曹操忙命令宫女给娘娘梳妆打扮，换了衣裳再来。几名宫女便捧了婚嫁的礼服，陪着那位娘娘坐上凤辇，回到家中打扮。"傻平平"回到家里，一个人走进屋去，自己梳洗打扮起来，也不让谁帮忙。嫂嫂只得在外面等着，她想进屋帮助减平花梳理，可又不能莽撞。忽然她闻到满屋透香，急忙趴在窗户上往里看，只见梳妆台前站着一位美丽的姑娘。嫂嫂叫道："小妹、小妹，快开门！"门开了，嫂嫂进去便问："你是谁呀，我们家平平呢？"

那女子微笑道："嫂嫂不认识我啦？我就是傻平平呀！"嫂嫂听后吓了一跳。平花指着梳妆台，上面放着一只金碗和一双银筷子，说："我把金碗戴头上，筷子插鼻子里，就又秃又麻，鼻涕老长了！"嫂嫂大吃一惊，只听平花又说道："嫂嫂，我本是一缕清风，嫦娥仙子叫我在雪地上打个滚，才幻化为人形。今天就要与嫂嫂离别了，没别的东西可送，就送这副碗筷给嫂嫂吧！”

正说着，只听门外有人高声说道：“圣上有旨，皇上不愿再见娘娘，已起驾回都，请娘娘自便！”嫂嫂立刻惊慌起来，平花说：“嫂嫂不要烦恼，我知道皇上不会要我的，只是辜负了曹丞相的苦心。”

其实，早在十年前，曹操就已经知道减平花。当时，曹操在演兵场布阵，想创造一种新的阵法，一时阵法零乱，正急于无法摆阵之时，只听远处一个女童正在背《孙子兵法》。曹操听后，豁然开朗，马上把队伍重新摆好，阵法很快摆了出来。曹操立刻命人去寻找女童，却不见踪影，忽然从空中传来一阵笑声，只见一棵枣树上，有一个七八岁的小女孩正笑嘻嘻地看着他。曹操问她叫什么名字，家在什么地方。她说家在减村，叫减平花。因此，这次曹操给皇上选娘娘，就想选她为妃，谁知皇上并不懂得，不愿意选她。

减平花叹口气对嫂嫂说：“臣不识人犹好过，君不识人没法活。”嫂嫂不太明白这话的意思，只是催她快上车驾。减平花说：“嫂嫂，那就请你帮我穿戴起来吧！”嫂嫂连忙把凤冠霞帔给减平花穿好。减平花看了看镜子里美丽的自己，便向嫂嫂拜了三拜，说道：“嫂嫂，感谢你的养育之情，我走了！”

她说完便走出去，村子里的人都来观看，只见减平花越走越快，可是她没有去追赶皇帝的车驾，而是向一口深井走去。她跑到井边，往井里一跳，没了踪影。

众人这才猛醒，一声喊，大家连忙下井去捞，竟然什么也没有找到，后来又把井水抽干，也没有找到人影。减平花的嫂嫂在井边痛哭不止，把刚才发生的事情说了一遍。众人听后议论说：“减平花当是清风转世，现在只怕早已化作一股清泉了。”

此后，人们再饮这口井的泉水时，觉得异样清甜。不久，就有人用这口井的水酿酒，而且其酒醇香无比，人们称之为“仙酒”。后来曹操当了魏王，知道这件事后，颇觉神奇，就把减平花封为“泉神”，把这口井封为“玉泉”。

现在，这口“玉泉”仍在古井亭下，并且古时人们在漆黑的夜里，有时还能看到这口古井里有红光闪烁，传说是井底的泉神娘娘晾衣裳呢。千百年来，玉泉酿制出的仙酒，因曾向皇帝进贡，因此又称“贡酒”。直到今天，人们依然称玉泉仙酒为“古井贡酒”或“古井玉液”。

六、剑南春

剑南春，曾经称为绵竹大曲，出产于四川省绵竹剑南春酒厂，1958 年才正式命名为剑南春。

关于绵竹大曲有两个凄美的故事：一个是玉妃溪的故事。相传，在很久以前，四川绵竹鹿却堂山中有一条小溪，一个弃婴被遗弃在这里，原来她父母已经双亡，从此婴儿和溪水结下了不解之缘。

虽然没有人养育她，但是动物却收养了她，她喝着梅花鹿的乳汁长大了，而且长得像花一样美丽。后来，蜀王将她纳为王妃，因为她没有名姓，且肌肤长得白皙，所以赐名为玉妃。可惜不久，玉妃便病死了，蜀王就将她葬于成都的武丹山。

一年，绵竹大旱，天不降雨露，河床干裂，禾苗干枯。百姓祈祷上苍，凄怆哀号之声让玉妃听到了，原来，玉妃已经飞升上天成为仙女。她得知百姓有难，便飞回绵竹，将头上的凤冠摘下，抛向大地，凤冠上的珍珠顿时化为清泉，解救百姓于危难。于是，鹿却堂山下的小溪被人们称为“玉妃溪”，以此来纪念美丽善良的玉妃。

不久，百姓发现用玉妃溪的泉水来酿酒，酒味清醇，于是就把这种酒命名为绵竹大曲。现在，玉妃溪和清泉仍旧在绵竹这个地方，成为剑南春这一美酒的上等原料。

另一个故事是诸葛井的故事。传说，诸葛亮六出祁山，出师未捷却已病死在五丈原。他的儿子诸葛瞻接替他的事业，为蜀汉效忠。可惜，刘后主是一个“扶不起的刘阿斗”，最终投降晋武帝司马炎。但是诸葛瞻在西晋大军进攻蜀汉时，和儿子诸葛尚在绵竹一带双双战死，为主尽忠，可谓一门忠烈。

元朝时期，民族矛盾日益上升，绵竹人想要复兴汉业，就把诸葛瞻父子的骸骨迁葬于城西，百姓纷纷掘土垒茔，表示景仰缅怀之情。当时诸葛瞻父子墓穴的土质特别好，一夜之间居然挖出一口清泉。泉水清澈甘甜，人们便把这口井称为“诸葛井”。此后，用这口泉水酿的酒，居然成为绵竹酒中的珍品，成为名震海内外的绵竹大曲。

两个故事虽然不同，但都反映出百姓的心愿，那就是百姓会永远记得为民谋利、为国捐躯的人，并将最美好的产品奉献给他们。同时，这些古人也为那些优质的产品增添色彩。

剑南春与绵竹大曲并不是只有虚名。四川绵竹一带，从汉朝开始到唐朝，自古便产好酒，绵竹酒在一点一点的酿制过程中，经历了漫长的发展，最后终于酿造出华夏名酒——剑南烧春。剑南春曾有“剑南烧春”之名，最早见于李肇的《国史补》，据《国史补》中记载，剑南春是远近闻名的好酒。又据《新唐书·德宗本纪》记载，唐朝大历十四年，“剑南烧春”被定为皇室贡酒，从此达官显贵、文人墨客，以及好酒之徒，都无不称道。

可见，剑南春这一名字的起源，经历了千年之变，从剑南烧春到绵竹大曲，再定名剑南春，可以说剑南春的名字最妙，若是中间带一个“烧”字，就难免俗气了，而绵竹大曲又过于直白，最终定名为剑南春，可谓文雅兼美，十分清丽。

剑南春酿酒车间见图7-6。

图7-6 剑南春酿酒车间

七、洋河大曲

明朝时期，洋河大曲产自江苏泗阳县洋河镇，邹缉在描写洋河镇的诗中写道：“白洋河下春水碧，白洋河中多沽客。春风二月柳条新，却念行人千里隔。”诗歌写出当时的客商为了喝到洋河镇的美酒，不惧千里之远而来，而且盛况空前。

洋河酒厂见图7–7。

图7–7 洋河酒厂

清朝康熙年间的《康熙字典》中曾记载有“洋河大曲产于江苏白洋河”，可见洋河大曲在明末清初就已远近闻名了。当时，山西、陕西、河南、安徽、山东等九省客商齐聚洋河，共建会馆，洋河酒业声名远播，十五家糟坊竞献佳酿，人们竞相品尝美酒。

明朝末年，兵部尚书史可法来到洋河，带兵北上抗清。那一天史可法42岁生日，部下杀猪宰羊为主帅筹备祝寿，但史可法不准，以军令制止。史可法在船上以洋河陈酿犒赏众将士。一碗陈酿一饮而尽，史可法仰面道：“诸位曾记得岳武穆否？”众将齐声答道：“记得！”史可法又朗声说道：“直捣黄龙，再与诸君痛饮！”于是，大军开往北方前线。

史可法“直捣黄龙”这一句话是有出处的。早在宋朝，岳飞也喜欢喝酒，而且酒量极大。在一次出征前，宋高宗曾劝他说：“卿异时到河朔，乃可饮。”意思是说，大敌当前之时，你要专心于抗金战事，只有打败金军，收复失地，才能够开怀畅饮。此后，岳飞滴酒不沾，部下给他准备了好酒，岳飞就答道：“直抵黄龙府，与诸军痛饮尔！”而史可法讲出这句话，就是要以岳飞抗金为榜样，但他还是忍不住喝了一杯，虽破例却没有影响战事。

当然，这个故事也只是传说，无从考证。史可法尽管是一位志士仁人，但书生意气，难成大事，他虽是南明王朝的内阁大学士、兵部尚书，可他的战绩却是“屡战屡败”，更不曾北上抗清。以上的故事，也只是百姓心中美好的愿望罢了。

另一个故事是与《红楼梦》作者曹雪芹有关的。据传说，曹雪芹是一个品酒高手，他路过洋河时住了三天，喝了三天洋河酒，可还是没有喝够，临走之时居然买了一船酒。这位大文学家对洋河美酒极为喜欢，他甚至还写下一首诗，其中“明月清风酒一船”一句被传为千古美谈。这个故事或许是不通诗文的人杜撰出来的，而且“明月清风酒一船”一句，也不是千古名句，只是抄袭前人的现成句子。但是，故事仅仅是故事，至于编得如何则与洋河大曲的味道无关，反而会使洋河大曲声名远播。

清朝雍正年间，洋河大曲曾被选为皇家贡品。据江苏《宿迁县志》记载，乾隆皇帝曾路过宿迁，那是他第二次下江南的时候，当他在宿迁的皂河行宫知道“福泉酒海清香美，味占江淮第一家”的洋河大曲时，就派人到附近的洋河镇买来洋河大曲，大宴群臣，果然香浓清冽，回味无穷。为此乾隆在洋河住了七天，临走时留下了“洋河大曲酒味香醇，真佳酿也。”的御笔题词。

八、三花酒

桂林三花酒是小曲米香型的代表。桂林三花酒的酿造历史悠久，早在唐宋时期，就已被公认为是美酒佳酿，并被誉为“桂林三宝”之一。三花酒曾在全国评酒会上，多次获得优质酒称号。桂林三花酒不仅质量上乘，口感醇香，而且在民间还有着美丽的传说（图7-8）。

桂林有一座七星公园，公园里有一座山，形状如同酒壶，人们称其为“酒壶山”。据传说，过去桂林的酒壶山能够自动出酒，而且取之不尽。谁家来了客人，或逢年过节需要摆酒设宴，便到酒壶山前折一枝桂花，朝壶的尾部轻轻一扫，壶里就会流出酒来，每次只有一壶。后来，有一个贪心的县官想要多得几壶酒，便派人凿大壶嘴，结果这一凿，酒壶山就再也没有流出酒了。县官弄巧成拙，只好另外寻找酒源，他命令桂林的酿酒师傅在一个月内，酿出和酒壶山里的酒一样的美酒，否则就杀头。

酿酒师傅非常着急，他们紧锁双眉望着一位最有经验的老酒师。但这位老酒师也想不到好的办法，要酿出酒壶山那样美妙的仙酒，首先要有酒曲种，可去哪里寻找呢？老酒师急得生了病，他的小女儿三花很担心父亲，就蒸了一条鲤鱼，并做了蛋花汤给父亲吃，可是老酒师一口也吃不下。

此时，门外有一男一女两个老叫花子在讨饭，女的是一个盲人，男的是一个跛子。善良的三花便把给父亲做的饭拿给两个老叫花子吃，可是令人意外的是，那个男的叫花子闻了闻饭菜，也不急于吃饭，竟然说：“妹子，饭菜虽香，没有好酒，怎么下咽？”三花听后，就端了一碗酒，给他们喝。谁知两个叫花子只轻轻抿了一口，就非常生气地说：“这算什么酒！”这时，老酒师躺在病

图7-8　三花酒洞藏

榻上，听到外面叫花子如此无礼，便起身踉踉跄跄地来到门前说："树有皮，人有脸，两位老人家不要太不给脸了。"瞎婆子听后，立刻拿起手上的饭罐往地上摔道："给你脸！"两个叫花子便一怒而去。那要饭的罐里全都是发酵了的汤，把三花晾在筛子里的酒药都给打湿了，她非常难过，只好找到灶上把酒药烘干。

第二天，她没有好的办法，只得用烘干的酒药帮爹爹酿酒。可没想到的是，蒸出来的酒清香扑鼻，整个村子都闻得到这股酒的清香。老酒师闻到这酒香，顿时病好了，马上就从床上起来了，他倒了一杯酒，品了一口，味道如同酒壶山的仙酒味，就是有点淡。

这时，有人在门外喊道："好香啊！好香啊！"竟然是昨日讨饭的那两个老叫花子。老酒师为表达对他们的感激之情，便热情地款待他们，但两个叫花子只喝了一口酒，便说道："太淡了，太淡了啊！"老酒师也叹口气说道："是呀，要不就如同酒壶山的仙酒了！"跛脚叫花子大笑了起来，用拐棍猛地向地上顿了三下说："头花香，二花冲，三蒸三熬香又浓。"说完，两个叫花子就走了。

老酒师听后，恍然大悟，急忙把酒又蒸了两遍，总计蒸了三遍，果然酿出如同酒壶山一样又香又浓的酒。老酒师端起酒轻轻一摇，一连串的酒花如同珍珠般浮在酒面上，经久而不散。原来这是老酒师在确定酒的度数，自此人们也都以摇酒杯的方法来确定酒的度数。

桂林烧制仙酒的工艺终于成功了，并把这一种酒取名为"三花酒"。后来人们传说那两个叫花子是八仙中的铁拐李和何仙姑。两位神仙同情美丽善良的三花姑娘，便帮三花父女酿制出了仙酒。

但"三花酒"名字的由来，却众说纷纭。有人说是因为酒是三花父女蒸酿而成的，为了纪念他们，所以叫"三花酒"；还有人说是因为摇酒花确定度数时，酒花形成了三叠，所以叫"三花酒"。

九、绍兴加饭酒

加饭酒（图 7-9）出产于绍兴，被喻为"神酒"。这是因为有一段佳话，流传至今，一代一代传了下来。这段佳话可用一句来形容"一坛解遗三军醉"，可见加饭酒的醇厚。

据传说，春秋时期，吴越两国战事不断，后来越国兵败，只得求和，俯首称臣。但是，越王勾践一直没有忘记报仇雪恨，以雪前耻，他忍辱负重，卧薪尝胆，奋发图强。他不肯睡在柔软的床榻之上，只睡在柴草之上，只要稍微懈怠，就拿苦胆舔食，苦胆的味道让他永不可忘记国耻，进而激发他的斗志，使他不丧失志向。这就是"卧薪尝胆"这个成语的由来。勾践重用贤人能士，文种、范蠡两位大夫帮他改革国政，积蓄物力财力，蓄养兵马，扩充军队，操练人马。就这样经过十年励精图治，十年休养生息，十年练兵，越国终于国富民强，决定发兵攻打吴国。

出征前，百姓们都前来送行，群情激昂，只盼越王早日旗开得胜。有一位绍兴酿酒的师傅名叫王全，他带着伙计抬着一坛陈年老酒，献给越王说道："大王，此酒名为加饭酒，是我祖先传下来的酿制之方，今天把酒献给大王，以壮行色。愿大王早日凯旋！"

越王听后大喜，谢过送酒的老者，收下这坛陈年老酒。可是，好酒只有一坛，如何与

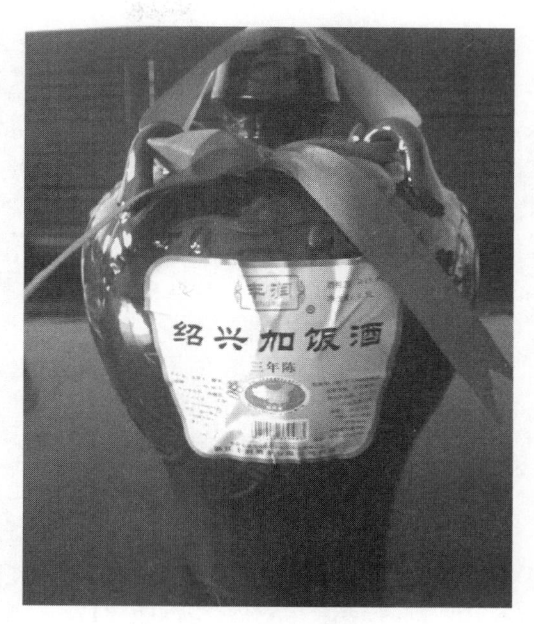

图7-9　绍兴加饭酒

三军将士同饮？越王经过一番思索，便吩咐将士把这坛好酒倒进江中，让三军将士沿江迎流而饮。随后，将士们争先恐后地跑到江边，说来也怪，那倒进江里的酒水，居然和江水混合在一起后仍能够饮出酒的美味，将士们个个开怀畅饮，欢呼雀跃，感觉到酒的力量，只觉热血沸腾，斗志昂扬。于是，在群情激昂的斗志中，军队浩浩荡荡地奔向吴国。

经过十年磨砺，昔日战败的越国，已将军队练成精兵强将，众志成城，又由于出师前喝了有着百姓祝愿与鼓励的加饭酒，全军上下无不以一当十，精神抖擞，奋勇向前。

吴军由于之前打了大胜仗，这时接到战报，也不把越军当回事，而是轻敌骄狂，自以为是，根本不把昔日的手下败将放在眼里。然而，吴国已不是曾经强大的吴国了，结果吴军被杀得一败涂地。越军奋勇作战，大获全胜，势如破竹，攻破吴国都城，将吴王夫差杀死，灭了称霸的吴国。

吴越争霸，越国取得全胜，加饭酒激发了将士的斗志。之后，绍兴加饭酒便成为了流传古今的名酒。

十、丹阳封缸酒

图7-10　丹阳封缸酒酒标

“三朝酒”是丹阳人每逢佳节必喝的美酒，就是娶妻生子时，也会倒点丹阳的封缸酒（图7-10）来招待亲友，由于此酒比较珍贵，平时都会把酒封起来，待到佳节喜庆之时再喝。据说，这美酒来之不易，极不好酿造，酒是从酒井里流淌出来的，顺着运河流到丹阳，丹阳的百姓再用勺子舀起运河中的佳酿，存放到缸里。可是，美酒又怎么会从酒井里淌出来呢？又如何顺着运河流到丹阳呢？这个故事就要从张飞和关羽讲起了。

据传说，江苏镇江一条街上有一口神奇的井。这口井常年冒着美酒，而且这自然而成的佳酿，甘美、醇香，在十里以外都可以闻到。更令百姓感到神奇的是，宝井居然没有枯竭的时候，每时每刻都往上冒着美酒。因此这条街上的酒店非常多，来喝酒的人也非常多，他们只要买些下酒菜就不用花酒钱了。于是，仗着宝井，慕名而来的客商小贩络绎不绝，这条街也是远近闻名，每天车水马龙，熙熙攘攘，热闹异常。

后来到了三国时期，张飞走水路路过这里，一上岸就闻到一股醉人的酒香，沁人心脾，张飞素来喜好饮酒，馋得他不得了。他急忙向路人打听，才知道这里有一口宝井，有着大自然酿造的美酒。于是他顾不得行军打仗，以及“将士在外不得喝酒”的军令，冲进酒店，要了一坛好酒，一口一碗，还连连喊道：“好酒！好酒！”一口气居然喝了近百碗酒，醉得瘫在桌子下面，手里还攥着酒碗不肯放下。

事后，关羽知道了这件事，非常生气，他二话不说跑来责问饮酒一事，并责令酒家不要再给他兄弟喝这么多酒了。酒家解释说：“我们的酒是井里出的，来喝酒的人都不用付钱，因此大伙儿都没有不来喝酒的。”

关羽一听，根本不相信，世间怎么可能有冒酒的井，而且是清香醇厚的美酒？于是他便让店家带他去看看那口冒酒的井。当他跟着店家越走越近时，那酒香就一股一股地向他飘来。走到井边，他趴下往井里看时，只觉得强烈的酒香迎面扑来，猛吸一口气，浓烈的酒味让他垂涎欲滴，结果憋得满脸通红。后来人们就传说，关羽的红脸就是从这里开始憋出来的。

关羽为了制止人们贪杯误事、酒后乱性，便挥起青龙偃月刀，将酒井一劈两截，眨眼间酒井“哗”的一声流出香气袭人的美酒，淌了三天三夜，整条街竟变成了一条酒河，后来，人们就管这条街叫作“酒海街”。而酒井里淌出来的酒，流过街道，流入运河，并顺着运河流到丹阳，于是这才出现了丹阳有名的封缸酒。

第二节　历代著名“酒事”

自从有文字记录以来，就已经有了酒，也就有了与酒相关的故事。漫漫的历史长河中，有人因酒而出名，也有酒因人而成名。历史上著名的人和事中，许多都能找到酒的影子，酒事逸闻屡见不鲜。

一、纣王的肉林酒池

相传商纣王本是一个聪敏、勇力过人的君王。早年，他率兵平定东夷，将商朝的势力范围扩大到淮水和长江流域一带。到他统治的后期，他开始贪图享乐，不顾百姓死活，听信佞臣谗言，开启“娱乐模式”。尤其是在他纳妲己为妃后，更是荒淫无度，整天沉湎酒色之中。

典型的事件是，他在摘星楼下左右两侧，各挖了两个大池。左边大池以酒糟为山，山上插树枝，树枝上挂着肉，名为“肉林”；右边池中注酒，名为“酒池”（图 7-11）。纣王整日和一群裸身的男女在此追逐嬉戏，饿了左边吃肉，渴了右边喝酒，此就是历史上著名的“肉林酒池”。

图 7-11　肉林酒池

纣王感觉这样还不够刺激，于是又发明了多种刑罚：炮烙——将人捆在烧红的铜柱上烤死；虿（chài）盆——将人投入养有毒蛇的坑内。比干等许多大臣被他用这些酷刑处死。

这时，西部的周部落日益强大，周武王获悉纣王的所作所为，认为讨伐纣王的时机已经成熟，于是在公元前 1066 年，令姜尚（即姜太公）领兵渡过黄河，在孟津与众诸侯会师，一起讨伐商纣王。

纣王得知周武王领兵来讨，便亲自率七十万大军在牧野与周兵激战。商军虽多，但大都是奴隶和俘虏，这些人恨透了纣王，于是当周军开始进攻时，这些奴隶们掉转矛头，反戈一击，商军顿时土崩瓦解。姜太公率领周军一鼓作气打到商都朝歌。

纣王眼看众叛亲离，知道大势已去，于是自焚而死。在姜尚声讨纣王的十大罪状中，其中一条是：沉湎酒色，建肉林酒池酗酒肆乐。可见，纣亡国与“酒色”关系之大。

二、秦穆公与盗马人

秦国国君秦穆公在位的时候，秦国还不是很强大。一天，秦穆公乘马车外出，途中休息时，拉车的一匹马丢了。秦穆公派人四处寻找，发现许多当地土人躲在岐山南面，围在一起烤马肉吃，走近一看，他们所吃的正是丢失的那匹马。随从们想要上前把这些土人都抓起来杀了，秦穆公制止了他们，并对随从们说：“君子不能因为一头牲畜而伤害老百姓。”然后他又说：“听说吃马肉不喝酒会伤身，送给他们一些酒喝吧。”于是，随从们很不情愿地弄了一些酒给了这些土人。

第二年，秦国与晋国在韩原交战。战到激烈时，秦穆公被晋国士兵围住，他战车左边的马被绊住动不了，右边的马又被飞石击中，他的铠甲也有六处被击破。正在这千钧一发之时，突然有一群土人冲过来，不顾一切地冲入晋军的阵中，这些力量的加入，使战局发生了变化，不仅秦穆公被救，还打得晋军大败，晋惠公被俘。战后一问才知道，这些后来拼命来救秦穆公的人，就是一年前偷吃马肉的那些人，他们感恩图报，在危急时刻挺身而出，救了秦穆公。

三、淳于髡劝齐威王

战国时齐国有个叫淳于髡的人，因为他多次奉命出使诸侯各国，并不辱使命，得到了齐威王的信任。淳于髡博学多才，能言善辩，在齐国也有很高的威望。

齐威王才即位时，常逸乐无度，沉溺于酒色之中不理政事。朝中大臣们也竞相效仿，搞得齐国内忧外患，诸侯相继入侵。

公元前 394 年，楚国举兵攻打齐国，齐威王便派淳于髡带黄金百斤，赶着十匹马拉的车前往赵国求援，淳于髡听到这样的命令后大笑不止。齐威王问他为什么笑，淳于髡答道："我今天从东面来，看见路边有一农夫，手拿着一只猪蹄、一壶酒，在那里祝告，希望他家沟水满满，到秋天五谷丰收，车也载得满满的。我见到用来祝告的东西少，而想要的东西多，因此发笑。"齐威王听了这话恍然大悟，于是给淳于髡带上黄金千镒，白璧十双，套着百马拉的车前去赵国。果然，赵王见到这很丰厚的礼物，便借兵十万、战车千乘，去帮助齐国。楚国听到这个消息，半夜把兵撤回，使齐免受一劫。

事后齐威王在后宫大摆酒席，并召请淳于髡，以酬谢他为齐国做出的贡献。席间，齐威王问道："先生酒量多大？喝多少就醉？"淳于髡笑道："这不一定，有时喝一斗就醉了，有时喝一石也不醉。"齐威王听后感到奇怪，便问："你喝一斗就已醉了，怎么还能喝一石呢？你能把其中的道理说给我听吗？"淳于髡答道："当着大王的面赏酒给我喝，执法的官吏站在身旁，记事的御史站在背后，我非常害怕地低头伏身喝酒，喝不了一斗就醉了；如果父亲有贵客临门，我卷起衣袖，曲着身子，捧着酒杯，在席间侍奉酒饭，客人时常把喝剩的酒赏给我，我喝不到二斗就醉了；如果与相交多年的老友久别重逢，边饮边谈论往事，我可喝得五六斗才微醉；如在家乡与乡亲相聚，男女相杂坐在一起，大家巡行斟酒劝饮，久久流连不去，又玩着六博、投壶之类的游戏，配对比赛，握手不受罚，眉目传情不受阻止。前有坠落的耳环，后有失落的簪子，这种情调我很喜欢，大约喝上八斗酒，只醉两三分。如果这种聚会持续到天黑，一部分客人已离席而去，这时男女混在一起，促膝而坐，杯盘狼藉，堂上的灯烛熄灭了，主人独留下我而把别的客人送去，我可闻到女人解衣后散发的香气，这时我可喝上一石。由此可见，酒能乱性，乐极生悲，什么事情都是这样。这就是说，干什么事都不能过分，过分了就意味着衰败。"经常宴饮通宵的齐威王听后很有感触，觉得淳于髡这番话在理，从此不再通宵达旦地饮酒了。

四、吕不韦借酒施计

公元前 265 年，吕不韦到赵国邯郸经商，一个偶然的机会遇上秦王太子子楚。吕不韦见子楚英俊潇洒，便暗暗称奇，向人打听子楚的情形。他了解到子楚是作为人质押于赵国的，秦兵屡次侵犯赵境，赵王很生气，差点把子楚杀掉。

吕不韦［“吕氏春秋”（图 7–12）主编］回到家中和他父亲有一段很著名的对话，吕不韦问他父亲：“种田可得利几倍？”其父答：“十倍。”吕不韦又问：“贩卖珠宝可得利几倍？”其父答：“百倍。”吕不韦又问：“如果扶助一个人为王，掌握江山，可得利几倍？”其父笑道：“怎么能扶人为王呢？若能如此，得利的倍数是无法计算的。”

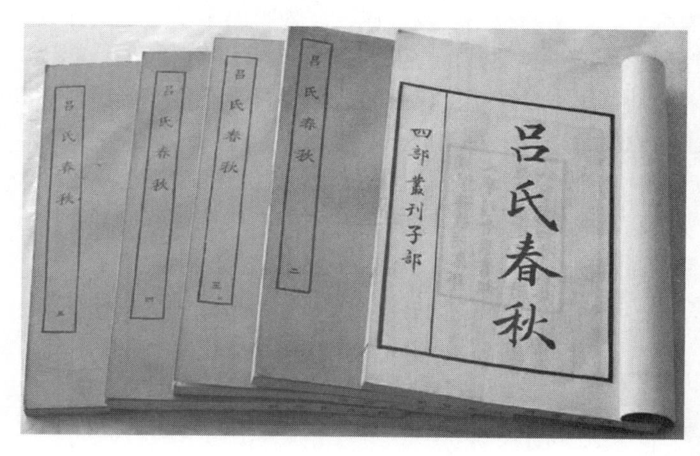

图 7–12　吕氏春秋

从此吕不韦开始展开自己的计划，他用几顿酒，就实现了他的远大抱负。

首先，吕不韦用百金结交监视子楚的公孙乾。一天，公孙乾设宴招待吕不韦，吕不韦借这个机会，让公孙乾把子楚也叫来一块喝酒。酒席中趁公孙乾半醉如厕之机，吕不韦低声问子楚：“秦王年岁已高，太子宠爱的华阳夫人又没有亲生儿子。殿下你虽然兄弟二十多人，没有一个受宠的。殿下如果能回到秦，做华阳夫人的儿子，将来很可能继承王位。”子楚听了这些话，含泪答道：“说这些我很伤心，只是苦于没有脱身之计。”吕不韦说：“我愿倾家中千金，到秦国去为殿下谋划此事。”子楚说：“若能如愿，将来我与君共享荣华富贵。”就这样，双方达成了初步的意向。

吕不韦随后携带大量金银来到秦国都城咸阳。他先买通秦太子及华阳夫人左右，得到见华阳夫人的机会后，他用巧语打动了华阳夫人，使她对子楚产生好感。一次华阳夫人设宴款待吕不韦。席间，吕不韦假装出几分酒意，对华阳夫人说：“我听说‘以色事人者，色衰而爱弛。’现在夫人虽无子，但为太子所宠爱，趁此时如果择诸子中贤孝的作为儿子，日后立子为王，就永远不会失去富贵。现在子楚愿依附夫人，他品行端正，非常贤孝。夫人如能认他为亲生，将来您就有了依靠。”华阳夫人觉得吕不韦讲得有道理。

华阳夫人动心后，就开始谋划此事，她向太子哭泣，并将吕不韦的思路告诉太子。太子当即答应了她的请求，并与华阳夫人刻符立誓要收子楚为子。吕不韦之后与太子见面，开始商议让子楚回国的措施。商定后华阳夫人还给了吕不韦五百镒金让他来操办此事。

吕不韦回赵国后没有立即将子楚弄回秦国，他还有另一个计划。吕不韦在赵国经商时娶了邯郸美女赵姬为妾，赵姬貌美，且能歌善舞。吕不韦知道赵姬已经怀孕，便心生一计，要将赵姬送给子楚。吕不韦请子楚到自己家里做客，酒至半酣，吕不韦对子楚说：“我有一姬，能歌善舞，不如请她出来助兴？”子楚以及看管子楚的公孙乾都同意。于是，赵姬盛装出堂，光艳照人，手捧金杯，分别向子楚、公孙乾敬酒，然后且歌且舞起来。子楚见此，神摇魂荡。酒席将散时，公孙乾已经大醉。子楚借酒醉说：“我孤身在外，寂寞孤独。如能求得赵姬，平生足矣。”吕不韦见此，便顺水推舟，说道：“我为殿下谋划回归一事，已费了千金家产，难道还吝惜一歌伎吗？殿下既然喜欢，理当奉送。”子楚再三拜谢。不久，赵姬生一男取名政，嗣为秦王，即秦始皇帝嬴政（注：此为野史）。

公元前 252 年，秦王又进攻赵国。吕不韦担心赵王杀害子楚，这才最后定下救子楚之计。吕不韦出三百金贿赂了守城军士，又献给公孙乾百金，趁一次酒宴之机，子楚混在仆人之中，随吕不韦出城而去，连夜逃往秦国。

安国君即位后不久去世，作为太子的子楚即位，为秦庄襄王，立赵姬为王后，立赵政为太子，封吕不韦为丞相，此后，秦国国事皆由吕不韦来决定。

五、鸿门宴

在推翻秦王朝之前，楚怀王曾下令：“谁先攻进咸阳，便立谁为秦王。”项羽和刘邦二人分别率军从不同的方向朝咸阳攻击前进。

刘邦使用张良等人的计策，一路上没有遇到大的阻碍便打到咸阳。而项羽因路上遇到秦军主力，鏖战数月方才到函谷关下。本来项羽见刘邦先入咸阳就着急，现在见刘邦的军队把守着函谷关不让人进，便想挥兵夺下函谷关。这时刘邦的左司马曹无伤派人前来告密道:“刘邦想在关中称王，已经将宫中所有珍宝占为己有。”项羽听后震怒：“刘邦目中无人，明天大军出动，定要把他灭掉！”

当时项羽有兵四十万，刘邦仅有十万，双方兵力悬殊。项羽叔父项伯，这时想起了自己的救命恩人张良，他知道刘邦就要完了，于是想报答一下张良。他乘夜骑马跑到刘邦营前要求见张良。见面后，他催促张良跟他一起走，张良听到这消息很是镇静，他先稳住项伯，然后去报告了刘邦。刘邦听后大惊，不知如何是好。张良建议让刘邦见项伯，然后以子女婚事相许。刘邦心领意会，一一照做。话说完了，刘邦双手捧起酒杯向项伯祝寿，项伯一饮而尽，又回敬刘邦，刘邦也一饮而尽。

项伯返回营中后马上去见项羽，他对项羽说：“我有一位朋友叫张良，曾救过我的性命，现在刘邦军中，我生怕明天破了刘邦，他就难保了，因此连夜去叫他过来投降。”项羽睁大眼睛问：“张良来了吗？”项伯说：“他不是不想来投降，只是因为刘邦入关后，没有做对不起将军的事。现在将军反而要攻打刘邦，张良认为将军这样做不合情理，所以不敢前来投奔。”项羽愤然地说：“刘邦拒我于关外，这样对得起我吗？”项伯说：“刘邦如不先攻下关中，将军哪能这么快进来。别人立了功反而加害，这岂不是不义吗！再说刘邦驻守关中，全是为了防备盗贼，他一不拿财物，二不近女色，府库宫室统统封存，等待将军入关，共同商量如何处置。就连秦王子婴他也未擅自发落，这样的真心实意还要遭到攻击，岂不令人失望吗？”项羽听后半信半疑，想了一下才说：“照叔父的意思，该怎么办呢？”项伯说：“明日刘邦会前来谢罪，不如好好款待，以结人心。”项羽点头答应。

第二天一早，刘邦带着张良、樊哙等人乘车前来。刘邦等人入内，只见项羽高坐帐中，项伯左立，范增右立，刘邦下拜道："刘邦不知将军前来，有失远迎，今日特来请罪。"项羽冷笑道："你也知道有罪吗？"刘邦答道："将军与我相约攻秦，兵分两路，将军攻河北，我攻河南。刘邦依仗将军虎威先入关破秦。因秦法暴酷，百姓叫苦连天，我未等将军到来就废除苛法，考虑不周，请将军多多包涵。我只与民约法三章，其他未曾更动，等候将军主持。由于事前未知将军入关时间，我只好派兵守关，严防盗贼。听说有人进言，使将军产生误会，今特向将军表明心迹，请予明察！"

项羽听刘邦的话觉得有理，便认为自己错怪了刘邦。于是起身上前与刘邦相见，请刘邦入座，传令酒宴款待。席间，两人举杯劝酒，欢好如旧。饮至半酣，项羽无话不说，向刘邦解释道："是你军中左司马曹无伤派人前来告你要在关中称王，不然的话我才不会准备打你呢。"

谋士范增在刘邦来之前曾与项羽商量在宴会上杀掉刘邦，现在见二人欢饮畅谈，心里十分焦急，他举起佩戴的玉向项羽示意，让他早下令，但项羽装作没有看见，只顾喝酒。于是，范增出帐，召来项羽的族弟项庄，对他说："大王心肠软，不忍下手，若失去良机，后患无穷。你赶快过去，以舞剑为名，趁机刺杀刘邦！"

项庄听后即来到筵席前，对项羽和刘邦说："军营中没有什么娱乐，就让我给大家舞一通剑助助兴吧。"于是，项庄就拔出剑来在席前挥舞起来。张良见项庄的剑锋渐近刘邦，急忙顾视项伯。项伯顿时心领神会，也起座道："剑须对舞才好。"说完也拔出佩剑跟项庄对舞起来，他以自己的身子挡住刘邦，使项庄无法下手。

张良还是不放心，就托故出帐找到樊哙，对他说："现在项庄拔剑起舞，用意是对付沛公。"樊哙说："事情已非常危急了！让我进去，与沛公同生死！"话音刚落便闯了进去，来到席前。他睁大眼睛看着项羽，怒发冲冠。项庄、项伯见有壮士突然来到，立即停止舞剑。项羽忙问："这是何人？进来干什么？"张良抢先回答："他是沛公的参乘樊哙。"项羽说道："好一位壮士！给他酒和肘子。"左右闻令，便取来一斗酒、一个生猪肘递给樊哙。樊哙接酒，一口气喝光，又将盾放在地上，用刀切肘，边切边吃，不一会儿便吃光了。项羽又问："你还能再饮吗？"樊哙答道："臣死都不怕，还怕喝酒吗？"大家哈哈一乐，便又继续喝起来（图7-13）。

项王按剑而跽曰："客何爲者？"張良曰："沛公之參乘樊噲者也。"項王曰："壯士，賜之卮酒。"則與斗卮酒。噲拜謝，起，立而飲之。項王曰："賜之彘肩。"則與一生彘肩。樊噲覆其盾于地，加彘肩上，拔劍切而啖之。項王曰："壯士！能復飲乎？"

图7-13 《史记 项羽本纪》（片段）

过了一会儿，张良示意刘邦，刘邦起身假说上厕所，并叫樊哙一起出去了。出来后张良劝刘邦马上回去，一刻也不能拖延。刘邦说："我未辞行，怎好立即离去？"樊哙说："做事要从大处着眼，不必拘泥小事。"张良说："项羽已有醉意，不会挑剔。你此时不走，更待何时？我代您告辞就是。"刘邦对张良说："我带有一双白璧，献给项羽；一对玉斗，送给范增，见他们生气不敢献上，请你代我送给他们。"说完就带着樊哙从小道奔回灞上。

张良估计沛公已安全回到灞上，才走进帐内。项羽坐在席上，醉眼蒙胧，见张良来了问道："刘邦到何处去了？"张良答道："他不胜酒力，恐怕失礼，未能面辞，便回营里去了。他叫我献给将军一双白璧，一对玉斗敬献给范将军！"项羽接过那双白璧非常喜欢，范增则心中恼怒，将玉斗摔在地下，拔出剑将其击碎，并气愤地说:"这小子真不配跟他商量大事！将来得天下的一定是沛公，我们这些人，将来迟早会被他所俘。"

这就是历史上有名的鸿门宴（图7-14）。

图7-14　鸿门宴

六、高阳酒徒

秦末农民起义风起云涌，陈留高阳有位儒生名叫郦食其，人称郦生，他饱读诗书，才智过人。可惜他出身贫寒，只当个小小的里监门吏谋生。郦生有志难伸，只好纵情于酒，人称"狂生"，在当地小有名气。

刘邦在故乡沛县扯旗起事后，很快便发展壮大起来。一天，刘邦率军驻扎在陈留县郊外，郦生闻讯赶来，想投到刘邦的麾下。他早就听说过刘邦，知道刘邦厌恶儒生（刘邦曾将儒生帽子扯下丢到厕所里）。郦生有些犹豫，但最后还是去了。

郦生来到刘邦营前，对卫兵说："烦请通报，高阳贱民郦食其求见。"刘邦一听说前来求见者是个儒生，很不耐烦地说："告诉他，我公务繁忙，有很多大事急于处理，没时间听他给我之乎者也。”

郦食其听后大怒，手握剑柄，高声对卫兵吼道：“你给我再去通报，就说大名鼎鼎的高阳酒徒求见。”卫兵被他的气势吓到了，忙进去通报。刘邦此时正在洗脚，听说求见者是高阳酒徒，忙让卫兵去请他进来，他自己则鞋也来不及穿，光着脚丫子跑出来迎接。

从此之后，“高阳酒徒”（图7-15）就成了好酒而又狂放不羁者的代名词。

图7-15　高阳酒徒

七、灌夫因酒遭殃

窦婴是魏其侯，田蚡是武安侯。汉景帝在时，窦婴得宠，到了汉武帝时，田蚡担任了丞相。

将军灌夫为人刚直，不喜欢当面恭维人，他有个最大的弱点就是饮酒成性。

一次灌夫到田蚡家做客，田蚡对他说：“我要跟你一起去拜访魏其侯。”当时只是顺嘴这么一说，可灌夫当真了，说：“好啊！我先去通知魏其侯，让他准备酒菜等候。望将军明日早早光临，不要失约。”灌夫告别田蚡后，就将丞相来访一事告诉窦婴。窦婴一家人听说丞相田蚡要来，连夜清扫房屋，宰杀鸡羊。

第二天，灌夫早早来到，一起等候田蚡。可是等到中午，还未见丞相的影子。窦婴有些焦急，对灌夫说：“丞相莫非忘了？”灌夫生气地说：“岂有此理，我去看看。”说完便骑马去相府，谁知田蚡正高卧未起。灌夫等了很久，田蚡才慢慢走出来。灌夫对他说：“丞相昨日答应到窦家赴宴，窦家早已安排好酒席，渴望多时了。”田蚡假装惊讶地说：“昨晚醉酒不醒，竟然把此事忘了。现在跟您一块去吧。”遂与灌夫一起来到窦婴家。

灌夫本来就一肚子气，连喝了几杯酒后便离座起舞。舞毕叫丞相也去跳，田蚡装成没听见，不理他。灌夫更加恼火了，他又连叫几声，田蚡仍不应答。灌夫索性移动座位，靠近田蚡，说了许多讽刺田蚡的话。窦婴见他如此，生怕招惹是非，说他已醉，扶起灌夫出去了。田蚡表面上不动声色，谈笑自若，内心却感到不是滋味，从此埋下了双方矛盾的种子。

过了一段时间，田蚡娶燕王刘嘉之女，大摆酒宴。皇帝颁诏，所有列侯宗室都要前往祝贺。窦婴身为列侯，也应去祝贺。临行前，他邀请灌夫一起去。灌夫说：“我喝酒使性，几次得罪丞相，不如不去的好。”窦婴劝道：“丞相今有喜事，正好趁宴会之机修好，事情早已过去，还计较它干什么！”于是，窦婴硬拉灌夫一同前往。

酒宴当中，当田蚡举杯依次敬酒时，客人们均起身离席答礼，以示恭敬。而到窦婴敬酒时，只有几个要好朋友离席答礼，其他客人只是稍稍欠身。灌夫见状十分不平，暗恨这些人势利眼。轮到灌夫敬酒，他就端起满杯酒走到田蚡面前，田蚡知道他的火暴脾气，怕他性起让自己当众出丑，便客气地说：“谢谢灌将军的美意，只是我向来量浅，不能饮满杯。”灌夫这时已经有些喝多了，他调笑说：“丞相乃当今贵人，这杯酒应当满饮。”田蚡还是不答应。灌夫冷笑着说："这酒别人喝得，你为何喝不得，难道就因为你是丞相，就可以只让别人喝而自己要滑头吗？"田蚡还是不肯喝满杯，只勉强喝了一半。灌夫无奈只好接着依次敬酒。当敬到临汝侯灌贤时，灌贤正在跟程不识附耳说话，也未离席还礼。灌夫正一肚子的气无处发泄，这时一下子火冒三丈，开始破口大骂临汝侯："你平日诽谤程不识一文不值，今日长者来敬酒，你却学着女孩子的样子，咬着耳朵说个不休，你小子竟敢如此傲慢！"这时，田蚡从旁插话："程不识与李广都是官府里的卫尉，你这样羞辱程将军，未免欺人太甚！"灌夫一听，性子大发，厉声道："我管他什么程啊李啊，今日就是斩首戳胸，老子也不怕！"客人见灌夫大闹宴会，感到十分尴尬，纷纷托词陆续离去，一场喜宴不欢而散。田蚡见喜宴被灌夫捣乱，丢了面子，十分恼怒，于是命令从骑把灌夫捆绑起来，关进狱室，并召见长史官道："今日我奉诏开宴，灌夫竟敢骂座捣乱，明明是违抗诏令，应当劾奏论罪。"之后田蚡一不做二不休，索性追究前事，上书汉武帝，罗列灌夫之前的所作所为，说他目无朝臣，心怀叵测，犯有不敬之罪，并派官吏率兵分捕灌夫宗族。

窦婴很后悔邀请灌夫同去相府，于是便奔入宫中，拜谒汉武帝，奏请灌夫醉后得罪丞相，但不应该诛杀。汉武帝点头说："明日上朝再辩就是了。"第二天，在朝堂上，田蚡、窦婴在汉武帝面前各说各的理。窦婴说灌夫是有功之臣，由于酒后忘情，触犯丞相，丞相竟挟嫌报复，陷害于他。田蚡则历数灌夫罪恶，纵容家属，私交恶人，居心难测，应该论罪。汉武帝觉得田蚡做得有点过，可他是皇太后的弟弟，总得给点面子，也不便责备于他，只好暂时退朝另议。田蚡见这事对自己不利，便去请太后做主。太后得知朝中大臣多数倾向窦婴，非常气愤，对汉武帝说："我现在还活着你们就敢欺负他。待我百年之后，我弟弟恐怕要变成鱼肉了。"汉武帝无奈，只好将灌夫定了死罪，同时灭族，并逮捕窦婴入狱。后窦婴也被田蚡陷害致死。

八、张飞因酒被害

公元220年，关羽被东吴杀害。领兵在阆中镇守的张飞获悉，悲痛欲绝，终日号哭，血泪染襟。他手下的将领见状，便以酒相劝，想让他镇静下来。谁知张飞饮酒之后，情绪更无法控制，还动不动鞭打部下，许多士兵被他活活打死。

此事传到成都，刘备听后很是担心，多次写信告诫他对部下宽容，不能动不动就鞭打士卒，否则会酿成大祸。可是张飞我行我素，照样天天饮酒痛哭，然后就打人发泄。

刘备登帝位后，为报关羽之仇，决定出兵东吴，并命令张飞从阆中出兵。张飞接到命令以后，立即下令手下的范疆、张达两个末将，于三天内赶制齐白旗白甲，供三军挂孝伐吴。范、张两人感到时间太仓促，要求宽限数日，张飞不但不答应，反而把范、张二人缚在树上，各鞭打五十。范、张二人被打得满身是血，张飞还扬言："若违了期限，立即砍头示众！"

范、张二人回到军营后商量对策，范说："三日内完不成任务，你我就要被处死，怎么办？"张说："与其他杀我，不如我杀他！"范说："可是怎样才能接近他呢？"张说："如果我俩不该死，那么他就酒醉在床上；如果我俩该死，那么他没有喝醉。"二人商量完毕，准备夜里行刺。

当夜张飞在营帐中，同往常一样和一些人喝酒到大醉，躺在床上。范、张探知此消息，于初更时分，各藏短刀潜入张飞营帐内。二人来到张飞的床前，见张飞须竖目张，两眼直盯着他们，两人以为他醒着，不禁吓了一跳，不敢动手。后来听到张飞鼾声如雷，才知道张飞确实是睡着了，只是睁着眼睡觉。于是两人走近床边，用刀刺进张飞的腹部，张飞大叫一声而死，时年五十五岁。

范、张二人把张飞的头砍下，带领数十人，连夜投奔东吴而去。

九、阮籍以酒护身

阮籍（图 7-16）是三国魏文学家，是“竹林七贤”之一。他性情任性不羁，嗜酒如命，蔑视礼教，开始时以“白眼”看待“礼俗之士”，到后期变为“臧否人物”，常以酒作为防御手段和护身符，在复杂的政治斗争中保全自己。

图7-16　阮籍画像

曹爽要他当参军时，他看出曹氏即将要覆灭，就托病谢绝，归田隐居。到了司马懿掌握政权之后，又请他入幕，他慑于司马氏的权势，只好低头就范。凡是司马府上有宴会，他都每请必到，每到必喝，每喝必醉，只是有时真醉，有时佯醉，目的是以酒掩饰自己。

有一次他听说某处缺一名步兵校尉，他就请求去那里任校尉，因那个步兵校尉营的厨师善于酿酒，且仓库里存有三百斛酒。如愿当了校尉上任后，他就整天泡在酒里，纵情豪饮，不问世事。就这样，他和司马集团保持若即若离的关系，想以此超脱政治，保全自己，然而这做起来可不容易。

阮籍有一女儿容貌非凡，司马昭想纳为儿媳，曾多次托媒到阮家求婚。对此阮籍是进退两难，答应了这门婚事，无异于将自己的政治生命交给了司马氏，有违自己初衷，还落得个攀附权贵的坏名声；若不答应吧，则得罪司马昭，全家随时会有性命之忧。无奈之下，他整天沉醉于酒中，连饮六十日宿醉未醒。提亲的人每次来，他都烂醉如泥，睡在床上。媒人回去禀告，司马昭也无可奈何，只好作罢。

司马昭手下谋士钟会，每每来假装征求阮籍对世事的看法，目的是找借口加害于他，可每次相见，都因阮籍喝醉了，无法交谈，而未找到借口，阮籍也就避免了一次次灾难。

公元263年，司马昭准备篡权。按惯例，要由曹魏的傀儡皇帝曹奂下诏加官晋爵，司马氏谦让一番，然后再由公卿大臣“劝进”，以此证明他是上合天意，下顺人心，不得已而为之。而拟写《劝进表》的任务落到阮籍身上。阮籍仍想用醉酒的老办法避开这一尴尬事，但这次司马氏逼得紧，他无法推托，只好带酒拟稿。

十、刘伶的《酒德颂》

刘伶（图7-17），与阮籍、嵇康、山涛、向秀、阮咸、王戎等齐名，是西晋时期“竹林七贤”之一。他曾做过建威参军。

刘伶性格放荡不羁，以嗜酒闻名。他不满于司马氏的黑暗统治和封建礼教的束缚，在任职期间，经常乘车出游，车上载有美酒，还有一把锹，一边行路一边痛饮。有人问他那把锹是做什么的，他告诉随从说：“我死后，你们用这锹就地埋葬我。”

《世说新语》中记述了刘伶的故事：有一次，他赤裸着身子见人。有人责备他太放肆，他却说：“天地是我的屋子，居室是我的裤子，你们不应当走进我的裤子里来，怎么还要责怪我呢！”

一次他患病，仍然想喝酒，就叫妻子为他备酒。妻子生怕他这样会伤身，就把酒倒掉，并将酒器打烂，流着泪劝道：“你喝得太多了，这不是保养身体的办法，一定要把酒戒掉。”刘伶说：“你说得很对。我自己不能戒掉。只有在鬼神面前发誓，才能戒酒，你快去拿酒来吧！”妻子没有办法，只好把酒肉拿来供在神像前，叫刘伶发誓。刘伶郑重其事地跪着祷告说：“天生我刘伶，爱饮酒而闻名。一饮一石，五斗解醒。妇人之言，慎莫可听。”说罢又继续吃喝起来，直喝到酩酊大醉，倒地方休。见此情景，众人都哭笑不得。

图7-17　刘伶塑像

刘伶有《酒德颂》一文，主要是写一位惊世骇俗的先生，幕天席地只知喝酒，无忧无虑，其乐陶陶。酒醉后倒地便睡；酒醒后似乎对世界有所领悟。他感受不到严寒酷暑，人世的功名利禄扰动不了他的感情。大人先生俯视世界万物，纷纷攘攘，犹如江海上漂动着的点点浮萍。在刘伶眼里，似乎现实的一切都是虚幻的，毫无真实价值的。在他眼里，有真实价值意义的不只是心灵的自然与宁静，还有酒。

十一、毕卓偷饮

晋代毕卓任吏部侍郎时常常因醉酒而玩忽职守，甚至闹出笑话。

有一次，隔壁的同僚酿酒已熟，毕卓便趁夜间无人，偷偷进入邻居家的贮酒房，打开酒瓮偷喝，不料被管酒的抓住。因为晚上太黑，人们没看清是谁，就把他绑起来，想等到天亮以后再处理。天亮后，邻居家人来看，原来竟是这位毕老爷，慌忙给他松绑。毕卓被解绑后就迫不及待拉着这位邻居来到瓮边，尽醉而去。

毕卓曾说："得酒满数百斛船，四时甘味置两头，右手持酒杯，左手持蟹螯，拍浮酒船中，便足了一生矣。"在他的理念中，没有什么比酒更重要的了。

十二、诗酒陶渊明

陶渊明（图 7–18），东晋时代的大诗人，性爱山水自然，不慕虚荣名利，一生最大的爱好就是诗和酒。在《读山海经》中说自己"在世无所须，惟酒与长年。"他把酒提高到与自己生命同等的地位。

陶渊明曾任江州祭酒（这个官职和酒没有关系，就是某级主管官员）、建威参军等小官职。后出任彭泽令，他一上任便下令部下种糯米，因糯米可酿酒。有一次郡官派督邮（官职名）来见他，县吏叫他穿戴好衣冠来迎接，他叹息道："我岂能为五斗米向乡里小儿折腰！"当天他便辞去官职，从此隐居务农，没有再出来做官。

有个人叫慧远，属北方佛教高僧，于公元 381 年南下庐山，一时成为南北佛教领袖。他在庐山东林寺，曾招揽十八位名流结成白莲社。他得知陶渊明的大名，相传他曾多次招陶渊明入社。陶渊明问慧远："有酒吗？弟子可是喜欢喝酒的呀，许喝我便去。"佛教有戒律禁酒，但慧远破例在山上预备了酒，以吸引陶渊明上山入社。陶渊明于是上了山，到那里才发现，慧远的戒律非常严，于是他便又下山了。

陶渊明生活在门阀世族把持政权的年代，在等级制度森严的仕途生活中，他深受羁缚，人生的抱负无法得到施展，只好退避遁世，不再与统治者合作。酒成了他生活中不可分离的伙伴，他常拿起酒杯自酌自饮，闲看院中树木怡然自得。

陶渊明的诗中常言酒，却意不在酒，其中既有绝意仕途的铮骨豪气，又有感慨人生多舛的柔情细语，还有归隐田园的恬静与豁达，通过描述饮酒的感受，来抒发自己不愿和腐败的统治者同流合污的心愿。

图 7–18 陶渊明画像

饮酒对他来说，与其说是为了满足生活上的需要，不如说是享受饮酒带来的情趣。通过饮酒，他暂时忘却尘世的浑浊，同时为自己营造一方洁净的空间，寄托自己的理想。

陶渊明是历史上最早将诗和酒很好地结合在一起的诗人之一。寄情于酒，抒情于诗，诗与酒以情为纽带，紧紧地连接在一起。可以说，他的酒与诗、菊、松、山水相连，贯穿整个田园生活。

陶渊明以酒为题材写的诗很多，有《饮酒二十首》《连雨独饮》《述酒》《止酒》等，把酒大量地写进诗中，使诗中几乎篇篇有酒，陶渊明也算是前无古人了。

十三、王羲之醉书《兰亭集序》

王羲之，东晋著名书法家，曾任右军将军、会稽内史等职。王羲之是当时的重臣王敦、王导的从子，深得二王的器重。他精于书法，史称“书圣”，世称王右军。

晋穆帝永和九年（公元353年）三月初三日，王羲之与当时名士孙统、孙绰、谢安等41人，集会于会稽山阴的兰亭，举行修禊（xì）（春季到水边活动游戏，以消灾祈福）活动。兰亭风景优美，有高山峻岭，茂密的树林，修长的竹子，还有湍流环绕。来到这里，大家想出了一个“曲水流觞”的游戏，即把盛酒的杯子放到曲水上，让杯子顺流而下，最后在谁的面前停下，谁就要赋诗一首，不能赋诗者则罚饮酒一杯。大家依次在水边坐下，边喝酒，边吟诗，春日融融，这些文人们畅快地用诗和酒表达自己的情感。

王羲之乘着酒兴，即席为这些诗篇写下了序文《兰亭集序》（图 7-19）。适逢酒酣，他乘兴挥笔，潇洒自如，意气飞扬，一气呵成，写成一幅绝佳的书法作品，他酒醒后“更书数十百本，终不及之”，又写了许多遍，都不如醉时写的那篇效果好。可见在酒的帮助下，他写出了后世书法家难以超越的艺术珍品。这篇《兰亭集序》得到后世唐太宗的异常珍爱，推其为王书第一。唐太宗死后，又将这一珍品殉葬于昭陵，可见这件书法作品的艺术感染力有多么强烈。

图7-19　兰亭集序

十四、刘裕施酒计，创大业

刘裕于公元420年废除晋恭帝后自己登上皇位，立国号为“宋”，史称南朝宋。在刘裕发家的过程中，有几件与酒相关的大事。

第一件是在西晋时他巧施计灭卢循。公元399年，孙恩、卢循起义，十天时间，起义军就发展到十万多人。起义军势如破竹，先后攻下上虞、会稽等地，朝野一片惊慌。朝廷立即派兵镇压，刘裕便在刘牢之的大军之中。

后来孙恩投水自杀，卢循则继续带领义军顽强抵抗，不久又攻下了温州、东阳、广州等地，军威大振。东晋朝廷自感兵力不足，便开始招降，任卢循为广州刺史。面对现实中的许多困难，卢循决定接受朝廷的任命。身为下邳太守的刘裕，为了稳定卢循，经常派人送去些酒肉等礼物。公元410年，卢循起兵袭击建康，后战败，离开广州向交州逃跑。刘裕星夜派人送信给交州刺史杜慧度，并授计擒杀卢循。

交州刺史接到信后，密令部将宋喜率五百兵马埋伏在城外飞云寺，听击盏为号，追斩卢循。又令人领兵三千在飞云寺后山的谷中埋伏，以炮为号，接应寺中行动。安排就绪后，杜刺史自己带领一百多人，牵羊携肉，出城外一百多里（注：古代不同时期一里的长度也不相同，在此不再加以换算，余同）迎接卢循。

卢循见交州刺史杜慧度出城远迎，他也怕中计，不敢轻易下马。当行近时，只见杜拜伏在地，十分殷勤，卢循这才下马相见。卢循见杜的态度诚恳，也就放松了警惕。二人并马同行，当走到飞云寺附近时，杜说道：“今天已晚了，到城里还有三十多里，不如今晚飞云寺里安歇，明日再进城不迟。”卢循应诺，令众将士屯于寺外，自己带领一百多亲兵入到寺内。杜刺史又传令安排筵席为卢循洗尘。席间，杜亲自把盏，频频劝酒。这时，卢循对杜已失去警惕，开始畅饮，不觉大醉，其他随从也都醉意蒙眬。杜刺史见时机成熟，便将玉盏摔于地上，寺中暗藏的五百人出现了，个个手持刀斧，将寺内卢循等百余人全部杀掉。然后杜刺史令部下在寺内放炮，于是寺后埋伏着的三千人听到炮声猛扑过来，将疲劳沉醉的其他人全部消灭。一场轰轰烈烈的起义，就这样被刘裕用计浇灭，因此刘裕在晋朝廷的地位一天天提高，为他铺平了道路。

第二件事是借酒除异己。公元404年，恒玄篡晋。刘裕与大臣刘毅等消灭了桓玄，恢复了晋室。刘裕又立了奇功，晋帝授予他为太尉、中书监、东骑将军、录尚书事等职，可以说晋朝内外大权几乎已经都掌握在刘裕手中，他唯一的对手，就是左将军刘毅了。

刘毅自认为功劳可与刘裕相比，内心很是不服，把刘裕视为眼中钉，总想除掉他。为了扩充自己的势力，刘毅提出要兼督交、广二州，刘裕答应了他的要求。刘毅于是便招兵买马，准备谋反。手下向他建议：“千万不要马上起兵，现在朝中无内应，将军自己兵力不足，怎能贸然行事？丹阳尹的郗僧施与将军是旧友，将军可作表奏帝，推荐他为南蛮校尉，皇帝必交兵权给他，到那时，将军让他在朝中做内应。将军可装病，使令弟刘藩以书亲去京城托尚书仆射谢鲲，表奏刘藩为兖州刺史，并奏请因公病重，让他做你的副统帅，这样他就可领兖州之兵前来，与将军的兵马一起杀入建康，则可擒住刘裕，大功告成。还可借入京奏请之机，观察刘裕的态度，如他答应要求，说明他未起疑心，将军可多得一些准备的时间；如果他不肯答应将军的要求，说明他已有疑心，就应该立即聚集江、淮重兵，举旗讨伐刘裕。”

刘毅觉得很有道理，于是立即作表，依计而行。

刘毅的阴谋其实早已被刘裕看出，刘裕便心生一计。有一天，刘裕与文武官员开怀畅饮，欢快非常。酒过三巡，刘裕已有醉意，对文武官员道："我刘某本是庸才，后遇盗贼谋反，我仗皇上天威，幸破妖贼。皇恩浩荡，封为宰相，人臣之贵已极。我已无他求，且年事已高，愿辞归故里，安享天年。"说完又饮，不觉沉醉，以手托腮在席上闭目似睡。正在这时，侍从进来报告，说："刘毅派刘藩送表上报宰相。""有请。"刘裕半睡半醒相应说。刘藩把刘毅的奏表呈上，刘裕阅毕道："左将军克复之功可与天比，所荐二人立了大功均应加封。今天子病重不理朝政，待病稍好奏请即可。"说完随手草书一封，交刘藩装好，又叫手下设宴与刘藩对饮，刘裕当场大醉，由侍从扶之入内。刘藩见刘裕如此痛快答应，疑心消除，当即便派人把书信急送刘毅。刘毅收到信后，见刘裕已同意加封二人之职，心中暗喜。

刘裕早已意料到刘藩到来的时间，设宴对饮假醉，蒙骗刘藩，刘藩果然上当。刘裕伪醉入内后即命参军王镇恶率五千精兵，连夜抄灭谢鲲、刘藩。是夜，谢鲲、刘藩二人自以为刘裕上当，两人便欢饮庆贺。待王镇恶率兵包围，进府查抄时，谢鲲、刘藩二人来不及防备，被收押斩首示众。然后刘裕亲自率领三十万兵马去讨伐刘毅。先头部队来到江陵城下，刘毅还蒙在鼓里，误认是刘藩的军队。刘裕大军用不到一天时间便将城池攻下，刘毅走投无路，自缢身亡。

第三件事就是夺权。刘裕灭了刘毅等势力后，晋帝封他为宋公，授九锡。这时，刘裕已控制了东晋的全部政权，就剩下取而代之了。

公元420年春，刘裕在寿阳举行盛大宴会，邀请朝中官员前来赴宴。酒至半酣，刘裕举杯敬酒道："十多年来，桓玄篡位，卢循造反，刘毅肇事，我刘某兴复帝室，平定四海，蒙授九锡。今年近暮衰，拟奉还爵位，回京师养老。"官员们听后个个感到惊愕，唯有中书令傅亮明白刘裕的想法。宴会结束后，傅亮悄悄对刘裕说："我已明白宋公心思，我请暂回京都安排。"刘裕大喜，便命其速速回京，抓紧行事。

傅亮回京来见天子，奏道："群臣会上，一致认为晋祚已尽，伏望陛下效法尧帝之道，将江山社稷传位给宋公（刘裕的封号），上合天意，下顺民心。"晋帝司马德文知道大势已去，无法挽回，只好下诏宣刘裕入朝。6月，晋帝举行禅位仪式，刘裕登上皇位，国号宋。

十五、李密的酒宴逃脱

隋末农民起义军首领李密，从他施展才能到最后被杀，有三次重要的酒宴不得不说。

第一次，是李密做蒲山郡公被免职后，当了杨玄感的谋士，协助杨玄感起兵反隋。杨失败后，他也被擒，作为十七名钦犯之一被禁军押送隋朝都城。

在押送的路上，一天他们到一家客栈住下。李密把押送官中的一位郎将叫到一边，把一锭金元宝塞到郎将手中，说："我李密无妻无兄弟姐妹，此去只死无生，这锭元宝送给将军，做个纪念。明年寒食节，请将军买点纸钱，偷偷烧化，我就感恩不尽了。"接着又掏出一些碎银两，对郎将说："今日一别再无会期，麻烦将军派人买点酒菜，让我们兄弟十七人饮个诀别酒，我们决不会忘记将军的恩德。"

那名郎将得了元宝，就派禁军去买回许多酒菜，一起在店房中酌饮起来。席间，李密邀郎将和禁军同饮，禁军们见有酒喝，也不推辞，个个酩酊大醉，连郎将也喝得迷迷糊糊。

夜深之后，在郎将、禁军睡得正熟之时，李密偷偷地约上几个人，把刑具打开，悄悄摸出店门，星夜逃到了瓦岗寨（图7-20）。

图7-20 《瓦岗寨》连环画

第二次是来到瓦岗寨后，李密到附近山头说服了许多小股起义军，合并到瓦岗寨，组建起了瓦岗军，推举翟让为首领。尔后，李密又多次率领瓦岗军打退了隋朝军队的围剿，表现出了非凡的军事领导才能。翟让见李密智勇双全，自愧不如，于是主动提出把领导权让给李密，自己做了副手。

李密做了首领之后，首先发出了讨伐隋炀帝的檄文，列举隋炀帝“十大罪状”，各地纷纷响应，瓦岗军很快发展到几十万人，连在太原起兵反隋的李渊、李世民父子也派人送信来，想与李密联盟。

翟让自己甘当副手，见瓦岗军发展迅速，翟让非常高兴，可是翟让的亲信却嫉妒起来，觉得翟让吃了亏，经常在翟让面前嘀咕。翟让的哥哥翟弘说：“干吗把天子位子让给别人？你如果不愿做，让我来当！”司马王儒信也劝翟让取回军权。翟让只是笑了笑，劝大家团结一致。

这些事不久传到李密耳中，他开始不安起来，于是便与心腹商议。李密的手下劝李密道：“翟让刚愎不仁，不把主帅放在眼里，早晚要作乱。毒蚊螯手，壮士解腕，应早早除掉他。”李密犹豫片刻，然后默默点头。

不久，李密借打胜仗之名设宴庆功，请翟让参加。翟让带着哥哥翟弘等人，到帅营赴宴。

席间，大帐里只有李密、翟让、翟弘等主要将领。酒过数巡，李密站起来对翟让说：“大哥，小弟刚得到一张良弓，请大哥鉴赏一下。”说着一使眼色，窦德建便出帐去，拿来一张弓，翟让拿起弓来看了一下，接着两臂用力，将弓拉满。就在这时，站在他身后的窦德建，突然用刀朝翟让背后砍去。翟让大吼一声，扑倒在地。李密事先布置埋伏在帐后的士兵一拥而入，翟弘等人也立即被杀。

李密杀翟让一事，使瓦岗寨不少将领开始离心，致使轰轰烈烈的瓦岗军起义开始走下坡路，最后失败。李密与余下不多的将士只好去投奔李渊。

第三次是到长安之后，李渊封他为邢国公，表面上对他不错，还把表妹嫁给他，但是夺取了他的兵权，只给他做个光禄卿（一个负责宴会膳食的官），这对李密来说，简直是侮辱。

李世民率兵出征，得胜后回朝，李渊设宴犒赏，这使李密忙得不可开交。席间，李渊高坐主席，李世民和众将分坐两旁，侍从送上酒茶，大家欢饮畅谈。在一旁的李密却感觉很尴尬，当初李渊在晋阳写信给他，说要联盟，还说要推他为盟主。而今主客易势，真是懊恼透了。

李密越想越恼火，于是离开长安，公开扯起反唐旗号。后在熊州陷入唐将盛彦师的埋伏圈，被乱箭射死。

十六、刘文静酒后失言

刘文静和裴寂二人都是唐初的功臣，李渊称帝后，任刘文静为吏部尚书，封为鲁国公；任裴寂为尚书左仆射，位于刘文静之上。对此，刘文静耿耿于怀，常在朝堂上和裴寂故意唱反调，由此两人矛盾越来越深。

有一次，刘文静跟其弟刘文起饮酒，醉后失控，拔出刀来击打柱子说："我一定要把裴寂杀了！"这原本是酒后胡言，不巧这一幕正好被他的一个失宠的姬妾听到了，这名姬妾又将这话转告她的哥哥，她的哥哥觉得这事重大，便又禀告给李渊，说刘文静口出狂言，要杀裴寂，意图造反。李渊听后也觉得此事非同小可，就下令抓了刘文静，并叫人审理此案。刘文静被押到衙门，如实诉说酒后失言的事，并表白没有恶意。皇太子李世民和大臣李纲等人，也都为刘文静说情，都觉得那是酒后的戏言，不必当真。可是裴寂不这么想，他一心要置刘文静于死地，就向皇上说："刘文静才略超人，而性情又极为粗犷凶险，常常口出悖逆之言，必有叛逆行为。现在天下未定，外有强敌，内有隐患，如赦免了他，必将带来严重后患。"李渊听他这么一说，便信以为真，就将刘文静兄弟一起斩首了。

十七、酒仙李白

李白（图 7-21）是唐代著名的大诗人，被誉为诗仙。在历史上，李白不仅以诗著名，还以酒著名。"李白斗酒诗百篇"一句，就描述出这位超凡绝尘的诗人和饮者形象，也有人将他称为"醉圣"。

李白 25 岁起离开四川，长期漫游各地。他虽然才华横溢，但在政治上却不受重视，遭权贵谗毁，为官仅一年多即离开长安。李白与酒结下了不解之缘，无论是他得意还是失意，无论是出仕还是隐居，他都不会离开酒，说他"三百六十日，日日醉如泥"不为夸张。李白在他的《襄阳歌》诗中写道："百年三万六千日，一日须倾三百杯。"可见其酒瘾有多大。

李白饮酒诗的主题，除了一小部分是及时行乐外，大都是抒发其壮志难酬的悲愤和人生如梦的叹惋。如《月下独酌》《友人会宿》《江夏赠韦南陵冰》《行路难》等。从某种意义上讲，是酒助长了他的诗，诗仙与酒仙合二而一，才成为李白其人。

图 7-21　李白画像

据说李白的酒量在古代著名的"酒人"中并不算大，

但李白爱酒的豪气却无人能及。他在《陪侍郎叔游洞庭醉后三首》中说："划却君山好，平铺湘水流。巴陵无限酒，醉杀洞庭秋。"他要把湘水和洞庭湖化为巴陵大地上的无限美酒。当他到汉水时，想把一江汉水也都化为美酒："遥看汉水鸭头绿，恰似葡萄初酦醅。此江若变作春酒，垒曲便筑糟丘台。"

李白写酒不仅气魄大，而且讲究意境，如"春风与醉客，今日乃相宜""唯愿当歌对酒时，月光比照金樽里""兰陵美酒郁金香，玉碗盛来琥珀光；但使主人能醉客，不知何处是他乡""抽刀断水水更流，举杯消愁愁更愁"。诗中所蕴含的感情，跃然纸上。

关于李白醉酒的故事和传说有许多，后代的文艺作品中时有反映。杜甫在诗中说"李白斗酒诗百篇，长安市上酒家眠，天子呼来不上船，自称臣是酒中仙。"不仅生动地描绘了一代诗仙的形象，还道出一个有趣的历史故事。

唐玄宗宠爱杨贵妃、李林甫、杨国忠、高力士等人，大权旁落，朝廷上下对这些人恨之入骨。有一次吐蕃国遣使给朝廷送来国书和一斛珍珠。这国书用一种黑蛮字书写，少有人认得。吐蕃国来使声称，若有人认得这国书，吐蕃将向大唐年年进贡，岁岁朝拜，并以珍珠作为认得国书之人的奖品。否则，吐蕃就不再朝拜唐朝了。唐玄宗听后大怒，把来书交给宰相李林甫及侍郎杨国忠，让他们想办法弄明白这蕃书。可是李、杨二人看不懂，大臣们也都不认识这些文字。当时贺知章等人在御前推荐了李白，说李白认得这种文字。于是玄宗皇帝传令隔日在金銮殿召见蕃使，由李白上殿答复蕃书。

李白获悉后决定利用这个机会，好好嘲弄一下李林甫、杨国忠这些人。第二天上朝，文武百官和吐蕃来使都来到朝堂，可是哪儿也找不到李白。让人出去找，有人在长安市中找到已经喝得酩酊大醉的李白。

被带到朝堂前，李白下马见到李、杨等人，酒劲上来了，他张口便吐，还吐到了二人的身上，搞得李林甫、杨国忠满头满脸都淋浇上酸臭酒水。二人哭笑不得，又无可奈何。李白被扶上金銮殿，倒地不起。皇上见状，叫高力士先把这醉汉弄醒。高力士一边叫太监取来毛巾，一边拂扫床铺把李白扶到床上。李白坐在床上，两腿一伸，对高力士叫道："奴才快替我把靴子换了！"高力士又气又恼，无奈之下只好替李白脱靴换靴。唐玄宗让人端来醒酒汤，给李白喝了。过了一会儿，李白酒醒了些，他急忙下地，整理冠袍，向皇上行礼。唐玄宗笑道："平身吧，赶快动笔替朕办妥此事。"说着便将蕃书递过来。李白接过蕃书，从头到尾宣读了一遍。文中全是谩骂唐朝，自夸强盛的话。唐玄宗既喜又怒，喜的是国中有能人，怒的是吐蕃无礼，居然敢侮辱大唐朝廷。当即令李林甫、杨国忠在御前展开诏纸，命李白作答书。李白提起笔，不假思索，一口气将诏书写就。呈给唐玄宗，唐玄宗一看，不禁指点着答书大笑："这副笔墨，非天才不能成就。"然后把蕃使召到跟前说："尔国来书，无理少礼，本该撕毁，斩你狗头。但念我大唐朝廷怀柔，事事宽容，今后尔国不得无礼。"蕃使唯唯诺诺。

十八、诗圣杜甫

杜甫（图 7-22）和李白一样，也爱酒如命，也自称"酒中仙"。在他现存的一千四百多篇诗文中，谈到酒的就有三百来首，可谓"壮观"。

图7-22　杜甫画像

杜甫在十四五岁时，就是一位“酒豪”了。在他的《壮游》一诗中写道：“往昔十四五，出游翰墨场……性豪业嗜酒，嫉恶怀刚肠。”到了壮年时候，他与李白、高适相遇，同游各地，一起饮酒作诗，传为佳话。

杜甫的酒量很大，他对酒趣体会特别深，是酒仙而非酒徒。可惜的是，他一生大部分时间生活困顿，没有这么多钱买酒喝，有时甚至典衣买酒，或者赊酒喝，最惨的时候酒家都不肯再赊给他酒，他曾感叹：“蜀酒禁愁得，无钱何处赊。”

公元747年，杜甫赴长安应试，因李林甫从中作梗未被录取。到了公元758年，杜甫任左拾遗，喝酒成为常态。“朝回日日典春衣，每日江头尽醉归。酒债寻常行处有，人生七十古来稀。”（杜甫《曲江二首》之二》）。

老年的杜甫，嗜酒习惯丝毫没变。公元770年夏天，他经历了十年“漂泊西南天地间”的流浪生活后，因避兵乱到衡州。途经耒阳时，被大水所困，泊于方田驿。因饥荒好多天吃不上饭，耒阳县令聂某久闻杜甫的诗名，得知他到来，立即派人带牛肉白酒驾舟前往。杜甫久饥后，暴饮暴食，喝得酩酊大醉，酒力发作，口渴难耐，欲到船外舀水喝，不幸落水身亡。一代诗圣因酒而亡，很是可叹。

十九、“醉尹”白居易

白居易（图7-23），做过秘书省校书郎、左拾遗、左赞善大夫，后被贬至江州司马、杭州刺史、苏州刺史、刑部尚书等职。白居易自号为“醉尹”，也是一位酒仙。在他传世的二千八百首诗中，提到酒的有八百多首。他把诗、酒、琴当作三友，“今日北窗下，自问何所为。欣然得三友，三友者为谁。琴罢辄举酒，酒罢辄吟诗。三友递相引，循环无已时。”

图7-23　白居易画像

白居易每到一个地方做官，总要以酒为号，在河南尹（古代行政区划）时号“醉尹”，贬江州司马号“醉司马”，当太子少傅时号“醉傅”。隐居洛阳龙门之后，更是无日不酒，无酒不诗。他67岁时写的《醉吟先生传》，那个醉吟先生就是他自己。

二十、金龟换酒

贺知章，自号“四明狂客”，也是唐代著名诗人，历官太常少卿、礼部侍郎、集贤院学士、工部侍郎、太子宾客等职。他性格豪放，善谈笑，好饮酒，晚年还乡为道士。

贺知章少年时就以文词出名，有些放荡不羁。到了晚年，他的性格更为放纵怪诞，整天到处闲逛。杜甫在《饮中八仙歌》中对他的醉态是这样描述的：“知章骑马似乘船，眼花落井水底眠。”

有人可能会纳闷，李白到京城后是怎样出名的，是谁引荐他见到皇帝的？其实这个人就是贺知章。李白来到京师后，住在一家客栈。贺知章久闻李白大名，知道他来后就第一个前去拜访。两人闲聊中，他看了李白的《蜀道难》一诗，诗还没有读完，贺知章就连连称赞，说李白是“谪仙”，于是便在酒楼宴请李白，可能当时他身上没有带钱，就解下自己佩戴的金龟（唐代三品以上官员的一种佩饰）向酒家换酒喝。这个故事很快传开，李白的声誉一时轰动了整个长安。事后，李白专为此事写了一首《对酒忆贺监》，在诗的序里，说：“太子宾客贺公，于长安紫极宫一见余，呼余为‘谪仙人’，因解金龟换酒为乐。”后来，由于贺知章等人的推荐，唐玄宗亲自接见李白。

二十一、画圣吴道子

唐代“画圣”吴道子（图7–24）是一名“饮中豪杰”，据《历代名画记》卷九载：“吴道玄，阳翟（今河南禹州市）人，好酒使气，每欲挥毫，必须酣饮。”也就是说，他要绘画之时，必须把酒喝够，然后乘兴挥毫。

吴道子的画以笔迹磊落、气势雄壮著称于世。他为长安兴善寺画佛像，立笔挥扫，势若风旋，一气呵成；奉诏绘制《嘉陵江三百里山水》，不用尺度，恣肆挥洒，偌大一幅画一日而就。这样的作画风格，和他的豪爽性格不无关系，更与酒密切相关。

对吴道子来说，酒不是消极的“浇愁”，更不是麻醉，而是他精神的催化剂，使他神经放松，精神解放，从而痛快淋漓。“醉”对他来说，是一种艺术创作的最佳状态。

图7–24　吴道子画像

吴道子很少应邀给人绘画，但有一个例外，那就是有了好酒。据《酉阳杂俎》续集卷五记载，长安平康坊菩萨寺有吴生所绘壁画多幅，这些画就是吴道子的杰作，这些笔力遒劲、气势夺人的画是怎么来的呢？据说，修建此寺快要完工的时候，主持工程的人特意酿酒百石，并将酒瓮摆在两庑（正殿两侧的房子）之下，然后引吴道子来看，并对他说："如果您能为我画一幅墙上的画，这些酒就都是您的了。"吴道子二话不说，就痛快地答应了下来，后来这个地方成了一大风景，因为画得实在是太好了。

二十二、赵匡胤杯酒释兵权

五代十国的末期，后周大将赵匡胤（图 7-25）手握重兵，在开封附近的陈桥驿发动兵变，于是黄袍加身，当上了皇帝。当上皇帝后的他并没有高兴起来，因为他知道，自己能黄袍加身，没准哪一天别人也可以照他这样做，于是他开始琢磨如何防止这样的事情重演。

后来赵匡胤采纳丞相赵普的意见，决定要把兵权紧紧掌握在自己手中，以消除后顾之忧，下面的将领们没有大的军权，也就无法再夺他的权了。

公元 961 年春的一天，赵匡胤在朝堂上大摆宴席，宴请那些当年为他立下汗马功劳的有功将领韩令坤、石守信、王审琦、高怀德等人。酒过三巡，赵匡胤非常感慨地对众将说："我和你们都是患难与共的弟兄，以往带兵打仗时，我们常这样在一起饮酒欢聚，自从我当上了皇帝，我的事情太多了，很少有机会和大家这样相聚。"稍停一下，赵匡胤的语调变了，他叹了口气，声音有些凄凉地说："你们倒痛快，想喝酒就喝酒，想打猎就打猎，可是我这个皇帝，却没睡过一个安稳觉。"大将们听到这里一头雾水。石守信说："万岁执掌天下，我们都很高兴，虽然在这里来喝酒少了，然而我们平时没少喝，请皇上放心，现在天下已定，谁也不敢再有异心！"

图 7-25　赵匡胤画像

其他人也附和着，大都不知道赵匡胤说的话是什么意思。过了一会儿，赵匡胤又开口了："你们想想，皇帝就这么一个，谁不想当呢？我又怎能不担心忧虑？"这句话一说出来，人们有点明白了。于是有人忙解释说："大家既然保万岁登基，谁还会有二心不成……"

不等他们说完，赵匡胤就打断了他们的话："大家多虑了，我们是什么关系？我难道还信不过你们吗？我只是担心，如果有一天，你们的部下硬要把黄袍加在你们身上，你们想推脱也推脱不掉，到那时可就难办了，那时你们不想当皇帝也不行了。"

这番话说出来，这些久经沙场的大将们都吓坏了，一个个大惊失色，不知如何是好，一时都说不出话来。赵匡胤又接着说："到了那时，咱们君臣兵戎相见，争斗起来，无论谁胜谁败，都不好看。所以，我一直在想，有没有一个万全的办法。”

石守信等人马上说：“万岁有什么办法尽管说，我们一定照办。”

赵匡胤见时机成熟，于是定了定神说：“事情其实也很简单，大家想一想，咱们出生入死大半生是为了什么？还不是为了享乐？如果你们能交出兵权，你们的部下也不会再想入非非，你们自己也不用整天操那么多心了，我也就没有了后顾之忧，你我君臣也不再相互猜疑。你们各自去找个地方做官，广置田产，多积财富，为子孙后代谋些根本。假如国家有事，用得着谁就调谁来，用不着的就在自己管辖的地盘享清福。咱们儿女之间可相互结为亲眷，这样咱们既是君臣又是亲家，国也是家，家就是国，这样和睦相处，该有多好啊！”

众人终于全明白了，于是都表示赞成，有人说：“皇上想得周到，我们一定照做。”于是，君臣共举杯，继续宴饮。

第二天一上朝，大将们便纷纷递上奏表，主要内容就是请罢兵权。有的称自己多病，有的说自己岁数大，各种理由，赵匡胤都一一照准。就这样，赵匡胤在酒席宴中一番言语，就把兵权全部集中到自己手中，这就是历史上有名的“杯酒释兵权”。

二十三、苏东坡与酒

宋代文坛中，苏东坡（图 7-26）不仅是位著名的词人，而且是一个集爱酒、品酒、酿酒、咏酒于一身的佼佼者。酒正好配合了他的豪放派的诗词风格。

在苏东坡的诗文中，到处散发出酒香。“且待渊明赋归去，共将诗酒趁流年”“江城白酒三杯酽，野老苍颜一笑温”，类似这样的句子在他的诗中比比皆是。苏东坡的酒量并不大，他自己说：“予饮酒终日，不过五合（合为古代计量单位，十合为一升，十升为一斗）。天下之不能饮，无在予下者。然喜人饮酒。”意思是说，是个人都比我能喝，但我喜欢看人喝酒。

图 7-26　苏东坡雕塑

苏东坡一生坎坷曲折，他因“乌台诗案”而受到了沉重的打击。从官员一下子变成了囚犯，落差很大。但不幸中的万幸，他不久从监狱中出来，还在黄州一个小镇担任一个小官，实际上朝廷是把他流放在了这里。他从政治上的得意转变为失意后，试图以酒消愁，把他的经历感受、喜怒哀乐，尽情地在诗词中倾吐出来。这一时期他生活上虽然艰苦，但他的诗文取得了丰收，一大批名作脱颖而出。诸如《念奴娇·赤壁怀古》《卜算子·黄州定惠院寓居作》《赤壁赋》等即是。

在黄州时，一天晚上，他在江上与客人饮酒。见月色满天，波平如镜，即兴作词云：“夜阑风静縠纹平。小舟从此逝，江海寄余生。”当晚就与客人高唱数遍，尽欢而散。次日天明，当地百姓谣传他昨夜作完诗，把衣帽挂在江边，自己坐着小船长啸而去。这一消息传到地方官府，官府忙派人去查看，因当时他被看管，怕他跑掉，结果来人见苏东坡正在寓所里呼呼大睡。

二十四、女酒仙李清照

李清照（图 7-27）是历史上的一奇女子，她词写得好，更奇的是，在她的词中，内容涉及酒的竟有一半以上。如果她不喜欢喝酒，是不可能这样的。

图7-27　李清照画像

从她的词中，就可以看出，她从小就开始饮酒了。有一天，她与姐弟们一道，划船到大明湖欣赏荷花。在游船上，她们一边喝酒，一边观赏，直至夕阳西下，兴尽方归。在返回时，因大家都喝得很多，就走错了路，把船划到荷塘深处，只好拼命地划出来，惊飞了安眠在水上的鸥鹭。事后，李清照把这一段趣事，写成了《如梦令》：“常记溪亭日暮，沉醉不知归路。兴尽晚回舟，误入藕花深处。争渡，争渡，惊起一滩鸥鹭。”

18 岁那年，她与赵明诚结婚。婚后夫妻有时唱和诗词，有时研究金石，有时到郊外春游，有时参加亲朋宴集。有一次夫妻两人在庭院里饮酒赏梅，喝着喝着，不觉已是醉眼蒙眬，眼前的梅花如刚出浴的美人。李清照十分赞赏梅花那种孤高傲寒的特性，于是她把当时的情景写成了《渔家傲》：“雪里已知春信至，寒梅点缀琼枝腻。香脸半开娇旖旎，当庭际。玉人浴出新妆洗，造化可能偏有意，故教明月玲珑地，共赏金樽沉绿蚁。莫辞醉，此花不与群花比。”

两年后，赵明诚出仕，夫妻离别后多则一年半载，少则数月才能团聚。在这一时期，李清照写了不少离情别绪之词。《醉花阴》是作者于重阳节思念丈夫之作：“薄雾浓云愁永昼，瑞脑销金兽。佳节又重阳，玉枕纱厨，半夜凉初透。东篱把酒黄昏后，有暗香盈袖。莫道不销魂，帘卷西风，人比黄花瘦。”

二十五、酒圣诗豪辛弃疾

图7-28 辛弃疾画像

辛弃疾（图7-28），一生写下了七百多首词，而与酒有关的就有近一半。酒影响着他的身心，支配着他的词笔。他一生与酒结下了不解之缘。直到晚年，辛弃疾仍嗜酒如命，称得上是个典型的“酒圣诗豪”了。

辛弃疾称自己少年时代就开始饮酒：“少年横槊，气凭陵，酒圣诗豪余事”“少日春怀似酒浓，插花走马醉千钟”，说明他青年时就与酒结缘，以酒壮军威，添胆气，增豪情。

当辛弃疾回南宋之后，几十年时间都是在“壮志难酬空嗟叹”的情景下度过的。这些年他以酒解闷消愁，以酒为伴，以酒寄情，直至病逝之前所作的《洞仙歌》，还在叨念“安乐窝中泰和汤”，可见其嗜酒如命。

辛弃疾曾下决心戒酒，还特地写一首《沁园春》。词中，他以古人为例，讲了喝酒如何有害。可有一天，他到山上去游玩，见朋友拿了酒来，又急不可耐地喝了起来，直喝到酩酊大醉。事后，他写了一首词，再说喝酒如何如何好，这说明他当初戒酒并不是出于真心，还是抵挡不住酒的诱惑。

有一个辛弃疾与刘过的小故事。一天，著名词人刘过来到辛府前，因穿着褴褛，被门吏拒之门外。刘过故意大吵大闹，惊动了辛弃疾。辛弃疾见刘过虽衣衫破旧，却英气勃勃，气度不凡，于是请他入席畅饮。刘过不卑不亢地坐着喝酒。这时有位宾客对他说：“听说先生不仅善于词赋，而且还能作诗，是吗？”刘过答道：“诗词之道，略知一二。”当时桌上正好有一大碗羊腰肾羹，辛弃疾灵机一动，就指着这菜让刘过以此为题，赋诗一首。刘过豪爽地说：“天气殊冷，当以先酒后诗。”辛弃疾即命人为他又满满地斟了一碗酒。喝完酒，刘过沉思片刻，便吟出一首既切题又符合当时情景的绝句：“拔毫已付管城子，烂首曾封关内侯。死后不知身外物，也随樽俎伴风流。”（拔毫，指拔羊毛；管城子，指毛笔；“烂首”指煮烂羊头）。辛弃疾听后赞赏不已，从此两人成了莫逆之交。

二十六、酒怪石延年

石延年是宋代文学家，他性格豪放，以酒量过人著称。

有个义士叫刘潜，酒量也很大，喜欢跟石延年比酒量。他们听说京师王氏新开一个酒店，于是两人一同前往那里对饮。从早到晚，两人对坐，一言不发，只是一杯接一杯对饮。店主十分吃惊，从来没见过这么喝酒的，认为他俩非等闲之辈，于是频频添加肴果和好酒。两人却旁若无人，傲然不顾，从早上一直饮到夕阳西下，令人惊奇的是，他们脸上竟无一丝醉意。

第二天一条新闻在京城传开，说有两位酒仙到王氏酒楼喝酒，说的就是他们两位。

相传石延年在任海州通判时，刘潜前来拜访，后延年赶忙请他到石闼堰，两人坐到酒桌旁豪饮，直至深夜，眼看酒就要喝光，两人还没尽兴，突然发现船上有醋一斗，于是不管三七二十一，将那斗醋倒入剩下的酒中，两人又喝起来，直到喝完为止，这时天已大亮了。

石延年喝酒，总能喝出种种花样来，不仅是酒量惊人，喝酒的方式也惊人。有时，他与人饮酒时，故意蓬乱着头发，赤着脚，还戴着枷锁，美其名曰“囚饮”；有时，他与人在树上饮酒，称这是“巢饮”；有时，他与客人饮酒时用稻草束身，从稻草中伸出头来，说是“鳖饮”；有时与客在晚上摸黑而饮，说是“鬼饮”，各种方式各种名目，稀奇古怪的花样其实都是为了喝酒。

二十七、唐伯虎戏诗闯酒宴

唐伯虎是明代画家（图 7–29）。他多才多艺，精通书画又擅长诗文，为人潇洒，性格放荡不羁，自称是江南第一风流才子。他还嗜酒如命，常常独自一人到酒肆去自斟独饮。心情不好更是狂饮。

图7–29　唐伯虎画作

传说有一次他故意穿着褴褛的衣衫去游虎丘山，遇上几个附庸风雅的酸秀才在山下赋诗饮酒，就想跟他们开个玩笑，于是上前作了个揖道：“今日诗人唱和，能让我这个讨饭花子也来凑凑热闹吗？”秀才们见他是个叫花子模样，竟要附庸风雅，也就想拿他寻个开心，便真的把毛笔递给他，想让他当众出丑。唐伯虎拿起笔来，先写“一上”二字，然后转身就走。秀才们见状哄堂大笑，他就转回身来又写了个“一上”。大家以为他只会写这两个字，笑得前仰后合。唐伯虎这次没有走，他对这些秀才们说：“我不喝酒便无诗，你们能让我先喝点儿酒吗？”“你要真的能作诗，就让你喝个够；你要是不会，趁早滚开，不然罚你学驴叫。”说完他们真的给唐伯虎斟上了酒。唐伯虎喝了一杯，在纸上添了“又一上”三个字，又喝一杯，见玩笑开得差不多了，便一口气写成了一首七言绝句。

一上一上又一上，一上直到南山上。

举头红日白云低，四海五湖皆一望。

写完，唐伯虎丢下笔扬长而去，惊得这些秀才们目瞪口呆，半天说不出话来。

二十八、蒲松龄樽中酒满不为贪

《聊斋志异》的作者，清代文学家蒲松龄（图 7-30）也是一名美食家和饮者，这一点鲜为人知。

一年冬天，好友王八垓烹了一只肥羊，特地邀请蒲松龄前去，蒲松龄高兴地答应了。不料临行前下了大雪，道路不通未能去成，遗憾中他写下了《八垓烹羊见招，阻雪不果，戏作烹羊歌》，其中写道：“生平百事能知足，中岁多病思粱肉。高斋偶然列肴珍，三十五指攒纷纶……故人烹羊期初七，开函忻忻动颜色。”“忽然天阴雪崩腾，路滑雨湿行不得。”蒲松龄为此感叹不已。第二年冬天，王八垓又邀他前去，不料又遇下大雪，这次蒲松龄不管一切，顶风冒雪前往。后来他写下“年来肉食贵，久绝肥甘想”“此身幸顽健，敢恨食天余”等诗句，为自己不能经常品尝到精美的佳肴而感慨。

图 7-30　蒲松龄画像

蒲松龄曾写下“架上书堆方是富，樽中酒满不为贪”的诗句，可见他对酒的喜爱。在他看来，一个人只要有书读，有酒喝，就可算是富足的了。在他的《酒人赋》一文中，历数酒给人们带来的益处：“其名最多，为功已久，以宴嘉宾，以连父舅，以促膝而为欢，以合卺而成偶。”酒还可助文人笔下生辉，写出传颂千古的佳作，也可帮人消去多少愁绪。但蒲松龄同时也告诫切不可饮酒过度，“袒两臂，跃双趺。尘蒙蒙兮满面，哇浪浪兮沾裾。”如果醉成这样的丑态，那就招人厌烦了。

蒲松龄的《与王玉斧对酌倾谈》中写道：“凶年禁私酤，酒贵苦囊涩。客至惟烹茗，相对坐呜恻。忽然得良酿，尽酾但顷刻。醉中抒快论，豁然开茅塞。击卓为大笑，俯仰帽倾侧。”将茶换成酒，朋友之间的欢聚气氛就完全不一样了，酒给他们带来多少欢乐啊！

在《聊斋志异》中还有《酒友》《酒狂》等篇，均是描写好酒者的奇特经历，故事生动有趣，个中或许也融进蒲松龄本人对酒的特殊感情。

二十九、曹雪芹卖画还酒债

曹雪芹（图 7-31），早年生活富足，到雍正初年，家族受牵连，其父被免职，家被抄，生活每况愈下。曹雪芹多才多艺，诗文绘画样样都会，他所著的《红楼梦》具有高度的思想性与艺术性，被列为四大名著之一，至今影响深远。

图 7-31　曹雪芹画像

曹雪芹性格豪放，嗜酒健谈，经常与好友一起饮酒赋诗，弹唱取乐。

一天，曹雪芹从所住的北京郊区来到北京城内拜访敦敏，因睡得不好，很早便起床。当时天气寒冷，刮风下雨，他衣服单薄，肚子又饿，冻得直发抖，这时他什么也不想，只想喝碗热酒暖暖身子，可是天还未大亮，主人未起床，童仆尚眠，哪来的热酒呢？正在此时，有个人披衣戴笠前来。一看，原来是挚友敦诚！敦诚是来找他哥哥敦敏的，想不到在此与曹雪芹相遇，惊喜万分。于是不由分说，两人就携起手来到附近一家小酒店对饮起来。你一杯我一杯喝了个痛快，等喝完后两人一摸口袋，不料都没有带银两，于是敦诚连忙解下佩刀说："这刀虽明似秋霜，把它卖了，还买不上一头牛；拿它去杀敌，又没有咱们的份，倒不如把它作为抵押，润润我们的嗓子。"说完两人又接着喝起来。

曹雪芹晚年的生活很艰苦，往往"举家食粥"。他以卖画为生，卖画所得除了维持一家"食粥"之外，有剩余就去买酒喝，没有钱时就先赊账，等卖画得些钱后再去还债。敦诚的《赠曹雪芹圃》中写道："满径蓬蒿老不华，举家食粥酒常赊。衡门僻巷愁今雨，废馆颓楼梦旧家。司业青钱留客醉，步兵白眼向人斜。何人肯与猪肝食？日望西山餐暮霞。"

三十、郑板桥烂醉作画

郑板桥是清代著名画家，当过县官。郑板桥生性嗜酒，性格清高孤傲，很少有人能用钱从他这里求得画（图 7-32）。后来人们发现，要想求他作画，最好的办法是"以酒为饵"。

图 7-32　郑板桥的画

扬州有一盐商，托人求郑板桥的画，郑板桥厌恶这些商人，坚决不作。此商人求画不得，就想出一计，趁郑板桥郊游，便在他将要经过的一片竹林的小亭中备下狗肉和美酒。郑板桥果真从此路过，一见酒肉大喜，狂饮饱嚼过后，便问："墙上怎么不挂字画？"盐商答道："此地无人作好画，听说郑板桥很有名气，可我没见过他，不敢信。"郑板桥被激，乘酒醉把盐商事先备好的纸张涂涂画画。这盐商原先准备以千金谋求的字画，现在一顿酒就骗到了手。苏东坡曾说酒是"钓诗钩"，在这里酒还是"钓画钩"，利用酒来郑板桥处"钩"字画的远不止盐商一个。

三十一、蔡锷借酒金蝉脱壳

袁世凯任大总统后，阴谋恢复帝制。孙中山、黄兴等革命党人在南方发动"二次革命"，讨伐袁世凯，云南军政府都督蔡锷暗地支持。"二次革命"失败后，袁世凯对蔡锷产生了猜疑。蔡锷在北京，袁世凯表面上对他以礼相待，暗地里却派人严密监视其一举一动。

有一次，拥护袁世凯、主张恢复帝制的杨度与蔡锷喝酒作乐。席间杨度问蔡锷道："蔡兄在长沙时是梁启超的得意门生，他在上海发文坚决反对帝制。你的老师反对帝制，而你却赞成帝制，这岂不是违背师教吗？"蔡锷听后哈哈大笑："人各有志嘛，以前老兄与梁先生同是保皇会的人，为何他反对帝制，你却推崇帝制呢？请问这又作何解释呢？"谈笑间化解了杨对自己的试探。蔡锷与梁启超一直秘密交往，这样说只是为了麻痹袁世凯。但袁世凯还是不放心，对蔡锷仍然严密监视。在这段时间，蔡锷日夜逍遥于酒楼、戏院，还与北京名妓小凤仙打得火热，目的就是要打消袁世凯的疑心。

蔡锷夫人见丈夫整日沉溺酒色，便劝他，蔡锷趁机与妻子吵闹，扬言离婚，于是夫妻矛盾加深，谁也劝不住，最后闹到袁世凯那里。蔡锷夫人感到实在待不下去了，要求回湖南老家。临行前，蔡锷才悄悄告诉她心中的秘密。

夫人离开北京后，蔡锷开始筹划如何逃出北京。1915 年 11 月 11 日，蔡锷与小凤仙悄悄乘火车到天津，住进日租界的同仁医院。次日，蔡锷的请假就医呈文送到北京。袁世凯知道蔡锷有喉痛病，但不放心，就加派人手赴天津同仁医院对蔡锷进行监视。

一天晚上，蔡锷与小凤仙在医院设宴，直至夜深仍对饮不止，最后蔡锷喝得酩酊大醉。小凤仙扶着他上厕所，暗探信以为真，便放松了监视。到了次日晌午，仍未见蔡锷出现，蔡锷的房间只有小凤仙出出进进。暗探们以为他醉酒未醒。直到傍晚仍未见蔡锷，才感到情况不妙，急忙闯入房内，一看空空如也。原来蔡锷借上厕所之机，出了后门，换装登上日本商船东渡而去了。

蔡锷后来从日本又返回，几经周折回到云南。他一到云南便召开军事会议，成立护国军，宣布云南独立，并通电全国，北上讨伐袁世凯。

第三节 有趣的酒器

从人类的发展史来看，中国古代时期的王公贵族，在饮宴与酒席活动中，都非常注重美酒、美食、美器，而最具代表性的器物之一就是酒具。

酒具也称为酒器，它的种类非常之多，而且功用也各有不同，质料更是多种多样。酒器按质料可以分为很多种类，有玉器、陶器、瓷器、漆器、象牙器、兽角器、金银器、青铜器、玻璃器、竹木器、蚌贝器、果实壳、动物骨、瓠瓢等；而就其功用又可以分为：饮酒器、斟酒器、温酒器、冰镇器、盛储器、娱酒器、造酒器等。

其实，早在远古时代，根本没有什么专门的饮食器皿。宋人窦苹的《酒谱》中说："上古污尊而杯饮，未有杯壶制也。""污尊而杯饮"意思是在地面上挖坑贮水，然后用双手捧着喝。后来，人们在渔猎过程中，渐渐学会用贝壳、竹筒、瓠瓢、动物角、头盖骨作为饮器。

随着新石器时代的到来，早期陶器的出现，把人类的物质文化生活向前推进了一大步，人工制造的酒器开始渐渐应用于日常生活中。但新石器初期的酒器，不是专门用于饮酒的酒器，而是陶制饮食器，以及储藏中可以兼作饮酒和储酒用的器具，如距今5000~7000年的仰韶文化时期，出土的陶器里面就有杯、壶、瓶瓮等，距今4500~6500年的大汶口文化时期，出土的酒器有：壶、觚形器、单耳杯、高柄杯、高脚杯等。

20世纪80年代初，学者们发现一处新石器时代遗址，其位置在蒙城县许疃镇毕集村尉迟寺。1989年秋天，国家开始对该遗址进行考古发掘，到了1995年，中国社会科学院考古研究所安徽工作队连续7年发掘面积近1万平方米，出土各类文物万余件，清理出大汶口文化时期的房基52间，灰坑149个，墓葬168座，发现一条南北跨度230米、东西跨度200米、宽20米、深4.5米的环形大围沟，又发现有平整的活动场地、兽坑、祭祀坑等重要遗址。专家确定这座遗址是原始社会中晚期出现的，距今已有4500多年的历史。

图7-33 尉迟寺遗址

尉迟寺遗址（图7-33）属大汶口文化蒙城类型，有很多方面是大汶口文化所没有的，如红烧土排房、瓮棺、围沟、活动广场等。这一考古发现，专家称其为"中国原始第一村"，填补了大汶口文化研究的空白，为人们了解和研究皖北地区原始社会中晚期状况，及周邻地区史前文化的关系，提供了重要的实物资料。"1994年全国十大考古新发现”之一，便是蒙城县尉迟寺遗址的发掘及其重要发现。值得一提的是，在万余件器物中，陶器比石器多，说明这时候人类已经懂得大量使用陶器。陶器中数量最多的是酒器和饮食器，如陶豆、陶甑、陶尊、陶鼎、陶高柄杯等。

另外，考古专家在尉迟寺遗址还发现了小麦和水稻。当时对于酿造酒，只是在粮食有剩余的条件下才能进行。酒器的出现是与农业耕作技术的提高密切相关的，这些文物都反映了当时的生产水平和这一时期人们的生活习俗，而历史上遗存下来的最早的酒器，我们现在能见到的就是那些陶质酒器。

人类的生存繁衍离不开饮食文化，饮食方面的生产活动是人们赖以生存的生产活动，而酒和酒器的制造是饮食方面生产活动的有机组成部分。所以，对尉迟寺遗址的考古研究是极为重要的，如果我们想要对其酒文化内涵进行诠释，就需要把酒文化放到整体饮食文化中，乃至人类社会生产活动的大背景中进行考察。

在新石器时期，尉迟寺出土文物就有陶制酒器。后来到了隋唐时期，淮北颍涡地区便形成两大陶器产地：一个是界首芦窑、朱窑等窑，主要生产金红釉、彩釉、红黄釉等各种日用陶、建筑陶、工艺陶三大类，共有700多个品种，酒器有刻花酒坛、彩釉、素釉酒壶等。界首市工艺陶瓷厂现在仍然在生产，产品出口到美国、日本和东南亚诸国。另一个是蒙城狼山窑银灰陶，该陶不涂彩釉也能够闪闪发光，叩之发金属声，看起来似锡制品，与山东德州黑陶、江苏宜兴紫陶同样著名。他们生产的产品直到近代，仍有50多种，酒器主要有酿酒器“酒镜子”、盛酒器酒壶等，但现在已经停产了。

酒器经历了夏商周三代，发生了很大的变革，陶器虽然仍旧用于酒器，但青铜器已经开始代替陶器作为盛酒的器具，为酒器制造业带来了辉煌。特别是商周时期，青铜器品种数量众多，而且造型各异、纹饰精美，其工艺高超达到令人惊叹的程度。当时青铜酒器的品种有二三十个，主要如下所示。

斟酒器有：觥、执壶、香、注子、爵。

饮酒器有：角、觥、爵、觯、觚、卮、觞。

温酒器有：盉、斝、尊、樽、炉、铛、注子、注煕（碗）。

盛储器有：瓿、尊、壶、缶、彝、醪、卣、钫、瓶、钟、陶觑（图7-34）。

另外，还有舀酒器——勺，冰镇器——鉴、盘，娱酒器骰子、令筹等。有些烹炊器、食器、盛水器也可以盛酒，如鬲、瓮等。

阜阳地处中原，商代的青铜酒器举世闻名。中国由渔猎向农业开发的历史较早，出土的历代酒器品种比较多，品位也极高。如1957年阜南出土的3000多年前商朝酒器饕餮尊、龙虎尊，以及觚、爵、斝等，下篇我们会用专文介绍斝，这些都是国家一级文物。

1971年冬天，在颍上县赵集镇淮河堤边，出土了商代酒器，其中有爵3件和觚1件，其中有两件是青铜爵，铭文“酉”。据阜阳博物馆考察，认为“酉”字是族徽，酉族是生活在殷墟一带的商人，或夏朝的遗民，夏文化的发祥地在颍河上游。在历史变迁中，酉族的分支顺颍水而下，随后定居于颍上县王岗、赵集等地。另外，还有“月已”铭文爵一件，“月已”是氏族名称，曾经活跃在颍河下游和淮河中游一带。

1972年春天，有一批铜器在颍上县王岗镇郑小庄村商代墓中出土，其中有酒器爵两件，两件爵铭文均为“月已”。另外还出土一件觯。

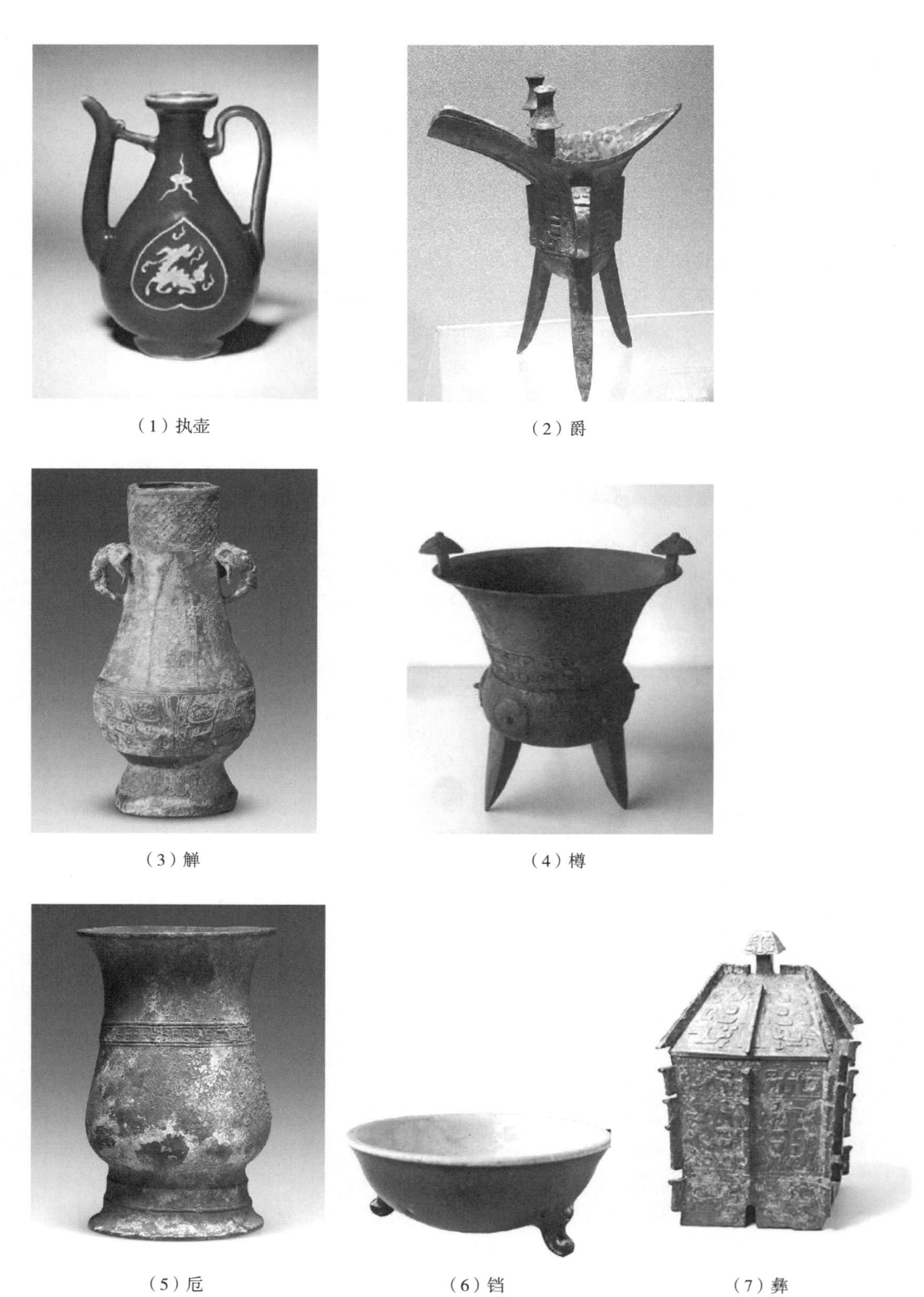

（1）执壶　（2）爵　（3）觯　（4）樽　（5）卮　（6）辔　（7）彝

图7-34　出土文物

1982年5月，商朝青铜酒器在颍上县王岗镇郑家湾村出土，其中有爵两件，尊一件，提梁卣一件。四件酒器铭文均为“父丁”，“父丁”是人的名字。父丁的图案上铸有一个人牵着两匹马，脚下有一只猪，他们以此为族徽。

春秋时期到秦汉时期，酒器由青铜酒器逐渐变为漆酒器，这是历史上又一次酒器的重大变革。在商朝以前就已出现髹黑涂朱的漆器，战国时期酒器的工艺突飞猛进，极为兴盛，其形制主要有尊、杯、卮、扁壶等，而当时最盛行的还是漆耳杯。

1977年7月，阜阳双古堆考古发现，西汉汝阴侯墓头箱出土了大批木胎漆酒器。其中带有“汝阴侯”铭文的漆耳杯在出土的酒器中占一半之多，其铭文有“女（汝）阴侯杯，容一升半”“八年库遫工意造”“十一年女阴侯杯容一升半，库遫工意造”。漆耳杯为旋制，椭圆形，月牙耳，针刻彩绘云纹，色彩明快亮丽，刻工精美细致，工艺水平非常之高。

在古代中国，玉受到人们的钟爱，人们不仅对玉加以赞美，还把玉本身的特性加以道德观念的比喻及延伸，称“君子比德于玉”。说玉有五德：润泽以温，仁；鳃理自外可以知中，义；其声舒扬专以远闻，智；不挠不折，勇；锐廉不忮，洁。

自新石器时代以来，玉器已流传了7000多年。据传，舜帝时已经开始用玉作为酒器，其中玉巵、玉瓒是《周礼》中提到的玉酒器。早在20世纪70年代就在涡阳县嵇山下一个小村庄出土过玉酒杯，据说玉杯出于山南嵇康墓上方的一座西汉墓，玉杯与铜座已分离，为国家一级文物，当时被村中的孩子用线拉着当轱辘玩，考古工作者发现后才及时征集回来，后藏于阜阳市博物馆。这件西汉玉酒杯呈乳白色，而泛羊脂色泽，洁净脂润，抛光细腻，圆筒形杯身，下有短柄描金铜足，庄重大方，器形规整。

魏晋时期后，在酒器中占据主导地位的逐渐为瓷器，如晋朝的青瓷酒器扁壶、耳杯、盘口壶、鸡头壶等。唐朝杯盅、酒注子等酒器中，有如霜似雪的邢窑白瓷，如冰似玉的越窑青瓷。宋朝定、汝、均、官、哥等窑生产的酒器更是品种多样、器形丰富。

元、明、清时期，瓷酒器质量尽乎完美。元朝的青花和釉里红，明清景德镇的青花珐琅彩、玲珑瓷、成化斗彩、素三彩等，都可以说是酒器中的佳品。据《大明会典》记载，明洪武二十六年，曾明文规定：公侯及一、二品官员酒注、酒器用金，其余酒器用银；三至五品酒注用金；六至九品酒注、酒盏用银；余皆用瓷、漆、木酒器；庶民酒注用包锡、酒盏用银，其余皆用瓷、漆酒器。可见，明清时期的金银酒器，在使用上受到一定限制。

我国玻璃制酒器的使用历史也相当久远，古时称玻璃为琉璃、壁（碧）琉璃、颇黎。有人以为玻璃酒器是近现代随着西方玻璃烧造技术的输入而产生的，其实这是一种误会，河北省就曾出土过西汉玻璃耳杯。晋陆机《饮酒乐》诗云：“葡萄四时芳醇，琉璃千钟旧宾。”宋郑獬《饮醉》诗云：“小钟连罚十玻璃，醉倒南轩烂似泥。”宋欧阳修《乐亭小饮》诗云：“人生行乐在勉强，有酒莫负琉璃钟。”可见，在宋朝时期玻璃酒器还是比较流行的，而且也是当时一种比较昂贵的酒器。

到了现代，酒器质料虽然更为丰富，如塑料酒器、玻璃酒器、不锈钢酒器，但形态各异、琳琅满目的玻璃杯、瓶，仍然是酒器的主导产品。

第八章

酒与中华文化

在远古时代，人类的文学艺术起源于生产劳动。人类的语言发展和思维活动是在劳动中产生的，随着手的灵活性得到完善，以及脑容量的增加，从而使文学艺术得以产生。

人类最初的诗歌和音乐等艺术，是原始人在劳动中伴随着劳动的节奏所发出的劳动号子而形成的。洞壁绘画出现于旧石器时代晚期，描绘狂奔的猛犸、野猪、鹿群和象；岩画出现于中石器时代，描绘的是猎人们手持弓箭追猎山羊的画面，这些都说明生产劳动是原始艺术的直接来源。这些活动作为观念形态的艺术作品，是艺术上的再现，是在人类头脑中所反映的一定社会生活的产物。

社会意识形态是文学艺术借助语言、造型、表演等手段，塑造典型形象所反映出的社会生活的意识形态，其范围很广，按类别可以分为文学和艺术两种形式；按表达方式可以分为，语言艺术（小说、诗歌、散文、戏剧文学等）、造型艺术（绘画、书法、篆刻、雕塑、设计等）、表演艺术（音乐、话剧、舞蹈、影视表演等）和综合艺术（戏剧、电影、戏曲、曲艺、武术、杂艺等）。

“酒是艺术的液体，是佳酿，是境界”这是对酒文化的赞同。在所有的饮食文化中，中国酒文化是极富有诗意，也是极具有浪漫气息的。可以说，中国文学艺术史的灵魂就是一部酒文化的精神舞蹈的历史。

刘伶曾在《酒德颂》中说：“有大人先生，以天地为一朝，以万期为须臾，日月为扃牖，八荒为庭衢，行无辙迹，居无室庐，幕天席地，纵意所如。……兀然而醉，怳尔而醒，静听不闻雷霆之声，孰视不睹泰山之形。不觉寒暑之切肌，利欲之感情。俯观万物，扰扰焉如江汉之载浮萍。二豪侍侧焉，如蜾蠃之与螟蛉。”这是中国酒文化的典型体现。

中华五千年的文明与丰富的文字记载，是世界的文化瑰宝。在历史长河中，博大精深的中华文明是文人所创制并记述的，这些文人是中华文明史的中坚力量。在历史的长河中，文人似乎都与酒产生了不解之缘，他们在饮酒中抒发着自己的情感，相得益彰，在数千年的文化中绵延不绝。

随着酒文化的发展，文人、英豪赐予了酒文化深厚的底蕴，酒给了文人、英豪以豪情，以及不凡的壮举，才会有那么多美妙的文辞，以及神奇的故事，流传至今而为人们所津津乐道。正如人们所说：“酒是在书画中飘香，在音乐中流淌，在诗文中宣泄，在舞蹈中飞扬。”其势可以说是“酒以文名，文以酒成”。正是酒的精神与文化酝酿出了富有诗意的千古佳文和具有浪漫气息的艺术瑰宝。本章试图从几个角度来浅谈一下酒文化与文学艺术的联系。

第一节　酒与诗、词、曲

唐诗、宋词、元曲是中国文学艺术史上的三座丰碑，这些诗词曲赋文化达到的高度是后人永远都难以逾越的。

诗，是人类精神劳动产生的精美而高雅的文学艺术。我国古典诗歌发展的最高峰与全盛时期是唐朝，“唐诗”可以说是中国诗歌的最高标志，其题材之广泛，意境之优美，文字之精炼，是中国诗歌发展的新纪元。唐朝诗人之多，是其他朝代无法比拟的，最负盛名的有杜甫、李白、白居易、李商隐等。

词，是中国古代诗歌文化中极为重要的一种。它在梁代开始出现，在宋代走到极盛时期，因此有“宋词”之说。宋词是中国古代文学最为光辉夺目的篇章，与唐诗并称为诗歌史上的“双绝”。

宋代最著名的词人有苏东坡、辛弃疾、柳永、李清照等人，其中“豪放派”的代表为苏东坡和辛弃疾，其风格雄浑恢宏，视野广阔；而相对应的是“婉约派”的代表柳永和李清照，其风格婉约典雅、曲尽而绵长。

元曲，是在唐诗、宋词之后所形成的另一种文学诗歌样式。兴起于北方，所以有“北曲”之称。曲与诗词相比，更口语化，其形式灵活多样，更能表情达意，相形之下没有唐诗和宋词精致优美，因此其流传不及唐诗、宋词广泛。最著名的元曲作者有“元曲四大家”，即马致远、关汉卿、白朴、郑光祖。

元曲又可以分为元杂剧和元散曲，马致远的散曲《天净沙·秋思》流传至今，最为脍炙人口，关汉卿的杂剧《窦娥冤》则把元代杂剧艺术推向巅峰。总之，唐诗、宋词、元曲是我国文学艺术上最瑰丽的丰碑，它们都与酒文化联系密切，不可分离。

中国是一个盛产名酒的古国，美酒佳酿自古有之，有诗句为证：“葡萄美酒夜光杯”，这就把美酒与诗句完美地结合在了一起，因此以诗传世，以酒传情，在我国古代的覆盖面相当广泛，几乎与生活方式息息相关。

在中国古代文明中，诗酒联袂，寄意遣怀，可以说酒文化是文学史上的千秋佳话，酒与诗的关系源远流长，你中有我，我中有你，两者是血浓于水的。“饮酒作诗，诗增酒趣；咏诗歌酒，酒扬诗魂。”美酒与美诗两者构成了古代文人墨客的风流情怀，使诗与酒如胶似漆，融于一体。从而使中国古代的诗词歌赋，到处都飘逸着扑鼻的酒香。

“形同槁木因诗苦，眉锁愁山得酒开。”从这些优美的诗句中，我们可以看到酒与诗的完美结合，酒文化是中国美酒的灵魂，也是中国诗词曲赋得以产生的源泉。诗助酒兴，酒助诗兴，二者相得益彰。对诗人来说，酒能使人产生丰富的联想和超乎常人的创作冲动，因此可以说酒促进了诗人灵感的迸发，是诗人创作的源泉。

中国古代有很多诗人都爱酒、好酒，甚至没有酒就写不出美丽的诗句。可以说，酒是诗人的一种抒情言怀的催化剂；诗是诗人自身真实情感流露的载体，其间有离愁别绪，有深情厚谊，有百千万种人间情怀。诗人们在郁闷愤慨时借此聊寄情怀，寂寞孤单时借此排遣，豪情万丈时借此抒发胸臆。酒让诗人们扬起了波浪般的风华，他们也因酒而意气风发，借着美酒吟诵出绚丽而优美的诗篇，在历史的长空中回响不绝，久久照亮人类诗句的千古之美。

中国古代十大酒兴诗人分别是：杜甫、李白、白居易、苏轼、陶渊明、曹操、李清照、顾炎武、范仲淹、王翰。李白是酒中之仙，无酒不成诗，不仅是唐朝的酒仙，也是数千年来无人能及的酒仙。屈原把酒当歌，酒中佳句有“操余弧兮反沦降，援北斗兮酌桂浆”，他借此抒发无比的爱国热忱与报国无门的落寞情怀，激起了炙热似火的豪情与无限悲愤的生命哀叹。陶渊明酒中佳句有“得欢当作乐，斗酒聚比邻”，以饮酒为乐，以酒来怡情，表现出他

图8-1　李白月下独酌

淡泊名利的高远志向。李白的名句“举杯邀明月，对影成三人”，以月佐酒，显现出诗人所拥有的天马行空的才思和豪放的才情（图 8-1）。杜牧的酒中佳句有“借问酒家何处有，牧童遥指杏花村。”把酒一问，可谓生活中处处有酒，无酒不为人生，抒发了诗人对生活的热爱与清幽闲适的情怀。

其实，不仅古代有“十大酒兴诗人”和“酒中八仙”，现代也有颇具诗酒情怀的著名诗人，他们是梁实秋、杨振声、陈季超、赵太侔、方令孺、刘康甫、闻一多、邓仲存，被称为现代“酒中八仙”。他们的身份各有不同，这“八仙”中有戏剧家、散文家、著名诗人、历史学家、翻译家、哲学家等。

梁实秋先生说，酒中八位大仙常聚在一起临风把酒，寄情遣怀。他们经常把 30 斤一坛的花雕酒搬到桌前，酒随即告罄。他们自誉“酒压胶济一带，拳打南北二京”。刘熙载也曾在《艺概·诗概》中说：“诗善醉，醉中语亦有醒时道不到者。”可见，酒也成为诗人创作诗歌不可或缺的题材和表现手法。酒是美的，诗是美的，酒与诗的美交相辉映，而与之所产生出的诗酒文化则更美。从而形成独具中国特色的“中国诗酒文化”，并在中国传统文化中点亮了一朵诗酒仙葩，成为其重要的组成部分。

不管是酒使诗流传千古，还是诗使酒熠熠生辉，酒与诗可谓相得益彰，情浓处有酒，酒溢处有诗。我国最古老的诗集《诗经》中就有诗与酒交相辉映的诗句。《诗经·周南·卷耳》中有：“陟彼高冈，我马玄黄，我姑酌彼兕觥，维以不永伤。”诗意是：我且登上那高冈，马儿也累得生了病；牛角杯中的酒全部饮尽，暂且喝醉了，忘却忧伤。诗与酒的文化在此开端，如影随形，从此中国文人们饮酒赋诗，给中华文明留下了众多佳句美文。

先秦时期，是中国古代诗歌发展的第一个里程碑，当然也是诗酒文化发展的重要阶段与起始。先秦诗歌主要包括古诗经和楚辞，以及谣谚。《诗经》作为中国第一部诗歌总集，它反映了西周初期到春秋中期的社会面貌及风土人情，其中涉及酒的诗歌就有 50 篇。《雅诗》中多有抒写祭祀宴请等活动，以及统治者生活的奢侈之风；《国风》中的描写多是为了抒忧解愁；《颂诗》中大部分则是对统治者的歌功颂德。

到了汉代，诗歌出现了低谷，到了魏晋时期，诗酒文化才再次崛起。魏晋时期诗歌的代表作品颇为丰厚，著名诗人也渐渐多了起来，如“建安三曹”：即曹丕、曹植、曹操，三人无一不喜欢饮酒作诗。

特别是曹操，他不但是三国时期著名的政治家，也是流传至今的著名诗人，虽然他作为政治家下过禁酒令，而作为诗人他很喜欢饮酒，其诗歌中涉及酒的地方也颇多，如“对酒当歌，人生几何！譬如朝露，去日苦多。慨当以慷，忧思难忘，何以解忧？唯有杜康。”在这样的诗句中，洋溢着高昂的情怀，表达了他慨叹人生，酒中抒情、寄情于诗的意境。

后来的竹林七贤，他们的生活几乎离不开酒，虽然他们涉及酒的诗歌不多，但没有酒也就没有那么多脍炙人口的诗句，其中阮籍的95首诗歌中，写酒的诗有3首，虽然流传不广，但都是酒中佳句。

在两晋及南北朝时期，陶渊明在诗词方面的成就最为突出。他早年从事过祭酒和县令等小官，后因不堪“心为形役”而辞官归隐，终生不再做官。他始终生活在贫困之中，即便没有粮食吃，也不能没有酒，朋友给他的周济，也全部拿去买酒喝，他的诗文也几乎“篇篇有酒”，他抒写了大量的酒诗，并赞颂怡然自得的隐居生活，“亲戚共一处，子孙还相保。觞弦肆朝日，樽中酒不燥。”这些诗句都是描写酒在生活中的重要位置。

唐朝是中国封建社会的鼎盛时期，也是诗歌创作最具有成就、最繁荣的时期，其中酒诗的成就也颇为突出，很多诗人因饮酒而激发出诗的灵感，创作出传世之作。杜甫、李白、白居易、王之涣、贺知章、元稹等都是喜欢饮酒的诗人，唐朝的诗人都写有大量的酒诗，其中杜甫232首，李白206首，白居易则多达595首。

李白是中国诗歌浪漫主义的代表，他被称为酒仙，“李白斗酒诗百篇”表达了酒对诗人在创作诗歌时的重要性，并高度概括了诗与酒的关系。他爱饮酒，抒写关于酒的诗句，如“天若不爱酒，天上无酒星；地若不爱酒，地应无酒泉。”李白生活中处处充满了酒，如“千金买一醉”，甚至不惜“五花马，千金裘，呼儿将出换美酒。”李白的传世名句可谓脍炙人口，如：“古来圣贤皆寂寞，惟有饮者留其名。”有一次，李白到朋友家饮酒，可偏巧那日主人家里没有酒了，可李白却毫不客气地说：“主人何为言少钱，径须沽取对君酌。五花马、千金裘，呼儿将出换美酒，与尔同销万古愁。”其意为：“你怎么能说没钱买酒呢？你把我的五花马和千金裘都拿去换酒吧。”而且李白还自称为“酒中仙”，如“天子呼来不上船，自谓臣是酒中仙。”李白抒写诗酒的词句非常多，其中最为著名的有《将进酒》《把酒问月》《月下独酌》《对酒》等。李白独自一人时还频频“举杯邀明月”，传说最后他竟在酒酣捉月之中而仙去了。

杜甫生活在唐朝，具有“诗圣”之称的他，嗜酒不亚于李白，两人感情深厚，他们“醉眠秋共被，携手日同行。”杜甫的《饮中八仙歌》形象地描绘了长安八位饮酒名家的性格特征和艺术成就。杜甫的诗句有“白日放歌须纵酒”“潦倒新停浊酒杯”，这些诗句描写出酒在他日常生活中的重要性。杜甫一直到70多岁时也依然好饮，日日典当衣服以沽酒。后来，由于经历安史之乱，杜甫目睹了社会苦难和人民生活的悲辛，发出了千古长叹“朱门酒肉臭，路有冻死骨”，表达了诗人对封建社会的抨击与不满。

白居易稍晚于李白和杜甫，他是一个醉吟诗人，他的家道比较富裕，所以在他的诗中关于写酒的句子，都写得比较诗情画意，如“绿蚁新醅酒，红泥小火炉。晚来天欲雪，能饮一杯无？”白居易对于饮酒，非常在意劳逸结合，认为一天的醉酒能够解除九天的疲劳。《琵琶行》是白居易抒写的一首脍炙人口的长诗，而这首诗就是在他醉酒之后，听了歌伎裴兴奴演奏的琵琶，曲调凄婉，又感同她的身世，而产生出“同是天涯沦落人”的忧戚之感，星夜之间一气呵成。

诗这一文学艺术在唐朝后，开始从巅峰走向衰落，取而代之的是词这一文学样式，词在宋朝开始逐步繁荣，而词的诞生也与酒结下不解之缘。唐朝人司空图在《酒泉子・买得杏花》这一词中写道："……白发多情人更惜。黄昏把酒祝东风……"；词人柳永抒写酒的佳句更是流传至今，如"今宵酒醒何处，杨柳岸，晓风残月"；词人韦庄也十分好酒，他描写酒的句子有"翠屏金屈曲，醉入花丛宿""深夜归来长酩酊，扶入流苏犹未醒，醺醺酒气麝兰和"。

北宋时期，宋词走向成熟，词人辈出，有关写酒的词也名作不断。范仲淹发出"先天下之忧而忧，后天下之乐而乐"的千古长呼。他在描写酒的佳句中充满了忧国忧民之情，如"浊酒一杯家万里，燕然未勒归无计"，这也导致范仲淹"酒入愁肠，化作相思泪"，表达了他的家国情怀 。

北宋初期的词大都以婉约为主，在描写酒的词句中多以表达无边愁绪，"一曲新词酒一杯，去年天气旧亭台。夕阳西下几时回？"词人晏殊在描写酒的词句中，多以想留住这斜阳，来表达自己对夕阳晚景的无限感慨之情，如"一场愁梦酒醒时，斜阳却照深深院"；宋祁的"为君持酒劝斜阳，且向花间留晚照"，也表达了对夕阳的无限留恋之情。

苏轼是一个喜爱饮酒的诗人，他不仅会饮酒、酿酒，更会抒写关于酒的诗词。苏轼曾戏称酒为"钓诗钩"，其中颇多佳作，如"花间置酒清香发，争挽长条落香雪""东堂醉卧呼不起，啼鸟落花春寂寂"。他把酒在诗歌创作中的作用解释得颇为透彻，他在《和陶渊明饮酒》诗中道："俯仰各有态，得酒诗自成。"其大意是外在世界和人的内心世界都是千姿百态的，借助酒的醉意便能写出绝美诗词。他的著名词篇有《水调歌头》："明月几时有，把酒问青天"，这一首词可以看出是在他狂饮之后，于醉意之中一挥而就的。再如"人生如梦，一樽还酹江月！"表达了词人对人生的感慨，即酒与人生的无尽缠绵之意。苏东坡生性旷达，他的词已突破了婉约派的藩篱，其表现范围也更为广阔，形式也多种多样，如"酒酣胸胆尚开张，鬓微霜，又何妨！""我醉拍手狂歌，举杯邀月，对饮成三客。"这些充满浩瀚之气的词句，表达出人在酒醉之中对人生的沉思。

图8-2　辛弃疾《西江月・遣兴》

辛弃疾是继苏东坡之后具有豪迈情怀的词人，将豪放派的词抒写得淋漓尽致，与大多数诗人一样，辛弃疾也喜欢饮酒，经常醉酒，有一次醉酒后居然把松树当作人（图8-2），"昨夜松边醉倒，问松我醉何如？只疑松动要来扶，以手推松曰去。"辛弃疾主张抗金、收复失地，因而遭到主和派的打击。他在42岁时就赋闲而居，可他抗金的心未曾改变，在他的《破阵子》词中有这样的词句："醉里挑灯看剑，梦回吹角连营"，写出了一位爱国词人的爱国之情。而另一位词人陈亮，也同样具有爱国情怀，他欢饮之后高谈阔论，对当权者偷安误国痛心疾首。

李清照是从北宋到南宋时期的一位女词人，她与辛弃疾完全不同。李清照的词清丽委婉、凄婉销魂，是宋词婉约派的杰出代表。虽说李清照是女性，但在她所有词作中，涉及酒的词句竟然有一半以上。李清照从少女时期就开始饮酒，她的《如梦令》里有这样的词句："常记溪亭日暮，沉醉不知归路。兴尽晚回舟，误入藕花深处。争渡，争渡，惊起一滩鸥鹭。"可见酒对于诗词所具有的重要作用。另外还有"寻寻觅觅，冷冷清清，凄凄惨惨戚戚。乍暖还寒时候，最难将息。三杯两盏淡酒，怎敌他、晚来风急！"这首凄婉的词句表述着李清照与赵明诚婚后两年，两人离多聚少的生活，但由于两人比较恩爱，纵使时间比较短暂，也常使她牵动相思之情与离别之苦。再如："昨夜雨疏风骤，浓睡不消残酒。试问卷帘人，却道海棠依旧。知否，知否？应是绿肥红瘦。"这首《如梦令》也充分表达了词人伤春惜别的情怀。词人表面上是在抒写花，实则在为花而喜、为花而悲、为花而醉、为花而嗔，其背后的含义是深深的思念与伤春之情，同时以花自喻，感叹青春易逝。李清照中年经历丧夫和金人南侵之痛，内心沉浸在家破国亡的悲痛之中，其词也多表现出低沉悲愤的情调。如"东篱把酒黄昏后，有暗香盈袖。莫道不销魂，帘卷西风，人比黄花瘦"，把酒赏菊本来是重阳佳节合家团聚的日子，但词人却独自在屋内闷坐一天，直到傍晚日落时分，才勉强打起精神"东篱把酒"，然而这也未能宽解愁怀，反而使她内心掀起更大的感情波澜。重阳节菊花开得极盛极美，也无人再陪她饮酒赏菊，她触景伤情，无法抑制自己对丈夫的思念。"人比黄花瘦"则说明相思之情，含蕴丰富。"莫道不销魂，帘卷西风，人比黄花瘦。"则创造出一个凄清寂寥的深秋，她独自思念远人而情怀忧婉。此外，展示她孤独的词还有"三杯两盏淡酒，怎敌他、晚来风急！"在她孤寂的生活中，举酒浇愁，然而酒还是挡不住那凄凉冷寂的思绪，举杯消愁愁更愁。她思念爱人的词还有"雁过也，正伤心，却是旧时相识。"独自伤悲的她，看到大雁从头上飞过，那不正是以前传递爱人书信的鸿雁吗？可今天自己形只影单，曾经的爱人已命赴黄泉，她的悲痛已无法自已。可以说，李清照的词意蕴无穷，婉约柔美，千古传诵。

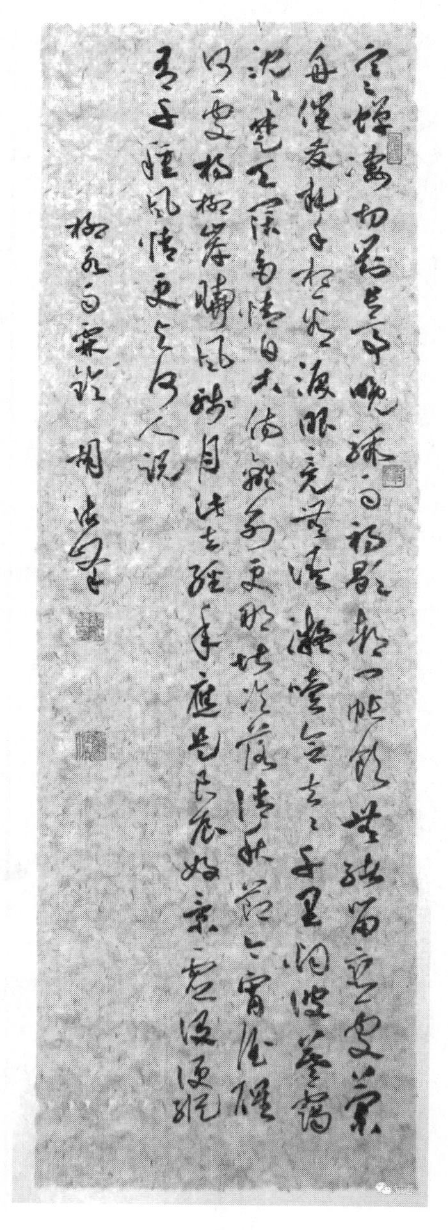

图8-3　柳永《雨霖铃》

柳永（图8-3）放荡不羁，更是与酒结缘，他的词风别具一格，脍炙人口。如"多情自古伤离别，更那堪，冷落清秋节！今宵酒醒何处？杨柳岸，晓风残月。此去经年，应是良辰好景虚设。便纵有千种风情，更与何人说？""拟把疏狂图一醉，对酒当歌，强乐还无味。衣带渐宽终不悔，为伊消得人憔悴。"他在写词时，把酒与词人、诗人、将军、士兵、男人、女人，以及时间和空间都完美地融合在一起，酒香诗情弥漫了整个人间。

到了元代，出现了“元曲四大家”，有关汉卿、白朴、马致远、郑光祖。元曲四大家之首是关汉卿，其代表作有《窦娥冤》《单刀会》《望江亭》等。关汉卿生活的时代，社会动荡不安，政治黑暗腐败，民族矛盾和阶级矛盾十分突出，人民群众生活在水深火热之中。他的剧作再现了社会现实，既有皇亲国戚，又有豪权的凶横残暴，“动不动挑人眼，剔人骨，剥人皮”的血淋淋现实，又有童养媳窦娥、婢女燕燕的悲惨命运，反映生活方面之广阔是前所未有的，既有对官场黑暗的揭露，又有对人民反抗斗争的讴歌。钟嗣成在《录鬼簿》悼词中称其为“驱梨园领袖，总编修师首，捻杂剧班头”，可见关汉卿在元杂剧中的地位，可见其杂剧具有强烈的现实性和昂扬的战斗精神。

图8-4　关汉卿

关汉卿（图8-4）善饮酒，通过酒抒写了许多小曲，如《四块玉·闲适》：“旧酒投，新醅泼，老瓦盆边笑呵呵，共山僧野叟闲吟和。他出一对鸡，我出一个鹅，闲快活。南亩耕，东山卧，世态人情经历多，闲将往事思量过。贤的是他，愚的是我，争什么！”这首元曲展现了中国古代士人的处世态度，有正义感的文人，对于现实生活总能冷静面对，他们的人格独立，不同俗流，关汉卿的元曲就是这种意识的代表。

白朴也是“元曲四大家”之一，也是元代著名的文学家、杂剧家。他爱饮酒，对于诗酒和杂剧创作颇有成就，据元人钟嗣成《录鬼簿》著录中记载，白朴的作品有《唐明皇游月宫》《祝英台死嫁梁山伯》等6个剧本，其元曲中有许多与酒相关。他常借酒抒情，借酒而抒胸臆，如《寄生草·饮》：“长醉后方何碍，不醒时有甚思？糟腌两个功名字，醅淹千古兴亡事，曲埋万丈虹霓志。不达时皆笑屈原非，但知音尽说陶潜是。”郑振铎的《中国俗文学史》中就有对这首小令的评价，是“强为旷达”之作。它以“饮”为题，在歌颂酒乡的背后，藏着对现实的否定，作者无法忘却个人功名与国家兴亡，那是因为他背负着国仇家恨，不愿出任新朝；而同时亡国之后，他又不能投身于抗元之中，内心异常苦闷。他的元曲里借助酒去消解亡国之情，表达了他思念故国而无力回天的情怀，而他的旷达，也只是“强为旷达”。

马致远也是“元曲四大家”之一，同时也是元代的大戏剧家、散曲家。马致远晚年隐居田园，以衔杯击缶饮酒为乐，并借酒抒写过许多散曲和杂剧，著有《吕洞宾三醉岳阳楼》等。他的著作有《小桃红》：“此外虚名要何用？醉乡中，东风唤醒梨花梦。”；《庆东原》：“不如醉还醒，醒而醉。”；《拨不断》：“醉眠时小童休唤”“酒杯深，故人心，相逢且莫推辞饮。君若歌时我慢斟，屈原清死由他恁。醉和醒争甚？”等，其作品反映了退隐山林的田园生活，风格豪放、清逸，常被后人引用。

张可久是元朝最为多产的散曲家和剧作家，是元代散曲中“清丽派”的代表作家，其作品风格多种多样——“或咏自然风光，或述颓放生活，或为酬作，或写闺情”。他善饮酒，其在散曲中抒写诗酒的词句非常之多。他虽贫却不能无酒，他欣赏“醉李白名千载”“贫不了诗酒生涯”；他希望“松花酿酒，春水煎茶”“百年浑似醉，满怀都是春”；他喜欢“饮一杯金谷酒，分七碗玉川茶”“翠帘沽酒家，画桥吹柳花”。

另外，我们有必要了解一下酒与散文和赋的联系。散文是文学的一种。历代抒写酒的散文非常多，如东晋刘伶的《酒德颂》、庾阐的《断酒戒》、戴逵的《酒赞》；南朝梁代刘潜的《谢晋安王赐宜城酒启》；北魏高允的《酒训》；唐朝皮日休的《酒箴》、王绩的《醉乡记》；宋朝苏轼的《书东皋子传后》、司马光的《训俭示康》；明朝周履靖的《酒德颂和刘伶韵》；清朝黄九烟的《论饮酒》等。

欧阳修是“唐宋八大家”之一，他的传世之作《醉翁亭记》，全篇连用了21个“也”字，其中写到与饮酒有关的饮、杯、酿、酒、酣、醉字达16处之多，是中国酒文化中的一朵，奇葩。

在孔子弟子及其再传弟子关于孔子言行记录的《论语》、司马迁的《信陵君列传》及《荆轲传》等，及其他专论酒的散文中，也均对饮酒有着极为细致深刻的描写。如《论语》中关于酒就从酒质方面、饮酒礼节、酒量方面等进行详细的描写。《论语》中的“饮酒观”，仍然是具有可取之处的。

赋是我国文学艺术文体中的一种，是《诗经》中“风、雅、颂、赋、比、兴”六义之一，赋讲究文采和韵律，兼具诗歌与散文的特质。两汉时期，赋开始盛行，后人称其为“汉赋”；到了隋唐和五代，赋体渐渐开始讲究格律、工整，并被称为“律赋”；到了宋朝，出现了“文赋”，多以散文方法作赋；赋发展到明清时期，“文赋尚理，而失于辞”，基本上与散文没有什么不同了。此后，作赋者大都用散文韵诗来抒写，而酒赋却不多见了。

与诗词一样，历史上的酒赋也相当之多，都各有其特色，如太康文学代表人物之一的西晋文学家张载的《酃酒赋》、江统的《酒诰》；东晋袁山松的《酒赋》；隋唐五代时期韩愈的《醉乡记》、皇甫堤的《醉赋》、白居易的《酒功赞》、陆龟蒙的《中酒赋》；北宋吴淑的《酒赋》、苏轼的《洞庭春色赋》《酒子赋》；明代王翰的《葡萄酒》；清代《蒋芸轩嗜酒》等。中国文学艺术中的酒赋的内容大多是咏物说理，具有强烈的抒情色彩。

第二节 酒与小说

在中国古代通俗小说中，最著名的是“四大名著”（《三国演义》《红楼梦》《水浒传》《西游记》），其成就之高、流传之广、影响之大是后世无人能及的，它们分别是古代小说传统分类中历史演义、世俗小说、英雄传奇、神魔小说的代表作品。这四大名著是明清时期小说的巅峰，《三国演义》代表皇权，《红楼梦》代表贵族权，《水浒传》代表暴力权，《西游记》代表神权，都是封建社会的缩影。

在四大名著中，基本上每部小说都有很多地方涉及酒。《三国演义》里描写饮酒场面达319次，平均每回的饮酒场面也达2次之多，酒已经成为生活中的必需品；反映封建大家族生活的《红楼梦》，描写的饮酒场面也有数十次，有整回写的都是饮宴场面的；《水浒传》出现饮酒场面更是多达647次，平均每回饮酒不少于5次；就算是《西游记》，虽然写的是取经的故事，表现了佛门的生活，但也出现饮酒场面达到103次，平均每回也有饮酒1次。可见，酒在社会生活中具有相当重要的地位。

另外，从描写酒事来看，《三国演义》是讲帝王将相之酒事；《红楼梦》是讲封建富贵家族之酒事；《水浒传》是讲平民豪杰之酒事；《西游记》则是讲神仙鬼怪之酒事。所以，在四大古典文学名著中，酒既为故事增添乐趣，也给情节推波助澜。同时，酒事不仅遍布社会各个阶层，而且各有特色、异彩纷呈。如果没有作者笔下描写的酒的场面，那么四大名著就会失掉许多生动形象的故事，甚至索然无味。

在中国文学古代通俗小说史上，不仅四大名著里有描写酒的情节，以此来刻画人物形象，其他小说也都离不开对酒的描写与刻画。如《儒林外史》《老残游记》《聊斋志异》《三言二拍》《镜花缘》《官场现形记》《金瓶梅》等小说。

《老残游记》中，作者借酒虚构故事；《儒林外史》中描写有“周学道校士拔真才，胡屠户行凶闹捷报”的篇章；《镜花缘》中不仅列出了当时全国五十多种名酒，还有关于武则天醉酒逞淫威的情节；《金瓶梅》也描写有“李瓶儿私语翡翠轩，潘金莲醉闹葡萄架”等酒醉情节，并且借酒宴刻画出许多豪华奢侈的生活；《官场现形记》中也有关于酒的描写，如“摆花酒大闹喜春堂，撞木钟初访文殊院”。另外，在现代著名作家鲁迅、巴金、老舍等的小说中，也离不开关于酒的描写。而且，在小说中通常写到有关酒的情节时，都非常生动，具有强烈的可读性。当然，现当代小说对酒的描写，大都不及古代小说精彩生动，这里限于篇幅，主要谈谈酒文化与四大名著。

一、《三国演义》与酒

《三国演义》诞生于元末明初，是我国最有成就的历史小说之一，共120回，其中关于饮酒场面的描写达319次之多。《三国演义》的开篇词便开宗明义：“一壶浊酒喜相逢，古今多少事，都付笑谈中。”在《三国演义》“宴桃园豪杰三结义”这一回描写中，刘备、关羽、张飞三人在桃园结为异姓兄弟，共图大事之时，他们在祭罢天地后，就在桃园之内痛饮一番，便建功立业去了。这一回说明酒在封建社会生活中不可或缺的地位。

然而，酒文化也有着权谋文化在里面，如《三国演义》中的“青梅煮酒”，就是乱世出英雄的权谋文化。另外，《三国演义》中的酒，是罚酒多于敬酒，关于酒的描写多数包含了血腥、杀伐、欺诈、钩心斗角，酒里不是有毒，就是暗藏杀机，每次酒杯一落地就会引来性命之忧。《三国演义》里的酒不是酒，而是杀伐决断的号令，酒席即战场，如关羽温酒斩华雄（图8-5）、周瑜装醉使蒋干中计、关羽单刀赴会。曹操则在大战来临之际对酒当歌，表现出曹操“对酒当歌，人生几何”的豪情壮志等。可见，没有酒，这些情节将会失去其应有的色彩与生动性。

《三国演义》中的语言通俗、明快、简练。人物语言极富个性化，每个人物关于饮酒方面的描写，都写得极具个性色彩。如孔明饮酒时表现出的智慧，关羽饮酒时的高傲，张飞饮酒时的豪爽，曹操饮酒时的豪情与奸诈，在饮酒的情节中都显露了出来。

祖成基先生曾对《三国演义》做过描写酒的方面的统计，书中的酒宴可分成很多种类，如：喜庆宴饮类、因酒发怒类、悲哀酗酒类、怨闷饮酒类、高兴畅饮类、因酒误事类、英雄豪气类、以酒解仇类、以酒谋命类、歃血盟誓类、以酒送友类、议事设计类等。

《三国演义》中，不少政治家和军事家借酒相助，从而达到摧毁和消灭敌人的目的，收到以少胜多、以弱胜强的效果。"醉翁之意不在酒"，而在严酷的政治斗争和军事斗争中，往往收到不战而胜的奇效。以酒谋事，是酒在社会生活中和政治斗争、军事斗争中的另一大功效。尤其《三国演义》中以酒谋事达 28 次，占饮酒总次数约 9%，而且每次关于饮酒的计谋都设计得非常精彩。而同样是战争题材，《水浒传》以酒谋事 21 次，占总数约 3.26%。有人说：看了"水浒"会打架，看了"三国"会狡诈。可见，酒在"三国"中，成为政治家、军事家、官僚们的战斗武器。

图8-5　温酒斩华雄

在《三国演义》里关于酒的描写，最为精彩的内容之一就是"煮酒论英雄"。这一回主要描写"遍识天下英雄"的曹操与"信义著于四海"的刘备进行的一场权谋机变的应对过程，他们深知对方是自己的强硬对手，因此一个韬光养晦，暗地里进行反曹活动，另一个则耳目遍布朝野，每天监视对方言行。可见，中国历史沧桑变化的十大酒局之一"煮酒论英雄"，是曹操和刘备两人的双龙会（图8-6）。

图8-6　煮酒论英雄

二、《红楼梦》与酒

《红楼梦》是我国的古典文学名著，也是四大名著中唯一一部爱情巨著，共120回，历来被誉为中国古典文学的最高峰。《红楼梦》是曹雪芹呕心沥血之作，前八十回由曹雪芹所作，后四十回由高鹗续写而成。易中天认为《红楼梦》是一部民族的兴衰史，没有任何一个作家可以和《红楼梦》的作者曹雪芹相提并论。

图8-7　红楼梦中的饮宴

中国四大古典名著中与酒最难分割者是《水浒传》，而描写酒的文字登峰造极者则是《红楼梦》，《红楼梦》所写的酒是“情趣之酒”。在《红楼梦》这幅历史的长卷中，淋漓尽致地描写了贾府这个封建贵族家族的生活中有关酒德、饮酒、宴饮、酒仪、酒的知识和醉态等，都写得入木三分，十分精彩（图8-7）。

相传，曹雪芹也是喜爱饮酒之人，他住在北京香山时，有一天与朋友一起到酒馆饮酒，出门时却发现没有钱付账，于是朋友拿来纸笔画了数枝风竹，曹雪芹则画了怪石嶙峋，这幅画就抵作了酒钱。曹雪芹在撰写《红楼梦》时，往往刚写好的章节就被人拿去传阅，许多人都想先睹为快。曹雪芹就对他们开玩笑说：“若有人欲快睹我书不难，惟日以南酒烧鸭享我，我即为之作书。”《红楼梦》被誉为中国语言和文化的“百科全书”，包含着一个时代的生活的方方面面，其内容上自天文，下至地理，中至人事，无所不有，而其中的酒文化也是不可分割的重要组成部分。

曹雪芹在《红楼梦》中，对酒的描述也是名目繁多。他以酒为契机，生动细致地刻画了社会人生的方方面面；以酒为话题，深刻地揭示了酒文化的丰富内涵。可见，曹雪芹不仅是语言艺术大师，而且也是酒文化大师。

《红楼梦》从第一回到一百一十七回几乎都贯穿着酒，其中的酒文化占有非常高的比重。在这部书中直接写酒的场景有60处之多，全书共出现酒字达580次之多。而作为全书总纲领的第五回“游幻境指迷十二钗，饮仙醪曲演《红楼梦》”中，写宝玉酒醉之后去可卿房内午睡，梦见警幻仙子，并看到金陵十二钗人物命运的判词，随后仙姑为他准备了“琼浆满泛玻璃盏，玉液浓斟琥珀杯”，那酒是“百花之蕤、万木之汁，加以麟髓、凤乳酿成”，名为“万艳同杯”，这一处描写极为细致，可以看出作者对酒的钟爱之情，以及在《红楼梦》中对酒的重视。

《红楼梦》中写到酒的种类非常之多。如果按生产工艺来分，酒可以分三种，而《红楼梦》把这三种生产工艺的酒全写到了，这三种酒主要有：发酵酒、配制酒、蒸馏酒。有人做过精确的统计：发酵酒类写到过黄酒、惠泉酒、桂花酒、绍酒、西洋葡萄酒、果子酒等；配制酒类写到过屠苏酒、合欢花酒；蒸馏酒类写到过金谷酒、烧酒等。另外，书中描写的饮酒名目也非常繁多，达到30种，如年节酒、生日酒、贺喜酒、祝寿酒、接风酒、饯行酒、祭奠酒、待客酒、赏雪酒、赏灯酒、赏戏酒、赏舞酒、中秋赏月酒、赏花酒等。而且《红楼梦》不但对饮宴、饮酒和醉态进行了深入的刻画，还详细描述了酒的知识、酒令和酒德，将文学艺术与饮酒结合起来，在饮酒中采用了行雅令、击鼓传花令、俗令等酒令形式。可以说，我们在这部书里可以看到各种酒礼和酒俗，以及当时生活状态中的酒文化。

《红楼梦》中酒令器皿也作为礼物赠送，对酒令的描写多达16次，如第六十七回薛蟠给宝钗带回的礼物中就有“笔、墨、纸、砚、各色笺纸——外有虎丘带来的自行人、酒令儿等。”小说中对酒令的描写极为绝妙，展示了雅与俗等种类众多的酒令，文中细致描写饮酒行令的章回达七章之多。文中描写的酒令有游戏令、文字令、赌赛令，而游戏令又有抢红、传花令、占花名、猜拳行令、击鼓传花、骨牌副儿、击鼓传梅等。如第五十四回击鼓传梅花、第六十三回击鼓传芍药花、第七十五回击鼓传桂花等，所传之花皆是当季之花，花到谁手中，谁饮酒一杯，激发诗兴和诗情；赌赛令有“曲牌名儿赌输赢吃酒”、射覆、拇战、猜拳、斗牌赌酒等；文字令有女儿令、猜谜、复合令、流觞等。

《红楼梦》中描写的是知书达礼的官宦世家，他们饮宴自然中规中矩，古时文人雅士饮酒时常以行令作乐，讲求雅兴，其模式多种多样，有对诗、猜谜、对对联等，书中酒令可谓情趣盎然，总使人沉浸其中。

《红楼梦》中酒令的规则和行令方法都非常细致。写酒令规则的有：令出必行、酒令如军令、违令罚酒、依“礼”饮酒、令官（酒官）先饮酒、行令时一律平等、酒令不可违、不行苛令等，这些规则都极具特色。《红楼梦》通过酒令，极大地丰富了人物性格和艺术空间，酒令得到了艺术的展示，促进并丰富了我国酒文化的发展。

《红楼梦》对酒器酒具的描写也极具特色，其中描写的酒器酒具令人叹为观止，钟鸣鼎食的贾府，光酒杯就有许多种类，如海棠冻石蕉叶杯、十锦珐琅杯、竹根套杯、黄杨根整抠的套杯等。另外，描写贾府的酒器酒具以质料还可以分为：金质、银质、铜质、锡质、兽角、陶土、玻璃、细瓷、珐琅酒壶、竹木等。此外，书中还描写到酒器酒具的式样及功用，以此又可以分为：乌银梅花自斟壶、乌银洋錾自斟壶、热酒用的“暖壶”等。

《红楼梦》对酒的功用也做了极为细致的描述，酒的功用主要体现在社交、饮用、医用、娱乐等。

第一，酒在社交中的功用。酒在社交场合可以是联络情感的媒介，如祝寿酒、生日酒、年节酒、贺喜酒、待客酒、饯行酒、祭奠酒、接风酒等。此外，以酒表敬意，表诚心，讲究尊长辈分的礼节。另外，在贵族阶层中酒还是财富与金钱的化身，他们处理事务常以酒为媒介，酒还是有钱阶层的产物。

第二，酒是日常饮用的物品，这也是酒最基本的功能与属性。贾府贵族阶层常年以酒为伴，吃酒赌钱，生活腐化，就连奴仆都嗜酒成风。如《红楼梦》第二十六回在描写贵族酒宴时谈论道：“谁家的戏子好，谁家的花园好，谁家的丫头标致，谁家的酒席丰盛，谁家有奇货，谁家有异物”等。可见，这些都说明酒在贵族大家族生活中无处不在，酒文化在中华民俗中不可或缺。

第三，酒在医用上具有保健和医药价值，以药物入酒，利用酒的行血效果，加速药物功效。如文中写道：“归身二钱酒洗”“延胡索钱半酒炒”，这是第十回里面记载的。再如第三十四回宝玉挨打后，宝钗送药时向袭人说道：“晚上把这药用酒研开，替他敷上，把那瘀血的热毒散开，就可以好了。”

第四，酒在娱乐时也极具特色。贾府中的夫人、小姐常吃酒听戏，酌酒吟诗，她们时常在赏月、赏灯、赏戏、赏花、赏雪、赏舞等场合饮酒并行酒令，饮酒已属当时封建社会上层阶级的一种高雅文化。

另外，酒也可以用来熨衣物，如第四十四回宝玉道：“可惜这新衣裳也沾了，这里有你花妹妹的衣裳，何不换了下来，拿些烧酒喷了熨一熨。”

《红楼梦》中的喝酒场景及有关酒文化、酒知识的描述，基本是曹雪芹亲身的经历，所以才能够写得那么生动、真切而富有韵味。如同这部古典小说所涉及的民俗、服饰、商贾、建筑、医药、技艺等领域一样，曹雪芹写“酒”，也可以说是古代百科全书中璀璨的一章，直到今天也仍具有极高的文化价值。

三、《西游记》与酒

《西游记》是吴承恩写的神话小说，全书共100回，《西游记》是四大古典小说中涉及酒文化最少的一部，可有关饮酒的场面也高达103次之多。这部书虽然写的是唐僧师徒四人西去取经的故事，但依然酒香四溢，酒宴性质涉及酬谢、饯行、计谋、奉劳、庆功、联谊、结义等。有人说：“《西游记》的素酒非酒”，可能是与佛教戒律禁止饮酒有关，《大爱道比丘尼经》说：无论出家人还是在家修行，“不得饮酒，不得尝酒，不得嗅酒，不得粥酒，不得以酒饮人，不得言有欺药酒，不得至酒家，不得与酒客共语言。夫酒为毒药，酒为毒水。众失之源，众恶之本。”所以，出家人非万不得已，是不可以饮酒的，唐僧严守戒律，堪称典范。如，当唐僧去西天取经，唐太宗赐酒饯行，唐僧不敢饮酒，太宗便安慰道：“今日之行，比他事不同。此乃素酒，只饮此一杯，以尽朕奉饯之意。”三藏才“不敢不受”。在高老庄唐僧收了八戒后，高老庄摆酒席用素酒开樽，三藏“也不敢用酒，酒是我僧家第一戒者”；在朱紫国一行人为国王治好了病，国王摆素宴，三藏也坚决不饮；比丘国王也奉酒，唐僧也坚决不饮酒等。

齐天大圣孙悟空在天宫做官时，大闹蟠桃会，“大圣却拿了些百味八珍、佳肴异品，进入长廊里面，就着缸、挨着瓮，放开量痛饮一番。”作者把一个天不怕、地不怕的齐天大圣在醉酒中的形象描写得酣畅淋漓。悟空、八戒、沙僧在跟随唐僧西去之后，基本上也颇为遵守戒律。如：孙悟空为救人参果树，来到方丈仙山，东华大帝君“欲留奉玉液一杯”，被大圣婉拒；救活人参果树后，镇元子与悟空结为兄弟，此时酒只是用在结盟仪式上；在祭赛国悟空捉了妖怪，国王安排酒宴“俱是素果、素菜、素茶、素饭”,“国王把盏，三藏不敢饮酒，他三个各受了安席酒”等。

孙悟空为了达到克敌制胜的目的，也不得不饮酒。如：在陷空山无底洞，三藏听悟空的话，在“危急存亡之秋，万分出于无奈”，为了哄住妖精，孙悟空好使手段，对于素酒最后还是“没奈何吃了”。孙悟空为了骗取罗刹女的宝扇，变成牛魔王来到翠云山芭蕉洞，罗刹女以酒接风，悟空“不敢不接”，先是“不敢破戒，只吃几个果子，与他言言语语”，最后实在推辞不过，为达到目的，只好相陪。只有在天竺国，国王留春亭饮酒酬谢，三位师兄弟才饮了一次酒。还有一些也是因为做了好事被酬谢奉酒，而书中往往一带而过，不再记述。

在《西游记》中所描写的饮宴，均各有特色，如：花果山的宴饮活动，猴子们以礼为核心进行，席位有尊卑，座次排大小，饮酒时“猴王高登宝座”，其余众猴则“分班序齿”“各以齿肩排于下边”“一个个轮流上前，奉酒，奉花，奉果”等。而在天宫王母娘娘的“蟠桃宴”（图8-8），猴王盗了宴会的玉液，回山举办了“仙酒会”，如来用法力把妖猴压在五台山下，玉帝设宴奉谢办了“安天大会”。黑熊怪盗了三藏的袈裟，邀请各山魔王参加“佛衣会”等。

图8-8　蟠桃宴

《西游记》中描写的酒的品种很多，另外对于酒具的描述也非常多。《西游记》中的酒有：仙酒、玉液、椰子酒、葡萄酒、素酒、香糯酒、御酒、暖酒、松子酒、香腻酒、香醪佳酿、国王亲用御酒、醴、香醪、椰醪、紫府琼浆、新酿等。酒具有：玉杯、金卮、巨觥、玻璃盏、水晶盆、鹦鹉杯、鸬鹚杓、鹭鸶杓、蓬莱碗、琥珀盅、金叵罗、银凿落、紫霞杯、三宝盅、双喜杯（交杯盏）、四季杯、大爵等。

《西游记》是讲神仙鬼怪的酒事，在某种程度上，孙悟空饮酒和在天宫盗酒喝表现出了他可爱的一面，这也是他之所以受到人们喜爱的一个重要原因。孙悟空对美酒美食的欲望，在大闹天宫的时候达到了一个高潮。在《西游记》中，唐僧的三个徒弟都曾因酒被天庭惩罚：孙悟空因喝尽了王母娘娘为蟠桃会准备的12坛仙酒，搅乱了蟠桃盛会，醉后又打翻太上老君的八卦炉，偷吃了长生不老金丹，甚至还打上天庭而被罚。猪八戒本来是天蓬元帅，主管天河，因酒后调戏嫦娥被逐出天界，到人间错投猪胎，他在高老庄又因酒醉而显现原形，再也不能跟高小姐在一起。卷帘大将因为打碎了玉皇大帝的琉璃盏而被贬下天庭，变成了流沙河的妖精等，在这里酒都成为了惹祸的开端。

四、《水浒传》与酒

《水浒传》的作者施耐庵是一个喜饮酒之人，相传他弃官还乡后交友甚广，经常聚在一起喝酒聊天，趁着酒兴写下了千古名著《水浒传》。《水浒传》为我们提供了一幅北宋时期社会生活各方面的风俗画卷，关于酒的场面的描写，使我们了解到当时的酒文化与社会风貌。清代著名小说理论家金圣叹说："别的一部书，看过一遍即休，独有《水浒传》，只是百看不厌。"《水浒传》是一部写英雄豪杰的书，施耐庵笔下的108将都是大碗喝酒、大块吃肉的武侠豪杰，连几位女将也都善于饮酒。有人说："水浒里的酒是压抑后的井喷"，是"血性之酒"！可见，中国四大古典名著中与酒最密切相关的，当属《水浒传》。正如电视剧《新水浒传》主题曲所唱的："兄弟相逢，三碗酒。兄弟论道，两杯茶。兄弟投缘，四海情。兄弟交心，五车话。兄弟上阵，一群狼。兄弟拉车，八匹马。兄弟今生两个姓，兄弟来世一个妈。"

《水浒传》许多故事是从酒中发生的，酒的造势使众多情节更为精彩，如以酒会友、贪杯误事、酒后闯祸、借酒发挥的细节和故事非常之多。这部著作不仅借酒表现出英雄豪杰的大无畏气概，而且作者通过关于酒的描写，展示了一幅丰富的宋代酒文化画卷。全书与酒有关的情节非常多，如酒业状况、饮酒礼仪、酒令、宴饮时尚、饮酒习俗、饮酒器具、酒的种类品牌和饮酒环境、背景，这些都说明酒文化在当时的重要地位。

《水浒传》全书共120回，写饮酒的就有六百多场（次），正面描写醉酒后的状态有27回。有人说："阅读'水浒'三天醉，章章节节酒味浓"。可以毫不夸张地说，《水浒传》如果没有酒的描写则没有了灵魂，如其开篇词所云"不如且覆掌中杯，再听取新声曲度"，108将大碗喝酒的故事使《水浒传》处处洋溢着酒的精神，酒为英雄们增添了豪气。

作者以酒为媒介，通过描写其丰富多彩的人物形象和生动的生活场景，塑造了宋江、鲁智深、李逵、武松等108位身份不同、性情各异且形象生动的豪杰形象。李逵在饮酒后憨态可掬，武松在饮酒后勇猛神武，鲁智深在饮酒后直率壮烈。

书中似乎连打斗都离不开酒，如黄泥冈七位好汉"智取生辰冈"、鲁智深醉打山门、武松景阳冈打虎和醉打蒋门神、林冲雪夜上梁山、宋江浔阳江头醉题"反诗"、鲁达三拳打死镇关西等。可见，酒塑造了好汉，好汉的壮举又提升了酒的威力；好汉上了梁山，更是狂饮不羁，愈喝愈烈。

《水浒传》中众好汉所追求的人生目标就是"大碗喝酒，大块吃肉，大秤分金"。有英雄前来投奔山寨，弟兄们饮酒以祝贺。有好汉下山冲锋陷阵，弟兄们设宴以壮行。凯旋的兄弟们更要大办宴席，饮酒以庆贺。《水浒传》通过"酒"揭示了当时尖锐的社会矛盾和统治者的残暴腐朽，同时也展现了宋代酒业的景象和酒店的现状，具有高度的艺术感染力。

《水浒传》中有名字的酒，不少于10种，可见当时酒的种类之繁多，如透瓶香酒、玉壶春酒、茅柴白酒、青花瓷酒、黄封御酒、蓝桥风月酒、头脑酒、官酒等。另外，乡野山村偏僻的地方卖的酒都是一些味薄的酒，如素酒、老酒、荤酒、社酿、白酒、浑白酒、荤清白酒等，这些都是乡民自己酿的酒。如果根据饮酒的目的和作用来分，又有壮胆酒、浇愁酒、结义酒、敬贤酒、压惊酒、诱骗酒（蒙汗酒）、劝降酒等。作者通过这些名目繁多的酒名的描写，显示出酒文化在当时社会生活中所具有的真实内涵是不同的。

《水浒传》中展现了宋代酤酒业的景象，当时社会生活酒业繁盛，酒店遍布。书中描写的酒店，可谓从京城闹市到山村僻壤，既有北宋汴京的豪华酒家，也有城镇的普通酒店和村庄酒店，甚至还有黑店。另外，当时的酒店已经懂得广告宣传，以不同形式来招揽顾客。如浔阳楼"悬挂着一个青布酒旆子，上写道：'浔阳江正库'。雕檐外有一面牌额，上有苏东坡大书‘浔阳楼’三字。”这是著名诗人苏东坡题写的牌匾，使酒店的文化品位得以提高，促使顾客慕名而来，并对它产生认同感和高端意识。

《水浒传》中的饮酒、盛酒、温酒的酒具不仅齐全，而且豪华，同时酒具不仅仅是盛酒的器皿，也是刻画人物的道具。《水浒传》众多英雄好汉都有着令人惊叹的酒量，他们所用的酒具并不雷同。这些细微之处的描写，一方面可以突显出人物性格，一方面表现出作者细节描写的深刻性。如《水浒传》第二十九回写武松醉打蒋门神时（图 8-9），提出“无三不过望”的要求，施恩问：“什么是无三不过望？”武松说：“每遇着一个酒店，不喝三碗酒就不走，就叫‘无三不过望’。”从山东门到快活林，一路酒店十三家，算来也有三四十碗。施恩唯恐武松多吃致醉，便摆下小盏。武松说：“不要小盏儿吃。大碗筛来，只斟三碗。”可见，只有此等大碗酒，才能表现武松的海量，衬托出武松的神勇。同样，鲁智深也具有这样的海量，他两次大闹五台山都痛饮而醉，第一次在山腰喝了一大桶酒，第二次在山下喝了 20 来碗酒，又要了一桶也喝光了。可见，他们所具有的英雄气概都通过痛饮表现得淋漓尽致。

图 8-9 《醉打蒋门神》

《水浒传》所反映的饮酒方式也很有特色。宋朝时期人们喝酒，在冬季都会温热后才饮用。如武松在阳谷县武大家时，潘金莲备了丰盛的酒宴，不时叫武松“请酒一杯”，可武松“只顾上下筛酒烫酒”，这里所描写的烫酒即温酒。这种温酒的方式，在第九回、第三十九回中也有。另外，除《水浒传》外，在四大名著的其他三部中都描写过温酒而饮，如《三国演义》中多次写道：“煮酒”“温酒”，如“煮酒论英雄 ”“温酒斩华雄”等都是将酒温热了才饮，这既反映了当时的饮酒方式，也反映了当时社会生活中豪杰们的饮酒特色；《西游记》中也曾数次提到帝王或妖魔把酒温热而后饮酒的场面；《红楼梦》中也写有温酒而饮的细节，并说明温酒而饮有利健康。

《水浒传》对传统宴饮礼俗描写得极为细致。首先，对重大节日，如元旦（春节）、元宵节、中秋节、端午节、重阳节等酒的品种、饮酒的礼节、饮宴的内容、形式和地点的描写都不相同；其次，书中对中国习俗礼节讲得十分详细，如结盟、接风、送行、祭奠、犯人临刑前和永别酒的习俗；其次，书中对酒局的宴席座位、座次的排定，描写得比较具体明确，对饮宴座次排位描写得准确周详，比如在上下级之间、朋友之间、宾主之间、家人之间、君臣之间排位都是有严格规定的。

总之，如果将《水浒传》与《红楼梦》涉及的酒文化相比较，就会发现无论从酒联、醉酒描写、饮酒量具、饮酒场合、饮酒方式、文化色彩等方面，都能反映出贵族酒文化与豪杰酒文化的不同。从时代来说，《水浒传》反映的主要是宋代豪杰的酒文化，而《红楼梦》则反映的是清代贵族的酒文化。

浙江万里学院的彭鲜红老师，曾对这两部名著所描写的酒文化现象进行过研究，其差别主要表现在以下几个方面：一、在饮酒量具上比较，是桶与杯的差别；二、在饮酒方式上比较，是大碗喝与小酌的区别；三、在酒联上相比，揭示的文化底蕴不同；四、饮酒场合相比，是普通与奢华之别；五、在文化色彩上比较，是注重酒楼宣传和文化娱乐功能的不同；六、在醉酒描写上的比较，是烂醉与微醺的差异。

《水浒传》中注重于酒楼的宣传，如景阳冈的酒旗写着“三碗不过冈”；浔阳酒楼的题联为“世间无此酒，天下有名楼”。卖酒的汉子则一边担着酒卖一边唱着民谣，如“赤日炎炎似火烧，野田禾稻半枯焦。农夫心内如汤煮，公子王孙把扇摇。”，这则广告词里洋溢着浓郁的酒文化气息，激发别人对饮酒的渴望。而《红楼梦》则更在意酒在文娱功能方面的描写，在酒的作用下，《红楼梦》里的公子和小姐才如此富有诗情画意，他们常饮酒对诗、联句、猜字、猜谜等，表现出贵族家庭所具有的关于酒文化的文化底蕴。

中国四大名著是人类共同拥有的宝贵文化遗产，具有深远的影响，而其中的酒文化也自成一部，讲述关于酒的历史故事。看《三国演义》如品黄酒；看《红楼梦》如尝葡萄酒，使人富有情调，让人回味无穷；看《水浒传》如喝白酒，让人酣畅淋漓；看《西游记》如饮啤酒，使人清新爽朗。总之，从品酒角度和酒文化来欣赏这四大名著，则增长了见闻又受到了酒的熏陶，是一次关于酒的历史观览与享受。因为有了酒，小说的内容更加丰富真实，小说的人物更加生动丰满。可见，酒与小说水乳相融，相得益彰，可以说是“你要分时分不得我，我要离时离不得你！”

第三节　酒与书法

“问君何举如椽笔，跃上云端酒使狂”。酒是饮的艺术，书法是线条的艺术。酒能激发诗人的灵感，帮助你书写词句，书法可以使你的性情得到展现。书法艺术是中国传统文化的瑰宝，是中国人民在世界艺术宝库中的一朵奇葩，是中华民族所独有的艺术，是无声的诗、无像的画、无音符的音乐。书法艺术讲究心与手的彻底放松，而醇酒之嗜，把两千余年许多书法艺术家的灵感激活了，为后世留下了无数书法艺术精品。

中国是书法艺术的大国，同时也是酒的大国。喜欢饮酒的人并不都是书法家，但书法家大都喜欢饮酒。酒给人以刺激，给人以快感，正所谓“书法醉人与酒共，酒道书艺亦相通。”酒可以使人的情绪在最短时间内得到调节，激发起强烈的创作冲动与灵感。酒可以使人豪情万丈，狂放不羁，创造出艺术价值极高的传世佳作。中国古代许多书法家都有嗜酒记录，在史书里有记载的著名书法家有：王羲之、陆游、苏轼、李白、张旭、怀素等，他们以书法而闻名于世、有的以诗而闻名于世、有的以文而闻名于世，同样也有的以酒而闻名于世。他们以书法、文、诗、酒留下了辉煌壮丽的艺术作品，为中国文化做出了卓越的贡献，也为酒文化提供了宝贵的历史图鉴。

对于饮酒增益书法的妙用，宋代陆游体会颇深，他在《题醉中所作草书卷后》中说:“胸中磊落藏五兵，欲试无路空峥嵘。酒为旗鼓笔刀槊，势从天落银河倾。”酒可以使人在饮后，把字写得非常有气势，这也许是一种灵动的展现。他又在《草书歌》中说：“倾家酿酒三千石，闲愁万斛酒不敌。今朝醉眼烂岩电，提笔四顾天地窄。忽然挥扫不自知，风云入怀天借力。神龙战野昏雾腥，奇鬼摧山太阴黑。此时驱尽胸中愁，捶床大叫狂堕帻（zé）。”酒后挥笔，方能写得出神入化，而且可以挥发心中不平之气。

书圣王羲之，官至东晋右将军，也称王右军，以书法闻名于世，其书法被后世评价极高。唐太宗李世民就极为喜爱王羲之的书法，对于他的真迹收藏达3000幅之多，并亲自为《晋书》撰写《王羲之传论》，李世民说：“详察古今，研精篆、素，尽善尽美，其惟王逸少乎。”

书圣王羲之的《兰亭序》在他所有的书法作品中对后世影响最大，被誉为天下第一行书，这正是他在饮酒后醉意之中所抒写的绝美书法。这个故事发生在永和九年农历三月三日，王羲之邀请谢安、孙倬等四十一位名士，在浙江绍兴会稽山兰亭进行修禊活动。当时名士们坐在深水之旁，行酒令而赋诗，流觞饮酒，把盛酒的杯子放在曲水上，让其顺流而下，杯停在谁的面前，谁就必须赋诗一首，赋不出诗的人，就必须罚酒一杯，结果到聚会结束时，诗篇成集，而王羲之则在醉酒中挥手写下《兰亭序》。此序挥洒而成，令座中名士拍案叫绝，就连王羲之自己在酒醒后也大为吃惊。此后，他又多次书写《兰亭序》，却再也没有达到醉酒时的遒媚劲健的艺术境界。而《兰亭序》这一书法的出世，使曲水流觞的兰亭也成为后世文人墨客风流之地，1600多年来成为众书法家向往的地方。王羲之在酒劲的作用下，成为千古书圣，酒如《序》之灵魂而共存，《序》如酒之身躯而共名，酒与《序》共同吟出了千古绝唱，这是酒与书法最绝美的结合。前而不见古人之佳作，后而不见今人之超越。

唐代是中国书法史上的黄金时代，而唐诗也是中国诗歌史上的一座不可超越的丰碑，而这两者似乎又都与酒有着密不可分的关系，当然这些都建立在经济的繁荣和文化艺术的活跃的基础之上。唐朝帝王也有很多喜爱书法的，特别是太宗李世民尤为喜爱书法，他对唐朝书法的发展起了重要的推动作用。唐朝书法家流派众多，名家辈出，而其中以草书见长的就有两位大师，他们是张旭和怀素，两人也喜爱饮酒，他们在书法中融入了酒的文化。可见，唐朝是中国封建社会的鼎盛时期，而此时的书法艺术也达到了最高峰，张旭、怀素就是这一时期的代表（图8-10）。

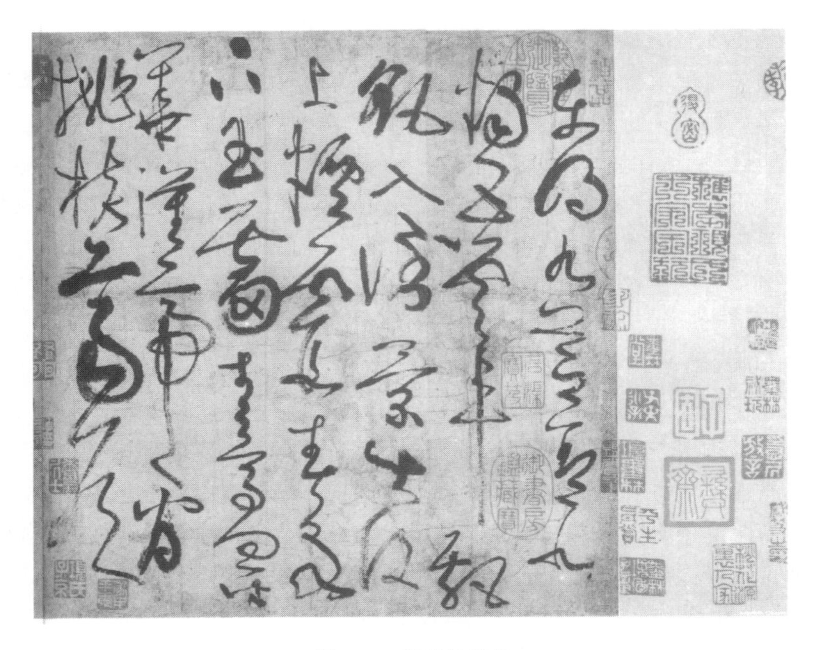

图8-10　张旭的草书

张旭的草书、李白的诗歌和裴文的剑舞，曾被唐文宗李昂称为“三绝”。张旭号称“草圣”，字伯高，唐代苏州吴人，官至右率府长史，世称张长史。他的草书线条厚实饱满、极尽提按顿挫之妙。张旭性格傲放不自修，与李白、贺知章、崔宗之、苏晋、李适之、李进、焦遂并称为“酒中八仙”。张旭生性嗜酒，生命的全部内容包含了酒与书法，而酒与书法的艺术展现也在张旭身上得到了完美的表现。有人评论他说：“每大醉，呼叫狂走，乃下笔，或以头濡墨而书，既醒自视，以为神，不可复得也，世呼张颠。”可见，其得意之作多写于酒酣之后。

杜甫在《饮中八仙歌》中说：“张旭三杯草圣传，脱帽露顶王公前，挥毫落纸如云烟。”抒写出张旭酒酣不羁、狂傲豪放的神态。酒使张旭完全进入书法艺术的境界中，使他把酒文化与书法文化交融在一起，把汉字书写成艺术，升华为用点、线去表现书法家的思想感情，这样的高深境界使他成为书法史上一颗璀璨的明珠。另外，张旭传世的书法真迹有《古诗四帖》《肚痛帖》《郎官石记》。

唐代诗人李颀的《赠张旭》五言古诗，生动地描绘了他饮酒后的狂放不羁和精湛的技艺。诗中写道：“张公性嗜酒，豁达无所营。皓首穷草隶，时称太湖精。露顶据胡床，长叫三五声。兴来洒素壁，挥笔如流星。下舍风萧条，寒草满户庭。问家何所有，生事如浮萍。左手持蟹螯，右手执丹经。瞪目视霄汉，不知醉与醒。诸宾且方坐，旭日临东城。荷叶裹江鱼，白瓯贮香粳。微禄心不屑，放神于八纮。时人不识者，即是安期生。”

《旧唐书》本传中说：“后人论书，欧（阳询）、虞（世南）、褚（遂良）、陆（柬之）皆有异论，至（张）旭无非短者。”另外，与他同时代的蔡希综在其《法书论》中，称张旭的书法“卓然孤立，声被寰中……雄逸气象，是为天纵。”这些评论都充分肯定了他在唐代书坛的地位及影响。

然而，张旭不但是“草圣”，也是造诣非凡的诗人。《全唐诗》及《全唐诗续拾》中张旭就写有10首诗，如《桃花溪》：“隐隐飞桥隔野烟，石矶西畔问渔船。桃花尽日随流水，洞在清溪何处边？”寥寥28个字，就把陶渊明的《桃花源记》写了出来，如神来之笔，后被清人选入《唐诗三百首》，编者评价说：“四句抵得过一篇《桃花源记》。”

怀素是唐朝另一位喜爱饮酒，并以书法而闻名的书法家，怀素是湖南永州人，是一个和尚，他嗜酒如命，一日九醉，人称“醉僧”，但他并非“酒肉穿肠过”，而是另有一番宏论，自言“饮酒以养性，草书以畅志”。他擅长草书，自称“得草圣三昧”，酒酣之时，不管是寺壁庙墙，还是衣裳器皿，没有一处不书写的。他创造出了狂草，以狂继癫，怀素的狂草自有章法，法在“无法”之中（图8-11）。从其《自叙帖》中可以知道：“怀素家长沙，幼而事佛，经禅文暇，颇喜笔翰。”可见，怀素从10岁“忽发出家之意”起，就与佛有缘，与书法有缘。因为没有那么多纸张让他练习书法，他就在寺院旁的空地上种了万余株芭蕉，在其叶上进行临摹，临遍当时他认可的书帖。当时，怀素练字不分昼夜，万余株芭蕉叶片临摹完了，还没长出新的叶子，他就干脆揣上笔墨立于芭蕉林前，无论寒冬还是暑热，树上长出一片叶子，就书写一片叶子，最后，废笔成冢。他喜爱饮酒，酒醉之时就到处书写，寺院墙壁、衣物、器皿无不有他留下的草书。最奇妙的是，有人向怀素请教写字的秘诀，他竟以“醉”字作答，并说“醉来信手两三行，醒后却书书不得”。可见，酒醉之后灵感的涌动，正是诗人、书法家、艺术家创作的源泉。公元759年，李白写下《草书歌行》诗，赞颂怀素的草书：“草书天下称独步”。李白描写怀素写字时“恍恍如闻神鬼惊，时时只见龙蛇走。左盘右蹙如惊电，状同楚汉相攻战”，可以说，怀素的书法技艺有多高，饮酒醉酒的名气就有多大。怀素草书绝狂怪之形状，笔墨飞舞舒俊飘逸，每一幅书法都能用抽象的线条，表现出其与文字内容相匹配。

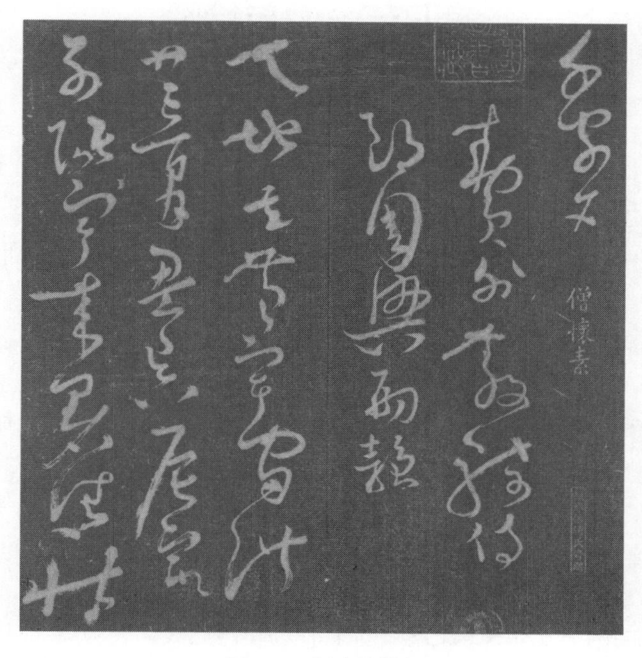

图8-11　怀素的草书

唐朝以后，能够继承发展书法艺术的名家有：苏东坡、黄庭坚、蔡襄、米芾。他们都以书法著称于世，号称“四大家”，这四人既是酒中奇人，又是书法大家。苏东坡不但喜爱饮酒，还会酿酒；黄庭坚饮酒酬唱，寄情山水，以诗词书画抒千愁以自娱；米芾一生嗜酒，“醉困不知醒，欹枕卧江流”。另外，南宋诗人陆游素有“小太白”之称，书法水平虽然无法与四大家相比，但非常喜爱在酒醉中抒写狂草，以抒胸中气，且以诗咏之，令人总是沉醉于他的豪情之中。

在中国历史上皇帝也有好酒喜爱书法的，宋仁宗赵祯就是这样一个典型，他多才多艺，其书法水平却并不高，但对书法始终兴趣不减。一天他在化成殿饮了几杯酒，精神极好，突然书兴大发，带着醉意书写了“四民安乐”四个大字。这四个字颇有气势，书写得异常精妙，完全不像仁宗平时的手笔。当时，朝中的理学大师邵雍，看后感动地说：“虽酒酣，嫔御在列，尚不忘四民”，是个心系天下的好皇帝。

书法艺术到了元代，赵孟頫以小楷闻名于世，但赵孟頫一生坎坷，在醉酒与书法中梦想着自由与平生抱负的施展。

酒使人豪放，酒使人缠绵，酒使人解脱，酒使人发泄。酒文化与书法艺术共在，酒使书法家能够沉醉于艺术创作中去，狂放不羁，自成章法，创造出许多艺术价值极高的书法作品，使书法艺术在中国的文明史中大放光彩。如果没有酒神之助，书法艺术就会缺少空灵、洒脱与不羁，酒与书法艺术是水乳相融的，酒激励着书法家在书写中创造着，并且快乐着、幸福着。

第四节　酒与绘画

中国绘画是写形表意的艺术，它一方面需要传达画家的思想情绪，一方面还不能脱离形似，这是中国画的全部技艺，而这么高超的艺术只凭笔墨纸砚来表现出来。因此，绘画和书法一样，通过手来反映心灵，描述心灵。得心应手的绘画技艺，则是以娴熟的技巧来挥洒内心的情感；以内心的情感涌动而寄情于笔墨之间。只有心手的高度协调统一，才能产生精美的作品，而饮酒之后所产生的作品，则是在灵感激发之后得到的心灵的抒写。可见，酒起了催化作用。

酒可饮可品，可颂可歌，可画可图。纵观历代中国画，有很多有关酒文化的题材，这说明绘画和酒有着极为密切的联系，它们之间的缘分是灵与肉的存在。“春山淡冶而如笑，夏山苍翠而如滴。秋山明净而如妆，冬山惨淡而如睡。”酒可以引发创作热情，激发创作灵感。当艺术家情绪高涨时，也就是他处于宣泄情感的最佳状态，在这样的状态中，画家无论是在技巧上还是在意境上，都能够左右逢源，心手相应，而且借着酒的灵感，能够画出超越平时的画作，此时的画笔就如神来之笔，能轻而易举地越过诸多障碍。

在中国绘画史上，有着数万位名人画家，而其中喜爱饮酒之人不在少数。传说在秦汉时期，有一个千岁翁安期生，《酉阳杂俎》中说他曾“以醉墨洒石上，皆成桃花”，这虽然是传闻，但说明在很久以前人们就相信借助酒神的力量来提高绘画水平，可见很早以前酒与绘画就有着极为密切的联系。

图8-12　吴道子的画（局部）

王蒙是晋代名士，性格豪放，放荡不羁，他嗜酒、好肉，尤其善于绘画。他为酒作画，为画饮酒，把酒和画放在他生命最重要的位置，有酒有画，无酒无画。在他看来，饮酒与作画同样都是取乐，而酒后作画则是乐上加乐，其美无穷，其意无穷。

吴道子（道玄）是唐朝著名画家，被后世人们称为“画圣”。吴道子作画“俄顷而就，有若神助”，“诗圣”杜甫称他为“画圣”。他善画人物画，所画道释人物气势恢宏雄峻，栩栩如生，线条遒劲圆润，衣飘带举似仙人而欲下，不到二十岁就已穷丹青之妙（图8-12），世称“吴带当风”。

吴道子酷爱饮酒，性好酒使气，他无论是画人物还是画山水，都需要借助酒力激发灵感来创作画作，这在史籍上多有记载，如《宣和画谱》和《历代名画记》说他“好酒使气，每欲挥毫，必须酣饮”。唐明皇曾命他画嘉陵江三百里山水的风景，他饮酒之后提笔而就，画嘉陵江山水之疾速，画作之绝美，都说明他在酒的作用下，灵感之活跃，技艺之精湛。

张彦远在《历代名画记》中评论其画“可谓六法俱全，万象必尽，神人假手，穷极造化也。所以气韵雄壮，几不容于缣素；笔迹磊落，遂恣意于壁墙”。吴道子在长安、洛阳两地生活时期，他曾在道观寺院酒后绘制了三百余间宗教壁画，奇形异状没有一样的。在《京洛市塔记》中还曾记述说，他在长安崇仁场资圣寺净土院门外墙壁上“秉烛醉画”，其神妙之作为神来之笔。一位寺僧希望得到他一幅真迹，便在寺院两廊下特意准备了百石美酒，对他说：“你若愿为我画幅画，这百石美酒全归你。”吴道子见酒大喜，本不轻易将画送人，但现在他却爽快地答应了寺僧的要求。这些传说和记载把吴道子爱酒的形象刻画得惟妙惟肖。

张志和是唐朝时期的画家，自称“烟波钓徒”，歌、词、诗、画俱佳，喜好饮酒，长期隐逸于江湖之间。《唐才子传》称其“善画山水，酒酣或击鼓吹笛，舐笔辄就，曲尽天真。”可见，他“酒酣”之后的画作极为精美，同样“击鼓吹笛”也能激发起他创作的技艺，并且他酒醉作画不但神速，而且所画之景物栩栩如生，神态惟妙惟肖。唐朱景玄撰《唐朝名画录》，定逸品三人，张志和居其一。而《画旨》云：“昔人以逸品置神品至上，历代唯张志和可无愧色。”唐朝画家王洽在每次作画前，总是酒酣兴浓，然后才以墨泼图，脚踏手扪，根据所泼之形象来画出山石林泉，而画中的云霞卷舒，应乎随意，却看不到一点墨污的痕迹，这使他的画作脱去了笔墨之径，而自成一种画意。

郑虔，是盛唐非常有才华的人物，有诗、书、画三绝之称。郑虔每次作画，都要饮酒至酣，醉意蒙眬之时才挥笔而画，却又运笔如神。杜甫说他“酒后常称老画师”，可见郑虔醉酒后作的画，仍然是人、酒、画结合得水乳交融，酒在画中，画于酒间。宋人郑刚在《论郑虔阎立本优劣》中说郑虔“酒酣意放，搜罗万象，驱入毫端，窥造化而见天性。虽片纸点墨，自然可喜。”可以说，在他的艺术生涯里，熔铸着酒的灵性与血液。

厉归真，是五代时期善画牛虎鹰雀的著名画家，被人们称为异人，他平素穿一身布衣，进酒肆如同进自己的家门。有人问他为何如此好喝酒，他说：“我衣裳单薄，所以爱酒，以酒御寒，用我的画偿还酒钱。除此之外，我别无所长。”厉归真虽然嗜酒，但并不疯癫狂妄。厉归真笔下的一鸟一兽都画得极为生动传神。传说唐明皇时期，所制作的南昌果信观的塑像之上时常有鸟雀栖息，人们常因鸟粪污秽塑像而发愁，厉归真便在墙壁上画了一只鹞鹰，从此雀鸽绝迹，塑像得以妥善地保存。

郭忠恕，是五代至宋初的著名画家，史称他“七岁能通书属文”。他仕途坎坷，但其绘画作品却取得了异常的成就。郭忠恕从不轻易作画，如果有人拿着绘绢请他作画，他必然会怒而不理，可一旦他酒醉之后意兴风发，就会不由自主地拿起笔来。一次，安陆郡守求他作画，被郭忠恕毫不客气地拒绝了。这位郡守也不气恼，又让人拿上等绢送给郭忠恕，而后在郭忠恕酒酣之后，才得到一幅佳作。大将郭从义也想要一幅画卷，但他从不开口索画，在他镇守这个地方的时候，常宴请郭忠恕，而宴会厅内就摆放着文房四宝。这样过了几个月，一天郭忠恕在宴席中喝醉了酒，随手画了一幅画，使郭从义如愿以偿。

另外，范宽、赵孟坚等山水画家都是“高阳酒徒”，赵孟坚还“以酒晞发，箕踞歌《离骚》，旁若无人”，其狂放不羁的个性，令人想起魏晋时期的阮籍、刘伶。

宋朝以后，嗜酒的画家层出不穷，其画境与酒意相融合，更显得相得益彰。宋朝的李成本是唐朝宗室，宋朝建立后家运衰微，命运不济，纵意于诗酒风月、琴弈书画之间，如果谁想要他的画，必须备酒席以享之，他饮酒至酣后才能作画，而他此时画的画烟云万状，栩栩如生。

包贵、包鼎父子都是画虎名家。包鼎每次作画前，都先要“洒扫一室，屏人声，塞门涂牖，穴屋取明，一饮斗酒”，然后再“脱衣，据地卧、起、行、顾”，对老虎的神态进行体会，对老虎的动作进行模仿，等悟出老虎的样貌时，又“复饮一斗”，乘酒兴而挥毫，“取笔一扫尽意而去”。他所画之虎比他父亲所画之作更逼真更形似，所画之虎力透纸背。

陈容以画龙见长。龙是传说中的动物，没有人知道它真实的模样，因此画家画龙无法到现实生活中去观察模仿，只能凭借自己的想象来构图。陈容每次作画前，总是先饮酒至醉，让大脑高度兴奋，手舞足蹈，大喊大叫之后，再“脱巾、濡墨，信手涂抹，然后以笔成之。”所画之龙“或全体，或一臂、一首，隐约不可名状，曾不经意而皆入神妙”。这种似“不经意而皆入神妙”的超然物外的水平，显然是酒醉之后所引发的丰富的想象和幻想。

苏轼是一位诗人，同时还是一位书画家，他的画作都是酒醉之后而画就的灵动之作。黄庭坚《题东坡竹石》诗说：“东坡老人翰林公，醉时吐出胸中墨。”他还说苏东坡“恢诡谲怪，滑稽于秋毫之颖，尤以酒为神，故其筋次滴沥，醉余频呻，取诸造化之炉锤，尽用文章之斧斤。”可见，酒对苏东坡的艺术创作具有非常大的作用，他自己也说“枯肠得酒芒角出，肝肺槎牙生竹石。森然欲作不可回，写向君家雪色壁。”苏东坡酒醉之后所画的作品，可以说是他心中真实的情感在无意识间的流露（图8-13）。

图8-13　苏轼《木石图》

钱选生活于宋末元初，南宋景定三年进士，宋之后隐居不仕，自称是“不管六朝兴废事，一樽且向图画开。”他的画作与赵孟頫等人的画作同时出名，被列为“吴兴八俊”，号称“酒不醉不能画，然绝醉亦不可画，惟将醉醺醺然心手调和时最能画。”但他的创作也是酒醉后的作品，可见酒对激发艺术家创作有多么神奇的作用。

元朝喜欢饮酒的画家很多，以酒量大而驰誉古今画坛的画家不在少数。元初的著名画家高克恭，字彦敬，号房山老人。他是著名的山水画家，他喜爱饮酒，又擅长画山水和墨竹，“我识房山紫篝曼，雅好山泽嗜杯酒”就是其真实写照。他不肯轻易动笔，遇有好友在酒酣之际才信手挥毫，被誉为元代山水画第一高手。虞集《道园学古录》中说：“不见湖州（文同）三百年，高公尚书生古燕。西湖醉归写古木，吴兴（赵孟頫）为补幽篁妍。国朝名笔谁第一，尚书醉后妙无敌。”可见，高克恭饮酒之后所作的画作，精妙绝伦，无可匹敌。

元朝著名的“元四家”：黄公望、倪瓒、吴镇、王蒙，都喜爱饮酒。大画家黄公望嗜酒如命，晚年客居虞山，二十年间留下了许多饮酒作画的趣闻，流传至今。

倪瓒，善于画山水，隐居不仕，他的“逸笔草草，不求形似”和“聊写胸中逸气”的主张，对明清时期的画作影响极大。他常与友人诗酒作答于山水之间，“云林遁世士，诗酒日陶情”“露浮磐叶熟春酒，水落桃花炊鲸鱼”“且须快意饮美酒，醉拂石坛秋月明”等，这些诗句描绘出了倪瓒避世而居的诗意生活，是他隐居生活的真实写照。

吴镇，善画山水、竹石，为人孤洁，多在酒后作画。倪云林称赞说：“道人家住梅花村，窗下松醪满石樽。醉后挥毫写山色，岚霏云气淡无痕。”

王蒙，善画山水，往往酒酣之后“醉抬秃笔扫秋光，割截匡山云一幅”。王蒙的画作与酒量均闻名于世，向他求画的人，都要许以美酒佳酿。袁凯《海叟诗集》中云：“王郎王郎莫爱情，我买私酒润君笔。”就是以酒向王蒙求画的真实写照。

还有一位叫郭巽的书画家，他的酒量“有鲸吸之量”，可见其惊人。郭巽善于在醉后信笔挥洒，其画作“墨神淋漓，尺嫌片楠”，得到他的画的人都如获至宝。杨铁崖在他画的一幅《春山图》上题诗道：“不见朱方老郭髯，大江秋色满疏帘。醉倾一斗金壶汁，貌得江心两玉尖。”郭巽其人其画及醉态，都被这首诗形象地勾画出来了。

吴伟，明代画家，喜饮酒。吴伟善画人物、山水，是“江夏派”的创始者，想要他的画的人都必须先给他送酒。有关他醉酒的故事，在明朝的史书典籍和笔记小说中比比皆是。如姜绍书《无声诗史》记载说：明成化年间，吴伟待诏仁智殿时，经常喝得烂醉。吴伟大有酒仙风骨，明宪宗曾赐他“画状元”印一枚。一次，明宪宗在宫中召见他，适逢他酩酊大醉，只得被抬进宫里。他蓬头垢面地被人扶到皇帝面前，皇帝见状，不禁大笑，命他以《松泉图》为题作画。他在似醒未醒之间，醉眼蒙眬中跪翻了墨汁，只好信手在纸上涂抹起来，片刻便画出一幅水墨淋漓的《松泉图》，而意境非他人能画出。在场的人都惊呆了，皇帝也赞叹其为“真仙人之笔也”。周晖的《金陵琐事》还记载说：吴伟到朋友家做客，酒醉后雅兴大发，将吃过的莲蓬，蘸上墨在纸上大涂大抹，主人不解其意，吴伟思索片刻又拿起笔舞弄一番，竟画成《捕蟹图》，在场者无不齐声喝彩。

汪肇，画人物、山水，学戴进、吴伟，亦工花鸟，是浙派名家。他也喜爱饮酒，《徽州府志》记载他“遇酒能象饮数升”，这样的饮酒表演堪称绝技了。《无声诗史》和《金陵琐事》都记载有关于汪肇饮酒的故事：有一次，他误上贼船，为了保命，博取贼首的好感，愿为每人画一扇。扇画好之后，众贼高兴，摆宴同他一起饮酒，汪肇用鼻吸饮，众贼纷纷称奇，手舞足蹈，众贼醉酒后沉睡过去，汪肇才脱险而去。汪肇常炫耀说：“作画不用朽，饮酒不用口。”“朽”指的是炭条，意思是作画不用画草稿；饮酒不用张口，只需用鼻子饮酒。可见其豪爽、怪异不同常人。

图8-14　唐寅《陶谷赠词》

唐伯虎，是明朝的风流才子，他诗文书画无一不能，曾自雕印章“江南第一风流才子”。他和文徵明、沈周、仇英共同称为“明四家”，凡山水、花卉、人物、翎毛等画作无一不精。他在桃花坞筑室，同朋友饮酒，饮到酣时便挥毫作画（图 8-14），唐伯虎总是自比李白，而醉酒也在其中，他在《把酒对月歌》中唱出“李白能诗复能酒，我今百杯复千首”。民间还流传着许多关于唐伯虎醉酒的故事，他经常与好友祝允明、张灵等人扮成乞丐，在雨雪中击节唱着莲花落向人乞讨，讨得银两就沽酒买肉到荒郊野寺一醉方休，自视此是人间一大乐事。有一次，唐伯虎与朋友在外吃酒，酒尽而无银两付账，于是典当衣服当酒资，继续痛饮，到了晚上还没有回家去。唐伯虎醉后依然是涂抹山水数幅，早上起来换了钱财，才赎回衣服。

陈洪绶，是明朝画家，以尚酒出名，他好画莲花，嗜酒好色。陈洪绶画人物“高古奇贼”。周亮工《读画录》说他“性诞僻，好游于酒。人所致金银，随手尽，尤喜为贫不得志人作画，周其乏，凡贫士藉其生者，数十百家。若豪贵有势力者索之，虽千金不为搦笔也。”明朝散文家张岱和陈洪绶曾西湖夜饮，这一情景写在《陶庵梦忆》一书中，他们携酒斗许，“呼一小划船再到断桥，章侯独饮，不觉沉醉。”陈洪绶醉酒后，会出很多洋相，清周亮工撰《赖古堂集》说他“清酒三升后，闻予所未闻”。而陈洪绶醉后作画，其姿态更是不同一般，他“急命绢素，或拈黄叶菜佐绍兴深黑酿，或令萧数青（人名）倚槛歌，然不数声，辄令止。或以一手爬头垢，或以双指搔脚爪，或瞪目不语，或手持不聿、口戏顽童，率无片刻定静。……凡十又一日，计为予作大小横直幅四十有二。”其神其态大概也是别人“闻所未闻”吧！可以说，陈洪绶醉酒后的举止，正是他思绪飞扬，精神状态狂热，灵感喷涌而出的表现。另外，陈洪绶对于酒文化也有着巨大的贡献，他在酒牌的绘制上，为后世留下两笔珍贵的遗产，即“博古叶子”和“水浒叶子”，两幅酒牌的绘图流传至今，依然栩栩如生，令人无不惊叹。

徐渭，字文长，是明朝著名的书画家、戏剧家、诗人，喜爱饮酒。酒意正醺之时，他的泼墨花卉，笔飞墨舞，既具有墨韵又兼有笔势，是大写意花卉的开创者。徐渭醉后作画的情景在《青在堂画说》中有着明确的记载：“文长醉后拈写字败笔，作拭桐美人，即以笔染两颊，而风姿绝代。”

朱耷，是明末清初的书画家，有画坛“四僧”之一的美称，他是书画双绝的艺术大师，还是明太祖朱元璋第十六子宁献王朱权的后裔，号称八大山人，他狂放不羁、愤世嫉俗，为江西南昌人，现南昌有八大山人纪念馆。除了嗜酒，他没有别的爱好，唯有书画与共。他生性孤介，聪颖绝伦，他的画作与酒不可分割，相互依存。当时想求他画的人，都要设酒相待，等他酒醉之后，把文房四宝拿出来，朱耷醉酒后总是见纸墨就忍不住挥毫，于是就把墨泼到纸上，或者用烂扫把醮墨一洒，或用破帽子趁势一抹，弄得满纸皆是墨迹，才提笔渲染，或成山林，或成丘壑，或成花鸟竹石，想画什么就成什么。如果他写字，则举笔卷袖，狂呼大叫，一口气能完成数十幅作品。但一旦酒醒，想要再得他的书画，片纸只字都不可能。即使拿出黄金百镒，他也不为之动心。有人干脆把他拖到书房，关上两三天，逼他写字作画，他就把书房弄得满地墨汁，乱七八糟，也绝不为之作书画。这位特立独行的艺术家，在他悲剧性的一生中，创作了大量奇伟豪雄、淋漓绝古的作品，给人们以心灵撼动。为八大山人作传的陈鼎说：“山人果癫乎？何其笔墨雄豪也！余尝阅山人诗画，大有唐宋人气魄。至于书法，则脱胎于魏晋矣。问其乡人，皆曰得之醉后。呜呼！其醉可及也，其癫不可及也！”

清朝的“扬州八怪”是中国画坛上的重要流派，“八怪”中有好几位画家都喜好饮酒。高风翰就喜欢“跌宕文酒，游四方”。

罗聘，字两峰，以画《鬼趣图》而出名，更是“三升酒后，十丈嫌横”。吴毅曾在他死后写诗悼念他，还提到了他生前“酒杯抛昨日”的嗜好，可见他也是极为喜好饮酒的。

金农，字冬心，是罗两峰的老师，他曾自嘲道：“醉来荒唐咱梦醒，伴我眠者空酒瓶”，也是一位日日与酒为伴的人。《冬心先生集》中记载了他与朋友诗酒往来的作品十余首，他说“我与飞花都解酒”，可见他擅长品酒，而且酒量也好。

郑板桥是清朝的一位全才艺术家，在当时享有很高的声誉，曾书写过“难得糊涂”四个字，流传至今。他一生也与酒相伴，以画竹、兰著称，诗、书、画无不精通，慕名求画者络绎不绝，他在自传《七歌》中说：“郑生三十无一营，学书学剑皆不成。市楼饮酒拉年少，终日击鼓吹竽笙。”说明他在青年时期就已开始喜好饮酒了。

“河桥尚欠年时酒，店壁还留醉后诗”，这首诗说明郑板桥饮酒时，有自己熟悉的酒家，并且还与酒家结下了深厚的友谊。他远在外地时，还特意给这位姓徐的酒店老板写过词，题目为《寄怀刘道士并示酒家徐郎》，这首词中写道：“桃李别君家，霜凄菊已花，数归期，雪满天涯。吩咐河桥多酿酒，须留待，故人除。”可见他们之间以酒为“媒”的深厚友谊。郑板桥其字画“富商大贾虽饵以千金而不可得”。扬州一位盐商想得到他的真迹，但屡遭拒绝，后来他听说郑板桥爱饮酒吃狗肉，就选择在郑板桥出游时必经的一片竹林里，煮好狗肉，备下宴席。郑板桥经过一见大喜，兴高采烈地吃完后，问盐商诸多房舍为什么没有字画作装饰，盐商道：“这一带好像没有什么有名气的字画值得我挂，只听说郑板桥水平高，但我也从来没有见过他的作品，不敢轻易相信他人之言。”郑板桥饱餐后，经他一激，便豪兴大发，研墨挥毫，把盐商事先准备的纸张一一“挥毫竞尽”。这位盐商用一锅狗肉、一桌宴席，换来郑板桥好几张价值连城的字画，好不欢喜。后来好多人听说后，便走此捷径，郑板桥也因敌不过酒香，心甘情愿地“上当”。为此，他曾有诗自嘲：“啬彼丰兹信不移，我于困顿已无辞。束狂入世犹嫌放，学拙论文尚厌奇。看月不妨人去尽，对花只恨酒来迟。笑他缣素求书辈，又要先生烂醉时。”

黄慎是“八怪”之一，喜饮酒，但酒量不大，善画山水、人物、花卉，草书亦精。许齐卓《瘿瓢山人小传》中说他“一团辄醉，醉则兴发，濡发献墨，顷刻飘飘可数十幅”。清凉道人《听雨轩笔记》中说他“性嗜酒，求画者具良酝款之，举爵无算，纵谈古今，旁若无人，酒酣捉笔，挥洒迅疾如风。”其实，黄慎的酒量不大，清凉道人有点夸大其词了。黄慎作画时运笔疾速，清凉道人见过黄慎作画，说黄慎的画“初视如草稿，寥寥数笔，形模难辨，及离丈余视之，则精神骨力出也。”马荣祖在《蛟湖诗钞》序中说黄慎“酒酣兴致，奋袖迅扫，至不知其所以然。”在这些记载里，都讲述黄慎作品大都是酒酣之际挥洒而成，是意境与神态完美结合之作。黄慎笔不到而意到，是以草书的笔意对人物的形象进行高度的提炼。他在《醉眠图》里，把铁拐李四海为家、无拘无束、粗犷豪爽的性格淋漓尽致地刻画出来。正如郑板桥说的那样：“画到神情飘没处，更无真相有真魂。”

蒲华，是清朝末年人，“海派”画坛具有创造精神的代表画家。蒲华善墨竹、草书及山水，其写意花卉多为梅、兰、竹、菊、荷花等，善画大幅巨幛，莽莽苍苍。他嗜酒不顾命，最后竟因饮酒过度而死。他住嘉兴城隍庙内，生平落拓，陈设简陋，绳床断足。他爱饮酒，常与乡邻在酒馆喝酒，兴致所至挥笔洒墨，色墨玷污衣袖亦不顾，酣畅淋漓。然而，他的性格平易近人，对求字作画者，也不计酬金，为其代付酒资即可得。又有些前来求画者趁其畅饮，备笔墨纸砚，蒲华酒酣落笔，有求必应，因而他有许多作品流传至今。可以说，蒲华的一生不得志，贫困潦倒，以鬻（yù）画度日，过着赏花游山，醉酒吟诗，寄情翰墨的生活，然而他性格善良，每遇以重金求画，得资便呼朋斗酒，或为青楼的女子赎身，竟至一贫如洗。他曾作诗一首："朝霞一抹明城头，大好青山策马游。桂板鞭梢看露拂，命侍同醉酒家楼。"这是他真实生活的写照。

金继，生活于清朝，喜饮酒，吴县人，今江苏苏州人，善画兰花，下笔敏捷，一日可画百幅。金继开书画赈灾之先河，他是我国第一位以书画义卖形式赈灾的人。郑逸梅在《逸梅杂记》中说："金继一名慎继，字勉之，谐音以免痴为号，又号酒。""时值鲁水灾，海上味药园特开助赈会，鱼龙繁衍，百戏杂陈，售券所得，悉以捐输，免痴慈善为怀，自告奋勇，携笔墨赴园，当众挥洒，顷刻而就，随求随应，绝不停滞，开书画助赈之风。"金继生活中没有酒是不可以的，"每晚必备绍酒两壶，佐以少许菜肴，浅斟低酌，自得其乐，又复置雪茄烟二校，停搏则吸烟，吞吐之余，则又浮白者再，烟尽壶罄，颓然偃息，晚餐为废，如是者凡二十年。"可见，酒在他的生活中与作品中功不可没。

明清两代写意盛行，酒与绘画的关系更加密切，这一风气一直影响着中国的绘画。另外，在中国画史上不仅画家爱酒，而且把饮酒的场景也绘入画中，这样的作品非常多。饮酒的作品最早可追溯到秦汉时期的《宴饮图》。1957年在洛阳老城附近挖掘出一座西汉壁画墓，《宴饮图》就画在主室后壁上方。画面呈现为正中有二人踞坐，手持角杯，正面有一獠牙外露、眼如铜铃的长毛怪兽，也手持角杯；左右各有三人侍立，左侧一人挥剑而舞，右侧两人在火炉前烤肉，背后挂钩上高悬牛肉、牛头。郭沫若考释后认为，此画应取材于历史故事鸿门宴，根据画面内容推测成画时间应在公元前48年左右。

艺术是社会生活的反映，社会生活是什么样，反映这种社会生活的艺术作品便是什么样。宋人刘松年曾描绘一个解衣袒胸的醉僧形象，这便是《醉僧图》，在画的上方还题诗一首："人人送酒不曾沽，终日松间挂一壶。草圣欲成狂便发，真堪画入醉僧图。"画家左手支撑微微倾斜的身体，仰天长啸，右手挥笔于绢上，虽未下笔，却使人感到笔走龙蛇，再现了一个醉僧的狂放不羁。

明人唐伯虎的《陶縠赠词图》，取材于南唐《拾遗记》所记述的一则故事：宋太祖派大臣陶縠出使南唐，意在向国力弱小的南唐施加压力，使其归顺。陶縠在南唐后主李煜面前出言不逊。南唐大臣们深觉耻辱，于是派宫妓秦若兰扮作驿吏之女，来到陶縠的驿馆。陶縠一见秦若兰，立即为其美貌所倾倒，露出了好色的本性，并赠词。过了一天，李煜设宴款待陶縠，陶縠在宴席上依旧桀骜自恃，软硬不吃。后主举杯，令若兰出来唱歌劝酒。若兰轻启朱唇，缓奏丝玉之声，所唱歌词正是陶縠前日所赠，把他弄了个面红耳赤，十分尴尬。而唐伯虎在画中描绘了赠词前后的情景，并在右上角题诗一首："一宿姻缘逆旅中，短词聊以识泥鸿。当时我作陶承旨，何以樽前面发红。"对道貌岸然的陶縠进行了嘲讽，揭露出了其男盗女娼的虚伪本质，此画藏于我国故宫博物院。

清朝苏六朋的《太白醉酒图》，画的是李白醉酒于唐宫之内，由两个宦官搀扶侍候的情景。画面省略布景，人物造型准确，李白身穿白色朝袍，朱色长靴，色调鲜明，两眼稍稍向上斜视，醉态中神色飘逸。而画面中宦官的服饰为皂帽、青杂色衣履，色调灰暗，画作以服装色彩明暗度的不同来烘托李白高昂的气势，同时也绘出后面那位年龄较大的宦官，早已是恼怒地注视着李白，表明他平时的横行霸道，这个宦官紧闭着嘴巴，脸颊也被拉长，这些都说明他掩饰不住内心的愤怒，而前面的小宦官却奴性十足。苏六朋笔下的这两个宦官，表现出了他们专权横行的丑恶形象，衬托了李白藐视权贵的不羁性格。

以上作品都具有一种飘逸之气，给欣赏者以审美感受，诗人以充满激情的妙笔来描述这种感受：“大网截江鱼可脍，高楼临路酒如油”，这也是陆游所见；“野桥行过路三叉，青旗插檐沽酒家”，这是贝琼笔下风光；“山人昔与云俱出，俗驾今随水不回。赖我胸中有佳处，一樽时对画图开。”这是苏轼酒后赏画的随意和悠闲；《李太白醉酒图》则说明诗人之醉与画中仙人之醉交相辉映，醉色满眼，读者仿佛置身于醉酒的世界，而感到“别有天地非人间”的酒中仙境的绝美。

画家饮酒后画的作品皆成佳作，这似乎在古代成为共识，就是赏画人也常以饮酒中赏画效果最佳。苏东坡在《次韵子由书王晋卿画山水》中说：“山人昔与云俱出，俗驾今随水不回。赖我胸中有佳处，一樽时对画图开。”这首诗的意思是，若是醉人看醉画，那就更是满眼醉色了。明人徐渭在《醉中咏玉林山人所绘醉仙图》中说：“玉林醉仙吾故人，画中醉仙无限春。今日欲见不可见，但见图画伤吾神。画中醉仙醉欲倒，我亦大醉不知晓。东方天白瓦露燥，却恨归家何太早。”此时，诗人与画中仙人的醉态，已融为一体，难以区别了。

第五节　酒与对联

对联是一种对偶文学，言简意深，对仗工整，平仄协调，俗称“对子”，雅称“楹联”，起源于桃符。它是中华民族的文化瑰宝，是世界上绝无仅有的文化艺术。据传说对联诞生于周朝前期，也有人说对联诞生于秦朝，发展到隋唐时期开始成熟。在历史长河中，文人墨客写过数百万副对联，对联不仅在中国文学艺术宝库中占有一席之地，而且在世界文学艺术殿堂上也绽放着奇异的光辉。

图8-15 《中华酒联大观》

酒联（图8-15），几乎与对联同时产生，作为中国酒文化的一个重要组成部分，其内涵十分丰富，外延十分广阔。中国酒文化为对联创作提供了丰富的内容，对联艺术又为酒文化提供了独特的表现形式。对联历经数代而不衰，其诗意盎然、情趣浓郁，别有一番风味，而酒联更是具有其自身的酒韵情趣。这些酒联，不仅具有一般对联言简意赅、对仗工整、雅俗共赏、音韵和谐、形式灵活以及实用的特点，而且包括了丰富的酒文化知识，为中国酒文化的发展增添了新的魅力。酒联使得中国酒文化和对联艺术完美地结合在一起，相得益彰。

酒联，就是与酿酒、饮酒、酒具、酒名直接相关的对联，它既包括酿酒、赞酒等与酒有直接关系的对联，也包括在不同场合间接与酒有关的对联，如过年过节、待客题赠、婚喜寿丧等，以及借酒寄情的酒联。酿酒、赞酒等与酒有关的对联，常用于酒厂、酒楼的楹联，多与酒的色、香、味等方面相联系，体现出酒在物质方面的文化价值。在不同场合间接与酒有关的对联，常用在人际交往和社会活动中，多与世俗人情、文学艺术、悲欢离合、喜怒哀乐、亲疏远近等相关联，体现出酒在精神方面的文化价值，说明对联艺术与酒文化的关系。

（一）赞酒联

美酒之所以美，在于其香。而酒之香，来自酒内所含有的多种微量元素。这些微量元素按不同的比例互相搭配，就形成了香味各异的白酒香型，如浓香型、酱香型、凤香型、清香型、米香型、馥郁香型等。但任何一种酒体的香气，都是一种复合香气，而不是单调平一的。人对复合香气的感受都是有层次的，有“口香、溢香、留香、闻香”的“四香”之说。酒入口中，香气充满口腔，称为“口香”；酒刚倒入杯中，满座皆香，称为“溢香”；酒咽下后，仍有余香，或酒后作嗝，仍有香气，称为“留香”；端杯对鼻，用力吸气，酒气入鼻腔，称之为“闻香”。人们对此“四香”的感受，使其产生身心愉悦之感，因而颂之以诗，颂之以对联。

赞酒的对联多用“香”字，如：酒香十里春无价，醉买三杯梦也甜。仙醴酿成天上露，香风占到世间春。琼浆玉液名天下，闻香不禁口流涎。一杯香露落入口，千粒珍珠滚下喉。再如：酒气冲天，飞鸟闻香成凤；糟粕落地，游鱼得味成龙。

对于同一种酒来说，酒精度越高，香气就越浓，也越易醉人。因而在赞酒的对联中，就常用“醉”字来说明酒的威力，极为幽默风趣：“贾岛醉来非假倒，刘伶饮尽不留零。入座三杯醉者也，出门一拱歪之乎。猛虎一杯山中醉，蛟龙两盏海底眠。酿成春夏秋冬酒，醉倒东西南北人。开口笑饮开口笑，祝酒歌唱祝酒歌。”这些酒联对仗工巧，雅俗共赏，妙趣无穷，看后能令人于喜悦中开怀畅饮。能使猛虎醉、蛟龙眠，能让铁汉软脚、金刚摇头，可见酒的威力之大，夸张手法在这些对联中用得极妙。在联尾巧用文言虚词，即给人以幽默感，又形象生动，其夸张使读者如见其人、如观其状，令人忍俊不禁。

饮酒能醉人，而还未饮用，仅闻到香气就“醉”人，此酒如此醉人，岂不是绝酿。请看下面几联：“风来隔壁三家醉，雨过开瓶十里香。沽酒客来风亦醉，欢宴人去路还香。远客来沽，只因开坛香十里；近邻不饮，原为隔壁醉三家。”有的酒联，以典故点缀其间，明快含蓄，清淡传神，如：“刘伶借问谁家好，李白还言此处佳。画栋前临杨柳岸，青帘高挂杏花村。泉香凭谁问？酒洌待君尝。”刘伶、李白是有名的饮者，嗜酒如命。“今宵酒醒何处，杨柳岸，晓风残月”是宋朝柳永的词；“杏花村”出自唐朝杜牧的诗；而“泉香”“酒洌”，则是宋朝欧阳修《醉翁亭记》里的词。

除了称赞酒香的对联外，一些赞酒的对联，还称赞酒的香型、酒史、工艺、产地等，以夸张的口吻来提高酒的知名度。如：“常德德山山有德，沅江江酒酒无江。”这是秦含章赞美德山大曲酒的对联。“竹叶杯中万里溪山闲送缘，杏花村里一帘风月独飘香。”这是赞汾酒的对联。“龙泉凤泉兽泉同是甘泉水，酒圣酒仙酒鬼皆为名酒魂。”这是陶家驰赞酒鬼酒的对联。“古香古色古名实遂古意，醉地醉天醉酒莫如醉心。”这是赞古遂醉酒的对联。“蜂卧蝶扑亭子头，传旧佳话，壶倒香倾柳林镇，唱新风歌。”这是赞西凤酒的对联。“酒泉芳香眠龙凤，杜康甘醇醉神仙。”这是赞杜康酒的对联。

（二）酒楼联

酒楼的对联，更多的是以热情的态度，渲染酒的香型、品种与酒力，以此来招引顾客。可以说，一副好的酒联比一个关于酒的广告和说明书更能吸引人。它的广告具有诗情画意，又是一种雅致的陈设，其古朴淳厚象征着酒的绵长醇厚。另外，酒联还能够与店号、门面修嵌、匾额、室内摆设配在一起，形成一种古朴的美，收到珠联璧合、交相辉映的效果。可以说，酒联更是一种文学的样式、艺术的殿堂，给人以知识的美感和愉悦，使我们享受到千百年来的历史文化与酒文化的底蕴。

酒店都很讲究酒联的撰拟，使得店馆酒联更加异彩纷呈。如，民国初年，成都张有贵酒家的一副对联写道：“为名忙，为利忙，忙里偷闲，且饮两杯茶去；劳心苦，劳力苦，苦中作乐，再拿一壶酒来。”江南某东兴酒家对联：“东不管，西不管，酒管；兴也罢，衰也罢，喝罢。座上不乏豪客饮，门前常扶醉人归。”甘肃兰州市五泉山“酒仙殿”的对联：“酒当吃醉时，笑也真，说也真，露出真机，便带几分仙气；仙到修成后，天可乐，地可乐，得来乐趣，岂止一个酒狂。”此联将酒醉后的真情吐露出来。这副对联用鹤顶格嵌入殿名后，又在联尾嵌入“酒仙”二字，联语机巧，深藏意趣。这些酒联都曾为店家拉来顾客，起到招揽生意的作用。

一般酒楼的酒联可分为赞美酒菜、借用典故、描写环境、劝客饮酒、表达热情、嵌入店名等内容，这些对联可以吸引顾客，使生意红火。现选几副，如：“菜蔬本无奇，厨师巧制十样锦；酒肉真有味，顾客能闻五里香。五洲宾客竞来，同品尝五香美馔；一样酒肴捧上，却别有一番风情。挹东海以为觞，三楚云山浮海里；酿长江而做醴，四方豪杰聚楼头。”“山好好，水好好，开门一笑无烦恼；来匆匆，去匆匆，饮酒几杯各西东。翘首迎仙踪，白也仙，林也仙，苏也仙，我今买醉湖山里，非仙亦仙；及时行乐地，春亦乐，夏亦乐，秋亦乐，冬来寻诗风雪里，不乐也乐。”

上段这副对联是明末清初杭州西湖仙乐酒楼上所悬挂的，其对联上联为“仙”字，寓意非凡、超脱、拔俗。“白”指唐代白居易，曾任杭州刺史。“林”指宋初林逋，独自居于西子湖畔，有“梅妻鹤子”之称。“苏”指苏轼，曾任杭州知州。全联以“买醉”两字点明酒家，以上下联的“仙与乐”扣住酒家名。以下联的“乐地”来对上联的“仙踪”，“乐”字与“地”字搭配，成为“及时行乐地”，这一对联记述了一年四时之乐，别有一番情趣。

（三）节俗酒联

我国是一个幅员辽阔、民族众多的大国，又是一个历史悠久的文明古国。在数千年的历史中，我国形成了各种各样的传统节日以及风俗活动。当然，中国的节日习俗也与酒结下了很深的缘分。关于节日习俗的酒联有很多，主要有：迎春酒联、新年酒联、元宵酒联、中秋酒联、端午酒联、重阳酒联等。

迎春酒联里常使用一些具有新春特色的词语。植物词如："竹梅杨柳桃李杏"；动物词如："莺燕鹊凤"；器物词如："爆竹、酒杯、锣鼓"；颜色词如："红绿金碧"等，以这些词来描写春天的景色。有的还嵌入天干地支或生肖，使其增加辞旧迎新的时令感，如："绿酒红梅迎旭日，黄莺紫燕舞春风。屠苏醉饮三春酒，爆竹联欢四化年。椒酒千年歌大治，桃红万户颂新猷。"

关于元宵节的酒联有很多，如："雪月梅柳开春景，灯鼓酒花闹元宵。万户酒歌庆盛世，满天焰火旭春光。值此良辰，任玉漏催更，还须彻夜；躬逢美酒，不金鱼换盏，尚待何时。"正月十五，天边一轮明月，地上万点灯火，人们欢度元宵节，披着早春的晚风，踏月观灯，对酒当歌，这是多么美好的时节。

端午酒联有："美酒雄黄，正气独能消五毒；锦标夺紫，遗风犹自说三闾。"还有一副对联："焚艾草饮雄黄清瘴防病别为邪祟，飞龙舟裹香粽奠忠招魂是效楷模。"此对联说明了端午节的内容以及来源。每年的农历五月初五是端午节，人们包粽子，以纪念爱国诗人屈原，后人悼念屈原时也多用酒祭奠他。而北方人则把农历五月五日视为恶日，要在这一天饮艾酒、雄黄酒、菖蒲酒，以消毒除病，因而在端午节的对联上，就有了浓厚的酒味。

中秋酒联有："喜得天开清旷域，宛然饮得桂花酒；几处笙歌留朗月，万家酒果乐中秋。"这副酒联生动反映了中秋酒俗的意趣。农历八月十五，是我国中秋佳节，合家团圆的节日。月与酒自古就有着很多情缘，人们都乐于在中秋之夜饮桂花酒，赏团圆月，不少诗人更是在醉酒之后，以月和酒为魂而写诗作对。

重阳酒联有："菊花辟恶酒，汤饼茱萸香。身健在，且加餐，把酒再三嘱；人已老，欢犹昨，为寿百千春。"农历九月九日是重阳节，是登高、赏菊、饮菊花酒、吟诗作对的节日。

（四）婚喜酒联

早在两千多年前，在婚礼仪式上，古人就饮合卺酒，到宋朝改为合欢酒，明清时期又改为交杯酒，这种风俗流传至今。现在，一些地区和民族，在婚礼上仍然喝女儿酒、梳头酒、别亲酒、花月酒、拦门酒、回礼酒等。喜联贴过饮喜酒，婚喜酒联分为：恭贺、祝福、勉励等。

恭贺结婚的酒联有："举酒贺新婚人共河山同寿，纵情歌盛世春临大地多娇。喜酒杯杯喜事欣逢喜日子，新风处处新人新开新家风。"

祝福结婚的酒联有："海誓山盟期百岁，情投意合乐千觞。杯交玉液飞鹦鹉，乐奏瑶笙引凤凰。"

勉励结婚的酒联有："合家畅饮新婚酒，夫妇同吟比翼诗。"

（五）祝寿酒联

在数千年的酒文化中，酒一直以其养生、延寿的功能，成为祝寿的佳品。"酒以扶老，亦宜养老"，"寿酒"谐音"寿久"，即含有"长寿"之意。所以，在给老年人祝寿时，都会敬酒，许多寿联中也就会写上有关酒文化的对联。

清朝李渔贺张丰庵夫妇中秋的双寿联写道："月圆人共圆看双影今宵清光并明；客满樽俱满羡须眉此日秋色平分。"

梁启超贺康有为七十寿联："述先辈之立意，整百家之不齐，入此岁来年七十矣；奉觞豆于国叟，致欢欣于春酒，亲授业者盖三千焉。"

此两副寿联不仅带酒，更难得的是工丽雅切，对仗工巧，情景交融，可称之为祝寿酒联中的上品佳作。

文人雅士不仅喜欢给友人作寿联，以表达深厚情谊，还喜欢作自寿酒联。自寿酒联具有强烈的感情色彩，有一种是寿筵上将酒入联的作品，最具有典型色彩的莫过于郑板桥的六十岁自寿酒联。

"常如做客，何问康宁；但使囊有余钱，瓮有余酿，釜有余粮，取数页赏心旧纸，放浪吟哦；兴要阔，皮要顽，五官灵动胜千官，过到六旬犹少。

定欲成仙，空生烦恼；只令耳无俗声，眼无俗物，胸无俗事，将几枝随意新花，纵横穿插；睡得迟，起得早，一日清闲似两日，算来百岁亦多。"

（六）哀挽酒联

哀挽酒联最早萌芽于夏商时代，最初是用酒奠祭天地、神明、祖先，到了周朝时期开始有文字记载。这种写哀挽酒联的风俗礼仪流传至今，凡是节日或是先人、亲友的忌日，都会以酒祭奠，表达哀思。有人去世时，生者都会用酒祭奠亡灵，招待来吊唁的人。

这种酒祭的风俗和形式反映在挽联中，就产生了不少有酒的哀挽对联。哀挽酒联又有好几种，如：颂扬亡者、表达生者悲痛之情、亡者自挽联等几种形式。

颂扬亡者的哀挽酒联，有清代沈德潜挽桑调元的一副酒联，主要是颂扬亡者在生前取得的功绩，如："文星酒星书星，在天不灭；金管银管斑管，其人可传。"这副哀挽酒联仅 20 字，就概括了其人一生的全貌和建树。

另外，还有表达生者悲痛之情的哀挽酒联，这种挽联，没有叙事，没有颂扬，但追述死者的感情、友谊，抒发自己悲痛、追念之情。如："六亲吊奠三杯酒，一室哀号四月天。""聚首几何时辰堪云树诗成此别千古，伤心难自已且借屠苏酒熟聊酹一杯。"

此外，还有自挽酒联。从内容上看，有的是对自己生平的感慨和总结，有的是对亲人的依恋和嘱托。如清代诗人陈梓涛的自挽联："五十年经史罗胸，也喜饮酒，也喜看花，开平丧乱饱经过，百事无成，只诗卷长留天地；八十载光阴弹指，不愿升仙，不愿作佛，宝贵功名如梦灯，一端最好，有书香付与儿孙。"

昆明大观楼著名长联的作者孙髯翁也曾给自己写过一副哀挽酒联："追逐名利，抱憾终生，来得匆忙，实在糊涂；吟诗醉酒，此间有乐，不曾亏欠，此去甚好。"孙髯翁终身布衣，一生诗文俱佳，而功名不显，晚年困顿竟然以卖卜为生，因此他才作挽联一副送别自己，以表达内心无限凄凉之情，以自我揶揄之辞，表达出豁达的生死观。

（七）名胜酒联

我国历史悠久，幅员辽阔，名胜古迹美不胜收，而名胜古迹楹联也浩如烟海，成为珍贵的文化遗产。在以酒入联的作品中，有抒情写景的，有专于写景的，或风光明丽如画，或意境开阔雄远。这些名胜酒联可以令人感到心情舒畅，加深对祖国大好山河的热爱。

长沙杜甫江阁联："杰阁凌霄，佟凭楚客登临，城纵览，天高水阔，对景怡情，访古觅遗踪，遥瞻岳麓千峰秀；澄江如练，倘使杜陵犹在，旧地重游，夜醉晓行，吟诗把酒，骋怀惊巨变，笑看长沙万象新。"

苏州漱碧山庄联："丘壑在胸中，看叠石疏泉，有天然画意；园林甲天下，愿楼琴载酒，作人外清游。"

安徽怀远白乳泉联："片帆从天外飞来，劈开两岸青山，好乘长风冲巨浪；乱世自云中错落，酿得一瓯白乳，合邀明月饮高楼。"

（八）题赠酒联

题赠酒联流行于文人雅士之间，亲友送别，题赠一联，既可互为勉励，又能长久留念。他们题赠对联往往会以酒入联，让对联有了酒的味道。题赠酒联源于亲友间赠送礼品常常用酒，包括给他人题的和自题的，都富有哲理，有的咏物言志，有的激励斗志，有的劝学惜时，有的修身养性，有的重教治家，有的表达情谊，能给人以启迪。

清曾国藩的自题酒联，总给人以意味深长之感。如："酿五百斛酒，读三十年书，于愿足矣；制千丈大裘，营万间广厦，何日能之。"清林则徐之父自题联："粗茶淡饭些许酒，这个福老夫享了；齐家治国平天下，此等事儿曹任之。"这些自题酒联表现出曾国藩暮年心念国家，恬淡自适之中蕴涵着报国之心，也是仁人志士暮年的写照与心态。

清人赵之谦也曾自题联："不拘乎山水之形，云阵皆山，月光皆水；有得于酒诗之意，花酣也酒，鸟叫也诗。"这副对联的作者以诗人的心态来观山水诗酒，具有清雅之趣，与自然为友，是艺术家生平乐事。

清代中国台湾学者苏虎七和陈霞林曾在酒宴之上共同作出一副题联："好容易生数茎须，细细算来，一二三四五六七；真快活饮几杯酒，昏昏睡去，寅卯辰巳午未申。"此联为一副修身养性联，上联让人联想到一位鹤发童颜、乐观风趣的老者，其神采飞扬，风度不凡。这副题赠酒联是苏虎七在酒宴之上摇头拈须吟出的，下联则由陈霞林对出，其意生动，意趣盎然。联中描述了群贤皆至，举杯饮酒，昏昏睡去，从"寅"至"申"一睡七个时辰，也就是14个小时，说明虽然已至暮年，但人生不在年龄，而贵在心态年轻，知音犹在。

其他还有许多题赠酒联，如："酒沿白雪春酿雨，半池秋水海涵量。大开酒肠使神醉，稍敞襟袍令心宽。琥珀盏斟千岁，琉璃瓶插四时花。著书惯作惊人语，对酒常存敬客心。"

（九）劝诫酒联

劝诫酒联，是指让人们少饮酒的对联，并在酒联中直截了当地指出酒的副作用。人类生活离不开酒，适量饮酒有好处，但是不能无限制饮酒，一旦过量又会损害身体健康。有人曾为酒列举了伤身、败德、废事、害后、耗财五大害处。

劝诫酒联有："断送一生唯有酒，寻思百计不如闲。交不可滥，谨防良莠难辨；酒勿过量，慎止乐极生悲。书未成名，叹尔今生空伏案；酒能丧命，劝君来世莫贪杯。"

其实，酒也是具有两重性的，绝对地肯定或否定都是偏执的，正如下面这副酒联所说："小酌令人兴奋，狂饮使人发疯。借酒浇愁愁难解，以酒助兴兴更浓。酒能弄性仙家饮之，酒也乱性佛家戒之。酒能成事，酒能败事；水可载舟，水可覆舟。"

酒可成事也可败事，所以要节制饮酒，坚决反对狂饮滥饮。明朝莫云卿在《酗酒戒》中说与朋友饮酒，以"唇齿间觉酒然为甘，肠胃间觉饮然以悦"，否则"覆觞止酒"，那些强迫他人饮酒的人"非良友也"。可见，莫云卿对饮酒具有一定的自律性，他忠告饮酒者不可滥饮，否则对自身是有伤害的。

因此，我们对饮酒要谨慎，做到适量饮酒，科学饮酒，文明饮酒，坚决反对滥饮、狂饮。正如下面劝诫酒联所说："君子善饮贵斟酌，酒徒贪杯贱名节。多读书知礼明义，少饮酒多是无非。酒常知节狂言少，心不能清乱梦多。盘中餐粒粒皆辛苦，弃之可惜；杯中酒滴滴均醇，酌量而饮。（以上为各劝酒联摘录，非一个劝酒联）"

（十）酒联中的人生哲理

如果说酒联只是赞美酒好、菜好、环境好，那只是表面的肤浅的酒联。而真正有品位的酒联，则如同一首优美的诗，能够让人领略美的意境，感悟人生的哲理，懂得为人处世，得到美的享受。另外，在酒联中还有劝人淡泊功名利禄，得饮酒时且饮酒的词句，这表明的是一定的人生志趣，具有人生哲理与对生命的态度。

清朝人石成金撰集的酒联，明显地表现出淡泊名利的人生志趣："三杯和万事，一醉解千愁。都将心内事，分付杯酒中。须知乐事还宜酒，一醉如添千百年。整日安。闲无个事，时时把酒看青山。莫思身外无穷事，且尽眼前有限杯。茶到微浓无倦意，酒至半酣有神思。人生休被名利牵，日日醉花前。人生如酒，真醉不如假醉，糊涂难得；情谊真挚，适量胜过海量，健康为本。"

这些酒联虽然是劝人饮酒行乐，不要虚度年华，看上去有些消极，但它劝人以平常心看待人生，劝人们摆脱名利的束缚，通过饮酒获得一种心灵的宁静，可以使人达到一种平和的心态，起到净化世风的作用。

如"茶到微浓无倦意，酒至半酣有神思"，此联平仄押韵，对仗工整，以茶和酒为载体，字里行间散发着亲情和友情，处处都充满了人文关怀。这副酒联说明，品茶以微浓为恰到好处，太浓则没有茶的清香，太淡则失去味道，所以品茶以第二道为最佳。同样，饮酒以小醉为舒爽愉悦，使人身心可以达到通畅的目的，又可以用来与人交往，而大醉则易使人失态误事，甚至伤害身体。

在这些酒联中，我们看到了淡泊的心境和平和的心态，而没有壮怀激烈，也没有尔虞我诈。因此，这些酒联不仅是在写酒，更是在借酒写人、写社会、写世风民情。借酒联写出人在社会中要和平相处，积德行善；借酒联写出人生淡泊名利，任情自然，旷达潇洒；借酒联写出世风人情，表明人性的淳朴天真，古道热肠，并且劝诫人们要消除隔阂，摈弃前嫌。

在酒联中，也有一种消极的以酒浇愁的内容，如："一醉千愁解，三杯万事和。"再如："消愁有绿蚁，解忧唯杜康。"李白"举杯消愁"和李峋的"素鼓琴，倾绿蚁，扁舟自得逍遥志"的诗句，都是在说明酒可以消愁，以解心中之郁，而曹操的"何以解忧，唯有杜康"

这一句，恰恰说明酒可以解忧，以慰平生。上面的对联虽然充满悲观色彩，但对仗工整，用典得当，具有很高的艺术价值。

另外，还有一类嘲讽的酒联，如“赠酒徒”联：“红白相间，醉后不知南北；青黄不接，贫来只卖东西。”这副对联对酒徒进行了嘲讽，寓意深刻。还有一些酒联揭露了小人物的生活境况，也非常生动，如“黄酒白酒都不论，公鸡母鸡均要肥。”这副对联刻画出一些敲诈勒索百姓的“大油嘴”，联语巧妙，堪称画骨之笔。这副对联用来嘲讽当今社会贪赃枉法、受贿纳赂的人，无疑也是非常适用的。

酒联虽是一种艺术，但因为它是为酒而写，其内容自然多和酒文化有关。同时，它是一种精炼的语言表达，将思想情感和文化观念用短小的词句表达出来。因此不可能像戏曲、小说、诗歌、散文那样婉转曲折、深刻丰富，也不可能像书法、绘画、音乐那样浓墨重彩、反复咏叹。楹联的样式决定了它的内容，相对于其他艺术而言，要简洁明快，这其实正是酒联的特点，也是词句与酒文化相结合的优势所在。

第六节　酒与戏剧

中国的戏剧起源于原始的歌舞。酒与戏剧从艺术诞生那一日起就同时存在，原始歌舞是与乐神、巫咸（神巫之通称）降神活动结合在一起的。这“神”里就包含酒神，中国远古时代的戏剧表演源于祭神活动，戏剧与祭神基本上是双位一体的。汉朝王逸在《楚辞章句》中有这样的描写：“昔楚国南郢之邑，沅湘之间，其俗信鬼而好祠（祭祀），其祠必作歌乐鼓舞，以乐诸神。”清朝末年，我国近现代国学大师王国维认为，祭祀是中国戏剧的萌芽。

当酒的生产、贸易和消费成为社会生活、社会生产、社会文化的重要组成部分时，酒自然被戏剧所吸纳和反映。古今许多戏剧不但有酒事的内容和场景，而且有的还会以酒事为题材或背景，可见酒在戏剧中有着不可缺少的地位和作用。

在戏剧中饮酒与吃饭几乎是同等的。在戏剧舞台上，吃饭的器皿不是饭碗、菜盘，而是用酒壶、酒杯来代替，而且不管多么隆重盛大的场面都是如此，如《群臣宴》《鸿门宴》《功臣宴》等，在舞台上表示丰盛宴席的道具，也只是几个酒壶和酒杯而已，酒具已成为象征酒宴的意象。

有许多戏剧，是以酒或醉酒构成全剧的主要情节，如《西厢记》的开场词有“买到兰陵美酒，烹煮阳羡新茶”之句，在其“赖婚”和“兰亭送别”两出戏中，酒是不可缺少的，其位置相当重要。《十五贯》里的剧情也因酒而起。另外，《长生殿》描写唐明皇李隆基和杨贵妃的悲欢离合，其“义约盟誓”就是缘酒而发。再如《薛刚大闹花灯》，讲薛刚酒醉后，闯下滔天大祸，把当朝太师张泰的门牙给打掉了，还打伤了国舅张天佐、张天佑，打落太子的金冠，打坏太庙的神像，引起皇帝的震怒，于是把对唐朝有汗马功劳的薛家三百多人满门抄斩。这虽然是张泰在皇帝面前进谗言而引发的一场忠奸斗争的悲剧，但惹祸的起源，却是薛刚酗酒之后不讲后果的行为。

而女性与酒的关系也非同一般，这可以从元曲中窥见一斑。在高茂卿的杂剧《翠红乡儿女两团圆》、戏文《荆钗记》《豹子令》和关汉卿《救风尘》等中都可以看到女性与酒的联系。可见，酒在元朝时期就已出现在普通人家的生活中，而女性在节令、恋爱、致谢中也常常用到酒。

以醉酒为主题的小说也有很多，如《水浒传》中的《智取生辰纲》（图 8-16）《醉打山门》《武松打虎》《醉打蒋门神》《武松打店》等，由此产生的一系列剧目有《飞云浦》《鸳鸯楼》《蜈蚣岭》等。

图8-16 《智取生辰纲》

中国戏曲中的各剧种涉及酒的作品不计其数，以饮酒、醉酒为内容的作品更是车载斗量，如：京剧与酒结合得最完美、最著名的莫过于梅兰芳的《贵妃醉酒》，唐明皇宠爱杨玉环，曾约其共饮于百花亭，后明皇未去，杨贵妃久候不至，问高力士，才知道唐明皇已去西宫梅妃处。玉环怨艾，引酒独酌，自遣愁烦。梅兰芳扮演的杨贵妃雍容华贵，唱腔优美，表情细腻，以及卧鱼嗅花等丰富的舞姿，刻画出杨贵妃内心的哀伤与惆怅，醉与美得到了艺术上的高度和谐。

在京剧中，文戏有写酒的，武戏也有写酒的，如《鸿门宴》写项羽在鸿门设宴，邀刘邦赴宴，想在酒席中杀死刘邦。另外武戏写酒的还有，《醉打山门》描写鲁智深在五台山削发为僧，但他素性嗜酒，狂饮大醉，回寺后大打山门等情节。

昆剧的名作是《太白醉酒》（图 8-17），该剧描写了唐玄宗时期，渤海国进奉用蛮文写成的表章，朝中众臣没有一个能认识的。贺知章向唐玄宗推荐李白，李白精通蛮文，于是玄宗金殿赐宴，并授其为翰林院学士，命他复表蛮使。李白曾受杨国忠、高力士迫害，此时乘醉奏请唐玄宗让杨国忠为其磨墨，高力士为其脱靴。唐玄宗准奏，李白挥毫成表，震慑了渤海国的锐气。昆剧大师俞振飞把李白似醉非醉的神态和恃才傲物的性格，刻画得极为生动。此外，借酒演化成戏的昆剧还有《醉皂》《刘伶醉酒》《醉县令》《醉战》等。

图8–17　昆剧《太白醉酒》

越剧里也有写酒的，其代表作是《梁山伯与祝英台》。梁祝楼台相会，已许配给马家的祝英台只能“略备水酒敬梁兄”，梁山伯也唱道：“想不到我特来叨扰这酒一杯”，这时所描写的酒是一杯充满苦涩的酒。另外，《血手印》中也有酒的描写，书生林招得受冤判斩，未婚妻王小姐悲痛欲绝，来到法场以三杯酒祭夫，王小姐哭唱道：“扶君先饮头杯酒，眼泪落杯随酒流，林郎啊！你身后之事莫担忧，白发婆婆我侍候。”林招得回唱：“含泪饮过头杯酒，我连酒带泪都进口。小姐呀，你如此贤德世少有，招得感激在心头。”王小姐第二杯酒祭夫：“扶君再饮二杯酒，双手发抖酒外流。林郎呀，你我就像这半杯酒，难配夫妻到白头。”林郎回唱：“含泪饮过二杯酒，酒少泪多咽下喉。小姐呀！酒剩半杯还有留，我与你，未成夫妻永分手。”王小姐第三杯酒祭夫：“扶君连饮三杯酒，壶空酒尽心碎透。林郎呀！可恨老天无理由，善良之人不保佑。”林郎回唱：“含泪饮过三杯酒，酒虽尽来我泪还流。小姐呀！今生无缘再聚首，但愿来世再配佳偶。”此时的王小姐连连诉冤，被路过的包公听到，包公路遇不平出手相救，经重审平反冤狱，夫妻得以团圆。这段以酒祭夫的唱段如诉如泣，以酒来写情，以酒来写恨，刻画出人物悲痛欲绝的内心情感。

沪剧《巧凤求凰》戏中有一段酒赋，非常有趣，几乎把各种名酒都写了进去，内容与剧情相切合，在这一出剧目中，戏瘾与酒瘾写得酣畅淋漓。

有些戏关于酒的描写，虽不是主要情节，但却是某一片段中的关键性细节，这一细节借助酒来塑造或深化人物性格；或是用酒来强化戏剧冲突，解决戏剧矛盾，推进故事情节；或是用酒来渲染戏剧氛围。可见，酒也是戏剧表现的一种手段。

如《温酒斩华雄》，通过“酒尚温未凉，华雄已被斩首”这一细节，突出了关羽的英勇善战。《青梅煮酒论英雄》，通过曹操与刘备饮酒交谈，刻画了他们各怀心事的人物性格。《群英会》通过周瑜与蒋干两个人的佯醉，表现了周瑜的智慧谋略和蒋干的自作聪明。《草船借箭》，通过诸葛亮和鲁肃在船上饮酒，刻画出两个人迥然的内心状态，诸葛亮成竹在胸，而鲁肃惊惶失措。《西厢记》中，崔老夫人悔婚后，还逼莺莺以“兄妹”的名义给张生敬酒，张生在愤恨失望的心情下，被迫饮下这杯“苦酒”，这一细节揭示了封建社会爱情悲剧的时代内涵。《杨门女将》中，在杨宗保的五十寿诞的寿堂上，大家得知他为国捐躯的噩耗，寿堂变灵堂，佘太君强忍悲痛，以酒洒地，祭奠杨宗保。这一奠酒的细节，表明了酒文化的深刻内涵，酒可以是喜庆时的美味，也可以是悲痛中的苦涩，这杯酒也渲染出了杨家将的忠勇爱国与壮志豪情。另外，还有《白蛇传》《十五贯》《独占花魁》《捉放曹》《梅龙镇》等都是与酒文化息息相关的剧目。

饮酒过量，就会迷失本性，失去理智，喝得太多就昏睡不醒，任人摆布，所以用“灌醉”作为手段，致使对方昏迷不醒，然后达到自己目的，也常见于戏曲中。

如《连环套》中，朱光祖将麻醉药投入窦尔敦的酒壶里，窦尔敦昏睡后，盗去他的武器双钩。《乌盆记》中，赵大用毒酒将刘世昌主仆害死，谋财害命。《望江亭》中，谭记儿用酒将杨衙内灌醉，盗走圣旨和尚方宝剑，从而惩治了仗势害人的杨衙内。《四进士》中，宋士杰趁两个差役酒醉，偷看他们送的贿赂书信，从而揭发了一桩冤案。

用酒“灌醉”作为手段，来表现戏剧情节，还发生在一些女子身上，而这些戏曲均借酒刻画出有胆有识的女中豪杰形象。如《贞娥刺虎》中，费贞娥假充公主将李虎灌醉，然后将其刺死。《审头刺汤》中，雪艳假意向汤勤献媚，用酒将其灌醉，然后将霸占自己的卑鄙之徒刺杀。《金针刺梁冀》中，东汉末年，渔家女邬飞霞将独霸朝政的梁冀用酒灌醉，用金针刺死。《青霜剑》中，豪绅方世一为了霸占申雪贞，与媒婆姚妲同谋，诬陷申雪贞的丈夫董昌通匪，董昌竟被斩首。申雪贞假意允婚，在洞房中将方世一与姚妲灌醉杀死，然后携带仇人的头颅到丈夫坟前哭祭，最后自刎身亡。

当然，也有一些富有诗情画意的戏剧与酒相关。如，戏曲《小放牛》，就是描写一位村姑问一位牧童去哪里买酒的故事。这部戏载歌载舞，用山歌曲调演出抒情小戏，把杜牧诗中的诗情画意，在舞台上用戏剧形象和音乐、舞姿展现出来，这是戏剧对于诗词的丰富化和形象化，并借助酒富有诗意地表现了出来。

中国文化把人类恶的一面归结为“酒、色、财、气”四个字，酒占据了第一位。古典戏曲中有专门批判“酒、色、财、气”的剧目，如以明朝李九标的传奇作品《四大痴》编演的杂剧，其实是各自独立的四出戏，在明朝崇祯年间刊刻发行。

《四大痴》的四出戏为《酒懂》《扇坟》《黄巢下第》《一文钱》。《酒懂》以酒的危害为主题，写的是《蝴蝶梦》的故事，讲姜应诏得到不义之财，却因酒而败家；《扇坟》以色的危害为主题，也就是京剧的《大劈板》，讲述庄子假死，以试探其妻；《一文钱》以财的危害为主题，写的是富豪卢至为富不仁，最后受到神佛的惩罚；《黄巢下第》以气的危害为主题，写的是黄巢应试，因考官受贿而落榜，聚众造反而被杀，而受贿考官也因渎职被诛。

艺术创作与酒文化有着深刻的联系，酒具有使大脑兴奋的功能和激发灵感的作用，因此艺术家都喜爱饮酒。明朝戏曲家梁辰鱼写了一部名剧《浣纱记》，描写吴越春秋时期范蠡与西施的故事。当他的故事传开后，当时的青浦县令屠隆便设宴邀请梁辰鱼，待以上宾。因为屠隆也是一位戏曲家，曾作有《昙花记》《彩毫记》等剧作。屠隆请来戏班子演出《浣纱记》，并且每唱到戏中佳句都要饮一大杯酒，但梁辰鱼不胜酒力，第二天才醒。此事后来成为中国戏剧史和酒文化史上的一段佳话。

田汉是当代戏剧家，喜饮酒，而且还边饮酒边写剧本。如《湖上的悲剧》就是田汉从生活中获得灵感，在美酒的相助下一挥而就的作品。为表现英雄人物的气节，在现代戏剧中也不能没有酒的融入，如《红灯记》《智取威虎山》等剧目中都有描写酒的场景。

戏剧是生活的反映，酒是戏剧中的戏眼，酒是艺术的灵感，人生如果没有酒，便没有戏剧中的人生。酒本身便是一出戏，酒文化的存在就是戏剧中的明珠。

第七节　酒与音乐

纵观中国几千年的音乐史，我们可以发现酒与音乐有着极为密切的关系，其历史源远流长。“美酒飘香歌绕梁”，可见音乐与酒之间情深意笃。古代的“礼”包括酒与音乐，它们之间的缘在于音乐是审美性极强的艺术，而饮酒能使艺术家兴奋、欢乐，起到助兴的功用，以及激发灵感的作用。

音乐在渲染气氛上，高于其他任何艺术形式，所以酒与音乐的结合就是渲染欢乐气氛的绝佳组合。大型饮宴是欢乐与庆典的集合，没有音乐相伴是不可能成为庆典的。古今帝王将相、文人墨客、商旅百姓都离不开饮酒与音乐，酒和音乐可以激发情感，消愁解闷，使人享受美好生活。

西周至春秋时期，歌曲主要分“风、雅、颂”三类。“风”是民歌，“雅”是贵族和士大夫根据民歌改编创作的歌曲，“颂”是祭祀乐歌。在宫廷及士大夫宴乐时，基本上都演唱“风雅颂”等曲目，用瑟或琴来伴奏，所以有“弦歌”之称，其歌曲一共有305首，即孔子所编的《诗经》一书，这305首有很多和酒有关，如经常被士大夫用于“乡饮酒礼”的就有12首之多，其中多是“风、雅”歌曲，被称为《风雅十二诗谱》。在《风雅十二诗谱》中，有些歌曲也加入了酒的描写。

中国历史上，记载乐舞饮宴较早的是《诗经》，在《仪礼・乡饮酒礼》里记录了宫廷饮宴和乐舞表演的过程，音乐作品共18首。在《仪礼・乡射礼》和《仪礼・燕礼》中也有记载，这两首与《仪礼・乡饮酒礼》记载的内容相近，这些音乐作品都是极为珍贵的资料。

战国时期，酒在音乐中的描写，以《楚辞》为代表，其中《九歌》之一的《东皇太一》是酒与音乐融合在一起的典型代表，如《东皇太一》中有：“瑶席兮玉瑱，盍将把兮琼芳。蕙肴蒸兮兰藉，奠桂酒兮椒浆。扬枹兮拊鼓，疏缓节兮安歌，陈竽瑟兮浩倡。灵偃蹇兮姣服，芳菲菲兮满堂。”

《东皇太一》是屈原对“东皇太一”的颂歌，东皇太一是《九歌》中最高的天神，屈原在此赋中最为隆重、庄肃地表现出音乐的美，其诗从头至尾都是对祭礼仪式和祭神场面的描述。其中，屈原经常在诗歌中描写一些常用的香草，如“蕙、兰、桂、椒”，它们都具有象征高洁的意义。另外，赋中在描写祭品敬事天神时，都是用最好的酒，可见当时对于祭天是非常重视的。

在《招魂》中，屈原也用了有关酒的诗句，以此来作为歌词，如“华酌既陈，有琼浆些。”“美人既醉，朱颜酡些。”“娱酒不废，沈日夜些。”另外，在《招魂》中字句转折多变，段落分明，华彩缤纷，感情真挚。《招魂》前面有总起，中间有明显的曲调变化，后面有总结，与它相配合的是一套艺术性非常高的曲调，而且在一般的曲子里是听不到这种曲调的。

到了汉朝时期，汉赋是一种吟唱的文学，起源于楚辞。从音乐的角度讲，汉赋属于说唱音乐艺术。汉赋刚刚兴起之时，其中对酒有描述的，仅仅只有《酒赋》三首。这三首《酒赋》可以说是开了吟唱酒宴之先河，其中邹阳的《酒赋》从盛装酒的酒具到人们对酒具的态度，从酒醴的名称到其酿造，以及宏大的音乐、隆重的酒宴及高度的颂扬等，把“酒”从头至尾吟唱得酣畅淋漓，极尽铺陈之能事。

后来，音乐在三国时期又有了进一步的发展，曹操作为著名的政治家、军事家、文学家，他的诗全部是乐府歌辞。在当时来说，“饮酒唱歌，言志抒情”是人们最惬意的事情之一，它可以陶冶人的性情，可以使人尽情、尽兴、尽善、尽美。如曹操的《短歌行》（图8-18）：“对酒当歌，人生几何！譬如朝露，去日苦多。慨当以慷，忧思难忘，何以解忧？唯有杜康。”这首短歌正是当时流行于上层社会的一种文学样式。短歌中以酒助兴，以歌抒情，把曹操的情感表现得淋漓尽致。

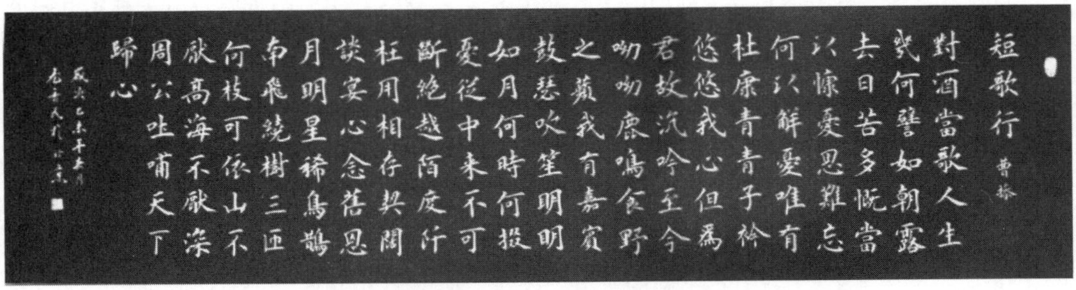

图8-18 《短歌行》

魏晋时期，七弦琴中与酒有关的名作也非常之多，主要有阮籍的《酒狂》，文中塑造了一个醉意蒙眬、东倒西歪的酒狂形象，表达了作者对当时现状的不满、激愤与苦闷之情。而在南北朝时期，民歌中写酒的也有不少，如清商乐《读曲歌》中有这样的词句：“思难忍，络啻语酒壶，倒写侬顿尽。”在这些词句中都表现出音乐与酒的密切关系。

不仅音乐与酒难分难舍，纵观各民族的民族音乐，可以发现歌曲与酒更是你中有我，我中有你。在我国古代许多诗歌中，也有许多关于歌舞饮宴和放歌饮酒的描写。如李白的“葡萄酒，金叵罗，吴姬十五细马驮。青黛画眉红锦靴，道字不正娇唱歌。玳瑁筵中怀里醉，芙蓉帐底奈君何。”诗人把歌与酒相伴相随的情景描写得既生动又形象。再如白居易的“劝我酒，我不辞；请君歌，歌莫迟。”也描写了主人敬酒，客请主歌，歌后再饮，主客共乐的宴饮场面，具有非常生动的酒的气息与诗情画意。而刘禹锡的诗词中也有酒的描写：“处处闻弦管，无非送酒声”，说明放歌饮酒在当时是极为普遍的现象。可见，人们当时或酒或歌的生活状态，在他们笔下活灵活现。

到了唐朝，对酒当歌已经没有了曹操那样的豪情壮志，而表达得更多的是离情与深情厚谊。唐朝以酒、以歌来抒情的有诗人王维，他用酒、用歌来表达离愁别绪，如《送元二使安西》："渭城朝雨浥轻尘，客舍青青柳色新。劝君更尽一杯酒，西出阳关无故人。"这首诗在唐朝广为流传，后来人们又在此基础上进行补充形成《阳关三叠》，这一曲目成为七弦琴歌的代表作。《阳关三叠》三段歌词中音乐的处理，是一个曲调加两次变化，随后重复上阕音乐，造成一个沉闷低缓的气氛，抒发了亲友的离别悲痛之情；下阕音乐让人感情波动，频频劝杯，恋恋不舍，期许来日还能相逢；结尾几个角音的同时重复，加强了无限留恋的深情与离别后深深的惆怅。

在中国历代音乐志中，都录有大量的宫廷饮宴歌词。宋朝人编写的《乐府诗集》中，就谈到晋朝到隋朝的"燕射歌辞"，其篇幅可达三万字。历代宫廷的大型饮宴，都有音乐与舞蹈相伴，并且其绝美程度逐渐盛大。

唐朝时期，由于统治阶级对宫廷饮宴的爱好，其音乐得到了发展，而宫廷饮宴也走到了鼎盛时代，唐朝盛行十部乐，把龟兹、西凉、天竺、高昌、高丽等十个民族和相邻国家的音乐全部吸纳到里面。另外，唐代宫廷饮宴还盛行大曲，一部大曲，把几十首乐曲、歌舞曲、歌曲都编排在一起，形成了大型的联曲形式，一部大曲的排练，教坊基本上需要两个月的时间来完成。

宋朝及其以后，宫廷仍有大型音乐表演，并且存在着宫廷的音乐机构，但已从音乐表演转向戏曲音乐的表演，戏曲已经开始代替音乐成为宫廷中表演的曲目。如在《武林旧事》中，记载有南宋"圣节"时的饮宴乐舞，当时的饮宴乐舞盛况空前，共有43场，宫廷大型饮宴与音乐的结合只占酒与音乐相伴的一部分。酒与音乐的结合，在民间比较盛行，更多地体现在日常生活中。

另外，在宋词中酒与音乐的结合，则发挥得淋漓尽致，词是隋唐燕乐曲子的文学产物，主要特点是倚声填词。宋朝是词的极盛时期，词里随处可见酒的痕迹，如，苏学士词须大汉抱琵琶歌"大江东去"，柳郎中词合十七八女郎，执红牙板歌"杨柳岸晓风残月"。作为宋词的乐曲，即词牌，与酒有关的非常之多，如：醉花春（即渴金门，又名不怕醉、东风吹酒面）、醉太平（醉思凡）、醉梦迷（即采桑子）、酒蓬莱、醉中真（即浣溪沙）、醉泉子、频载酒、醉厌厌（即南歌子）、貂裘换酒（即贺新郎）倾杯乐、醉桃源（即阮郎归）等。

在宋词中，描写和反映酒的作品非常多，如苏轼的《念奴娇》和《水调歌头》，姜夔《石湖仙》《淡黄柳》，李清照《凤凰台上忆吹箫》等词，都体现了酒在南宋时期普遍饮用的现实。

此外，音乐还被用作推销酒的手段。"赌军酒库"在每年中秋节和清明节时期，都要用乐队、妓女和女孩子，或手执乐器，或令其装扮成故事中的角色，在街头列成队伍游行，为推销新酒做宣传。从酒库出发，到官厅表演杂剧曲目，演奏音乐，然后再回到酒库。

元朝的歌曲一般指的是散曲，曲牌亦多，其中《倾杯序》《醉花阴》《醉太平》等词曲都与酒有关。无论杂剧、南戏还是散曲，以酒入词进行歌唱的屡见不鲜。如，白朴的杂剧《韩翠颦御沟流红叶》就是一个典型的代表。

明朝和清朝的音乐，最具有代表性的是民歌与小曲。有些民间歌曲中，与酒有关的歌名里就有酒，如《骂杜康》《醉归》《上阳美酒》等。有的民歌与小曲虽然歌名中没有酒，但其内容中却唱出了酒的内容，如吴畹卿的《山门六喜》，歌词中唱的就是鲁智深醉打山门的故事。

音乐与酒，都是人类情感创造出来的，只有人类有了情感才能创造出文化。几千年来，在中华大地上，人们演奏着美妙的旋律，畅饮着芬芳的美酒，这些都丰富了人民的生活，成为灿烂的中华民族文化的一个重要组成部分，使我们的生活更加美好充实。

酒歌在民间应用极广，我国少数民族也对酒歌极为钟情，具有更为悠久的历史传统。如，侗族被誉为“歌的海洋”，酒歌也是侗族酒宴上的一大特色，有主人为客人唱的赞客酒歌，有客人为主人家的老人唱的祝寿酒歌，也有客人为男女主人唱的一般的祝酒歌，酒歌样式灵活，生活气息浓郁。

藏族人民也颇为喜欢饮酒，他们主要饮用青稞酒。酒宴开始时，主人一边唱歌、一边给每位客人敬酒，既热情又活泼，既有礼仪又有诗情。在酒宴进行中，男女相间而坐，用对唱的形式，你唱我答，相互敬酒，尽欢而散，散而犹有酒意浓。

再如，畲族的婚礼酒歌也是别具一番特色。迎亲时，婚宴席上新郎要用唱酒歌的方式浅唱低吟，把美酒佳肴和餐酒用具等一样样东西都唱出来；酒宴之后，再由新郎用酒歌唱回去；连厨师也要唱着歌来把酒席收下去。新娘接到夫家后，还要请行郎（旧称，现代没有对应的叫法）放歌，也就是歌手唱歌，并引导长辈和宾客就座；在酒宴上行酒时，行郎还要唱劝酒歌或祝酒歌，向客人敬酒，以表示谢意，以及令其尽兴。

“祝酒歌”常用在喜庆的场合，及欢迎的宴会上，是一种用以祝酒、劝酒，表达敬意及美好祝愿的歌曲。《祝酒歌》的歌曲一般清新明快，节奏跳跃，以抒情的气质而见长。世界各地、各民族都有着自己的祝酒歌，表现其当地的生活风貌。

李光羲是我国著名男高音歌唱家，他演唱的《祝酒歌》非常动听。这首歌曲是人民音乐家施光南所作的，在我国是一首非常有名的歌曲，创作于20世纪70年代末，由韩伟作词。这首歌表现出中国人民摆脱了“十年浩劫”，刚刚改革开放不久，一首《祝酒歌》就唱响了一个历史的新纪元。该歌成为一代颂歌，在华夏大地传遍，使亿万中国人民为之陶醉。

《祝酒歌》的歌词为：“美酒飘香啊歌声飞，朋友啊请你干一杯，请你干一杯。胜利的十月永难忘，杯中洒满幸福泪。来来，十月里响春雷，八亿神州举金杯，舒心的酒啊浓又美，千杯万盏也不醉。手捧美酒啊望北京，豪情啊胜过长江水，胜过长江水，锦绣前程党指引，万里山河尽朝晖。来来，瞻未来无限美，人人胸中春风吹，美酒浇旺心头火，燃得斗志永不退。今天啊畅饮胜利酒，明日啊上阵劲百倍，为了实现四个现代化，甘洒热血和汗水。来来，征途上战鼓擂，条条战线捷报飞，待到理想化宏图，咱重摆美酒再相会，来来，咱重摆美酒再相会。”

《祝酒歌》问世后，在全国引起强烈反响，使中国人民为之动容。在1980年中央人民广播电台文艺部和《歌曲》杂志举办的群众最喜爱的歌曲评选活动中，被评为第一名。随后《祝酒歌》又被评为改革开放30年的流行金曲30首之一（图8-19）。

全国的祝酒歌不可胜数，各民族、各地区几乎都有祝酒歌，但给人印象最深刻的还是蒙古族的祝酒歌《金杯银杯》，这首歌曲在蒙古族的祝酒歌中，是流传最广，使用最多的一支歌曲。蒙古族有宴席必然有酒，喝酒必然唱《金杯银杯》，有的是伴奏演唱，有的是合唱，有的是清唱，并且边唱边端上满满一杯酒。另外，还要把你的名字编到歌词里，反复地唱，直到唱得你激情飞扬，豪情万丈，酒量大增，一醉方休。可见，蒙古族热情好客，他们的性

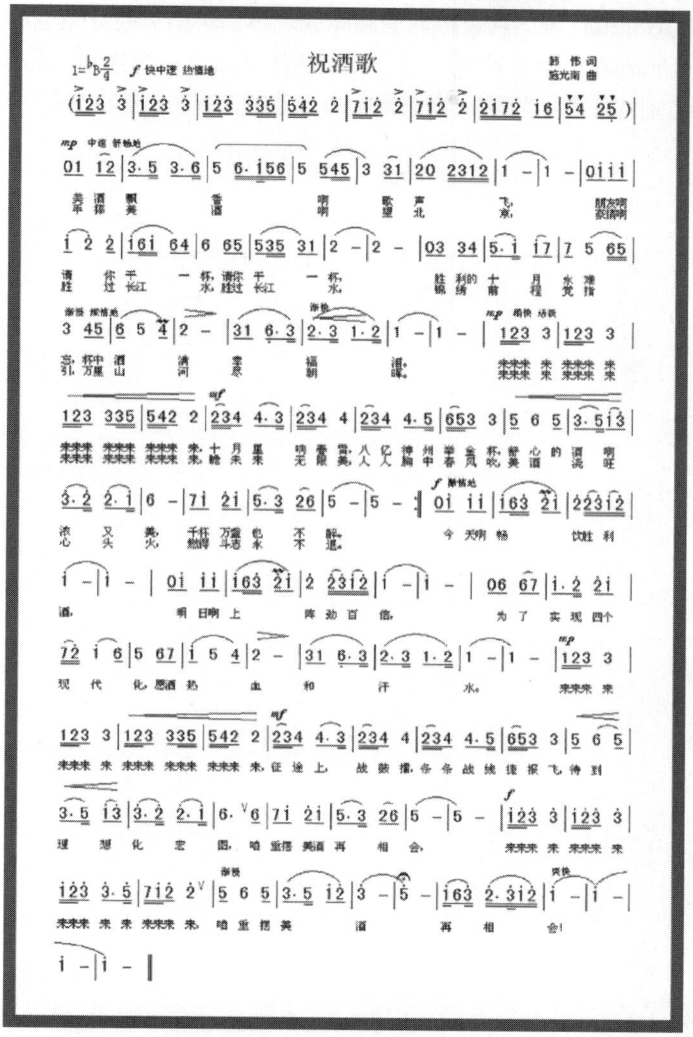

祝酒歌

韩伟词
施光南曲

图8-19 《祝酒歌》

格既豪爽又充满了激情，其祝酒歌既可活跃气氛，又能使感情融洽，还令人们开怀畅饮，就连不喝酒的人也能够提高酒量。

《金杯银杯》的歌词为："金杯里斟满了醇香的奶酒，朋友们啊欢聚一堂尽情干一杯。银杯里斟满了醇香的奶酒，朋友们啊欢聚一堂尽情干一杯。在这美好的世界里，相遇的缘分多美妙。金杯中斟满敬意，同幸福一齐献给您。马奶酒的芬芳中，承载这永远的幸福。高举银杯，满怀着欢乐、美好、幸福的心愿，我们祝福，我们赞颂，是啊，我们歌唱。金杯里斟满了醇香的奶酒，银杯里斟满了醇香的奶酒，朋友们啊欢聚一堂尽情干一杯。"

在湖南湘西，宋祖英演唱的《阿公的酒碗》更具民族特色，甚至通过这首歌曲可以看到，湘西大碗酒里晃动的银光，该歌的歌词大致为："阿公的酒碗有多大？只有哎，酿酒的阿哥知道哎；阿公的酒碗有多深？只有哎，斟酒的阿妹知道哎；每当阿公摸着银须呵呵地笑哎，山坡上的太阳也醉了。阿公的酒碗有多香哎，只有追风的蜜蜂知道；阿公的酒碗有多甜哎？只有今天的生活知道；每当阿公捧着酒碗眯缝着眼，树梢上的月亮也醉了，也醉了。”

而当今歌坛上的酒歌，也是异彩纷呈。关于酒的歌曲更是多得唱不完，如《鸳鸯酒杯》《九月九的酒》《惜别的酒》《独寻醉》《酒神曲》《是谁沉醉》《酒与泪》《心痛酒来洗》等，在此我们就不再赘述了。生命不止，酒与歌声也将永远传唱。

第九章

酒与健康

第一节　酒中的营养物质

适量饮酒，会给身心带来许多益处，针对酒对健康的作用，有人做了这样的概括和描绘："它以水为形，以火为性，是五谷之精英，瓜果之灵魂，乳酪之神髓。"具体来说，酒中的营养物质及一些日常功效见下文。

一、酒中的营养物质

大部分酒中都含有有益健康的营养素，可以在一定程度上补充人体健康的需要。各种酒的营养价值大体的排序依次是黄酒、啤酒、果酒、白酒、药酒。

黄酒是我国特有的、最古老的酒种，已有 5000 多年历史，它属于低酒精度的酿造酒，几乎全部保留了发酵时产生的糖分、醇类、甘油、有机酸、氨基酸、酯类和维生素等成分。特别是人体中所需的氨基酸尤为重要，如绍兴的"加饭酒"和山东的"即墨老酒"均含氨基酸达 17 种之多，其中有 7 种还是人体必需而体内又不能合成的。经有关部门分析测定，如"即墨老酒"，每升含氨基酸高达 10500 毫克，比啤酒高 10 倍，比葡萄酒高 12 倍。这些氨基酸对于人体发育不良、消瘦、疲倦、肌肉萎缩、贫血、水肿和一般疾病都有积极作用，适量饮用，能促进人体新陈代谢，增强体质。

啤酒是营养性饮料，啤酒的主要原料是大麦芽和酒花，这两种原料都富有营养，且有药用功效。如炒麦芽可治食积不消、脘腹胀满；酒花可起镇静、健胃、利尿、软化血管和促进血液循环等作用；酵母也是啤酒不可缺少的原料，它对神经炎、口角炎、舌炎和消化不良等症有一定疗效。啤酒所含热量较高，两瓶啤酒相当于 5~6 个鸡蛋或 300 克牛肉所产生的热量；啤酒还含有维生素H、烟酸、泛酸、叶酸等营养物质。因此，啤酒被人们誉为"液体面包""液体维生素""液体蛋白质"。

果酒都含有丰富的营养物质。以葡萄酒为例，它是所有酒类中唯一的"生理碱性"饮料，含有糖类、果胶质、醇类、有机酸、氨基酸、矿物质、维生素等数百种物质，尤其其中的维生素种类较多，对人体均具多方面的营养作用，其他营养成分都有显著的助消化、健脾健胃、补中益气之功效。葡萄酒能提升脑力，这是因葡萄皮中的天然活性成分白藜芦醇促进健康血液流向大脑之故，故葡萄酒有"生命之水"的美称。

白酒除了含有极少量的钠、铜、锌，几乎不含维生素等物质，水和乙醇含量最高。用传统方法酿造的酒，其成分要复杂得多。如茅台酒仅其香气组成成分就多达 300 余种有机物。这些物质中有不少是人体健康所必需的。因此适量饮白酒，饮传统方法酿造的白酒，对身体有一些益处。

二、酒在日常生活中的一些功效

（一）酒可消除疲劳，促进睡眠

医学实验表明，当人们因为过分紧张或精神不宁难以入睡时，喝少许甜酒或一小杯烈酒便能像服下安眠药一样安然入睡。对于有些人，尤其是脑力劳动者，睡前喝点酒可有助于安眠，只要掌握好量，可以明显改善和促进睡眠。

（二）酒可防腐杀菌，防病治病

酒精是一种原生质毒物，它能使细菌体内的蛋白质变性，进而起到破坏作用，具有一定的杀菌作用，也是最常用的消毒剂。在炎热的夏天，当我们的皮肤被蚊子叮咬的时候，有的人习惯在被叮咬的地方擦一点酒精，就感觉舒服多了。酒精浓度为75%时其杀菌力最强。民间常常把酒作为消毒剂来使用，当遇到意外情况又没有医疗专用的消毒酒精时，就可以用50度以上的白酒进行应急处理。红军长征经过茅台镇时，缺医少药的红军战士用茅台酒清洗伤口、消毒疗伤被广为流传。

（三）酒与药配合提高药效

《黄帝内经》中说：“经络不通，病人不仁（即神经肌肉麻痹），治之以按摩醒药。”“醒药”即酒和药。这说明，早在公元前我国古代医药家就已经认识到酒能通过血脉让药上行，有增加药物吸收的功效，并且开始用药酒来治疗风湿麻痹症了。用酒冲服中药、用酒煎服中药、浸制药酒饮服就是利用酒的这种功能提高药效和疗效的传统方法。中医药用酒一般都是白酒和黄酒。

以上饮酒带来的益处，是建立在适量喝酒的基础上的。慢慢品酒既能从色、香、味这三方面来感受酒的魅力，又能免身体受损，何乐而不为呢？要知道，酒的风韵和滋味只在轻闻细品中才能体味到。舌头各部分分工的侧重点不同：舌尖对甜敏感，舌两侧对酸敏感，舌后部对苦涩敏感，整个口腔和喉头对辛、辣都敏感。所以干杯时一杯酒猛倒入口中，会感到又冲又辣。如果先闻再浅啜，让它在舌中滋润和匀，那么酒的甜、绵、软、净、香你都能尝受到，得到一种享受，这才是文明饮酒的方式。

第二节　酗酒的危害

过量饮酒，尤其是长期过量饮酒，除了引起酒精中毒外，还会出现“饮酒综合征”：皮肤粗糙、干燥和瘙痒；脸上经常冒出小痘痘；咽喉红肿、声音嘶哑；眼睛干涩；易失眠；腹痛、腹胀、大便不正常等，严重的还会诱发多种疾病。酗酒对身心健康有如下危害。

一、过量饮酒会引起酒精中毒致死

过量饮酒不但损害人体健康，还有可能导致中毒身亡。医学研究表明：血液中酒精浓度对人的致死量是0.7%（质量分数）。

二、视力减退

酒中甲醇和甲醛对人的视网膜有特殊毒性，长期饮酒，视网膜持久受到伤害，就会使视力迅速减退，甚至失明。

三、记忆力减退

饮酒过量会损伤中枢神经系统，严重的导致大脑麻痹。当血液中酒精浓度达到50mg/100mL时，大脑抑制功能减弱，记忆力减退，辨别力、集中力和理解力明显下降，此时饮酒者便会出现“酒意”，往往会丧失平常的文明和礼貌，变得粗野、蛮横、喋喋不休、夸夸其谈，甚至会借机滋事；当人体血液中酒精浓度达到 100mg/100mL时，就会出现各种“醉态”，实际上就是一般性酒精中毒，主要表现为舌根发硬、口齿不清、头重脚轻等；当血液中酒精浓度达到 200mg/100mL时，便会“大醉”，即严重酒精中毒；当人体血液中酒精浓度达400mg/100mL时，饮者就会陷入昏睡、昏迷乃至丧失生命。

四、营养缺乏

酒精过多会抑制食欲，好酒的人常常饮酒多吃菜少就是例证。一个人若每天喝烈性酒200mL，不出半月，首先就会引起消化系统紊乱而致肠黏膜受损，从而影响小肠对摄入体内的食物中所含有的多种重要营养素（如蛋白质、维生素、矿物质）的吸收；其次，长期酗酒，会导致胃肠道黏膜细胞水肿，可使食欲下降并促进食物不经消化吸收就被排出体外。酒后发热，还会消耗体内原有的大量热能；多饮少吃的结果又使人体得不到及时有效的营养补充，天长日久就会造成营养不良和导致体内多种营养物质缺乏。

五、消化道病变

经常喝酒，尤其是烈性酒，能抑制胃液分泌，减弱胃蛋白酶活性，刺激食道和胃黏膜，导致食管炎、胃炎和胃溃疡的发生。酒精对肝脏的损害尤其大，因为 90%~95%的酒精都是通过肝脏进行氧化分解而代谢的，肝细胞长期“负重”就会受到损伤，逐渐失去解毒能力，最终导致肝炎或肝硬化。长期过量饮酒会导致“酒精性肝病”。酒精性肝病的严重性仅次于甲肝和乙肝等病毒性肝炎。酒精还能引起十二指肠球部的炎症和十二指肠乳头水肿，一次性的大量饮酒造成的急性酒精中毒还会引起急性出血坏死性胰腺炎。更值得注意的是，嗜酒和酗酒还是以上部位发生癌变的重要因素。据统计，肝癌就是嗜酒者中最常见的、死亡率最高的病症之一。

六、呼吸道病变

长期酗酒会使呼吸道防御病毒的能力降低。嗜酒者肺结核发病率比不饮酒者高 9 倍，肺结核和支气管扩张的病人饮酒后，由于酒精刺激，病灶部位的血管迅速扩张，可引起咯血。

七、心血管病变

酒精的长期刺激会使心肌细胞发生脂肪变性，减弱心脏的弹性和收缩力，影响其正常功能。长期过量喝啤酒会造成心脏扩大，医学上称为“啤酒心”。心肌的损伤还会引起乙醇性心脏病。晚期心脏病人饮酒会招致严重后果，长期过量饮酒还会使血液中的脂肪物沉积在血管壁上，使管腔变小，血压升高，也会给心脏带来威胁。高血压患者在血压高时饮酒有导致“酒后脑出血”的危险。大量饮酒，还会引起心律不齐。

八、性功能异常

酒精能干扰男性精子的生成及活性，过量饮酒或长期嗜酒，可使性腺中毒，导致男性出现性欲减退、精子畸形和阳痿，女性为月经不调、停止排卵或无性欲等。男子若每天喝烈性酒平均超过 250 毫升，连续 2.5 年，可导致完全性阳痿。国外有统计，在 1.7 万名嗜酒男子中，就有 1630 名为完全性阳痿，其中有半数人采取戒酒措施数月甚至数年后，仍未能恢复正常。

九、早衰

过量饮酒和长期嗜酒，会使人体内的肾上腺皮质因受长期刺激而功能逐渐减退，最终导致早衰。据统计，嗜酒和酗酒者的平均寿命比不喝酒的人短 15 年左右，严重者还会引发猝死。

除以上这些外，长期过量饮酒还可导致继发性糖尿病、脑卒中、脑萎缩、高尿酸血症、痛风、高脂血症、股骨头坏死及神经系统的损害等病症。

十、严重的社会危害

嗜酒酗酒者不仅严重危害自身的健康，还严重危害社会。据统计，在德国，酒已成为头号“毒品”，每年平均每人饮12 L纯酒精，约有250万“瘾君子”纵酒无度，刑事犯罪有50%是酗酒后干的。在我国，过量饮酒对社会造成的危害也同样严重。我国有几百万典型的“酒精依赖者”，在某些地区的精神病院中，慢性酒精中毒已成为常见病种，在住院病人中所占比例超过了情感性精神病，仅次于精神分裂症，居第二位，在综合医院的急诊病人中，急性酒精中毒也成为常见病种。中国的成年男性中，只有5%的人滴酒不沾，80%的人为社会性饮酒，10%的人为问题性饮酒，且已产生了生理上的各种症状，其中有59%的人患严重的酒精依赖症。

第三节　科学饮酒的原则

根据年龄、身体素质、工作性质、环境、季节等因素，来选择适宜的酒类，根据酒量酌情饮酒，是科学饮酒的最基本要求。科学饮酒即适度饮酒，不仅能强身健体，还可以祛病除邪。在激素被发明之前，酒类饮料是治疗糖尿病的主要药物，即使现在葡萄酒疗法也是辅助治疗糖尿病的重要手段之一。国外的医学研究人员在十几年前就已发现，少量饮酒有利于胆固醇转移和纤维蛋白溶解，从而促进血液循环，减少血栓形成。随着年龄的增长，特别是步入中老年之后，人体的各种功能开始衰退，适度饮酒有益于养生保健，延年益寿。因此，树立健康生活新理念，使科学适度饮酒成为我们每个人应具有的基本生活常识。那么，科学饮酒的原则如下所示。

一、适量

适量，就是以活血舒筋、养胃滋脾为基础，以人体所能承受的酒精为底线，以养生保健为目的，达到心情舒畅、神志清醒、不眩不晕，现在还没有一个科学统一的量化指标。医学研究表明，人体肝脏每天能代谢的酒精约为每千克体重1克，一个60千克重的人每天摄入的酒精量应限制在60克以下。低于60千克体重者应相应减少，最好控制在每天45克左右。大多数的健康营养专家认为，根据目前我国人民身体素质及生活质量的状况，以餐时饮用为前提，一般认为男士每日酒精限量为30克，相当于700毫升啤酒或88毫升40度的白酒。女士每日酒精限量为20克，相当于196毫升葡萄酒。对于善饮者，男子最好每天饮用1~4杯葡萄酒，女子最好每天饮1~2杯葡萄酒，老年人适宜饮葡萄酒和黄酒，若饮白酒，每次以30克为宜，不宜超过50克（以上均指成年人，未成年人不得饮酒，余同）。

二、适时

人体在上午时体内分解酒精的酶浓度较低，到下午会逐渐升高，饮用等量的酒，上午易吸收但在身体内不易被分解，容易导致血液中的酒精浓度升高，对人体造成较大伤害。因此，每天下午两点以后饮酒相对要好些。另外，酒不宜夜饮，夜饮酒不易发散，有伤心损目的弊端。此外，在关于饮酒的节令问题上，一些人从季节温度高低而论，认为冬季严寒，宜于饮酒，以温阳散寒。

三、适“度”

这里所说的“度”是指温度，一般喝酒的人大多认为酒的度数高则易醉易损人，而对酒的温度则很少注意。有人主张冷饮，也有人主张温饮。主张冷饮的人认为，酒性本热，如果热饮，其热更甚，易于吸引，酒劲上得快；如果冷饮，则以冷制热，无过热之害。比较折中的观点是酒宜温饮，不宜热饮。

四、辩证选酒

酒类品种繁杂，其风味各异，独具特色，因此酒品的选择要因人而异。喜欢饮用刺激性强的酒品的人，可选酒精浓度高、辣味较强的烈性白酒。老年人宜多饮保健类滋补酒，这样既可以延年益寿，又可从中得到乐趣。如果是宾朋或人数较多的聚会，则应多备几种酒品，以供大家自由选择。假如只准备一种酒品可能会令宾主尴尬，能喝的豪饮，不能喝的干陪，趣味索然。酒品要因人适宜，自由选择，不可强人所难，令宾客难堪。

五、膳食配合

酒精代谢的过程中，蛋白质和维生素的消耗量较多，因此喝酒时应选新鲜蔬菜、花生米、毛豆、鸡、鸭、鲜鱼、瘦肉和蛋类等富含蛋白质和维生素的菜肴。蛋白质有提高酒精处理能力的作用，多食用蛋白质和维生素，对预防和治疗酒精性肝病也有较好的效果，喝酒时还需吃些水果等。酒精对肝有一定的刺激作用，因而饮酒选菜时最好准备一些带糖的菜肴，如拔丝山药、糖水水果罐头和糖醋鱼等。为加快酒精从人体中排出，减轻酒精的毒害，可吃一些醋制菜和豆制品。

选用不同的酒，菜肴应有所区别。酒精浓度高的酒应配合含蛋白质较高的蛋类、禽类、水产类和肉类等。啤酒含碳水化合物较多，不宜辅之大鱼大肉，否则会因摄取过多的脂肪而造成体内热量过剩，使人发胖。黄酒和果酒则配以水果和甜味菜。一般饮酒者喜欢吃咸味较重的菜，长此以往，盐摄入过多可诱发高血压、心脏病和胃肠疾病，还会引发心跳过速。此外，饮酒切忌用咸鱼、香肠、腊肉下酒，因为此类熏制食品含有大量色素与亚硝胺，易与酒精发生反应，不仅伤肝，而且损害口腔与食道黏膜，甚至诱发癌症。另外，饮酒者最好不要食用动物内脏，少吃胆固醇多的食物，特别是有痛风、高血压和糖尿病的人尤其要注意。

第四节　饮酒的误区

误区一：白酒热饮冷饮无所谓。

中国古代人们在饮用黄酒时，常常烫热饮用，这样不仅可以使黄酒醇香可口，还可以暖胃以驱寒。但是在饮用白酒时，一般情况下不用温酒就可以饮用，但也有少数温酒后饮用的。其实，白酒冷饮的习俗需要改变一下，因为白酒的成分除含酒精外，还含有醛类等杂质。如果摄入乙醛，则会使人头晕、头痛，损害肾功能并具有毒副作用，也是引起醉酒的主要原因之一。如果摄入甲醛过多，对视神经有损害，对人体具有毒性。

当然，上面的问题也有破解之法，酒的杂质沸点较低，只要将白酒加热到 20 度以上，就能够使酒中的有害杂质得到挥发，降低对人体的危害。另外，不宜冷饮白酒还有一个原因，那就是冷的白酒会对消化系统以及呼吸系统产生较大的刺激，对身体健康不利。

在此，我们应该提倡，饮用温热的白酒，来个“暖身”运动，这样既有利于身心健康，又美味温香。

误区二：啤酒可以大量饮用。

如果我们的肚子像啤酒桶一样，打开水龙头就往里灌，既过瘾又解渴，但这样做是会损害身体健康的。其实，我们应该倒在杯子里，慢慢品尝啤酒的味道，而不是大量快速地牛饮，既不上档次，又饮之无味。有人认为，啤酒的度数低，不会喝醉，只有大口大口喝才算过瘾，这是一个误区。啤酒虽然度数低，酒精度只有 3%~5%vol，但过量饮用，也会发生酒精中毒，并且增加心脏负担，以及心肌受到损伤，甚至会使心肌组织出现脂肪沉积，心脏变大，也就是医学上通常所说的“啤酒心”，而使心脏患上疾病。

误区三：酒喝多了抠喉咙吐出来就没事了。

有人认为，一旦醉酒就用手抠喉咙来使自己吐出来，并且还以为这样做就没事了，身体也不会受到伤害了，然而此举不可取。把喝下去的酒吐出来确实能解一部分酒，因为有些酒精还没来得及进入血液。但是，呕吐对胃黏膜有极大影响，喝酒后胃黏膜处于充血状态，呕吐会使胃有炎性反应，严重的可造成出血性胃炎、出血性胃黏膜炎等问题。另外，呕吐之后，腹中空空，如果继续喝酒，酒精会吸收得更快，更易醉。如果确实恶心、难受需要催吐，抠喉咙催吐也一定要在自己清醒时，或是在有医护人员指导下才能进行。一般来说，在人酒醉之时，意识不清醒，一旦催吐，很容易将所吐之物吸入气管，引起窒息，甚至严重的还会有生命危险。

误区四：戒酒可以一下子戒断。

有些人认识到饮酒的害处，于是便下定决心不再饮酒，这虽然是好事，但是突然之间一滴酒也不再饮用，也会损害健康的。因为具有饮酒习惯的人，猛然间停下对酒的摄入，则会出现心慌、手抖、抽搐、呕吐等不良反应，这些症状在临床上称为戒酒后遗症，当然这都有药物可以治疗。

如果我们认识到戒酒的重要性，下决心不再饮酒，那么也可以请医生开一些对症的药物，帮助我们在戒酒这一段时间内更好地适应，以免产生不良反应。

误区五：浓茶可解酒。

浓茶与酒两者合在一起，不仅不会减少酒精对人体的危害，还会大大加重心脏负荷，可引起心律失常或心功能不全，因此心脏有疾病的患者切忌用浓茶解酒。酒精被吸收后，90%以上被肝脏中的醇脱氢酶氧化为乙醛，再被醛脱氢酶氧化为乙酸，最后被肾脏排出，此过程一般需 4~6 小时。饮酒后饮茶，可促使尚未氧化的乙醛过早进入肾脏，而乙醛对肾脏有损害作用。

误区六：汽水等碳酸饮料可解酒。

汽水等饮料对人的胃肠有损害，会刺激胃黏膜，减少胃酸分泌，影响消化酶的产生，甚至会导致急性胃肠炎、胃痉挛。有些患有肠胃病的人，在醉酒后又大量喝汽水等饮料，会造成胃和十二指肠出血。血压高的人，在酒后喝汽水，可导致血压迅速上升。

误区七：饮酒前服用感冒药发汗。

有人认为大量出汗，有利于酒精排出，于是就酒后服用感冒药等药物，这种解酒方法是非常危险的。感冒药里含有的化学成分会加重胃肠负担，严重时甚至可能造成胃出血和肝损伤。

误区八：鸡尾酒可以自行随便配。

鸡尾酒风味独特，是人们所钟爱的酒品，一般高档酒楼和饭店，都有专门调酒师调制鸡尾酒，他们可以调制出各种口味的鸡尾酒让顾客品尝。

然而，并不是所有人都懂得“酒性”，自以为是，自己调制鸡尾酒，觉得自制的鸡尾酒能够引领时尚，认为自己有能力破解鸡尾酒的程序、数量、品种，那就是大错特错了。如果仅仅只是把白酒和雪碧饮料勾兑，把葡萄酒和雪碧、冰红茶勾兑，把啤酒和可乐勾兑等，自制成所谓的“鸡尾酒”，并美其名曰“低度鸡尾酒”来宣扬、吸引饮酒者的关注，以及欺骗不会饮酒的人，并以此为时尚，那将是错误的做法。

我们以雪碧为例，因为雪碧是饮料，它含有大量的二氧化碳，而白酒中含有大量酒精，这种所谓的混合饮料，饮用后就会在胃内释放出二氧化碳气体，迫使酒精快速进入小肠，而酒精在小肠内极易被吸收，甚至比在胃里吸收得还要快，这种情况对人体健康是有损害的。一般情况下，饮用了这种所谓的鸡尾酒，会导致醉酒，同时会刺激人的脏腑器官，特别是对高血压患者伤害更大。

同样的道理，把葡萄酒和雪碧、冰红茶勾兑，啤酒和可乐勾兑等调制方法，也是非常不正确的。一言以蔽之，酒类是不能与碳酸饮料勾兑饮用的。

第五节　解酒良方

醉酒，在医学上称为酒精中毒。当酒精进入人体后，先通过肠胃进入血液，然后迅速作用于大脑皮层，过量的酒精会使大脑皮层呈现不正常的兴奋或麻痹状态。当血液中酒精含量达到0.1%（质量分数，余同）左右时，大脑的自控功能就会减弱，记忆力、辨别力和反应力明显下降；含量达到0.2%时，人就会酩酊大醉；当含量达到0.4%时，人便会失去知觉，昏迷不醒。醉酒之后，会出现程度不同的头痛、头晕、呕吐等症状，这不仅会伤害身体，而且会因为醉酒误事，因此酒醉之后便要解酒。针对不同的醉酒症状，可以采取不同的解酒方法。解酒的方法很多，下面根据不同的症状，我们列出一些常用的解酒方法。

一、家庭常用的解酒方法

（一）酒后头痛

妙方一：饮蜂蜜水。喝点蜂蜜水能有效减轻酒后头痛的症状，因为蜂蜜中含有一种特殊的糖（左旋己酮糖），可以促进酒精的分解和吸收，减轻头痛症状，尤其是红葡萄酒引起的头痛。另外蜂蜜还有助眠作用，能使人很快入睡，并且第二天起床后也不头痛。

妙方二：吃橘子、饮橘汁。酒后吃几个橘子或饮用鲜橘汁即可缓解酒后头疼和恶心等症状。

（二）酒后头晕

妙方：饮西红柿汁。西红柿汁能降低血液中酒精浓度，促进酒精分解，一次饮用300mL以上，能使酒后头晕感逐渐消失。吃西红柿也可以，但喝西红柿汁的效果更好。在鲜榨西红柿时，可以加少量的盐（1g左右），使其解酒的效果更好。

（三）酒后恶心、呕吐

妙方一：食用新鲜葡萄。新鲜葡萄中含有丰富的酒石酸，能与乙醇相互作用形成一些酯类物质，从而降低体内乙醇浓度，达到解酒的目的。同时，其酸酸的口味也能有效缓解酒后反胃、恶心的症状。如果在饮酒前吃葡萄，还能有效预防醉酒。

妙方二：含服生姜。取一小块生姜含于口内，可止呕吐。

（四）酒后全身发热

妙方：饮用西瓜汁。西瓜汁一方面能加速酒精从尿液排出，避免其被机体吸收而引起全身发热，另一方面西瓜汁本身也具有清热去火的功效，能帮助全身降温。饮用时加入少量食盐（1g/100mL）效果更好。

（五）酒后胃肠不适

妙方：饮用芹菜汁。酒后胃肠不适时，喝些芹菜汁能明显得到缓解，因为芹菜中含有丰富的分解酒精所需的B族维生素。如果胃肠功能较弱，则最好在饮酒前先喝芹菜汁以预防。此外，喝芹菜汁还能有效消除酒后脸红的症状。

（六）酒后头疼、恶心、脸红

妙方：芦荟汁。芦荟汁有缓解醉酒的作用，芦荟带刺的绿色部分和其内部的胶质中含有多糖类、糖蛋白等物质，能降低酒精分解后产生的有害物质——乙醛在血液中的浓度。在饮酒之前，如果喝些芦荟汁，对预防酒后头痛和恶心、脸红等症状很有效果。

（七）酒后烦躁

妙方：饮用酸奶。酸奶能保护胃黏膜，延缓酒精吸收。由于酸奶中钙含量丰富，因此对缓解酒后烦躁尤其有效。

（八）酒后心悸、胸闷

妙方：食用香蕉。酒后感到心悸、胸闷时，立即吃 1~3 根香蕉，能增加血糖浓度，使酒精在血液中的浓度降低，达到解酒的目的，同时减轻心悸、消除胸口郁闷。

（九）酒后厌食

妙方：食用橄榄。橄榄是醒酒、清胃热、促食欲的好东西，能有效改善酒后厌食症状。既可直接食用，也可加冰糖炖服。

（十）酒精中毒

妙方一：饮用食醋。醋能解酒，因为乙醇与食醋中的有机酸在人体的胃肠内相遇而起酯化反应，从而降低乙醇浓度，减轻酒精的毒性。醋可以直接饮用，也可以用醋烧一碗酸汤喝，还可以用醋和糖拌萝卜丝或大白菜心来食用。

妙方二：食用豆类。用绿豆、红小豆、黑豆各 50 克，加甘草 15 克，煮烂，豆、汤一起服下，能提神解酒，能解酒精中毒症状。

妙方三：饮用浓米汤。取浓米汤饮服，米汤中含有多糖及B族维生素，有解毒醒酒之效。加入白糖饮用，疗效更好。

（十一）醉后宿醉

妙方：食用柿子。柿子富含果糖和维生素C，甜柿中所含的涩味成分鞣酸以及乙醇脱氢酶可以分解酒精，所含的钾有利尿作用，所以能够有效防止醉酒和消除宿醉。另外柿叶含有相当于柑橘数十倍的维生素C，其鲜嫩的幼芽可以炸着吃，或者干燥后做茶喝。柿叶芽有利尿作用，能促进酒精排出体外。

（十二）酒醉不醒

妙方：食用藕。藕有解渴解酒的功效。中度的酒精中毒，可将藕洗净削皮切成薄片100~200克，放入滚沸的开水中烫一会儿，然后将藕片捞出放入少量白糖搅拌，待凉后一次食完。若重度昏迷，应马上送至医院或请求医疗救助。

二、中医常用解酒药物

为了缓解饮酒过度出现的症状，历代医生发现了很多解酒药材，摸索出了许多有效的解酒药方，列出一些常用的如下所示。

1. 葛根花

葛根花别名葛条花，系葛藤的花，其性凉味甘，善解酒毒，解渴，主治饮酒过度，头痛头昏，烦渴呕吐，胸膈饱胀等症。此外，葛根、葛谷（葛的种子）也有醒酒作用。

2. 拐枣子

拐枣子又名枳椇子，为鼠李科植物，性平、味甘酸，主治酒醉、烦热、口渴、呕吐、二便不利。拐枣子有显著的利尿作用，是一种解酒良药。现代医学研究表明，拐枣子含葡萄糖、果糖、硝酸钾、过氧化物酶等，能显著降低乙醇在血液中的浓度，促进乙醇的清除，消除酒后体内产生的过量自由基，阻碍过氧化脂质的形成，从而减轻乙醇对肝组织的损伤。

3. 高良姜

高良姜别名风姜、良姜，味辛性温，具有散寒止痛，温中止呕的功效。

4. 白茅根

白茅根别名茅根、茅草根等，其性寒味甘，具有凉血止血、清热利尿的功效。《本草纲目》中称其有治吐衄及解酒毒的功效，可用白茅根15~30克煎服，鲜品加倍用。若治饮酒太过，伤及胃络所致的胃出血，可与仙鹤草、地榆、蒲黄同用。

5. 丁香

丁香别名公丁香，温味辛，具有温中降逆，温肾助阳之功效，还有治冷气、杀酒毒的记载，治饮酒所致呕吐、身寒等证。可单用，或与人参、生姜、半夏、柿蒂配用。预防酒精中毒，可用本品3~5克，泡茶饮用。

6. 桑葚

桑葚别名桑果、桑枣、桑葚子等，其性寒味甘，具有滋阴补血、润肠通便以及解酒的作用。用它来捣汁饮用，能解酒，同时还对眩晕、失眠有效果。

7. 芦根

芦根别名苇根，其性寒味甘，具有清热生津、止呕的功效，可用于治热病烦渴、胃热呕秽、肺热咳嗽等证，对醉酒有一定效果。

8. 淡竹叶

淡竹叶别名碎骨子、山鸡米等，其性寒味甘淡，有清热除烦、利尿的作用。可治热病烦渴、口舌生疮等症，也可治酒热烦渴，小便不利，可用本品30~50克，用500~800毫升水，煎服；或与菊花、薄荷同煎，当茶饮可预防酒醉。

9. 乌梅

乌梅别名酸梅、干枝梅，其性温味酸，具有敛肺、涩肠、生津、安蛔的功效。主要用于肺虚久咳、久痢滑泄、消渴、蛔厥，以及便血、崩漏等。因其味酸能化生津液，可用于酒热烦渴等证，对饮酒所致过敏尤为适宜。本品可单用，每次30克，用500~800毫升水煎服；或与生地、麦冬、葛根、花粉同用。

10. 鸡内金

鸡内金别名鸡肫皮，其性平味甘，具有消食积、止遗尿、化结石之功效，还有除烦热、消酒积的功用。

11. 白豆蔻

白豆蔻别名白蔻、豆蔻，性温，味辛。具有化湿行气、温中止呕的功效。治湿阻气滞、胸闷腹胀、胃寒腹痛、宿食不消、呃逆、呕吐等证。《本草纲目》称其可解酒。

12. 肉豆蔻

肉豆蔻味辛温，有收敛止泻，温中行气、消宿食、解酒毒之功效。取肉豆蔻10~12克，用500~800毫升水煎水饮服，可治醉酒后脘腹饱胀，呕吐等症。

13. 五味子

五味子又名山花椒，性味酸、甘、温，有敛肺滋肾，生津敛汗，涩精止泻之功效。五味子10~12克，用水煎服可解酒。

14. 苦参

苦参又名野槐，气微，味极苦，具清热燥湿、杀虫利尿之功效，此药常被用来止渴和醒酒。

15. 菊花

菊花具有疏散风热，平肝明目，清热解毒之功效，当茶泡饮可解酒。

16. 草果

草果具燥湿散寒、除痰截疟之功效，可温脾胃，止呕吐，治脾寒湿、寒痰，消宿食，解酒毒。

三、解酒小药方

1. 陈皮汤

配方：陈皮（去白，浸炒）30克，葛根30克，甘草30克，石膏（打碎）30克。
功效与主治：治饮酒过度，酒毒积于肠胃，呕吐，不食汤水。

2. 石膏汤

配方：石膏15克，葛根100克，生姜100克（切细）。
功效与主治：治饮酒过多，大醉不醒。

3. 人参汤

配方：人参60克，白芍30克，瓜蒌30克，枳实30克，生地30克，茯神30克，葛根30克，甘草30克，酸枣仁30克。
功效与主治：益气安神，清热除烦，解酒。用于饮酒过多，大热烦躁，言语错谬及房劳。

4. 豆蔻良姜汤

配方：高良姜12克，草豆蔻15克，茯苓30克，人参30克，青皮12克。
功效与主治：理气除胀，降逆止呕，解酒。用于饮酒过度，呕逆不止，心腹胀满。

5. 百杯丸

配方：沉香15克，红豆15克，葛根15克，陈皮15克，甘草15克，丁香18克，砂仁45克，白豆蔻60克，干姜30克。
功效与主治：理气，和胃，解酒。用于饮酒过多，胸膈滞闷，呕吐酸水，胃腹疼痛。

6. 百杯散（甘草葛花汤）

配方：甘草30克，干葛花30克，葛根30克，砂仁30克，贯众30克。
功效与主治：解酒毒。适用于饮酒过度，胸膈痞闷。

第六节　药酒

一、药酒的概念和功用

药酒是指与中药配制而成的酒。我国的药酒和滋补保健酒的主要特点均是在酿酒过程中或在酒中加入了中草药，因此两者并无本质上的区别，但药酒主要以治疗疾病为主，有特定的医疗作用；保健酒以滋补养生为主，有保健强身的作用。

药酒在古代与其他酒统称为“醪醴”，在中医方剂学上又称为酒剂。通常是把药物或食物按照一定比例浸泡在白酒、黄酒、米酒或葡萄酒中，使药物的有效成分溶解于酒中，经过一段时间后去掉药渣所得的口服酒剂。从中医的角度来讲，酒本身就是药，酒与药结合可使某些药物更迅速地发挥药效，这就使酒与药有机地结合了起来，从而形成了完整的药酒方。

药酒的形成是我国医药发展史上的重要创举。保健滋补酒用药讲究配伍，根据其功能，保健酒可分为补气、补血、滋阴、补阳和气血双补等类型。在古代，酒就是一种药，古人说“酒以治疾”，将强身健体的中药与酒“溶”于一体的药酒，不仅配制方便、药性稳定、安全有效，而且因为酒精是一种良好的有机溶剂，中药的各种有效成分都易溶于其中，药借酒力、酒助药势而增强药力，充分发挥其效力，提高疗效。这样既能防治疾病，又可用于病后辅助治疗。

有目的地运用药酒治病的历史源远流长，我国古代医学、药学文献如《黄帝内经》《金匮要略》《汉书・食货志》《史记・扁鹊仓公列传》等对此均有记载。

我国历代医学家在长期的医疗实践中，认识到酒既是兴奋剂，又是较高级的药物。它是用谷物和曲所酿成的流质，其气悍、质清、味苦甘辛、性热，具有散寒滞、开瘀结、消饮食、通经络、行血脉、温脾胃、养肌肤的功用。可以直接当“药”，治疗关节酸痛、腿脚软弱、行动不利、肢寒体冷、肚腹冷痛等症。也可在治病开处方中，把某些药物用“酒渍”，或“以酒为使”，来引导诸药迅速奏效，这就使酒与药有机地结合起来，形成了完整的药酒方。

《史记・扁鹊仓公列传》中就有两个用药酒治疗内科和妇科疾病的病案：一个是济北王患病，请淳于意诊治，淳于意按了脉后说：“你患的是‘风蹶胸满’病。”于是配制了三石药酒给他服用，病就痊愈了。另一个是说甾川有个王美人“怀子而不乳”，淳于意诊后，则用莨菪药一撮，配酒给她饮用，随即乳生。清代《续名医类案》，更有详细而生动的病案描述：唐相国寺一位僧人患“癫疾失心”病，半年遍求名家医药，均不见效。这僧人的俗家兄长潘某求名医孙兆出诊。孙兆说：“今夜睡着，明后日便愈。”潘某道：“请求开方，报恩不忘。”孙兆说：“我这里有很咸的食物，让你弟吃下，等他渴的时候再来告我。”果然，半夜潘某来告说，其弟甚渴，于是孙兆来到僧处，让潘某找来温酒一角（相当于现在的杯），调朱砂、酸枣仁、乳香等药让僧饮服，须臾，又用酒半角调上药饮服。这位寺僧服后睡了两天两夜，醒来后病症全消。

药酒不但能治疗内科、妇科疾病，而且治疗外科疾病也独具效力。王焘《外台秘要》里有“治下部痔疮方”，即“掘地作小坑，烧赤，以酒沃之，纳吴茱萸在内，坐之，不过三度良。”《使琉球录》中也有用药酒治“海水伤裂”的记载：“凡人为海水咸物所伤，及风吹裂，痛不可忍，用蜜半斤，水酒30斤（药浴用，作者注），防风、当归、羌活、荆芥各二两，为末，煎汤浴之，一夕即愈。”

除治病外，药酒还可防病，如屠苏酒，是用酒浸泡大黄、白术、桂枝、桔梗、防风、山椒、乌头、附子等药制成。相传是三国时期华佗所创制，每当除夕之夜，男女老少均饮屠苏酒，目的是预防瘟疫。

在古代民间，药酒在季节性疾病的预防中应用也很广泛。据典籍记载，元旦除夕饮屠苏酒、椒柏酒，端午节饮雄黄酒、艾叶酒，重阳节饮茱萸酒、腊酒、椒酒等。《千金方》中有“一人饮，一家无疫；一家饮，一里无疫。”可见饮用药酒预防疾病的重要性。至今，我国南方一些地区还沿用这些风俗。不过，现在的药酒成分已有所改变，如现在的屠苏酒，是用薄荷、紫苏等药物浸糯米酒而酿成的，一般都在正月初七饮，以避瘴气。

传统医学中，有许多可延年益寿的药酒配方，如寿星酒，功用是补益老人，壮体延年；回春酒，久服阳事雄壮，须发乌黑，颜如童子，目视不花，常服身体轻健；延寿酒，功用是调和气血，壮精神，益肾和胃，轻身延年；寿老固本酒，功用是益寿延年，补虚乌发，美容养颜等。

总之，历代医学家在同疾病做斗争时，创造了大量的药酒方，其中有最简单的单味药酒，简便有效，深受人民群众欢迎，如艾叶酒、阿胶酒等。也有十几味乃至上百味复杂的药酒方，如茯苓酒、还瞳神明酒、仙传药酒等，它们的功效显著，适应证也多。

二、药酒的饮用方法

1. 药酒的种类

市场上出售的药酒大致可分为两大类，一类是以治疗为主的药酒，其作用是祛风散寒、养血活血、舒筋通络。如用于骨肌损伤的跌打损伤酒，用于风湿性关节炎及风湿所致肌肉酸痛的风湿药酒、追风药酒、风湿骨痛酒、五加皮酒、虎骨木瓜酒等。对风湿症状较轻者，可选购药性温和的木瓜酒、风湿关节酒、养血愈风酒；若患风湿多年，肢体麻木、半身不遂者，则宜选购药性较猛烈的三蛇酒、五蛇药酒、蕲蛇药酒等。

另一类是以补虚强壮为主要功效的补酒，其作用是滋补气血、温肾壮阳、养胃生精、强心安神。中医有“瘦人多火，肥人多湿”之说，认为形体消瘦的人，偏于阴虚血亏，容易上火、伤津；形体肥胖者，偏于阳虚气虚，容易生痰、怕冷。所以，一般来说对瘦弱的人，应选用滋阴补血、生津的药酒；肥胖的人应选用助阳补气的药酒。如果有神疲倦怠、心悸失眠、神经衰弱，可选用安神补心的药酒等。以补虚强壮为主的保健药酒有：气血双补的龙凤酒、山鸡补酒、益寿补酒、十全大补酒、百草万应药酒等；健脾补气为主的保健药酒有人参酒、当归北芪酒、长寿补酒等；滋阴补血为主的保健药酒有当归酒、蛤蚧酒、桂圆酒等；益肾助阳的保健药酒有羊羔补酒、龟龄集酒、参茸酒、三鞭酒等；补心安神为主的保健药酒有猴头酒、五味子酒、人参五味子酒等。

2. 药酒的服用与禁忌

药酒一般以温服为好，利于药效的发挥，其剂量可根据药物的性质和各人饮酒的习惯来决定，一般每次服用 10 ~30 mL，每日早、晚饮用，或根据病情及所用药物的性质及浓度而调整。有些滋补性药酒，也可以在就餐时服用。慢慢地饮，边饮酒边吃点菜。酒量小的人，可把浸泡好的药酒用纱布过滤，兑入适量的冷糖水或蜂蜜水，稀释后的药酒更适合口味。治病性的药酒，病愈后一般不再服，不宜以药酒“过瘾”，以免酒后药性大发，反损身体。补虚的，则需要较长时间饮服才能奏效，不能痛饮以求速效。

药酒不是万能的，服用药酒有许多禁忌。药酒也不是任何人都适用的，还须因人而异，如妇女在妊娠期、哺乳期就不宜使用药酒；在行经期，如果月经正常，也不宜服用药酒。青壮年因新陈代谢相对旺盛，用量可相对多一些。儿童生长发育尚未成熟，脏器功能尚未齐全，所以一般不宜服用。如病情确有需要者，也应注意适量。平时惯于饮酒者，服用药酒量可以比一般人略多一些，但也要掌握分寸，不可过量。不习惯饮酒的人在服用时，可先从小量开始，逐渐增加到需要服用的量。所以，平时在饮用药酒时必须注意以下几点。

一是饮用不宜过多，要少饮。无论药酒还是饮用酒，均要根据人的耐受力，限量服用，不可多饮滥服，即使是补性药酒也不宜多服，如多服了含人参的补酒，可造成胸腹胀大、不思饮食；多服了含鹿茸的补酒则可引起发热、烦躁甚至鼻衄（即鼻出血）等症状。因此在饮用药酒时，要依据药酒酒精度限制每日的饮量。

二是不宜饮酒的人和病症不能饮。如孕妇、哺乳期和儿童等就不宜饮用药酒，也不宜饮用酒。年老体弱者，因新陈代谢功能相对缓慢，饮用药酒也应当减量，不宜多饮。酒精过敏者和有一些慢性病的人，更不可饮用药酒。如慢性肾炎、慢性肾功能不全、慢性结肠炎和肝炎、肝硬化、消化系统溃疡、浸润性或空洞型肺结核、癫痫、心脏功能不全、各种癌病、口腔炎、高血压等患者应禁饮药酒，以免加重病情。

三是外用药酒不能内服。如我国民间有端午节用雄黄酒灭五毒和饮雄黄酒的习俗，其实，雄黄酒只宜外用杀虫，不宜内服。因为雄黄是一种有毒的结晶矿物质，主要成分为二硫化二砷，遇热可分解成三氧化二砷（俗称砒霜，毒性很大，易被消化道吸收而引起肝脏损伤）。饮用雄黄酒，轻则出现头昏、头痛、呕吐、腹泻等症状，重则引起中毒死亡。因此端午节时饮雄黄酒的习俗是有害人体健康的。

三、药酒的配制和注意事项

许多家庭都有自制药酒的习惯。配制药酒的方法主要有冷浸法、热浸法（即煮酒法）、煎煮法和酿酒法等。家庭配制一般采用冷浸法。

药酒和药一样，都是有副作用的，千万不能乱泡制。好的药酒可以起到强壮身体的保健作用，但是家庭自制药酒如果调配不当的话，则很可能会适得其反，损伤身体乃至危及生命。一般来说，家庭自制药酒应按中医辨证施治的原则，根据病情和自身需要来选择中药，并在医生的指导下服用。家庭泡服药酒特别要注意以下几点。

一是要弄清所用药材是否含有毒素。目前，有些人喜欢用毒蛇泡酒，认为所用的蛇越毒越好，这种想法是错误的，并且泡毒蛇药酒时一定要拔掉蛇的毒牙。另外在泡酒过程中有四类中药需要特别留意，因为近几年来因这四类中药引起药酒中毒的事件屡有发生：一是"马钱子"，该药毒性较大，必须炮制后才可药用，超量或长期服用可引起毒性反应，严重者可导致昏迷。二是"川乌、草乌、附子"，这些植物中存在乌头碱，乌头碱虽有祛风散寒、除湿止痛和麻醉的作用，但其毒性极大，口服纯乌头碱 0.2mg可中毒，3~5mg即可致死。此药泡制和煎煮后，对人体感觉神经和运动神经均有麻痹作用，严禁作为中药饮片直接泡酒。如需用草乌、川乌等植物来泡制药酒，最好先向专业人士咨询。三是中药水蛭，中医用于破血逐瘀、通经，超量或长期服用可引起内脏出血和肾损害，故有出血倾向的病人禁用。四是"苍耳子"，此药对心脏有抑制作用，能使心率减慢、收缩力减弱等。总之，泡制药酒时要了解一些中药的相关知识，学会甄别一些常用中药材的真伪；使用民间验方时，要弄清其中中药的品名、规格、用途、适应证和禁忌证，要防止因同名异物或异名同物而搞错药材；更要警惕质量低劣和假冒的中药材；鲜药和生药往往还需要先行加工炮制，千万不能因乱配、滥服药酒而酿成悲剧。

二是泡药酒时应将动、植物药材分别浸泡，服用时再将泡好的药酒混合均匀。这是因为动物药材中含有丰富的脂肪和蛋白质，其药性需要较长的时间才能泡出来；而植物药材中的有效成分能迅速溶解于水或酒精中，分开浸泡，便于掌握浸泡时间。

三是泡药酒不宜用塑料制品，因为塑料制品中的有害物质（如塑化剂等）容易溶解于酒里，会对人体造成危害，最好用陶瓷或玻璃瓶子。同时，泡药酒还应尽量避免阳光照射或灼热逼烤。

四是泡药酒要讲究药材的配伍。酒作为药引，跟有些药材配合能增强药的功效，但是中药有配伍禁忌。一些人把自认为滋补的东西通通放进去，可能会产生反作用。因为有些药材是相克的，放在一起浸泡，其功效会减弱，更甚者会产生毒素。

五是药酒应用高度酒泡服并掌握好泡制的合适时间，最好用高度高粱酒。在南方一般要用 50 度左右的米酒。药酒储存有一定的有效期限，不是越久越好，一般是 3~5 年。药酒和酿酒不一样，酿酒是越久越醇，但自泡药酒因密封性不好，若时间过长，药品质量不能保证。容易浸泡的药材，一般泡3个月就可以了。

最后强调一点：酒+中药≠保健酒。保健酒绝不是酒与中药的简单组合，它摒弃了药酒方面的粗加工性，非常讲究用药配伍原则。因此，保健酒对选材和加工工艺的水平要求很高。一些保健酒甚至在传统的工艺基础上采用了先进的现代生物技术，比如采用生物酶处理、中药提取浓缩等工程手段，使其中各种有效成分最大限度地得到提取和保存，因而品质更好、功效更显著。

第十章

各地名酒

第一节　黑龙江省

一、玉泉酒

黑龙江省玉泉酒业有限责任公司（以下简称“玉泉酒业”）始建于1959年，酒厂位于黑龙江省哈尔滨市阿城区玉泉镇。

玉泉镇是中国北方的名酒之乡，也是中国蒸馏酒的发源地之一。相传在900多年前，金熙宗敕令萧抱珍在玉泉建立皇家御酒坊，取当地泉水用蒸馏法酿制御酒，中国北方最早的蒸馏酒由此在玉泉诞生。那时玉泉无名，女真人因蒸馏酒汽分上下两层之意，叫它“二层甸子”。直至1939年，经有关人士协商把“二层甸子”更名为玉泉，沿用至今。

位于“一两土二两油”黑土地上的玉泉镇，有着天然的酿酒优势。这里黑土肥沃，泉水甘洌、气候适宜，又有深厚的酿酒文化底蕴作为支撑。1959年，在中华人民共和国国内贸易部投资、黑龙江省政府的组织下，“黑龙江省玉泉酒厂”在此成立。

酒厂建立后，为了填补地方名酒的空白，以国家白酒评委、白酒专家洪永凯为首的全体技术人员和技术工人，不断潜心研究、改革创新酿造工艺，历经三年的苦心研制，采用“两步法”酿造工艺，在1975年首创出既有酱香、浓香型风味，又有地方特点的兼香型玉泉方瓶酒，成为当时中国第五大白酒香型。

玉泉酒业“两步法”酿造浓、酱兼香型的工艺，是指以高粱和泉水为原料，以小麦制的大曲为糖化发酵剂，按浓香、酱香生产工艺采取分型发酵、分型陈酿、精心勾调的方法而生产的浓酱兼香型白酒。

图10–1　玉泉酒

几十年来，玉泉酒（图10–1）一直盛名不衰，以浓酱兼香及其独特的地方区域风格获得诸多殊荣和成就。2002年玉泉方瓶酒被中国轻工业联合会定为“中国浓酱兼香型代表酒”；2004年，在中国酒业协会举办的酒类大赛上玉泉方瓶酒被评为兼香型白酒总分第一名；2007年08月29日，国家原质量监督检验检疫总局（以下简称“质检总局”）批准对玉泉酒实施地理标志产品保护；2008年，玉泉酒被认定为“中国驰名商标”；2010年，玉泉酒荣获“中华老字号”称号；2011年，“玉泉酒两步法酿造工艺”被黑龙江省人民政府、黑龙江省文化厅批准为“省级非物质文化遗产”；2018年、2019年、2020年玉泉酒连续三年获得比利时布鲁塞尔国际烈性酒大赛金奖等。

二、黑土地酒

黑土地酒产自黑龙江鹤城酒业有限公司，公司前身为1927年创办的“永兴福烧锅”，于2001年初改制后更名为“黑龙江鹤城酒业有限公司”，酒厂位于黑龙江省齐齐哈尔市甘南县，地处世界三大黑土带之一的东北平原。

东北人常常以黑土地为荣耀。黑土地一般分布在四季分明的寒温带，那里植被茂密，冬季寒冷，大量的植物难以分解，历经亿万年的堆积，逐渐形成了肥沃的黑土层。黑土层中富含有大量的有机质，是黄土中的十余倍，性状好，肥力高，最适合农业耕作。全世界有三大块黑土区，中国东北平原的东北黑土区占地103万平方千米，是中国著名“关东粮仓”。在这片沃土上，发展出了诸多闻名遐迩的成就，也演绎出了诸多令人陶醉的文化，酒文化便是其中之一。

图10-2 黑土地酒

孕育于黑土上的黑土地酒（图10-2），一直以来都以“东北粮酿东北酒”和“种出来的好酒”为产品理念，精选黑土地上特产“大蛇眼”单季高粱为主料，采用经典的老五甑酿造工艺精酿而成，其酒质陈香幽雅，香味协调、余香悠长，受到了广大消费者的青睐，经过九十余年的发展，已成为独具特色的地方名酒之一。

“黑土地”牌系列白酒是黑龙江鹤城酒业有限公司的核心品牌，发展至今已有100多个品种，多年来连续被评为黑龙江省名牌产品；2008年“黑土地”牌注册商标被评为“中国驰名商标”；2014年“黑土地”品牌被授予“国家地理标志保护产品”。

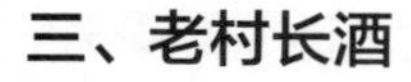

三、老村长酒

老村长酒（图10-3）产自中国东北黑龙江省的老村长酒业有限公司（以下简称“老村长酒业”），公司始建于1995年，前身为清道光年间创立的著名白酒老号“永兴复烧锅”，后当代白酒大师梅章记继承古法、升华工艺，将“永兴复”老号发扬光大，并在此基础上创办永兴复酒业和老村长酒业有限公司。

图10-3 老村长酒

“好喝不贵”是老村长酒业一直以来给广大消费者的印象，其依托“简单快乐、幸福生活”的品牌定位，在传统白酒企业争夺高价市场的激烈竞争中，开创性地提出了大众白酒战略，将目光瞄准下沉市场，致力于打造普通老百姓喝得起的大众白酒品牌。

近年来，老村长酒业已建成了行业领先的数字化智能体系，包括数字化的原粮存储与加工系统、产品研发系统、生产酿造系统、原酒储调系统、品控与质检系统、灌装与包装系统、立体库房与物流系统、一物一码质量追溯系统等全面数字化运营管理系统。而数字化和智能化系统的推进，为老村长酒业系列酒的优质化、标准化和规模化提供了精准保障。

老村长酒行销全国二十多个省、自治区、直辖市，创造了一个又一个的优异业绩。在2021年第105届全国糖酒商品交易会上，老村长酒斩获第五届全国光瓶酒领袖大会“金质口碑奖”，为光瓶酒行业树立了品质标杆、技术标杆和发展标杆。

四、北大仓酒

黑龙江北大仓集团有限公司（以下简称“北大仓集团”）始建于1914年，前身为黑龙江商人马子良和贵州酿酒师父李勇共同开设的“聚源永烧锅”，于中华人民共和国成立后改制为公私合营企业，1951年又改制为地方国营企业即齐齐哈尔制酒厂，1981年更名为齐齐哈尔北大仓酒厂，1997年组建了黑龙江北大仓集团有限公司。公司发展至今，已拥有一百多年的酿酒历史。

图10-4　北大仓酒

北大仓酒（图10-4）生产于1960年，是采用贵州省茅台镇酱香型白酒传统酿造生产工艺制成的优质大曲酒。以东北特产“大蛇眼”红高粱为原料，以纯小麦高温大曲为糖化发酵剂，经过酱香型白酒独具特色的“四高一长”酿造工艺，即高温制曲、高温堆积、高温发酵、高温蒸馏，长期贮存，精心勾调而成。

但与酱香型白酒传统的“12987”酿造工艺（两次投料、九次蒸煮、八次发酵、七次取酒，历时一年生产周期）不同的是，北大仓酒根据黑龙江本地原料、气候等实际情况因地制宜，在原料选用、大曲制作、发酵窖池构造、酿造工艺、窖储工艺等方面不断加以改进和创新，形成了独具特色且更适合当地的工艺流程，原料高粱从投料酿酒发酵开始，一次性投粮，连续加曲，辅料清蒸，池上堆积，酒尾回沙入窖，经六轮次发酵，分排摘酒，生产周期缩短至半年，其酿制而成的北大仓酒香气柔和幽雅，入口醇香馥郁，还具有独特的茅香风味。

北大仓酒发展至今，获得诸多殊荣。2008年“北大仓”商标被认定为“中国驰名商标”；2009年，北大仓集团荣获“国家地理标志保护产品”荣誉称号；“北大仓白酒传统酿制工艺”列入黑龙江省非物质文化遗产目录；2010年7月，国家原质量监督检验检疫总局核准北大仓集团使用“国家地理标志产品专用标志”；同年，北大仓集团荣获“中华老字号”荣誉称号。

五、富裕老窖酒

黑龙江省富裕老窖酒业有限公司（以下简称“富裕老窖”）坐落于黑龙江省西部嫩江中游左岸的富裕县，其前身是1915年由当地乡绅杨贵棠开办的酿酒作坊“小酑”，随着规模逐渐扩大，此作坊于1924年发展成为“鸿源涌烧锅”，后又几经发展，至2001年改制成为如今的黑龙江省富裕老窖酒业有限公司。

富裕老窖酒诞生于1973年，当年富裕老窖第三代传承人赵修身先生带队到四川学习，从当地的千年窖池中带回了两块窖泥，这两块窖泥在富裕老窑窖池中培养扩大后，铸成了28个窖池，并于同年生产出优质酒，取名富裕老窖。

作为浓香型白酒的富裕老窖酒（图10-5），工艺既取川酒诸家之长，又具有自家独到之处，采用一种高粱、两种曲霉、三种酵母、五个除杂、七个增香、长期发酵、分层蒸烧、按段取酒、分质保管、合理贮存、精心勾调的工艺技术，在百年老窖池的支撑下，成就了香、甜、顺、净的酒体风格。

发展至今，黑龙江省富裕老窖酒业有限公司已开发了涵盖浓香型、芝麻香型、兼香型、清香型等多种系列的100多个产品，并先后在世界名酒名饮协会中华名酒名饮澳门博览会上获金奖、美国全美第58届食品博览会中获金奖、第19届布鲁塞尔国际烈酒大赛中获金奖等。黑龙江省富裕老窖酒业有限公司还荣获了“中华老字号”“国家地理标志保护产品”等殊荣。

图10-5 富裕老窖酒

六、牡丹江老酒坛酒

牡丹江白酒（厂）有限公司坐落于东北黑龙江省牡丹江市，其创建历史可追溯到1932年，由酿酒人萧玉珊开设的“万泉涌烧锅”，中华人民共和国成立后与政府合营更名为牡丹江酿酒厂，后经整体改制组建成为如今的酒业公司。

由于创始人萧玉珊曾拜师学艺于川黔之地，故牡丹江白酒的生产在坚持传统“老五甑”工艺的同时，还融入了川酒、国外烈酒、当地渤海贡酒的精髓，形成了独具特色的“牡丹江”风味，并成为具有代表性的地方名酒（图10-6）。

图10-6 牡丹江老酒坛酒

牡丹江白酒（厂）有限公司发展百余年

来，收获了诸多荣誉：1981 年，该公司被授予省优质产品称号、黑龙江名牌产品和省著名商标；1994年，在美国烈酒及葡萄酒国际博览会上荣获金奖；2009年荣获省政府授予的“龙江老字号”称号；2011年荣获国家授予的“中华老字号”称号等。

七、北大荒白酒

北大荒白酒是浓香型白酒，产自北大荒酒业股份有限公司，公司是北大荒农垦集团有限公司下属的股份制酿酒企业，主要酿造、生产以北大荒绿色高粱为原料的北大荒牌系列白酒。

北大荒白酒（图 10-7）历史悠久，可追溯到 20 世纪 50 年代。当时国家组织在黑龙江省北部三江平原、黑龙江沿河平原及嫩江流域的广大荒芜地区（即“北大荒”）进行大规模的开发建设，数万名解放军复员官兵、知识青年和革命干部响应号召，排除万难，在当地建立了许多国营农场和军垦农场，把过去人迹罕至的“北大荒”，建设成为美丽富饶的“北大仓”。而北大荒白酒就是当时生产建设中出现的产物，它是北大荒文化的缩影之一，也是北大荒精神的代表之一。

图 10-7　北大荒白酒

北大荒白酒是以生态有机高粱为主料，以大麦和豌豆制成的大曲为发酵剂，经过地缸发酵 28 天酿制而成的清香大曲酒，酒体清香醇正，香味协调，余味净爽，曾荣获“世界博览会金奖”“农业部优质产品奖”“首届中国大众名白酒”“省名牌产品”“龙江老字号”“第十五届中国国际农产品交易会参展农产品金奖”等荣誉称号。

八、北方佳宾酒

图 10-8　北方佳宾酒

黑龙江北方佳宾酒业有限公司坐落于东北三江平原腹地的佳木斯市，是一家拥有 100 多年酿酒历史的白酒生产企业，其创建历史最早可追溯到 1908 年戴氏创立的“三泰烧锅”。至20世纪30至40年代的日本占领时期，“三泰烧锅”被日本人强行购置改称为“三泰制酒株式会社”，中华人民共和国成立后收归国有，改成了佳木斯白酒厂，后公私合营又改称为北方佳宾白酒厂，于 2006 年转制为民营企业。

北方佳宾酒（图 10-8）以优质高粱为主料，再以源自山西杏花村的标准清香型白酒酿造用曲为糖化发酵剂，采用标准清香型汾酒酿造的“清蒸二次清”工艺，即清蒸清粒、地缸发酵、清蒸馏酒，历经28天46道工序精酿而成，生产出的北方佳宾酒具有清澈透明、清香醇正、入口绵甜、余味爽净、自然协调等特点。

如今，黑龙江北方佳宾酒业有限公司历经近百年的沉淀，成为黑龙江省颇具规模的清香型白酒酿造基地。而北方佳宾酒也先后获得“国家质量达标食品”“中国消费者放心购物质量可信产品”“国家无公害农产品”“中国优质白酒”“黑龙江省名牌产品”等称号。

九、花园大曲

黑龙江省双城花园酒业有限公司位于黑龙江省哈尔滨市双城区金城乡花园村，其建厂历史可追溯到清光绪五年（1879年），韩甸池先生在双城金城乡、杏山乡分别开设增盛兴、增盛春两家烧锅，复酿花园烧酒，公司发展距今已有一百四十多年历史。

图10-9　花园大曲

花园大曲（图10-9）是浓香型白酒，以东北红高粱为主要原料，小麦中温曲块为糖化发酵剂，采用“混烧老五甑”酿造工艺，经发酵、蒸馏、窖藏、调制而成，具有“窖香浓郁、绵甜甘洌、香味协调、尾净余长”的特点。酿造工艺由六代匠人传承至今，被评为省、市级“非物质文化遗产”，且酒厂内有保存完好的、超过百年历史的老窖池200个、酒海120个、大酒坛140个，也是宝贵的文化遗产。

经过多年发展，花园系列酒产品经过不断创新，已达到高、中、低三个档次150余个品种，并斩获诸多佳绩。1994年，“花园酒50°”荣获“蒙特奖”金奖；2006年，“花园大曲”荣获中华人民共和国商务部（以下简称“商务部”）首批认定“中华老字号”荣誉称号；2015年，“花园酒天香60°”“花园大曲”同时荣获布鲁塞尔国际烈酒大奖赛银奖；2020年，“花园大曲”荣获第四届头部光瓶酒领袖大会潜力产品；“花园白酒”“花园大曲”等花园系列产品多年来先后17次荣获省、部、国家级优质产品称号等。

十、龙江家园酒

图10-10　龙江家园酒

黑龙江省龙江家园酒业有限公司坐落于黑龙江省哈尔滨市双城区，公司始建于1996年，于1997年试制成功中国首个袋装纯粮烧酒。2001年，企业向品牌化进军，成功开发出“龙江家园”

等优质白酒品牌。

龙江家园酒（图 10-10）属浓香型白酒，以红高粱、玉米、小麦、大米、糯米五种粮食为原料，经“木海纯粮”古法酿制而成。“木海”又称木海血桶，是一种采用木质原料，加朱砂等血料封漆而成的密闭木桶，可以用来贮存经过发酵后的酒。木海贮酒是一种古老的储藏工艺，相传始于东北原住民，发源年代已无可考证，至清朝得到广泛使用，也正是此工艺，成就了龙江家园酒窖香浓郁、绵柔劲爽、回味甘甜的酒体风格。

黑龙江省龙江家园酒业有限公司发展至今短短二十余载，已成为地方白酒代表品牌之一，旗下品牌“龙江家园”获得“黑龙江省著名商标”“中国优质白酒”“中国驰名商标”等荣誉称号；2011年，“龙江家园”被中国酒类流通协会授予“中国复合爽朗型白酒开创品牌”荣誉证书。

第二节　吉林省

一、榆树钱酒

吉林省榆树钱酒业有限公司（以下简称“榆树钱酒业”）坐落于素有“天下第一粮仓”美誉的吉林省榆树市，其历史可追溯到 1812 年，由榆树人姜言润在大孤榆树屯外（现榆树市内）兴建的酒坊“聚成发烧锅”，1946 年“聚成发烧锅”改制为国营企业，更名“榆树县造酒厂”，2009年被华泽集团（原金六福企业）整合，发展至今已有两百多年历史。

榆树钱酒业在百年的发展中不但独创出“踢、捏、闻、看、摘”五字真言，更留下一系列酿酒秘法。1972 年，第六代传人李云堂在传承“聚成发烧锅”传统工艺的基础上，独创新工艺，“榆树大曲”品牌由此诞生；2001 年李云堂弟子刘宝贵继承酿造技艺，独创北派酿酒技法，“榆树钱”系列品牌由此诞生。

图10-11　榆树钱酒

榆树钱酒（图 10-11）是中国北派浓香型白酒典范，是以红高粱、小麦、豌豆等为酿酒原料，同时采用低温入窖、缓慢发酵、文火蒸馏、看花摘酒的混蒸混烧老五甑工艺精酿，再入库装入木制酒海中贮存。按此工艺生产的白酒，酒味清醇，香味悠长，形成了独特的净爽风味，著名白酒专家高月明先生评价榆树钱酒“晶莹剔透，丰满润泽，醇厚和谐，绵甜净爽，为北派浓香型白酒典范”。

值得一提的是，榆树钱酒业拥有 234 个长白山松木酒海，酒海群荣获吉尼斯总部授予的“中国现存使用最多的木质酒海”。在白酒贮存工艺中，酒海对原酒“二次陈酿”能起到关键作用，酒液在酒海内吐故纳新、“排杂集醇”，形成“松仁香”与“醇香”融合的独特复合香味，使酒体香味更加丰富，层次更加分明。

吉林省榆树钱酒业有限公司历经两百余年的历史积淀，斩获了无数佳绩。1974 年，榆树大曲被评为“吉林名酒”，并保持此荣誉至今；1984 年，榆树大曲获“中国轻工业部优质产品奖”；1992 年，榆树大曲获巴黎国际博览会“特别金奖”；2010 年，榆树钱酿酒技艺荣获“吉林省非物质文化遗产”称号；2011 年，“榆树钱”被授予“中华老字号”“国家地理标志保护产品”称号；2016 年，榆树钱公司获东北三省酒业协会授予的“白酒文化传承百年企业”称号；2017年，“榆树钱30年”获“比利时布鲁塞尔国际烈酒大奖赛银奖”；2018 年，“榆树钱窖藏壹号”获“比利时布鲁塞尔国际烈酒大奖赛金奖”；2019 年，“榆树钱壹号献礼版”“榆树钱壹号典藏版”同时获得了“比利时布鲁塞尔国际烈酒大奖赛金奖”。

二、洮南香酒

洮南香酒产自洮南市第一酒业有限公司，公司前身为洮南市洮南香酒业有限公司，其历史可追溯到十九世纪初清朝末年洮南府的“东海涌烧锅”，距今已有120余年的历史。

洮南市位于吉林省西北部的科尔沁草原上，当地产有高粱、玉米等谷物，水源丰富，气候适宜，至清代便已盛行酿酒业。据《吉林省志》《洮南县志》和《洮南文史资料》记载，早在清末，科右中旗图什业图亲王在洮南府西太本站开办裕农酒局，并在洮南设置分号，故谓“东海涌烧锅”，1946 年改建成为洮安县酒厂，至1960 年，厂长石明德和郑宝来在遵循“东海涌烧锅”古法工艺的基础上，改造窖泥，试制新酒，“洮南香酒”由此诞生。

图10–12　洮南香酒

洮南香酒（图 10–12）属于浓香型白酒，其酿造工艺是以本地特产红高粱为主要原料，以中温大曲为糖化发酵剂，选用老五甑生产方法，在特殊发酵池经过四十五天发酵，精心酿造而成，其所用窖池以当地特有的黄黏土垒砌而成，每年歇窖时用腐熟苹果、香瓜等水果破碎后制成窖泥用以压窖，经年累月，积累了大量的有益微生物菌群，使酒体自然生香、入口绵甜，形成独具特色的风味。

1963 年，洮南香酒以其独特的香气和口感，被吉林省政府正式命名为“吉林省名酒”，此后，此酒又多次被评为省优、部优。1992 年，洮南香酒获“首届曼谷国际博览会金像奖”；1993 年获“关东名酒”称号；1994 年获“中国国际饮品及技术展览会金奖”；1999 年被评为“吉林省名牌产品”；2002 年被评为“吉林省十大名酒”；2003 年被授予“吉林省著名商标”称号；2012 年被授予“吉林老字号”“中国驰名商标”称号；并于2015 年被批准实施地理标志产品保护。

三、洮儿河酒

吉林省洮儿河酒业有限公司位于吉林省白城市，前身为1924年建立的“福丰达烧锅”，1946年政府接收后改制为白城制酒厂，后名字又几经变更，至2004年改制为如今的吉林省洮儿河酒业有限公司，发展至今已有近百年的历史。

洮儿河酒（图10-13）是浓香型白酒，以东北特产的优质高粱、小麦等农作物为原材料，采用双轮底发酵、清蒸混入、缓慢蒸馏、量质摘酒的传统工艺精酿而成，具有传统浓香型白酒窖香浓郁、入口绵甜、余香显著的特点。

洮儿河酒一经推出便大受欢迎，并在几十年的发展中获得了诸多成就和荣誉，1963年获得首届“吉林省名酒”称号；1986年获得巴黎博览会金奖；2006年被授予“吉林省著名商标”称号；2009年被认定为“中国驰名商标”；2010年获得“中华老字号”。洮儿河酒酿酒技艺也于2012年被列入白城市第三批非物质文化遗产保护项目名录。时至今日，洮儿河酒已成为吉林省白酒名牌代表之一，也是一张优秀的城市名片。

图10-13　洮儿河酒

四、龙泉春酒

龙泉春酒（图10-14）是产自吉林省辽源市的著名白酒品牌，由辽源龙泉酒业股份有限公司生产酿造，公司发展历史悠久，最早可追溯到1906年，由魏氏家族创办的“天益涌烧锅”，至1947年，西安县（辽源原称）将中兴涌、恒兴泉、天溢涌、永德谦等几家烧锅，改制为新兴、新原、新中、新民等酒厂，又于1952年合并成立为辽源市油酒厂，酒厂几经发展，于2002年改制成民营企业，组建成为如今的辽源龙泉酒业股份有限公司，主要生产龙泉春酒。

龙泉春酒最初名叫龙泉就，其名字的由来，与当地传说有一定的关联，因酒厂地处东辽河源头，坐落在长白山脉之龙首山麓，山下有镇龙古井亭，民间称为“镇龙亭”，亭内井水奇异，色如清泉，闻有郁香，可谓酿酒佳水，龙泉春酒以此井水酿制

图10-14　龙泉春酒

而成，故取名为龙泉酒。1982 年，《中华人民共和国商标法》颁布施行，因辽源的龙泉酒与黑龙江宾县的龙泉酒重名，最终辽源的龙泉酒注册为龙泉春牌龙泉春酒。

龙泉春酒是典型的浓香型白酒，取龙泉井水和优质高粱等为原料，经清蒸混酯蒸烧，热水喷浆，低温入窖，老窖双轮底发酵，分层蒸馏，按质接酒，分档存贮，精心勾调等传统的浓香型白酒酿造工艺精酿而成，其窖香浓郁，绵甜甘洌，醇和爽口，尾净香长，具有浓香型麸曲白酒典型的特点。

此外，龙泉春酒得天独厚的洞藏存储方式也是保证其品质的关键。天然溶洞常年恒温，保持着 10~15℃的极佳存酒环境，洞中湿度适宜，繁衍了诸多种类丰富的微生物菌群，这些自然条件，对原酒的保存和后天的老熟生香，具有重要的作用。

辽源龙泉酒业股份有限公司以“龙泉春”白酒为主导产品，现已发展了高、中、低档产品百余种，并多次在国内、国际评酒会上获得多项荣誉，龙泉春 1974 获得了“吉林省名酒”称号以后，还获得了“中国优质酒”“吉林省名牌产品”等称号；多次获得省优、部优、国优等荣誉；先后获得全国首届食品博览会金质奖、全国首届轻工部博览会金质奖，在巴黎国际名优酒展评会上获特别金奖等大奖；2010 年被中华人民共和国商务部（以下简称“商务部”）认定为“中华老字号”；2012 年被国家原工商行政管理总局（以下简称“原工商总局”）认定为“中国驰名商标”，是当之无愧的地方名酒代表典范之一。

五、大泉源酒

大泉源酒产于通化县大泉源乡，是中国著名的白酒之一，生产企业为吉林省大泉源酒业有限公司，公司创建历史可追溯到 1616 年的清朝“御用烧锅”，经过几百年的历史沉浮，发展成为如今的老字号民族酿酒企业。

大泉源酒（图 10-15）有着悠久的历史文化，在 400 多年的发展历程中，一共经历了“御用烧锅”“宝泉涌酒坊”、国营企业和民营企业四个发展时期。

图10-15　大泉源酒

“御用烧锅”时期：1616 年明末清初，女真人在大泉源乡创立烧锅，开发烧酒，因其酒质甘爽绵甜，被努尔哈赤钦定为御酒，康熙、乾隆等历任皇帝东巡都会征调大泉源烧锅酒为御用，并称其为“御用烧锅”。公元 1616 年被确定为大泉源酒业创办的起始年。

“宝泉涌酒坊”时期：光绪十年（1884 年），御用烧锅经营状况日趋惨淡，被奉天商人傅成贤接手，扩建改名为“宝泉涌酒坊”。酒坊花重金聘请了山西杏花村的师傅杜澍为酿酒师，并将杏花村的酿造技艺与当地满族的酿造技艺相融合，酿出的酒绵甜柔和、清香醇正、回味悠长，享誉关东大地。

国营企业时期：1948年，宝泉涌酒坊成为通化县第一个国营企业，被县政府命名为“通化县兴源酒厂”，1962年又改名为“地方国营吉林省通化县大泉源酒厂”，这个时期的大泉源酒凭借卓越的品质，收获了无数荣誉，于1978年在国家原轻工业部召开的北方九省白酒评比会被评为同类香型白酒第一名；1993年在第40届巴黎国际食品博览会上被评为特别金奖，又被吉林省政府授予“吉林名牌产品称号”等。

民营企业时期：2004年，大泉源酒厂改制成民营企业，企业在第26代传承人关宝树的带领下，不断走向新的高度，并始终坚持“古井矿泉、纯粮酿造、固态发酵、酒海贮藏”的传统酿造工艺，在原有清香型白酒的基础上，研制出浓香型、兼香型、芝麻香型白酒，先后开发出大泉源牌泉源御系列、酒海系列、国宝系列、蓝瓷系列等高、中、低三个档次、100多个品种的产品，并先后荣获了“中国酒文化百年老字号企业”“中国历史文化名酒”“中国地理标志保护产品”“中华老字号”“中国驰名商标”等荣誉。

值得一提的是，2005年，大泉源酒业有限公司在老酒库里发现53个木制酒海群，并发掘出土了宝泉涌古井、古发酵窖池、古甑锅灶台，构成了宝泉涌酒坊的四大遗迹，这是继“水井坊”之后，中国酒坊遗址中完整体现古代酿酒工艺的又一实例。2007年5月31日，吉林省人民政府批准大泉源酒酿造技艺列入第一批省级非物质文化遗产名录，并批准大泉源“宝泉涌”酒坊为第六批省级文物保护单位，大泉源酒业成为吉林省第一家获“双遗产”殊荣的企业。至2008年，大泉源酒传统酿造技艺被国务院批准列入国家级非物质文化遗产名录。

第三节　辽宁省

一、三沟老窖

辽宁三沟酒业有限责任公司始建于1862年，坐落于人杰地灵的阜新市蒙古族自治县。阜新市是拥有8000年历史和文明的北方名城，被誉为“玉龙故乡，文明发端”，这里不仅是中国龙文化的起源地，也是中国谷物酿酒的起源地，更是中国白酒文化的起源地。

辽宁三沟酒业有限责任公司的前身为1862年由邱美、邱焕两兄弟始建的“胜泉涌烧锅”，俗称“邱家烧锅”。1948年，阜新县解放，邱家烧锅被政府接收改制为“胜利酒厂”，此后，又几易其名，发展为如今的辽宁三沟酒业有限责任公司。

“三沟”商标注册于1964年，阜新市蒙古族自治县的毛岭沟、塔子沟、招束沟这“三沟”，因保护环境，治理生态成绩突出，被时任国务院副总理谭震林命名为“三沟经验”，为了纪念三沟经验，酒厂申请注册了“三沟”商标，三沟酒由此诞生。

三沟酒的酿造技艺历经邱美、邱焕、邱重乙、邱处真、邱凤鸣、朱庆杨、郭和、吕国富、夏廷昌、冯树成、王世伟、王志海几代传承，流传至今，技艺一直沿用清蒸混入酿酒法，历经熟壳配料、回调香醅、分甑接酒、分甑贮存、掐头去尾等百来道工序精酿而成，其酒质入口绵甜，落口爽劲，是东北绵劲型白酒的典范（图10-16）。

经过一百多年的发展，“三沟”系列白酒已开发了浓香型、兼香型、清香型、芝麻香型等五大系列、200多个产品，并被授予“辽宁名牌产品”“辽宁老字号”“辽宁省非物质文化遗产”等荣誉称号。

图10-16　三沟老窖

二、道光廿五酒

道光廿五酒（图10-17），是目前我国唯一沿袭满族古老酿酒技艺酿造的白酒，其产自辽宁道光廿五集团满族酿酒有限责任公司，前身是清嘉庆六年（1801年），皇庄庄头高士林携“龙票”（朝廷颁发的允许开烧锅的文件）所创办的“同盛金烧锅”。中华人民共和国成立后，“同盛金烧锅”由人民政府接管，更名锦州凌川酒厂。1996年，酒厂进行搬迁时，在老厂库房的地基下，挖掘出土了四个木质酒海，同时出土的还有酒海里保存完好的4余吨老酒，文物考古专家通过遗迹考证，确认这是“同盛金烧锅”在清道光二十五年封存的一批烧酒，故将其命名为“道光廿五”。

这一批道光廿五白酒被国家文物局确定为液体文物，并被英国伦敦吉尼斯总部审核认定为世界上目前发现的窖贮时间最长的穴藏贡酒，其酒液微黄色，陈香浓郁，入口绵柔，醇厚细腻，后味悠长，风味独特，具有极高的收藏价值和商品价值。

1998年，锦州凌川酒厂改制为辽宁道光廿五集团满族酿酒有限责任公司（以下简称“道光廿五集团”），开始生产道光廿五系列白酒。

道光廿五白酒的生产，一直以来都严格地沿袭着传统酿造工艺，从高温润料、入甑清蒸、晾堂堆积到混拌曲种、入窖发酵，再到文火蒸馏、分质摘酒，然后入酒海穴藏贮存三年以上。这种独特的传统酿酒技艺，被称为“清蒸、混入、老五甑工艺”。2006年，道光廿五酒传统酿制技艺被录入辽宁省第一批省级非物质文化遗产代表性项目名录。

此外，“道光廿五”也先后获得“中国十大文化名酒”“国家陈香型鉴定标准”“国家地理标志保护产品”“辽宁省非物质文化遗产”“中国驰名商标”“中华老字号”“中国白酒历史标志产品”等诸多殊荣，成为锦州市及至辽宁省一张靓丽的文化名片。

图10-17　道光廿五酒

三、老龙口酒

老龙口酒产自沈阳天江老龙口酿造有限公司（以下简称“老龙口”），公司前身为1662年由山西富商孟子敬兴建的“义龙泉烧锅”，后改名“万隆泉烧锅”，1949年，沈阳当地人民政府收购“万隆泉”全部资产，改制为老龙口制酒厂，从此，老龙口结束了持续二百多年的私营历史，成为社会主义国有企业，至2000年，老龙口与新加坡企业合资联营，成为如今的沈阳天江老龙口酿造有限公司。

老龙口酒（图10-18）属于浓香型白酒，以红高粱为主料，以大麦、小麦、豌豆制成糖化发酵剂，采用“混蒸混烧”和“续楂发酵”两种独具特色的传统酿造方法精酿而成，又因其拥有“老水井”“老窖池”“老工艺”“老酒海”等多种优势，使其酒体形成了“头酱尾、绵甜醇厚”的独特风格。

图10-18　老龙口酒

其中，老龙口现存的地穴式酒发酵窖是中国建造最早、规模最大、保存最完整、连续烧酒时间最长的老窖池群之一，已被沈阳市政府列入市级文物保护单位；而老龙口酒的传统酿造技艺，也于2008年被列入第二批国家级非物质文化遗产名录。

老龙口发展至今，已积淀了三百多年的历史底蕴，先后被授予了“辽宁省名牌产品”“中华老字号”“国家地理标志保护产品”等荣誉，成为东北历史悠久的民族工业品牌之一。

四、凌塔酒

凌塔酒（图10-19）产自于辽宁省的朝阳凌塔酿造科技开发有限公司，公司前身可追溯到始建于明朝万历年间由晋商曹三喜开办的“三泰号”酿酒烧锅，老商号几经浮沉变迁，最终改制为朝阳凌塔酿造科技开发有限公司。

凌塔酒为纯粮固态发酵酒，是典型的清香型白酒，以红高粱为主料，以大麦、小麦、豌豆生产的低温大曲为糖化发酵剂，经过“清蒸二次清、天窖地藏”的古法酿造工艺精酿而成。

图10-19　凌塔酒

“清蒸二次清”是具有代表性的古法酿造技艺，其特点是“清蒸清糙，窖池发酵，清蒸二次清”，酿造出的酒体具有清香带陈香、入口绵甜爽净、回味悠长的独特风格，而“天窖地藏”的独特贮存方式是使酒体内部产生特殊香味的重要环节，能使老酒口感更加绵软甜润，回味更加悠长。2015 年，凌塔酒传统酿造技艺入选辽宁省第五批省级非物质文化遗产代表性项目名录。

凌塔酒发展至今已有四百多年的历史，先后被评为省优、国优，被授予“辽宁省名牌产品”“中国驰名商标”等荣誉称号，并于2012年被批准实施地理标志产品保护。

五、凤城老窖

辽宁凤城老窖酒业有限责任公司坐落于辽宁省凤城市，是一家以生产麸曲酱香型白酒为主的大型现代化白酒生产企业，公司历史可追溯到 1856 年由孙新武、薛竹铭合建的“东烧锅”，距今已有百余年历史。

凤城老窖是典型的酱香型白酒（图 10–20）。在继承传统酿造工艺的基础上，凤城老窖结合自身特点和传承经验，总结出“老四甑”工艺方法，讲究“四高一散”，“四高”即高温润料、高温堆积、高温入窖、高温蒸馏；“一散”指酒醅要保持松散状态，以保证堆积时微生物的富集、发酵时微生物的繁殖和蒸馏时各种香味的提取。凤城老窖独特的酿造工艺，形成了其独树一帜的北派酱酒风味。2011 年，凤城老窖传统酿造技艺入选辽宁省第四批省级非物质文化遗产代表性项目名录。

经过 100 多年的传承与发展，凤城老窖品牌现已形成五大系列，即麸曲酱香型老窖系列、浓香型老窖系列、兼香型老窖系列、芝麻香型系列和保健型营养系列，总计 150 多个品种。荣获市级、省部级、国家级荣誉 200 余项，多次荣获“辽宁省名酒”“著名商标”称号，先后获得“中华文化名酒”“中华老字号”等荣誉，并于 2014 年被批准为国家地理标志保护产品。

图 10–20　凤城老窖

六、铁刹山酒

辽宁铁刹山酒业（集团）有限公司坐落于九顶铁刹山脚下，公司前身为 1807 年由张嘉久所创办的“永隆泉烧锅”，历经近两百年的发展，其于 2003 年完成股份制转制，成立辽宁铁刹山酒业（集团）有限公司。

图10-21　铁刹山酒

铁刹山酒（图10-21）是典型的浓香型白酒，以高粱为主料，小麦、豌豆制成的中高温大曲为糖化发酵剂，采用泥窖发酵、续糙配料、清蒸混烧、分质摘酒的老五甑工艺酿造而成，酒体香气醇正、余味悠长，具有传统的民族特色和独特的地方风味。2009年，铁刹山酒酿造工艺被列为“辽宁省非物质文化遗产”。

经过多年发展，铁刹山品牌系列酒已形成了四个系列、五十多个品种的产品格局，并先后获得了“辽宁省名牌产品”“中华老字号”“中国驰名商标”等荣誉称号，成为辽宁省靓丽的文化名片。

第四节　内蒙古自治区

一、蒙古王酒

蒙古王酒（图10-22）产自内蒙古蒙古王实业股份有限公司，公司地处中国四大草原之一的科尔沁草原腹地，其历史可追溯到1921年创办的“东泰隆·西烧锅”。到1951年被人民政府接收，改制为地方国营通辽市制酒厂，几经发展变更后，直到2008年，才正式成为内蒙古蒙古王实业股份有限公司。

图10-22　蒙古王酒

内蒙古人好饮酒，当地的代表酒是用五畜的奶液通过一定程序酿造后熬制而成的奶制酒，以五谷发酵蒸馏而得的白酒在当地并不算盛行。但据史书记载，关于白酒蒸馏术在中国的起源，却是始于蒙古族统治时期的元代。明代医学家李时珍最早提出中国蒸馏酒始创于元朝，他在《本草纲目》中写道：“烧酒非古法也。自元时始创其法，用浓酒和糟入甑，蒸令气上，用器承取滴露。凡酸坏之酒，皆可蒸烧。”元代帝师八思巴，在蒸馏技术的基础上，集蒙、藏、汉和其他民族之酿酒所长，开创了“宣徽”“槽坊”酿酒术。蒙古王酒的酿造技艺，便是承起于此。

蒙古王酒继承“宣徽”“槽坊”的酿造工艺，并与现代酿造技术进行创新和融合，秉承泥窖纯粮固态发酵法，经续糟配料、分层起糟、清蒸混入、量质摘酒、按质并坛等几十道工序酿制而成，其酒质在具有窖香浓郁、入口绵甜、诸味协调、余味悠长的特点的同时，还形成了独具草原特色的酒体风格。

经过百年的技术沉淀和发展，蒙古王酒凭借内在质量和鲜明的民族特色，先后在国内外名酒评比大赛中荣获“布鲁塞尔国际食品博览会金奖”“中国白酒典型风格银杯奖”等奖项，并被评为“内蒙古名牌产品”“中国驰名商标”“中华历史文化名酒”等，创造了通辽白酒乃至内蒙古白酒的辉煌。

二、宁城老窖

宁城老窖是内蒙古白酒品牌代表之一，产自于内蒙古顺鑫宁城老窖酒业有限公司（以下简称“宁城老窖”），公司位于内蒙古宁城县八里罕镇。据史料记载，八里罕一带早在辽代时期就已有了酿酒历史，当时的隆盛泉、天巨泉、景泰泉酿酒作坊就是其中的典型代表。1958 年，宁城县人民政府在隆盛泉酒坊的基础上，创办起了地方国营八里罕糖酒厂，开始生产白酒，这便是宁城老窖的前身。

宁城老窖生产于 1977 年，时年地方国营八里罕酒厂（1963 年改制时名称）确定了麸曲浓香型白酒的主攻方向，将传统工艺与现代科学技艺创新融合，配以秘传的“百香曲”发酵生香，酿出了具有窖香浓郁、绵甜可口、香味和谐、尾净悠长的白酒，取名“宁城老窖”。

图10–23　宁城老窖

宁城老窖（图 10–23）以其独特的口感在白酒界独树一帜，被中国著名白酒专家高景炎、高月明先生盛赞为“绵香回味型”，同时也获得了诸多的荣誉肯定。1984 年，宁城老窖荣获国家原轻工业部酒类质量大赛金杯奖，1988 年荣获中国食品博览会金奖，1992 年荣获第四届国际酒类博览会金质奖，并先后获得“国家轻工部优质产品”“最具区域文化特色酒”“中华老字号”等荣誉称号。

三、河套王酒

内蒙古河套酒业集团股份有限公司（以下简称“河套酒业”）坐落于内蒙古巴彦淖尔杭锦后旗陕坝镇，其前身为 1952 年建立的国营陕坝制酒厂，1997 年完成股份制转制，发展至今已有近七十年的历史。

第一代河套王酒正式上市，是在 1997 年，此酒以高粱、大米、小麦、玉米等粮食为主料，采用传统酿造工艺精酿而成，具有“窖香幽雅、绵甜醇厚、谐调甘爽、尾净香长”的独特风格，是北方浓香型酒的典型代表。此后，在“河套王”系列的浓香白酒（图 10-24）基础上，公司相继开发出了以“金马酒”系列为代表的复合香型白酒，以“河套陈藏”为代表的清香型白酒和以“膳春御”保健酒、“百吉纳”奶酒为代表的营养滋补型四大系列多个品种。

图 10-24　河套王酒

2006 年，河套酒业投产建成了北方最大的浓香型白酒生产车间。整个车间占地达到 13 万平方米，拥有窖池 9589 个，在生产规模、占地、窖池数及所产原酒量上一举跃至北方第一，因此被中国酒业协会授予了“中国北方第一窖”的荣誉称号。

历经 70 多年的发展，内蒙古河套酒业集团股份有限公司从一个县级国营酒厂，逐渐成长为内蒙古地区酿酒行业的优质企业，并先后获得了“中国驰名商标”“中华老字号”等荣誉。

四、骆驼陈曲

图 10-25　骆驼陈曲

骆驼陈曲产自内蒙古骆驼酒业集团股份有限公司，公司前身为 1951 年创建的包头酒厂，1957 年酒厂注册了“骆驼”牌商标，经过几十年的发展，于 1999 年转制为内蒙古骆驼酒业集团股份有限公司，这不仅是内蒙古最早的酿酒企业之一，也是自治区白酒行业的优质企业。

骆驼陈曲（图 10-25）是清香型白酒，以高粱为原料，大麦、豌豆制曲为糖化发酵剂，采用 28 天地缸固态发酵的传统纯粮酿造工艺酿制而成，具有清香醇正、细腻雅致的酒体风格。

经过几十年的发展，内蒙古骆驼酒业集团股份有限公司已生产研发出了八个系列，两个香型（清香型和芝麻香型）的白酒近 100 个品种，先后被授予“内蒙古名牌产品”“中国驰名商标”“全国用户满意产品”等称号。

第五节　宁夏回族自治区

一、银川酒

宁夏昊王酒业有限公司（以下简称“昊王酒业”）坐落于“塞上江南”——银川市，前身是银川市酒厂，至今已有60多年的白酒酿造历史，也是全国唯一以首府城市命名的商标。

昊王酒业主导产品“银川”牌白酒及“老银川”系列酒（图10-26），以窖香浓郁、陈香舒适、醇厚绵甜、香味协调、余味爽净等特点闻名。

昊王酒业先后荣获“中国驰名商标”“宁夏名牌产品”“宁夏著名商标”等殊荣。

图10-26　老银川

二、宁夏红枸杞酒

宁夏香山酒业（集团）有限公司（以下简称“香山集团”）前身为始创于1868年（清同治7年）的“义隆源”烧坊，1949年中华人民共和国成立后在原址上成立为公私合营的“四合荣”烧坊，后烧坊几经变革，先后经历了“四合荣烧坊”“中卫县酒厂”等。1996年11月，中卫县酒厂改制成立了香山集团。香山集团酿酒作坊遗址是宁夏回族自治区的文物保护单位，总面积17198.09平方米，窖池的窖龄长达140年以上。

宁夏香山酒业（集团）有限公司旗下白酒品牌包括“宁夏宴”系列（图10-27）、“塞上”系列、“黄河谣”系列等20多个品种，“香山”牌系列白酒连续被评为“质量信得过产品”，“香山”商标被评为“宁夏著名商标”，香山集团被评为“AA级信用企业”，并先后被区、市工商局授予“重合同、守信用”荣誉称号和“重操守、讲诚信”先进私营企业。

图10-27　宁夏红枸杞酒

此外，香山集团自主研发的“枸杞鲜汁

低温发酵”技术、全自动枸杞鲜果清洗榨汁生产线、枸杞干果氮气保鲜技术、枸杞果酒无菌冷灌装技术、枸杞白兰地生产技术都属于国内外首创。2008年“枸杞酒的生产方法”获得世界知识产权组织和国家知识产权局授予的“中国专利金奖”。

三、大夏贡酒

宁夏大夏贡实业有限公司（以下简称“大夏贡”）坐落于享有“塞上湖城”美誉的银川市，是一家集酿造、贮存、生产、销售为一体的中型白酒企业。

“千坛真藏、原窖真酿、传世柔香”，大夏贡人运用传统与现代科技相融合的五粮酿酒工艺，采集贺兰山麓优质水源为酿酒用水，精选东北和宁夏当季上等的高粱、大米、糯米、小麦、玉米五种粮食，纯五粮酿造，经陶坛贮存、酒窖真藏，铸就了一代白酒佳酿——大夏贡酒（图10-28）。

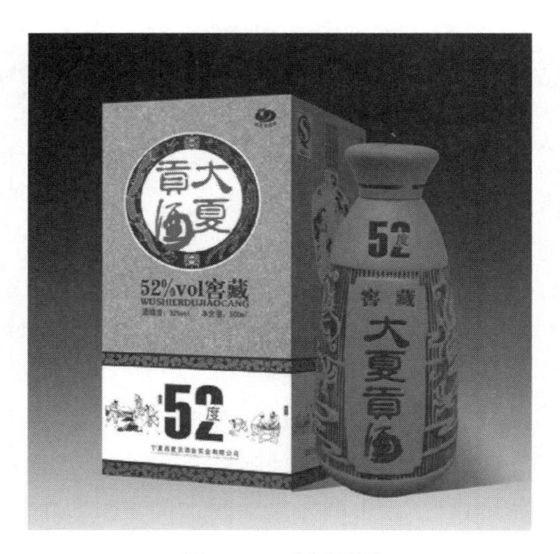

图10-28　大夏贡酒

大夏贡酒首创宁夏五粮酿造浓香型白酒的先河，产品包括大夏贡年份系列、大夏贡窖藏系列、大夏贡风鸣天下系列，酒体窖香馥郁、柔爽、净甜。大夏贡酒代表品牌“西夏贡酒”于1996年、1999年被自治区人民政府授予“宁夏名牌产品”，于1999年、2001年连续两届在中国国际农业博览会上被认定为“名牌产品”，于2000年在中国食品工业协会主办的中国（西安）第二届食品节中，荣获名优品牌产品。

第六节　甘肃省

一、古河州酒

甘肃古河州酒业有限责任公司（以下简称“古河州”）坐落于风景秀丽的临夏市万寿山下，占地80多亩，建筑面积20000多平方米，是一家集白酒、保健黄酒、虫草黄酒、沙棘果酒生产及反季节牡丹种植、商贸流通为一体的大型企业。

长期以来，古河州致力于打造“名瓷”“名酒”“名花”三位一体的高端产品，形成了古河州中华牡丹，古河州刘家峡，古河州一品、二品三大系列80多个品种。古河州系列产品先后荣获第九届中国新技术新产品博览会金奖、临夏州科技进步一等奖。2008年古河州酒（图10-29）被甘肃省工商局、省质量技术监督局分别授予甘肃省著名商标和甘肃省名牌产品称号。古河州酒业先后被评为省部级精神文明单位、省部级诚信单位、质量管理体系评价A级企业、临夏州诚信明星企业和临夏市文明单位称号。古河州系列产品连续6年在甘肃省及西北五省区酒类产品质量鉴评会上获得优秀产品称号，被评为甘肃省酿酒工业协会推荐产品，系列产品远销上海、北京、深圳、宁夏、青海、广东等地区。

图10-29　古河州酒

二、皇台酒

图10-30　皇台酒

甘肃皇台酒业股份有限公司（以下简称“皇台酒业”）始建于1985年，于2000年8月在深圳证券交易所上市，皇台酒业主要经营白酒、葡萄酒的生产与销售，是甘肃省内唯一一家集名优白酒、名优葡萄酒于一身的上市公司。

皇台酒（图10-30），是融现代科技与传统工艺为一炉，具有独特风格的名优珍品，它以优质高粱为原料，大曲为糖化发酵剂，人工老窖，双轮底工艺，经长期发酵、量质摘酒、分级贮存、自然老熟、精心勾调而成的浓香型白酒，该酒清亮透明、窖香浓郁、香气醇正、入口绵甜、回味悠长，风格独特。

皇台酒业开发的“皇台”牌、“凉州”牌两大系列、14个品种、32个花色规格的酒类产品全部达到国家规定的优级品标准，“凉州”牌、“皇台”牌注册商标被甘肃省工商局评为驰名商标。1994年在第二届巴拿马万国博览会上，皇台酒获国际金奖，此外，还连续多年获甘肃省名牌产品称号，被中国质量检验协会授予“全国质量检验合格稳定产品”称号。

三、凉都老窖

甘肃武酒酒业（集团）有限公司（以下简称“武酒集团”）是在甘肃武威酒业集团公司的基础上经改制后组建的股份制公司。武酒集团始建于1953年，是我国最早的“中华老字号”酿酒企业之一和甘肃最早的酿酒企业，全国酒行业明星企业，是甘肃省建厂早、规模大、信誉高的省一级企业和省级文明企业。

武酒集团是以白酒、营养白酒、葡萄酒酿造、马铃薯颗粒全粉生产为主导的大型综合性企业集团，先后多次被评为省、市、区优秀企业和先进企业，并多次荣获了以“凉都”“雷台”“松鹿”“武酒”系列为主的省优名牌产品，凉都老窖（图 10-31）更是以“绵甜净爽，回味悠长”的特点，深受消费者的喜爱。

图 10-31　凉都老窖

四、红川酒

甘肃红川酒业有限责任公司（以下简称“红川酒业”）是2008年9月在原国有红川酒厂（20世纪50年代初，在私人酿酒作坊的基础上扩建而成的）的基础上，顺应建立现代企业制度的要求进行资产重组，改制成立的一家民营控股、国有参股股份制白酒企业，是2006年12月4日由中华人民共和国商务部认定的全国35家“中华老字号”酿酒企业之一，是甘肃省酿酒企业中唯一一家被认定的“中华老字号”。

红川酒业位于素有“陇上江南”美称的陇南市成县红川镇，当地山清水秀，植被良好，气候湿润，水质甘洌，适宜酿酒，自古以来就以盛产美酒著称。红川酒业先后开发出了以“红川特曲”和“金红川”为代表的红川系列，以“金成州”“成州老窖”“成州接待”为代表的成州系列和以“锦绣陇南”为代表的锦绣系列等三大系列 50 多个品种的产品。红川酒（图 10-32）在沿用传统工艺的基础上，不断挖掘创新，选用优质高粱、大米、糯米、小麦、玉米为原料，以优质小麦和大麦制成中高温大曲为糖化发酵剂，沿用百年老窖池，采用传统的续糟发酵，混蒸混烧老六甑工艺酿制，经发酵、蒸馏、贮存、陈酿、勾兑、调味而成，产品具有“无色透明、窖香浓郁，陈香自然、怡人，酒体醇香、绵甜爽净、诸味谐调、回味悠长、酒体丰满”的独特风格。

图 10-32　红川酒

“红川特曲”酒于 1985 年、1988 年被评为甘肃省省优产品和原商业部部优产品，并获得银爵奖；2008 年“成州”系列白酒被评为甘肃名牌产品；2010 年“成州”“红川”系列白酒被评为甘肃名牌产品；“成州”系列产品多年来均被陇南市委、市政府选定为全市接待用酒，系列酒感官质量鉴评连续六年被评为质量优秀产品。

五、汉武御酒

甘肃酒泉汉武酒业有限责任公司前身为甘肃酒泉市酒厂，创建于 20 世纪 70 年代，坐落于因“城下有泉”“其水若酒”而得名的酒泉。

甘肃酒泉汉武酒业有限责任公司生产的“汉武御”“醴泉”“神舟”“酒泉”等系列白酒，采用传统“老五甑纯粮固态双轮沙窖发酵”工艺，选取当地无污染的小麦、玉米为原料，辅以古今闻名的“酒泉”之水和现代工艺技术精酿而成，目前产品已形成高、中、低档四大系列100余个品种。“汉武御”系列白酒（图10-33）先后获得国际食品博览会金奖及部优、省优称号等多个奖项，是甘肃省著名商标、区域最畅销品牌、最受欢迎产品，是国家绿色食品中心评定的“绿色食品”。汉武御系列白酒连续6年荣获“甘肃省名牌产品”称号，“甘肃省著名商标”称号。

图10-33　汉武御酒

汉武御酒曲于2011年搭载神舟八号飞船参与了空间科学试验，是甘肃酒泉汉武酒业有限责任公司综合实施生物工程、食品工程和质量工程、品牌工程战略的重要举措，也是中国沙窖香型酿造工艺技术创新的开拓性探索。

六、陇南春酒

金徽酒股份有限公司（以下简称“金徽酒公司”）前身系康庆坊、万盛魁等多个徽酒老作坊，后在这些老作坊的基础上组建省属国营大型白酒企业。金徽酒公司曾用名甘肃陇南春酒厂，是西北地区建厂最早的中华老字号白酒酿造企业之一。2016年3月10日，金徽酒公司在上海证券交易所挂牌上市，成为国内第19家白酒上市公司。

金徽酒公司坐落在秦岭南麓、嘉陵江畔的古老酒乡——徽县伏家镇，是占地2000余亩、总资产33亿元、年白酒产能50000吨的生态白酒酿造基地。

“陇南春”牌系列白酒属于浓香型大曲白酒，是选用优质泉水、高粱、小麦、大米、玉米等原料，以大曲为糖化发酵剂，以新鲜稻壳为辅料，采用传统的老六甑操作法，经过老窖发酵，缓慢蒸馏，按质摘

图10-34　陇南春酒

酒，分级贮存，定期陈酿后，再精心勾兑而成的名酒（图10-34）。

陇南春白酒已形成四大系列50多个规格品种，在历次国际和国内酒类展评活动中，获得各种奖励和荣誉称号50多项。

第七节　新疆维吾尔自治区

一、伊力特酒

图10-35　伊力特酒

新疆伊力特实业股份有限公司（以下简称伊力特）是一家以酒业为主，多元发展的兵团一类二级企业，经营领域涉及主业白酒、热电联产、包装印刷、玻璃制品、旅游服务产业，注册资本4.41亿元，资产总额44亿元，现有员工2500余人。

伊力特酒（图10-35）作为新疆白酒龙头企业和浓香型白酒的典型代表，前身是农四师十团（现今的第四师72团）。1955年11月20日，第一锅酒诞生；1956年，十团农场正式生产白酒；1988年团企分离，更名为新疆伊犁酿酒总厂；1999年，改制为新疆伊力特实业股份有限公司，在上交所挂牌上市。自1983年，伊犁特曲、特制伊犁大曲荣获中华人民共和国原农牧渔业部优质产品称号至今，伊力特先后获得全国总工会“五一劳动奖”、纯粮固态发酵白酒标志、中国名酒典型酒、自治区质量管理奖、首届兵团质量奖等百余项荣誉。

伊力特主要生产“伊力”牌金奖伊力特曲系列、伊力老窖系列、伊力大曲系列、营养型伊力特系列等100余个品种规格的系列产品。伊力特系列白酒是用天山雪水、伊犁河谷优质原粮，经陈年老窖发酵，长年陈酿，精心调制而成，具有“香气悠久、味醇厚、入口甘美、入喉净爽、诸味谐调、酒味全面”的风格特点。

二、古城酒

新疆第一窖古城酒业有限公司（以下简称“古城”）坐落于天山北麓、准噶尔盆地东南缘、国家级产粮大县、古丝绸之路的名镇——奇台，自1952年组建国营奇台酒厂以来，古城目前形成一个主营白酒、保健酒，兼营纯净水生产销售、工业旅游、绿色农业开发为一体的民营企业。

古城产品有清、浓、酱、兼四大香型、五大系列产品（图 10-36），古城荣膺“中华老字号”“中国驰名商标”“中国地理标志产品”“国家级工业旅游示范点”“国家级重合同守信誉企业”“中国文化复兴名酒”和“中国丝路文化酒类地标品牌”“新疆著名商标”“新疆名牌”等荣誉。

图 10-36　古城酒

古城清香型“古城大曲”曾荣获 1984 年、1988 年两届原商业部银爵奖，52 度“新疆第一窖”荣获全国浓香型白酒质量优秀产品奖；“古城”牌新疆第一窖酒荣获全国酒业产品质量安全诚信推荐品牌；“新疆第一窖”“古城老窖”荣获中国历史文化名酒和中国文化名酒。52 度 500mL清香型古城清雅酒、53 度浓香型 500mL 古城原酒、52 度浓香型新疆第一窖大印酒通过中国绿色食品发展中心认证，获“绿色食品”标志。

2005 年古城被评定为“自治区级企业技术中心”；古窖池被自治区人民政府列入“文物保护单位”；“古城窖酒酿造技艺”被自治区列为“非物质文化遗产”名录；“古城牌”系列白酒被评为“新疆礼物”。

三、肖尔布拉克酒

伊犁酒业有限责任公司（以下简称“伊犁酒业”）前身为成立于 1956 年的巩乃斯酒厂和 1988 年的肖尔布拉克酒厂，2021 年 7 月，由伊犁哈萨克自治州财通国有资产经营有限责任公司、伊犁州国有资产投资经营有限责任公司、伊宁市城建投资（集团）有限公司、新疆中汇鑫源投资控股有限责任公司 4 家国有公司出资，完成对肖尔布拉克酒厂的收购，改制扩建成一家具备 1.1 万吨优质原酒产能和 7.4 万吨储能的集科研、生产、销售、旅游于一体的综合性酿酒企业。

目前伊犁酒业已上市的主要产品有：肖尔布拉克馆藏浓香三款（图 10-37），42度、52度那拉提山，52度那拉提水三款等。

图 10-37　肖尔布拉克酒

四、额河老窖

新疆额河酒业股份有限公司（以下简称“额河”）原名183团额河酒厂，始建于1961年，是阿勒泰地区较大的白酒酿造企业，主要产品有：得仁系列高端酒、额河明珠、额河老窖（图10-38）、额河特曲等。

图10-38　额河老窖

额河以优质高粱、小麦、玉米为原料，采用老五甑浓香型大曲发酵，产品具有“酒质清澈透明、窖香优雅、绵甜爽劲、回味悠长”的独特风格，荣获2000年第二届国际酒文化节名酒评比金奖，获阿勒泰地方名酒、阿勒泰地产畅销酒称号，获“第二届中国科技新产品名优博览会”金奖，是阿勒泰地区浓香型酒的典型代表。

经过几十年发展，额河现已发展成新疆白酒酿造优质企业，更获“新疆著名品牌”，公司生产的“额河窖陈”“额河老窖”“地窝子”“得仁”等几大系列，百余种浓香型白酒远销全国各地，走进千家万户，是新疆的利税大户。

五、达坂城酒

乌鲁木齐达坂城酒业有限公司成立于1999年，是一家专业从事酒类生产和销售的企业，主要生产“达坂城”系列浓香型白酒。

达坂城酒工艺独特，酿酒原料采用高粱、小麦、大米、玉米、大麦五种粮食，利用自然老熟、物理降温、加氧搅拌等多种科学的老熟方法精心调配，高、中温制曲，酒醅入窖前进行堆积发酵，自然采集大量微生物，所得酒体具有浓头酱尾、香气宜人、窖香浓郁、回味绵长的风格特点。

图10-39　达坂城酒

2004年达坂城酒被评为新疆十大畅销名酒（图10-39）；2011年12月“达坂城”获新疆著名商标。

第八节　西藏自治区

一、藏泉酒

西藏藏泉实业股份有限公司（以下简称“藏泉公司”）始创于2000年，是西藏自治区最具规模的非公有制企业之一，被西藏自治区列入“十二五”上市后备企业，公司下设西藏藏泉万吨青稞酒厂、西藏藏泉实业股份营销有限公司、西藏藏泉旅游发展有限公司、拉萨藏泉温泉酒店（四星级）、国际旅行社五家子公司，资产规模近3亿元。

藏泉酒（图10-40）采用天然圣水为魂，西藏圣粮——青稞为骨，以中国传统老五甑工艺和低氧发酵专利技术为笔，抒写出浓香型青稞白酒的雪域佳话。藏泉青稞酒先后被选用为拉萨市雪顿节指定专用酒，西藏自治区成立四十周年大庆指定用酒，西藏和平解放60周年大庆指定用酒，西藏自治区人民政府接待用酒，拉萨市人民政府接待专用酒，中国人民解放军西藏军区接待用酒。“藏泉”也荣获西藏著名商标、西藏名牌产品，藏泉公司获得西藏AAA级企业等多项荣誉。

图10-40　藏泉酒

二、喜孜青稞酒

西藏达热瓦青稞酒业股份有限公司（以下简称“达热瓦”）是由大型民营企业西藏仁布县达热瓦建设工程有限公司在积极响应当地政府关于大力发展特色经济，发挥地区优势，加快发展农业产业化经营龙头企业的指示精神下诞生的。

达热瓦以青稞系列产品的深加工为切入点，以“公司+农户+科研单位”经营运作模式，投资1825万元按年产6000吨传统青稞酒进行规划建设，青稞酒的加工及工艺设计与国内权威机构中国食品发酵工业研究院进行联合，共同攻克了传统青稞酒工业化生产和保质期等技术难题，并由达热瓦出资，联合中国食品发酵工业研究院的技术人员，在拉萨市和仁布县进行了长达两年的实地试验，取得了重大的成果（图10-41）。

图10-41　喜孜青稞酒

第九节　青海省

天佑德青稞酒

青海互助天佑德青稞酒股份有限公司主要从事青稞酒的研发、生产和销售，主营“互助、天佑德、八大作坊、永庆和、世义德”等多个系列青稞酒（图 10-42），以及“马克斯威”品牌葡萄酒，旗下拥有 4 家全资子公司和 2 家控股子公司，总资产 30 亿元，员工 2200 余人，是全国较大的青稞酒生产企业。

图 10-42　天佑德青稞酒

天佑德青稞酒具有悠久的酿造历史，最早可追溯至明洪武年间西北地区著名的天佑德酒坊。当地人民不断改进酿酒工艺，历经岁月沉淀，逐步形成实力雄厚的天佑德、永庆和、世义德、文玉合、永胜和、义兴成等老字号酿酒作坊。1952 年，互助县在天佑德酒坊原址基础上整合八大作坊组建国营互助青稞酒厂，逐步改制为今天的青海互助青稞酒股份有限公司。

天佑德青稞酒以青藏高原特有的农作物青稞为原料，取地下井水，采用传承的“清蒸清烧四次清”传统工艺，原料清蒸，辅料清蒸，清糟发酵，清蒸馏酒，并用花岗岩窖池发酵，酿造了品质上乘的天佑德青稞酒，被国家酿酒专家誉为“高原明珠、酒林奇葩”。

2009 年 9 月，该酿酒工艺被青海省级人民政府认定为青海省非物质文化遗产。2021 年 5 月，天佑德青稞酒的蒸馏酒传统酿造技艺入选，成为第五批国家级非物质文化遗产。“互助”“天佑德”商标先后被国家原工商总局认定为“中国驰名商标”，“互助”商标被认定为“中华老字号”，产品被国家原质检总局批准为“地理标志保护产品”，被中国酒业协会认定为“中国白酒清香型（青稞原料）代表”。

第十节　陕西省

一、西凤酒

陕西西凤酒厂集团有限公司（以下简称“西凤集团”）位于八百里秦川西部的柳林镇，公司前身是 1956 年创建的国营陕西省西凤酒厂，属国家大型一档企业，西北地区的国家名

图10-43 西凤酒

酒制造商，2010年挂牌成立，是以资产为纽带，以股权投资为桥梁，以做大西凤酒业为使命组建的投资控股型企业集团。

西凤集团主导产品西凤酒（图10-43），是中国四大名白酒之一，是凤香型白酒的典型代表。西凤酒以当地特产高粱为原料，用大麦、豌豆制曲，采用续糌配料老五甑法发酵（即连续发酵法）酿造工艺。西凤酒具有无色清亮透明，醇香芬芳，清而不淡，浓而不艳，集清香、浓香的优点于一体，具有“醇香典雅、甘润挺爽、诸味谐调、尾净悠长”的香味特点和“多类型香气、多层次风味”的典型风格，其“不上头、不干喉、回味愉快”的特点被世人赞为“三绝”，誉为“酒中凤凰”。

西凤酒曾获1992年第十五届法国巴黎国际食品博览会金奖等八项国际大奖，蝉联四届全国评酒会“国家名酒”称号，先后荣获“中华老字号”“中国驰名商标”及国家原产地域保护产品，“国家地理标志产品”等称号。“中国白酒3C计划——西凤酒风味特征物质研究”成果被中国酒业协会组织的专家论证会确认“已达到世界领先水平”，西凤酒酿制技艺被列入第五批国家级非物质文化遗产名录。西凤酒商标在美国、欧盟、俄罗斯、泰国、新西兰成功注册。西凤酒不但畅销全国，还远销世界4大洲26个国家和地区。2021年，“西凤”品牌价值为1862.05亿元，位列中国白酒品牌第六位。

二、太白酒

陕西省太白酒业有限责任公司（以下简称“太白酒业”）位于秦岭主峰太白山下渭水之南的眉县金渠镇，此地自然环境优美，水质甘甜爽口，土地肥沃，气候宜人，交通便利，酿酒条件得天独厚。太白酒业主导产品太白牌太白酒始于商周，盛于唐宋，成名于太白山，闻名于唐李白。据当地出土文物考证已有6000多年历史，是我国最古老的酒种之一。

图10-44 太白酒

太白酒（图10-44）选用优质高粱为原料，大麦、豌豆制曲作为糖化发酵剂，配以土暗窖固态续糌分层发酵，混蒸混烧传统老六甑工艺精心酿制，酒海贮存、自然老熟、科学勾调而成，其酒体清亮透明，醇香秀雅，醇厚丰满，甘润挺爽，诸味谐调，尾净悠长，曾被列入《中国名酒传》，荣获“陕西名酒”“陕西名牌产品”“中国优质酒银质奖”“中国名优食品”“全国食品行业诚信企业放心食品”等五十多项大奖。

三、长安老窖

陕西长安酒业有限公司（以下简称“长安酒业”）前身为长安酒厂，创建于1971年，坐落于繁华都市西安城南 8 千米的虹固塬凤栖泉遗址，与秦岭北麓长安辖区十六景观旅游带贯通，交通条件十分便利。

图10–45　长安老窖

建厂以来，长安酒业继承和发扬古长安传统酿酒技艺并结合现代先进的酿造技术，依托深厚的历史文化积淀和“凤栖泉”遗址，采用含有丰富的人体能吸收的微量元素的深井优质软水，首开陕西浓香型白酒生产之先河，精心酿制成浓香型“长安老窖（图 10–45）”“精品长安老窖”“珍品长安老窖”“柔绵型中华红长安老窖”“婚庆商务酒”等四十多个产品，以长安老窖为主打的系列产品先后荣获国家、省、市 40 多项奖誉，其中长安大曲 1986 年荣获“陕西省优质产品奖”；1994 年长安老窖荣获中国食品博览会金奖。2002 年“长安”牌商标被评为陕西省著名商标；2003 年长安老窖荣获“西安市名牌产品”，同年企业通过方圆ISO9001：2000 质量管理体系认证；2004 年长安酒业获得“中国商业名牌重点培植企业”称号；2005 年长安老窖荣膺“全国质量优秀产品”称号；2006 年长安老窖被评为陕西省名牌产品。

四、金泸康酒

陕西泸康酒业（集团）股份有限公司前身为始建于 1951 年的“地方国营安康酒厂”，1998 年元月，酒厂职工出资入股买断国有资产，实施第一次企业改制，原酒厂整体改制为安康泸康酒业有限公司。2002 年 11 月，公司进行第二次改制，组建设立“陕西泸康酒业（集团）股份有限公司”，构建了以泸康酒业公司为母体公司，以泸康销售公司、金秋家电公司、泸康饮品公司、开缸酒业公司为子公司的集团构架，形成了以白酒生产经营为主体，兼有家电营销、饮料果酒及纯净水生产等多元化的发展格局。

陕西泸康酒业（集团）股份有限公司，在继承传统酿造技艺的基础上，与时俱进，求新求变，不断注入和充实现代最新工艺技术及企业经营理念，相继打造出特色鲜明的“泸康”“开缸酒”“汉水春”“安康”等系列白酒品牌。“泸康”牌系列白酒具有酒色清亮、窖香浓郁、绵甜爽口、回味悠长的特点，“泸康牌”系列白酒被评为“陕西名牌产品”“陕西省消费者信得过商品”。“泸康”商标被评为“陕西著名商标”，2005年，“泸康牌”开缸酒被中国酒业协会评为“白酒质量优质产品”（图10-46）。

图10-46　金泸康酒

五、柳林酒

陕西柳林酒业集团有限公司坐落在西凤名酒原产地保护地域，中国著名的酒乡——凤翔县柳林镇，公司属宝鸡市重点招商引资民营企业，陕西省凤翔县十佳企业。公司注册的“凤柳”牌、“柳林”牌商标被评为陕西省著名商标，公司生产的柳林酒（图10-47）被评为部优、省优产品，并被授予中国历史文化名酒称号。

图10-47　柳林酒

六、城古特曲酒

陕西省城固酒业有限公司始建于1952年，位于举世闻名的丝绸之路开拓者、汉博望侯张骞的故里——城固县城，占地270多亩，注册资金1亿元，具有年产万吨基础白酒的能力和规模。公司拥有60多技术人员组成的强大技术团队，其中国家级白酒评委3人，国家级果酒评委1人，国家高级酿酒师6人，国家高级品酒师7人，以及省级评委多人，技术研发力量位居省内白酒行业前列。

“城古”系列白酒（图10-48）曾夺得首届中国酒类食品博览会三块金牌，先后荣获陕西名酒、中国西部商品交易会金奖、中国文化名酒、亚太国际博览会金奖等50多项大奖。陕西省城固酒业有限公司先后荣获“汉中市首届市长质量奖”“汉中市先进集体”“汉中市农业产业化重点龙头企业”“陕西省质量标杆企业”“省级企业技术中心”“省级工业品牌培育示范单位”“陕西省工人先锋号”“陕西省AAA级标准化良好行为企业”等荣誉，其产品“城古·天汉坊”继“城古特曲”之后又获得了“陕西省名牌产品”称号。

图10-48　城古特曲酒

第十一节　山西省

一、汾酒

山西杏花村汾酒集团有限责任公司（以下简称“汾酒集团”）是以生产销售汾酒、竹叶青酒和杏花村酒为主，集白酒、大健康产业链、文化旅游、产业基金及白酒机加工于一体的省管重要骨干企业，是中华人民共和国工业和信息化部认定的“全国工业品牌培育示范企业”、国务院国资委“国企改革双百行动”入选企业。其中，山西杏花村汾酒厂股份有限公司为汾酒集团核心子公司，于1993年在上海证券交易所挂牌上市，为白酒行业中第一只上市的股票。

汾酒（图10-49）既是中国名白酒的杰出代表，也是清香型白酒国家标准的制定者。汾酒文化源远流长，拥有着悠久的酿造历史，精湛的酿造技艺，卓越的清香品质。

图10-49　汾酒

酿造汾酒选用的是晋中平原的“一把抓高粱”，用大麦、豌豆制成的糖化发酵剂，采用“清蒸二次清”的独特酿造工艺，所酿成的杏花村酒，品质清香醇正，酒液莹澈透明，清香馥郁，入口香绵、甜润、醇厚、爽洌，回味悠长。

汾酒集团拥有“杏花村”“竹叶青”“汾”三个中国驰名商标。1915年，汾酒在巴拿马万国博览会上荣获甲等大奖章，成为获此殊荣的中国白酒品牌。杏花村汾酒老作坊遗址还是全国重点文物保护单位，入选世界文化遗产预备名单；杏花村汾酒酿制技艺是首批国家级非物质文化遗产；竹叶青酒泡制技艺是省部级非物质文化遗产；汾酒技术中心是国家级企业技术中心、博士后科研工作站。汾酒集团同时还是全国企业文化示范基地、全国十大工业旅游示范基地、国家级酒文化学术活动基地等。

二、汾阳王酒

山西汾阳王酒业有限责任公司位于中国山西杏花村酒业集中发展区南5千米，总占地面积450余亩（1亩=666.67平方米，余同），是以生产、销售清香型汾阳王系列白酒为主的股份制民营企业，中国最大的清香型白酒生产基地之一。

汾阳王酒（图10-50）历史久远，可追溯到唐朝中叶，中国历史上著名的“安史之乱”爆发，朔方节度使郭子仪临危受命，收复京城，再造唐室，并于公元762年，受封为“汾阳郡王”。郭子仪封王后，在汾阳王府设置酒坊，采用独特的酿酒技艺，酿制郭府家酒招待宾客、宴请同僚。后又向朝廷进贡，唐皇龙颜大悦，御赐酒名“汾阳王酒”。汾阳王酒从此由贡酒流传进入民间，代代相传，直至今日。

在延绵千年的历史长河中，汾阳王酒一直遵循着“传统工艺、始终如一”的古训，沿用传统“地缸发酵、缓火蒸馏、陶缸储存”的方法，专注于品质的不断提高，酿出清雅醇正、绵甜爽净、余味悠长的酒中精品。2006年汾阳王酒传统酿造工艺被认定为山西省非物质文化遗产。

图10-50　汾阳王酒

今日汾阳王酒业有限责任公司集科研、生产、销售于一体，其主导品牌汾阳王、梦回大唐、相国宴有120余种产品，畅销全国各地。

多年来，汾阳王酒业有限责任公司荣获三晋老字号、全国守合同重信用企业、中国酒业最具成长性企业、山西省百强民营企业、山西省农业产业化先进龙头企业、山西省质量信誉AA企业、山西省企业文化建设先进单位等称号。“汾阳王”注册商标被评为中国驰名商标，“汾阳王”“梦回大唐”注册商标为“山西省著名商标”。

三、梨花春酒

山西梨花春酿酒集团有限公司（以下简称“梨花春集团”）是山西省第二大酿酒企业，总资产5.6亿元，梨花春集团下设白酒灌装分厂、白酒酿造厂等单位，具有年产白酒2.5万吨的能力。

梨花春酒（图10-51）形成了清香、浓香两大类，高、中档齐全的五大系列，110多个规格品种，主产品荣获“莫斯科名优产品博览会金奖”“中国国际食品博览会金奖”，先后十余次被评为“山西名牌产品”“山西优质产品”“山西省信誉质量AAA级标准”，被中国食品工业协会评为“国家质量达标食品”“中国白酒质量优质产品”，被中国食品科学技术学会评为“向全国推荐产品”。梨花春集团坚持“质量第一、诚信经营、用户至上、精诚服务”的经营理念，加强与广大用户的合作，梨花春系列白酒以高质量、高品位赢得了广大消费者的欢迎。

梨花春集团2002年被中国社会经济决策咨询中心评为“世界白酒制造业500强”。2007年10月入选“中国农业品牌100强”，2008年“梨花老”商标荣获中国驰名商标，同年梨花春酒传统酿造技艺被列入国家级非物质文化遗产。

图10-51　梨花春酒

四、东杏老酒

图10-52　东杏老酒

山西杏花东杏酒业股份有限公司（以下简称“东杏酒业”）位于中国汾酒与酒文化的发源地——山西省汾阳市杏花村，前身是成立于1985年的杏花镇东杏酒厂，2006年改制为山西杏花东杏酒业有限公司。

杏花村的酿酒历史源远流长，建厂以来，东杏酒业在继承传统工艺的基础上，严格按照“清蒸二次清”的独特酿造工艺进行操作，将传统工艺与现代技术管理有机结合，建立健全了完善的质量保证体系，产品质量不断得到提高，曾多次荣获国家“优质产品”及“金天鹅杯”荣誉奖、山西省首届博览会银质奖。

东杏系列产品素以入口绵、落口甜、饮口甜、饮后有余香而著称，有较高的知名度和信誉度，一直受到广大消费者的好评。东杏酒业在生产省优东杏大曲酒的同时新开发推出了“东杏酒道”“东杏42”“东杏45”“东杏60”“东杏兰花”以及“东杏老酒”“晋酒文化”“并州王系列”“杏逢盛世系列”“晋汾系列”等各种花色规格的产品（图10-52）。

第十二节　山东省

一、泰山特曲

泰山酒业集团股份有限公司（以下简称“泰山公司”）始建于1945年，目前已有70多年的历史，公司综合实力和经济效益连续多年保持全省同行业前列，并荣获“中国白酒工业经济效益十佳企业”“中国酿酒行业先进企业”“中国企业信用评价AAA级信用企业”“中国芝麻香型白酒领军企业”“中国低度浓香型白酒著名企业”“中国轻工行业卓越绩效先进企业”等多项殊荣，连续九届被评为山东省消费者满意单位，连续多年上缴税金位居全省同行业及泰安市企业前列。

多年来，泰山公司始终坚持质量第一，大力实施品牌战略，成立了山东省白酒行业第一家省级技术中心，拥有中国白酒工艺大师、国家级和省级白酒评委十余人，科研人员及专业勾调师100余人，分析、检测的仪器设备居国内领先。企业先后通过ISO9001质量管理体系、AAAA级企业标准化体系、ISO14001环境管理体系、HACCP食品安全管理体系，获得“纯粮固态发酵白酒标志”。泰山公司拥有的小窖酿酒车间2007年入选大世界吉尼斯之最，被认定为“最大的纯粮固态发酵酿酒车间”;“泰山酒传统酿造技艺”入列山东省非物质文化遗产。“泰山牌”系列白酒位居山东省白酒十大品牌榜首、山东十大名酒第一名，并被评为“中国白酒工业十大竞争力品牌”“中国白酒新秀著名品牌”。泰山公司高端产品“五岳独尊酒”连续六年荣获“山东白酒感官质量金奖”（位列浓香型第一名）。2018年，“泰山牌”商标被国家知识产权局商标局认定为“中国驰名商标”。泰山系列酒畅销华北、华东、华南等经济发达地区，并远销中国香港、澳门、韩国等，创造了业内外称誉的“泰山现象”。

二、扳倒井酒

山东国井控股集团有限公司（以下简称“国井集团”）是一家大型酿酒企业，拥有国井、扳倒井、好客三大品牌，主要生产国香型、酱香型、复粮芝麻香型、浓香型白酒。国井集团位于齐地淄博市高青县，是酒祖仪狄故里、中国酿酒要术发源地和中国酿酒香型品类发源地。

国井集团是《齐民要术》酿酒要术的核心传承者。在国井集团发展史上，历代酿酒工匠都高度重视对《齐民要术》文化遗产的守护、传承和弘扬，所酿高端白酒以《齐民要术》经典酿酒工艺为依据，保留和传承了《齐民要术》核心酿酒技艺，并加以创新和发展。

扳倒井酒（图10-53）传统酿造工艺历史悠久，在实践中形成了井型窖池发酵、独特的窖泥配方、独特的“五步”培曲法、高温堆积成香、分段摘酒、分级储存的特色，具有“多香韵、多滋味、多层次”的风格特点。

“扳倒井”也斩获了“中华老字号”“国家地理标志保护产品”“中国历史文化名酒”“中国食品工业质量效益奖”“中国白酒质量优秀产品”等多项荣誉。

图10-53　扳倒井酒

三、一品景芝酒

山东景芝酒业股份有限公司（以下简称“景芝酒业”），位于“山东三大古镇”之一的景芝镇，前身是1948年集景芝镇72家酿酒作坊于一体创立的山东景芝酒厂，是中国最早的国营白酒企业之一，1993年经政府批准改为股份制企业。

山东景芝酒业股份有限公司拥有以一品景芝为代表的芝麻香型系列，以景阳春为代表的浓香型系列，以景芝白乾为代表的传统酒系列，以阳春滋补酒为代表的营养保健型系列四大系列品牌。

一品景芝是中国芝麻香型白酒代表。1957年，白酒专家首次在景芝酒中发现芝麻香“因子”，于1965年开始对芝麻香型白酒的探索研究，至1995年，国家以景芝酒为主，起草了芝麻香型白酒行业标准，芝麻香型白酒正式确立。2007年，以景芝酒业为主起草的芝麻香型国家标准经国家原质检总局和国家标准化管理委员会颁布实施。“芝麻香型白酒的研制”

荣获中国轻工业科技进步一等奖，“芝麻香型白酒生产工艺”荣获第十届山东省十大发明专利一等奖和第十二届中国专利奖。代表产品一品景芝酒（图 10-54）被商务部确定为中国白酒芝麻香型代表，成为中华人民共和国成立以来中国白酒界仅有的两大创新香型之一，被确定为国家地理标志保护产品和中国名特白酒国家标准样品。

图 10-54　一品景芝酒

景阳春酒是山东省第一个浓香型粮食酒，蝉联历届山东名牌，被认定为“中国驰名商标”和中国历史文化名酒。

景芝白乾，荣获山东名酒、“中华老字号”和“中国驰名商标”等称号，其传统酿造技艺为山东省首批非物质文化遗产。

四、兰陵酒

山东兰陵美酒股份有限公司（以下简称“兰陵公司”）位于素有“千年古邑、华夏酒都”之称的兰陵镇，南接徐州，西邻枣庄，北望蒙山，东濒黄海，处在连接江南、北方的交通咽喉之地，鲁南平原上土沃粮丰，地下高含锶型优质矿泉水，加之温润适宜的季风性气候，形成了得天独厚的自然条件和资源优势。

兰陵公司秉承先人酿酒秘籍，立足古老的粮食酒发酵窖池群，精选优质原料，在继承传统工艺的基础上不断创新，主要形成了“双轮底”混蒸续糙工艺、“双轮底”清蒸续糙工艺、原窖法清蒸清烧五粮工艺、芝麻香工艺、美酒工艺、露酒工艺等多核化的酿造工艺体系，并经过历代兰陵人的努力和探索，形成了具有独特风格的以兰陵王酒和九朝陈香酒、兰陵美酒为代表的产品体系（图 10-55）。

图 10-55　兰陵酒

发展至今，山东兰陵美酒股份有限公司及其产品先后获得了“中国驰名商标”“中国优质名牌”“上海世博会千年金奖”“中国白酒酒体设计奖”“中国名酒典型酒”等荣誉，其酿造技艺还被认定为“山东省非物质文化遗产”。

五、趵突泉酒

济南趵突泉酿酒有限责任公司（以下简称“趵突泉公司”）坐落在风景秀丽的山东省济

南市仲宫镇，这里南依泰山，北临黄河，依山傍水，山清水秀，气候宜人，为酿酒创造了得天独厚的自然环境。

趵突泉公司主导产品“趵突泉特酿”已被列入山东省非物质文化遗产——仲宫白酒的传统五粮酿制技艺，产品利用被誉为“天下第一泉”的趵突泉源头之优质甘甜的泉水精工酿造而成，酒体具有醇厚丰满、诸味协调、绵甜爽净、香而不艳的特点（图10-56）。

趵突泉商标及产品先后荣获“山东省名牌”“中华老字号”“中国驰名商标”等多项荣誉称号，其白酒酿制技艺被列为“省级非物质文化遗产”。

图10-56　趵突泉酒

六、孔府家酒

曲阜孔府家酒业有限公司位于至圣先师孔子故里——曲阜，由孔府自家私酿酒坊沿革而来，1958年7月，中共山东省委批示，在西关外路南原“福顺源”旧址建设国营酒厂，2007年规范改制为曲阜孔府家酒业有限公司。

孔府家酒汲取中国传统酿酒技艺精华，以五粮为原料，中高温麦曲为糖化发酵剂，经老窖长期发酵、量质摘酒、分级贮存、精心勾调而成，具有“三香”“三正”的特点。目前主导产品已经形成孔府家酒（大陶）、孔府家酒（道德人家）、孔府家酒1988、孔府家酒（儒家风范）、孔府家酒（窖藏）、孔府家酒（府藏）、儒雅香孔府家酒几大系列，产品低、中、高度兼备，高、中、低档齐全（图10-57）。

图10-57　孔府家酒

曲阜孔府家酒业有限公司及其产品先后获得了“国家质量奖银质奖”“布鲁塞尔国际烈性酒大奖赛金奖”“中国十大文化名酒”“纯粮固态发酵白酒标志产品”“中国白酒历史标志性产品”“中国低度浓香型白酒著名企业”等荣誉称号，并于2013年入选“省级非物质文化遗产”名录。

七、孔府宴酒

孔府宴酒业有限公司（以下简称“孔府宴酒业”）坐落于北方最大的淡水湖——微山湖

图10-58　孔府宴酒

的西岸，境内河渠纵横，气候湿润，鱼跃浅滩，稻花飘香，被誉为“江北鱼米之乡”。得天独厚的自然环境和优质的粮食生产基地，为孔府宴酒业创造了北方少有的酿酒、发酵条件。

孔府宴酒业有限公司在继承和发展古老传统工艺的基础上，结合现代先进科学技术，选用优质红粱和当地精白稻米为原料精心酿酒。孔府宴酒窖香浓郁，绵甜爽净，香味谐调，回味悠长，是全国名优白酒中最具代表性的著名品牌之一（图10-58）。

孔府宴酒业以“孔府宴”品牌为依托，相继开发了孔府宴“十二生肖酒”“孔府宴大米特酿”“九分田”“老枪”“黄土高坡”等具有浓郁民族特色、丰富文化内涵的系列品种，先后荣获“山东品牌”“中国名牌产品”等荣誉称号，被中华人民共和国国家经济贸易委员会授予“畅销国产商品金桥奖”。

八、四君子酒

图10-59　四君子酒

山东四君子集团有限公司始建于1949年，是山东省白酒重点企业、菏泽市骨干企业，同时跻身“中国私营企业纳税50强”“中国白酒百强企业”。

经过几十年的发展，山东四君子集团有限公司在继承传统酿酒工艺的基础上，广泛采用新工艺、新技术，研究生产出以四君子酒为主导产品的四大系列、二十多个品种。四君子酒（图10-59）荣获了“山东名牌产品”“中国名牌产品”“中国消费者满意品牌”“2012最具收藏价值名酒”等荣誉，同时“四君子”商标荣获了“中国驰名商标”。

九、禹王亭酒

山东大禹龙神酒业有限公司始建于1948年，以“禹王亭系列”和“大禹龙神系列”两大品牌为主导产品。

山东大禹龙神酒业有限公司秉承传袭几千年古方酒曲酿造方法，以上等豌豆、小麦、大麦、稻米四种主料及多种辅料精制而成，历经碾碎、踏曲、堆曲等16道手工工序，60余次人工踏制，以四千年老窖泥为发酵基地，所得佳酿以无色透明、窖香浓郁、绵柔甘洌、香味协调、低而不淡、浓而不酽、尾净余长等特色著称（图10-60）。

经过了六十年的风雨洗礼，山东大禹龙神酒业有限公司的品牌知名度和美誉度不断提高，先后被评为“中国白酒工业百强企业”“山东省食品行业百强企业”，企业顺利通过ISO9001：2000国际标准质量管理体系认证，产品荣获“中国行业十大影响力品牌”“山东省名牌产品”“山东省著名商标”“山东省白酒行业十大品牌”“山东省质量免检产品”。2007年，山东大禹龙神酒业有限公司又喜获“纯粮固态白酒发酵标志”和“山东省著名商标”等殊荣，“禹王亭”更是荣膺“中国驰名商标”。

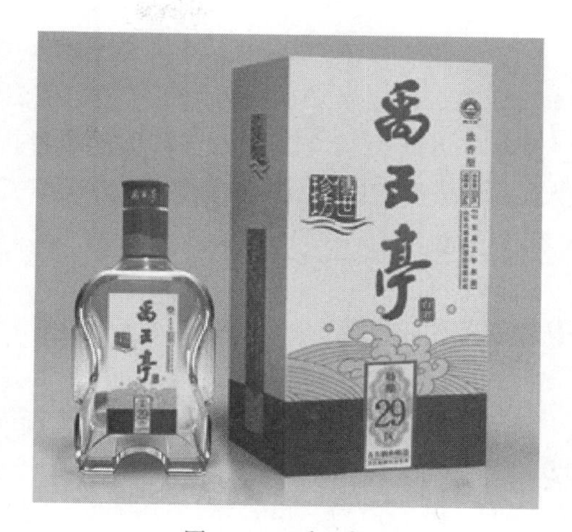

图10-60　禹王亭酒

十、古贝春酒

古贝春集团有限公司始建于1952年，1999年10月改制为有限责任公司，是山东省较早的白酒酿造企业和纯粮食酒重点生产厂家，主导产品“古贝春”和“古贝元”酒（图10-61）。

图10-61　古贝春酒

近几年来，“古贝春”一直蝉联山东省名牌产品称号，并获得了山东省白酒感官评分第一名。“古贝春”商标被评为“山东省著名商标”。2002年古贝春酒被评为山东省行业十大品牌暨创新品牌，第二十届山东省运动会指定用酒，并通过ISO9001：2000质量管理体系认证。2005年“古贝春”被认定为“中国驰名商标”。古贝春酒先后荣获中国著名品牌、中国历史文化名酒、中国白酒十大区域优势品牌等荣誉称号。

十一、浮来春酒

浮来春集团股份有限公司（以下简称“浮来春集团”）始建于1927年，主导产品为浮来春系列白酒，选用优质高粱、小麦、玉米、糯米、大米等为主要原料，采用国内最先进的多粮型酿造工艺，具有窖香浓郁、醇和味正、绵甜爽净、回味悠长等浓香型白酒的典型特点（图10-62）。

图10-62　浮来春酒

浮来春集团在2004年顺利通过ISO9001、ISO14001、ISO10012三大体系认证和国家"C"标志认证。浮来春白酒荣获"山东省名牌产品"称号；"浮来春"商标荣膺"中国驰名商标"；"沂蒙小调"被评为"山东省著名商标"。浮来春集团是山东省"重合同、守信用"企业，山东省"食品安全诚信单位"，山东省"循环经济示范企业"。

十二、冠群芳酒

花冠集团酿酒股份有限公司位于被誉为"中国牡丹之都"的菏泽市属地——巨野县，是一家以白酒为主产业，集葡萄酒、房地产、印刷和文化旅游等于一体的大型现代化企业集团，其中，白酒主业包括花冠集团酿酒股份有限公司、山东御思酒业有限公司、国花酒业集团有限公司、山东金贵酒业有限公司和江苏大风歌酒业有限公司等多家白酒生产企业，建有酿酒发窖池1.3万个，年产优质粮食酒2万吨，储酒能力达13万吨。

图10-63　冠群芳酒

"花冠"牌系列白酒，是以高粱、小麦、大麦、豌豆、糯米为原料，采用传统工艺与高新技术相结合，精心调制而成的浓香型优质纯粮白酒（图10-63）。产品除具有浓香型白酒的"窖香浓郁、香味协调、纯和绵甜"的特点外，更具有"窖香优雅、多粮风味、酒体丰满"的独特风格。目前产品已形成四大系列30多个品种，花冠系列产品连年被评为"山东省名牌产品""山东省免检产品"和"山东省消费者信得过产品"，"花冠"商标被认定为"中国驰名商标"。2005年，花之冠酒在全国白酒质量评比会上被评为"全国浓香型白酒优质产品"。

十三、孟尝君酒

山东孟尝君酒业有限公司坐落在享有"鲁西绿肺，天然氧吧"之称的风光秀丽的古漯河畔——聊城，公司为首批获得国家白酒生产许可证企业、山东省"著名商标"企业，并通过了ISO9001国际质量管理体系认证，是山东省二级安全标准化企业。

山东孟尝君酒业有限公司产品继承以"红胶泥抹壁"的窖藏工艺，融合传统工艺和现代高科技酿造技术为一体，精心酿制而成。酒质窖香浓郁，醇和柔顺。

主导产品有企业文化系列、老基酒系列、孟尝君年份系列、孟尝君酱香系列、孟尝君品鉴酒系列等高、中、低档20余个品种。38度孟尝君青花瓷酒，52度孟尝君中国红酒，在全省白酒质量检测监评中，连续多年被评为"省优级产品"。

此外孟尝君酒（图10-64）还先后荣获"山东省十大自主创新品牌""山东省商业名

牌”“百姓喜爱的山东白酒品牌”“山东省轻工名牌”“山东省旅游商品研发基地”等殊荣。

图10-64　孟尝君酒

十四、黄河龙酒

山东黄河龙集团有限公司（以下简称“集团”）源于由清朝举人王国锡在1922年创办的“强恕堂”酒坊，距今已有近百年历史。

从诞生至今一百多年的持续生产，集团既秉承了古法酿酒工艺，又创造性地发展了现代五粮酒工艺，产出的酒具有陈香优雅、多粮风格明显、绵甜柔顺、回味悠长的鲁酒风格，展现了北派白酒酿造技术的经典风范。集团的百年老窖泥和百年陈酿分别被淄博市博物馆收藏为馆藏文物。

集团现经营“强恕堂”“黄河龙”“乌河”三大品牌。其中，“强恕堂”获全国首批“中华老字号”，其传统酿酒技艺列入山东省政府非物质文化遗产保护项目，并有望入选国家级非物质文化遗产保护名录；“乌河”白酒于1992年、1993年、1994年三年连续获布鲁塞尔国际评比和世界博览会金奖；“黄河龙”获全国首批纯粮固态发酵白酒认证，并荣获“中国驰名商标”（图10-65）。

图10-65　黄河龙酒

十五、琅琊台酒

青岛琅琊台集团股份有限公司（以下简称“公司”）于1958年建厂，其前身为胶南市商业局酒厂。公司酒类产业主导产品为“琅琊台”牌白酒（图10-66）。

琅琊台酒深掘传统“老五甑”工艺，精耕细作，具备了“窖香浓郁、绵甜甘洌、落口爽净、回味悠长”等典型的浓香型白酒特点，屡次受到酿酒专家好评。产品先后荣获青岛名牌和山东名牌称号，被评为山东省白酒工业十大品牌产品、山东省白酒行业推荐中国名牌产品，并被授予山东省食品行业最佳质量奖，山东省免检产品。2006年，“琅琊台”商标被认定为中国驰名商标。

图10-66　琅琊台酒

十六、尧王醇酒

山东日照尧王酒业集团有限公司始建于20世纪50年代，至今已有近70年的酿酒历史，是山东省食品行业百强企业。山东日照尧王酒业集团有限公司是山东省白酒行业浓香型白酒标准化生产示范基地、山东省低度浓香型白酒著名企业、山东省白酒行业十大品牌企业。

山东日照尧王酒业集团有限公司坚持传承古法“老五甑”“双轮发酵”工艺的基础上，突破了传统五粮酿造（大麦、小麦、高粱、玉米、豌豆）的做法，率先实现了八粮酿造（大麦、小麦、高粱、玉米、豌豆、大米、小米、糯米）；产品香型上，由单一的浓香型白酒，发展到现在的馥郁香型、芝麻香型和酱香型白酒。

图10-67　尧王醇酒

山东日照尧王酒业集团有限公司主导产品尧王醇酒（图10-67）甄选优质高粱、小麦、豌豆等为原料，采用“老五甑”工艺，老窖双轮发酵，长期贮存，精心生产而成，具有“窖香浓郁，醇厚绵甜，低而不淡，余味爽净”的特点，产品获得首届并连续三届荣获“山东省白酒行业十大品牌”。2006年，产品获得代表中国白酒最高质量的荣誉——国家纯粮固态发酵白酒标志。

十七、齐民思酒

山东寿光齐民思酒业有限责任公司是在山东寿光酿酒总厂的基础上改制而成的，是国家一级企业。

齐民思系列酒是依据北魏高阳太守贾思勰所创《齐民要术》中“造神曲并酒”的工艺，融现代科技于一体，精心酿造而成，具有清澈透明、浓香馥郁、绵甜甘爽、回味悠长等特点。产品连续五年被评为山东省免检产品、山东省著名商标（图10-68）。

图10-68　齐民思酒

十八、五莲特曲酒

图10-69　五莲特曲酒

五莲银河酒业有限公司（以下简称“公司”）位于山东省五莲县城，是在1958年创建的五莲县酿酒厂基础上改制而成，主导产品有：五莲原浆、五莲醇、鲁魁、五莲特曲、五莲白酒、健盛王牌盛酒、纯净水、彩盒彩箱等八大系列一百多个品种。

公司拥有历经五十余载的酿酒窖池，选用优质高粱、大麦、小麦、豌豆为原料，采用高温制曲，利用传统老五甑酿酒工艺与现代科技相结合，纯粮酿造，固态发酵，长期窖藏，生产的“五莲醇、五莲原浆、鲁魁”三大系列白酒产品（图10-69）具有窖香浓郁、绵甜甘爽的独特风格，公司与美国华商投资发展有限公司和上海杰洁其成商贸有限公司联合开发的“健盛王”牌盛酒被国家市场监督管理局批准为保健食品。五莲特曲系列酒获得“山东名牌”，“五莲”牌商标被评为“山东省著名商标”。

十九、温河王酒

图10-70　温河王酒

山东温和酒业有限公司，坐落在颜真卿故里、闵子骞孝文化发源地、“沂蒙山小调”诞生地——山东沂蒙山腹地的费县城，山东温和酒业有限公司前身费县酒厂始建于1945年，是中共费县政府接管费县城后，改造自元朝延续至今的“德升”酒坊发展而来，迄今已有710余年。

近年来，山东温和酒业有限公司先后获得国家级放心酒示范工程企业、中国白酒工业百强企业、全国食品安全示范单位、山东省明星企业、山东食品行业优秀龙头企业、山东省老字号、临沂市优秀企业等诸多殊荣。

山东温和酒业有限公司主导产品温河大王、温河王、百年温河、温河特曲等系列产品（图10-70），先后获评布鲁塞尔世界金奖、全国浓香型白酒优质产品、高端鲁酒优质产品、齐鲁白酒酒体设计创新奖、山东省白酒感官质量金奖等奖项。

二十、景阳冈酒

图10-71　景阳冈酒

山东景阳冈酒厂有限公司坐落在阳谷县城内，始建于1950年，具有年产1万吨粮食酒的生产能力，可生产浓香、酱香、兼香、清香四大系列近100个品种的景阳冈系列白酒。其中景阳冈陈酿酒（兼香型）为“山东省优质产品”（图10-71），赖茆酒（酱香型）为“山东名酒”，景阳冈酒（浓香型）为“山东名牌”产品，38度景阳冈浓香酒曾在2002年被评为“中国名牌商品”。2007年1月，景阳冈系列酒被评为“山东十大名酒”。景阳冈牌白酒连续四届获“山东省著名商标”，2008年3月，被认定为“中国驰名商标”。

景阳冈酒源于《水浒传》，一个神威过人的英雄打虎的故事，造就了中国白酒行业中独树一帜的英雄酒文化。景阳冈酒传承上千载，历史文化底蕴丰厚浓重，早在宋代，就有人曾题诗《西江月》：“造成玉液流霞，香甜津润堪夸。开坛隔壁醉三家，过客停车驻马。洞宾曾留宝剑，太白当过乌纱。神仙爱酒不归家，醉倒景阳冈下。”中华人民共和国成立后，景阳冈酒及景阳冈酒文化得到进一步的发展和提升。近代文学家、历史学家，国学大师、酒界名士都曾经给景阳冈酒题诗作赋，盛赞景阳冈酒。自20世纪80年代以来，景阳冈酒一直作为山东省和聊城市的商务用酒。

二十一、秦池酒

山东秦池酒业有限公司位于秦池泉畔，东镇沂山脚下，拥有白酒生产线15条，主要产品为粮食原酒、秦池系列白酒、蓝莓酒、系列保健酒。

其中，秦池系列产品先后被授予“山东轻工名牌”“山东省著名商标”；百年秦池酒被省轻工业行业协会评为“山东白酒创新品牌”（图10-72）；53° 龙琬牌龙琬重酿多次获得“山东省质量感官金奖”荣誉称号。

图10-72　秦池酒

第十三节　北京市

一、红星二锅头酒

北京红星股份有限公司（以下简称“红星”）始建于1949年5月，是国家税务总局筹建的我国第一家国营酿酒厂，收编了北京城近郊的源昇号、聚盛号、龙泉等十二家老字号酒坊，汇集了酿酒人才和技术，独家传承了二锅头传统酿造技艺。首批“红星二锅头酒”于1949年9月面世，成为迎接中华人民共和国诞生的献礼酒。1965年，红星向所属19家郊区县分厂传授二锅头技艺，生产二锅头酒。2000年8月，红星重组设立了北京红星股份有限公司。

红星二锅头酒工艺起源于元代，距今已有800余年的历史。清康熙十九年（公元1680年），前门外酿酒作坊“源昇号”技师赵存仁、赵存义、赵存礼三兄弟为提高烧酒质量，发明了掐头、去尾、取中段的特色工艺，北京二锅头酒传统酿造技艺从此诞生。红星二锅头酒是我国历史上第一个以工艺命名的白酒，2008年，“蒸馏酒传统酿造技艺·北京二锅头酒传统酿造技艺”入选“国家级非物质文化遗产名录”，红星被认定为北京二锅头酒传统酿造技艺的正宗传承者。

作为二锅头的正宗传承者，红星致力于传统酿造与智能制造的有机结合，构建起北京、天津、山西三地协同生产的全国化经营格局，建立了源升号博物馆、北京二锅头酒博物馆、山西六曲香酒文化馆。2019年，红星怀柔厂区完成升级改造，成为一座集科研、生产、旅游于一体的二锅头大型文化产业园。位于山西祁县的北京红星股份有限公司六曲香分公司，是集酿造、生产、储存及工业旅游为一体的国家级非物质文化遗产二锅头传承基地、国家优质酒六曲香光大基地。

多年来，红星始终践行“为人民酿好酒”的使命，成为老百姓餐桌上的当家酒。1951年，红星商标成为中华人民共和国首批核准注册的商标之一。1965年，红星对北京19家郊县酒厂进行扶持管理，倾心传授二锅头技艺。1997年，红星二锅头酒被国家技术监督局认定为二锅头酒国家实物标准样。

经过多年的发展，红星形成了以“红星”为主，“古钟”和“六曲香”为辅的品牌架构，打造了“红星二锅头”清香系列、“红星百年”兼香系列两大主力产品线（图10–73）。

图10–73　红星二锅头酒

二、牛栏山二锅头

牛栏山酒厂隶属北京顺鑫农业股份有限公司，位于北京市顺义区北部牛栏山镇，潮白河西畔。1952 年在“公利号”“富顺成”“魁胜号”“义信号”四家老烧锅的基础上成立建厂，1952 年 10 月 26 日，原河北省人民政府工业厅酒业生产管理局国营牛栏山酒厂正式成立，现已发展成为国有大型企业。

牛栏山酒厂不仅是国家级非物质文化遗产保护单位，也是具有较强创新力和影响力的中华老字号品牌企业。酒厂总占地面积 606 亩，其自动化生产车间、智能化立体库、勾调技术中心等生产设施达到行业领先水平；近年来，酒厂陆续建立了检测分析实验室、微生物实验室、博士后工作站、牛栏山酒厂特色菌种库、酒体设计工作室和首席技师工作室等科研平台。

60 多年来，从“潮白河”牌二锅头，经“华灯”牌北京醇，到“牛栏山”牌系列白酒，牛栏山酒厂生产了共计 170 余种酒类产品，主导产品“经典二锅头”“传统二锅头”“百年牛栏山”“珍品牛栏山”“陈酿牛栏山”等几大系列，畅销全国各地并远销海外多个国家和地区。从 1984 年“北京特曲”荣膺北京名牌称号，到 1994 年“北京醇”摘得第 32 届布鲁塞尔国际博览会金奖桂冠，今天的“牛栏山”，已经成为真正的亲民品牌（图 10-74）。

图 10-74　牛栏山二锅头

三、菊花白酒

北京仁和酒业有限责任公司系中华老字号企业，其前身为“仁和店”，创办于1862年，最早位于北京西什库大街附近。当时的历史背景是：同治初年，清宫为减少内廷靡费，遣散了一大批宫娥内侍，并将宫中部分日常耗用交与他们采办供奉。“仁和店”就是由当时三位清宫内侍所创，专为宫中酿造御酒。菊花白配方及酿制技艺遂流入民间。

1981 年，菊花白配方以及传人甄富荣先生，将菊花白配方贡献给国家，为继承发扬老字号传统产品，北京市政府责成房山长阳农场重建“仁和酒厂”，菊花白得以恢复生产，供应北京市场，并出口海外，获得极大声誉。

20 世纪 80 年代，菊花白酒被国家原轻工业部、原农垦部、中国食品工业协会评为优质产品，并被选为国家首批绿色食品，出口马来西亚、新加坡等地（图 10-75）。1988 年原北京仁和酒厂被评为十九家北京市优秀食品老字号之一。但从 20 世纪 90 年代

图 10-75　菊花白酒

后期开始，北京仁和酒厂由于菊花白酒的生产材料价格昂贵，生产工艺复杂等原因，一度陷入十年“寂寞”状态。

2004 年，青年企业家王晓伟先生有志传承中华优秀传统文化精粹，出资对北京仁和酒厂进行改制，更名为北京仁和酒业有限责任公司，公司组织仁和酒厂原有技术力量，重新恢复“仁和”老字号和其特色产品菊花白酒的生产。

2007 年，“仁和”主要产品菊花白酒因其品质卓越、酿制技艺独特，被列为北京市级非物质文化遗产保护项目；2008 年 6 月，菊花白酒又被列为国家级非物质文化遗产保护项目。

第十四节　天津市

一、津酒

天津津酒集团有限公司（以下简称“集团”），前身是国营天津酿酒厂，始建于1952年，1999 年成立集团，是一个工艺先进，设备完善，酿酒、灌装、仓储、经营、管理能力综合平衡的规范型酿酒企业。传承津门 700 年的酿酒历史和工艺，采用传统固态发酵，技术力量雄厚，拥有国内先进的酒类科研、生产、检测设备。

集团拥有“津酒”“帝王风范”“直沽高粱酒”“贵族”“新港”“玉羊”等几大注册商标，其代表产品有浓香型帝王风范系列、扁凤壶系列、中国津酒系列、清香型直沽高粱酒系列、酱香型贵族贡酒系列，滋补保健型玉羊牌玫瑰露等百余个品种（图10-76）。

集团始终坚持以科技创新为先导，对品质和工艺精益求精，保证了每一瓶、每一滴津酒的品质，形成了北派绵雅浓香典范的典型风格。

图10-76　津酒

二、百年聚永酒

说到烧酒，不得不提起这个记载着天津酒业发展的百年老字号——天津市直沽酿酒厂。大直沽是天津白酒业的发源地，距今有 700 多年历史，而天津市直沽酿酒厂是该地区唯一保留下来的酿酒厂，2010 年被商务部认定为中华老字号，其产品“聚永牌”“天沽牌”白酒享誉海内外，年产近万吨，并连续被政府有关部门评为“天津市名牌产品”和“天津市著名商标”。

1986年天津市直沽酿酒厂与日本“王”酿造株式会社共同兴办了天津市第一家合作企业——天津直沽酿造有限公司（以下简称“公司”），该公司主要生产、出口日本料理酒，自1986年至今连续被政府有关部门认定为出口型企业。1993年公司再次与日本“王”酿造株式会社共同投资建立了合资企业——天津日之出酿造有限公司，主要生产、出口日本清酒，自1997年至今连续被认定为先进技术型企业。其中“天神”牌清酒经专家鉴定填补了我国中高档清酒生产的空白。天津市直沽酿酒厂及其投资企业天津直沽酿造有限公司、天津日之出酿造有限公司已形成白酒、日本料理酒、清酒三大系列产品，并于1999年通过ISO9001质量管理体系认证，年总产量一万多吨。近年来，企业不断扩大生产规模，调整产品结构，提升产品档次，提高出口能力，目前出口正以每年1000吨的增长幅度递增，从而拉动了企业经济效益的增长。作为见证了天津酒业发展的百年老企业，天津市直沽酿酒厂将以独具特色的企业文化为基础，在今后的发展中，着眼于弘扬酒文化，提高产品品位和竞争力，增加出口能力，拓展发展空间，实现企业的新腾飞（图10-77）。

图10-77　百年聚永酒

三、芦台春酒

天津市芦台春酒业有限公司（以下简称“芦台春”）坐落在天津东部，地处渤海之滨，蓟运河畔，这里地肥水美，五谷飘香，其历史源远流长，是华北地区具有标志性、代表性的企业，该公司前身是始建于清朝初年的“德和酒店”，距今已有300多年的历史。

芦台春系列白酒，自1975年以来连续多次获奖，被评为津门老字号产品，国家地理标志保护产品，其传统酿造技艺获得市级非物质文化遗产，2015年芦台春酒老酒荣获比利时布鲁塞尔国际烈性酒大奖赛银奖等奖项（图10-78）。

图10-78　芦台春酒

芦台春在本地率先通过ISO9001质量和HACCP食品安全管理体系认证，芦台春检测中心是中国实验室国家认可委员会授权的第六家酒类实验室，该授权通行全世界70多个国家和地区，并获得全国守合同重信用单位、食品安全示范企业、市级重点龙头企业、市级企业技术中心、中华老字号传承创新先进单位等各项荣誉70多项。

第十五节　河北省

一、衡水老白干酒

河北衡水老白干酒业股份有限公司（以下简称“老白干”）成立于1996年11月，其前身是河北衡水老白干酒厂，始建于1946年，衡水市解放后，党和政府把当时的十八家个体酿酒作坊收归国有，成立了“冀南行署国营制酒厂”，是中华人民共和国第一家白酒生产企业，2002年10月29日在上交所上市。

几十年来，老白干把现代化管理与传统工艺相结合，使产品质量不断提高，产品品种不断增加，已形成了一百多个品种规格的老白干系列白酒；啤酒也相继生产开发出九州金麦、雪绒花、爽啤、苦瓜、新生代等九州啤酒系列。老白干产品以优良的质量多次在重大评比中获大奖；2004年，“衡水老白干”被国家原工商总局认定为“中国驰名商标”，成为享誉全国的驰名品牌；老白干香型也通过了国家标准委员会的认定，使衡水老白干在中国白酒之林独树一帜；2005年，老白干被批准为全国工业旅游示范点；2006年“衡水老白干”被评为“中华老字号”。2007年通过“纯粮固态发酵白酒”标志审核；2008年衡水老白干酒的酿造技艺被认定为“非物质文化遗产”；同年10月“十八酒坊”酒被评定为“中国驰名商标”。从此老白干拥有了“衡水老白干”和“十八酒坊”两大驰名品牌。老白干也先后被授予“五一劳动奖状”“中国食品优秀企业”“产品质量信得过企业”等称号。

老白干香型于2004年正式列入中国白酒的第十一大香型，老白干香型以衡水老白干为代表，其特点是香气清雅、自然协调、绵柔醇厚、回味悠长，其生产所用大曲也独具特色：纯小麦中温曲；原料不用润料；不添加母曲；曲坯成形时水分含量低（30%~32%，质量分数）；以架子曲生产为主，辅以少量地面曲。衡水老白干酒有着悠久的酿造历史，据文字记载可追溯到汉代（公元104年），知名天下于唐代，正式定名于明代，并以“醇香清雅、甘冽丰柔”著称于世（图10-79）。

图10-79　衡水老白干酒

二、山庄老酒

承德避暑山庄企业集团股份有限公司简称避暑山庄集团，始建于1949年，在60余年的发展中，先后更名为平泉酒厂、平泉酿酒公司、避暑山庄实业集团、避暑山庄企业集团，其主要产品有“山庄”牌山庄老酒、“启健”牌酒精等。

山庄老酒历史悠久，1703年，清朝始建避暑山庄，清康熙皇帝在避暑山庄庆功畅饮八沟美酒并御封“山庄老酒”，山庄老酒由此得名。1949年，平泉解放后，政府联合当时的“信合成”“涌泉长”“广和涌”“协议长”等八家烧锅酒作坊成立了地方性的专业酒厂——平泉酒厂，传承和发展山庄老酒（图10-80）。

山庄老酒凭借独特的自然环境、独特的酿造工艺、独特的历史及人文背景、科学的检测手段取得众多荣誉，先后获得中国驰名商标、中国地理标志产品、中华老字号、全国用户满意产品、中国白酒工业十大创新品牌等荣誉，山庄老酒传统酿造技艺被国务院确定为国家级非物质文化遗产。

图10-80　山庄老酒

三、板城烧锅酒

承德乾隆醉酒业有限责任公司（以下简称“乾隆醉”）位于河北省承德县下板城镇，其前身是有着几百年历史的“庆元亨”烧酒作坊，1956年重建。板城酒在发掘庆元亨传统老五甑酿造工艺的基础上，融合现代化微生物技术，形成了独特的酿酒工艺，是北派浓香型白酒，产品涵盖高、中、低各档次价位。产品以高粱和小麦为主要原料，采用中温大曲，经固态泥池双轮发酵，量质摘酒，分级储存，自然老熟。板城烧锅酒体醇正、酒液清亮，窖香浓郁，落喉爽净。

承德乾隆醉酒业有限责任公司主要生产板城烧锅酒（图10-81）、乾隆醉、紫塞明珠三大系列。经过几十年的创新与发展，板城烧锅酒以其独特的淡浓香型，饮后不上头的特点畅销全国各地，为北方浓香型白酒。

2005年“板城”商标被认定为“中国驰名商标”；2006年8月，板城烧锅酒被评为“中华文化名酒”，同年12月，板城烧锅酒又获得了“中华老字号”荣誉称号；2008年，板城烧锅酒“老五甑”酿造技艺被认定为“国家级非物质文化遗产”；2010年，板城烧锅酒被认定为“国家地理标志产品”，并同年在上海世博会上喜获“千年金奖”。2012年，乾隆醉被评为“河北省放心酒产销示范基地”。

图10-81　板城烧锅酒

四、丛台酒

河北邯郸丛台酒业股份有限公司（以下简称“丛台”）的前身是河北省邯郸市酒厂，该厂建于1945年11月，是邯郸解放初期，以城内著名烧坊“贞元增”为基础，联合兼并周边十五家私人烧坊成立的地方国营企业，1994年10月改制为股份制企业，是国家大型酿酒企业。丛台自1992年起投资五百多万元建立了第一家省级白酒研究所，先后荣获多项国家和省部级科技进步奖、新产品成果奖。丛台拥有全国知名专家、高级酿酒工程师等近百名专业技术人才，在全省占有举足轻重的地位。

丛台主导产品为丛台酒（图10-82），以邯郸市象征、著名战国遗址“丛台”而命名，1979—1988年先后被评为“国家优质酒”，荣获国家质量奖银质奖章、“中华文化名酒”“河北省著名商标”，蝉联历届河北省白酒评比名酒称号。

贞元增酒，是继承古城邯郸明清时期老字号“贞元增烧坊”的传统工艺，倾力打造的中、高档产品，先后荣获“中华文化名酒”“河北省著名商标”“河北名牌产品”等荣誉。

图10-82　丛台酒

五、刘伶醉酒

刘伶醉酿酒股份有限公司始创于公元1126年金元时期的“刘伶醉”烧锅，至今已连续酿酒近千年，是中国最早的蒸馏酒发源地之一，为全国重点文物保护单位，并入选联合国教科文组织《中国世界文化遗产预备单》。

刘伶醉酒（图10-83）严格采用传统“老五甑”工艺，经泥池老窖，固态、低温、长期发酵，缓火蒸馏、量质摘酒、分级贮存、精心酿造而成，酒色明净清澈，酒质绵甘醇和，饮后回味余香悠长，深受广大消费者青睐，先后荣获“首批中国食品文化遗产”“首批中华老字号”和“中国驰名商标”等荣誉。

图10-83　刘伶醉酒

六、甘陵春酒

衡水甘陵酒业有限公司组建于2001年，其前身是国营河北甘陵酒厂。1972年之前酒厂

图 10-84　甘陵春酒

为当时县建材厂下属的酿酒车间，是以原私营甘陵春老烧坊为主，合并清香坊、德聚源、陈记老烧坊、李仙醉、老故城等多家私营酿酒作坊的基础上组建而成，并形成了浓香型、老白干香型（2004 年 12 月由国家标准化委员会正式确认，之前为清香型）双型兼备的优势。1972 年正式成立了地方国营故城县酿酒厂。经过十五年发展壮大，伴随着改革的步伐于1987年更名为国营河北甘陵酒厂。

甘陵春酒（图 10-84）有着悠久的酿造历史，据文字考证，其始于唐，名于宋，兴于明清，距今已有 1300 多年的历史。衡水甘陵酒业有限公司（以下简称“甘陵”）精心汲取传承前人的精湛酿造技艺，浓香型甘陵春酒遵循“老窖古法”（老窖发酵，古法酿造）；老白干酒遵循“陶缸古法”（陶缸发酵，古法酿造）的传统工艺，成为同时掌握浓香型和老白干香型白酒传统核心酿造技术的资深酒企。

1992 年在日本东京国际食品博览会上，甘陵春牌白酒被评为国际银奖。1995 年“甘陵春”牌注册商标被河北省工商局认定为“河北省著名商标”。1996 年在天津（第四届）国际食品、饮品博览会上，甘陵春牌甘陵春酒被评为金奖产品。2006 年中国品牌战略委员会、中国品牌与市场管理联合会授予甘陵春牌白酒为“中国驰名品牌”。

2010 年甘陵春牌白酒被评定为“河北省名牌产品”，2013 年再次被评定为“河北省名牌产品”。2012 年甘陵春酒酿造技艺被省政府认定为“省级非物质文化遗产”。2015 年河北省食品工业协会授予甘陵“河北特产食品”品牌企业。浓香型甘陵春酒具有醇、柔、净、雅的独特风格，被推崇为地方名片。甘陵春牌老白干酒具有清雅香醇、厚爽甘柔的绝佳风味，以其高品位的享受，优越的价格被公认为性价比最高的老白干酒，被誉为“衡水特产、冀酒典范”。

七、九龙醉酒

承德九龙醉酒业股份有限公司是河北省知名酿酒企业，是以健康品牌“九龙醉”为龙头，该公司以当地资源为优势、骨干企业为主体，地处河北省丰宁满族自治县，资源丰富，是京津两市用水潮河、滦河的发源地。水质清澈甘冽，为康熙盛世贡品，境内有“天下第一奇松”九龙松，葱郁的九龙山，天然形成的九龙泉，博大精深的龙文化孕育出了河北名酒“九龙醉”（图 10-85）。

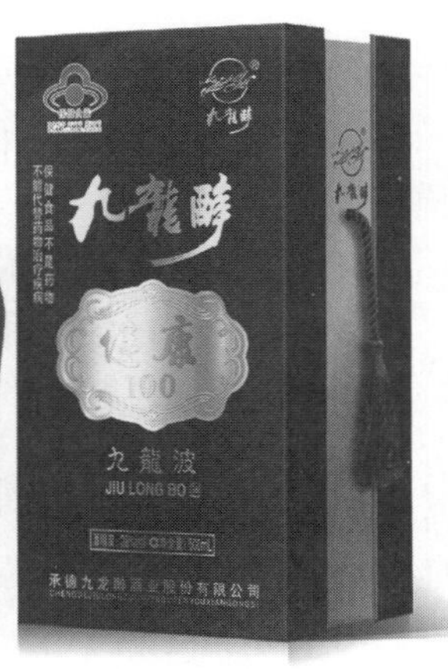

图 10-85　九龙醉酒

1993 年，九龙醉酒、天然小白桦饮料、中华沙棘酒在第 31 届布鲁塞尔国际食品博览会上一举成名，分获“二金一银”奖牌。2009 年，承德九龙醉酒业股份有限公司获得年度河北省信用优良企业称号，同年“九龙醉”被授予“河北省著名商标”。

八、泥坑酒

河北凤来仪酒业有限公司的前身为楼底村秀才范老诚创办志诚公烧坊，始建于1916年，1946年由“福盛泉”“智诚公”“智诚永”烧坊合并为中华人民共和国成立后的国有企业，于2003年12月完成股份制改革，由河北宁纺集团有限公司完成重组。该公司主要产品为泥坑牌和福盛泉系列白酒。泥坑之名，源自泥窖，俗称发酵池。窖池构筑，精选本地独有的狗头胶泥，层层夯实，古法培泥，菌群独特。延续百年的多轮发酵工艺，形成窖香浓郁的风格。

图10-86　泥坑酒

泥坑酒（图10-86）是河北省地方名酒之一，2009年泥坑酒酿造技艺被列入河北省省级非物质文化遗产名录。

九、五合窖酒

保定五合窖酒业有限公司（以下简称“五合窖”），位于河北省定兴县福康东路，地处京津保三角地带，始建于1993年，拥有生产基地、原粮种植基地和包装储运中心，是中国北方地区唯一一家五粮型白酒生产企业。

五合窖为中国食品工业协会白酒专业委员会会员单位、河北省文明单位，河北省质量效益型先进企业、河北省质量标杆企业、省AAAA级标准化良好行为企业、省级放心酒产销示范基地。2013年荣获首届保定市政府质量奖，2015年荣获河北省政府质量奖。

五合窖生产的五合窖系列白酒，精选优质红高粱、大米、糯米、小麦、玉米五种粮食，采用五合泉天然、独特的地下水，纯小麦包包曲，纯粮固态泥池发酵，精心酿制而成，具有“窖香浓郁、醇厚协调、入口甘美、落口净爽”的独特风格，深受广大消费者的青睐，被誉为北方五粮型白酒的优质产品，填补了北方地区酿造五粮型白酒的空白（图10-87）。

图10-87　五合窖酒

五合窖系列白酒被评为河北省名牌产品、河北名酒“五朵金花”之一，获得国家地理标志产品保护，荣获比利时布鲁塞尔国际烈性酒大奖赛金奖，“五合”商标被认定为“中国驰名商标”。

十、燕南春酒

河北燕南春酒业有限公司始建于1968年，是一家以白酒酿造为主，兼有纯净水的酿造类中型企业，其主导产品为“燕南春酒”（图10-88）。

燕南春酒传承独特的“老五甑”酿造技术：人工培养泥池老窖，低温缓慢多轮发酵，中途回沙，慢火蒸馏，分等储存，精心勾兑，并结合其专利技术之精华和“稳、准、细、净”的经验提高白酒质量，经集中、糅合和蒸馏，辅以双轮底、回沙等传统工艺，生产出独具燕南春风格的浓香型白酒。

“燕南春”系列白酒以其独特的风格和上乘的质量，先后被认定为“中国驰名商标”“河北省名牌产品”“省级非物质文化遗产”“廊坊十大旅游商品”等殊荣。

图10-88　燕南春酒

第十六节　河南省

一、宋河酒

河南省宋河酒业股份有限公司（以下简称“宋河酒业”），位于淮河名酒带的源头，老子故里，道教文化发源地——河南鹿邑枣集镇（今称宋河镇）。

1968年，鹿邑县人民政府为了挖掘文化遗产及悠久的酿酒技艺，将二十余家较大的酿酒作坊进行联合，以宋河之滨原有的枣集酒坊为基础，建立了国营鹿邑酒厂，并于1988年更名恢复为宋河酒厂，同年，在全国第五届评酒会上，宋河粮液荣获国家名酒称号及金质奖，成为中国十七大名酒之一。

产品根植于中原丰厚的传统酿制文化沃土，汲取清澈甘甜的古宋河地下矿泉水资源，以优质高粱、小麦为原料，精湛绝伦的传统酿造工艺与现代科技完美结合，固态泥池，纯粮发酵，具有“窖香浓郁，绵甜爽净，回味悠长”的品味特色，被专家赞誉为“香得庄重，甜得大方；绵得亲切，净得脱俗”（图10-89）。

宋河酒业旗下涵盖“国字宋河”“宋河粮液”和“鹿邑大曲”三大主导品牌，尤其是以

“国字宋河”为代表的豫酒高端品牌，被中国酒业协会认定为“中国（河南）地域文化标志酒”，并于2018年被授予“中华文化名酒”荣誉，是浓香型国家金奖白酒，被誉为“中原浓香型白酒的经典代表”。

图10-89　宋河酒

二、宝丰酒

宝丰酒业有限公司（以下简称为“宝丰酒业”）始建于1948年，前身为地方国营宝丰县裕昌源酒厂，2006年4月，酒厂成功改制，迎来全新发展。宝丰酒业先后被评为全国质量管理优秀企业、全国食品工业优秀企业、全国酿酒行业双百家企业、全国白酒工业百强企业、ISO9001质量体系认证企业等。

宝丰酒（图10-90），以四千余年“仪狄造酒”古法为传承，不断发展创新，并坚持“四清”酿造标准，缔造“清香醇正、绵甜柔和、甘润爽口、回味悠长”等特点，连续摘夺我国白酒评比会大奖，成为清香型白酒的典型代表。

1956年，宝丰酒被评为河南名酒；1979年、1984年，蝉联两届国家优质产品。1989年在第五届全国白酒评比会上，宝丰酒以最高得分荣获国家金质奖，晋升为十七大中国名酒之一。2009年，宝丰酒获“纯粮固态发酵白酒标志”授牌，荣升高档之列，体现酿造酒的最高荣誉。

图10-90　宝丰酒

三、杜康酒

河南杜康酒业股份有限公司坐落于世界著名文化遗产——洛阳龙门石窟南15千米处，在杜康当年“觅遍千里溪山，独择黑白虎泉”的造酒遗址上，前身为伊川杜康酒厂，始建于1968年，1971年在中国率先恢复生产杜康酒。2002年8月16日重组成立股份制公司，2008年2月经河南省工商行政管理局批准正式更名为河南杜康酒业股份有限公司。

杜康酒（图10-91）是中国历史名酒，因酿酒鼻祖杜康始造而得名，距今已有4000多年的历史，有“进贡仙酒”之称。魏武帝曹操在《短歌行》中有“慨当以慷，忧

图10-91　杜康酒

思难忘，何以解忧，唯有杜康”名句。

杜康酒属于浓香型曲酒，以优质高粱、小麦为原料，选用质地纯净、清洌甘甜的优质天然泉水，采用传统工艺和现代科技手段相结合的方法，精酿而成，具有“清洌透明、柔润芳香、醇正甘美、回味悠长”的独特风味。

1981 年 12 月 15 日，原工商总局对伊川杜康酒商标正式核准，批准注册商标为“杜康牌”，注册证号为“152368”，伊川杜康酒厂享有“杜康牌”商标专用权。1997 年获首届“中国驰名商标”提名奖，1992 年、1997 年、2001 年三次获河南省“著名商标”称号。2002 年 4 月国家质量检验检疫总局确认“杜康牌”系列酒原产地在伊川，正式颁发“杜康酒”原产地标记注册证，证号：0000038。“正宗杜康、根在伊川”得到确认。

四、张弓酒

河南省张弓酒业有限公司（以下简称“张弓酒业”）坐落在中州名镇“张弓镇”，其前身是于 1951 年组建的河南省张弓酒厂，历经几十年的发展，于 2002 年 7 月改制而成股份制企业，2003 年 9 月又改制成为民营股份制企业，实现了由国有国营到民有民营的彻底变革，现为国家大型一档企业，以“张弓”牌优质酒为主导产品。

38° 张弓酒于 1975 年研制成功，首开我国低度白酒之先河，填补了我国低度白酒生产空白，被认定为中国张弓低度鼻祖，荣获中华人民共和国原轻工业部科技发明奖、原河南省轻工业厅重大科技成果奖，被中华人民共和国原轻工业部确定为白酒发展方向四个转变（高度酒向低度酒转变，蒸馏酒向发酵酒转变，粮食酒向果类酒转变，普通酒向优质酒转变）标杆产品之一。

张弓酒业现有高、中、低度，高、中、低档和内部用酒三大系列产品，品种三十多个，张弓系列酒以其“窖香浓郁，绵甜爽净，醇厚丰满，回味悠长”而享誉全国，曾蝉联第四届、第五届全国白酒评比银质奖，荣获阿姆斯特丹第三十届世界金奖及国家、省、部级质量金、银奖 30 多项，1993 年荣获“中国驰名白酒精品”，2000 年被中国食品协会评为“中国名优食品”。“张弓酒”2007 年被授予“河南省中华老字号”，2008 年被授予“中华人民共和国地理标志保护产品”，2009 年被评为“河南省十大地理标志保护产品”等（图 10-92）。

图 10-92　张弓酒

五、赊店明青花酒

赊店老酒股份有限公司（以下简称“赊店”）位于国家历史文化名镇——赊店镇中心，于1949年在赊店镇三大老酒作坊基础上建厂，2009年改制，为中国白酒百强企业。

赊店主导产品赊店老酒被评为“中国驰名著名商标”“国家原产地域注册保护”“河南省名牌产品”“国家酒类质量安全诚信推荐品牌”“河南省免检产品”，赊店还被中国产品质量协会评为“质量信用等级AAA企业”，荣获“河南省劳动关系和谐企业”。

赊店酿酒历史悠久，始于夏，兴于汉，盛于明清，传承至今，从“仪狄造酒，杜康润色”到“刘秀赊旗”，伴随着五千年华夏文明史，积累了丰厚的文化积淀。赊店老酒在生产工艺上自始至终采用古老的传统工艺与现代科技相结合，运用当地上等高粱、优质小麦为原料，入三百年泥池老窖，优质矿泉水加浆，科学降度，精心酿制而成。酒体丰满，清澈透明，浓郁芳香，醇和协调，醇正爽净，形成了酒精度高而不烈，低而不淡的特色。特别是不加化学香料，顺其自然，饮后不上头、不刺喉、不口渴，在强手如林的白酒行业中独树一帜。国内外酿酒专家给予高度评价，被誉为“酒中之秀”“中原之佳酿”。赊店老酒被评为省优、国优产品，“消费者信得过产品”等荣誉称号（图10-93）。

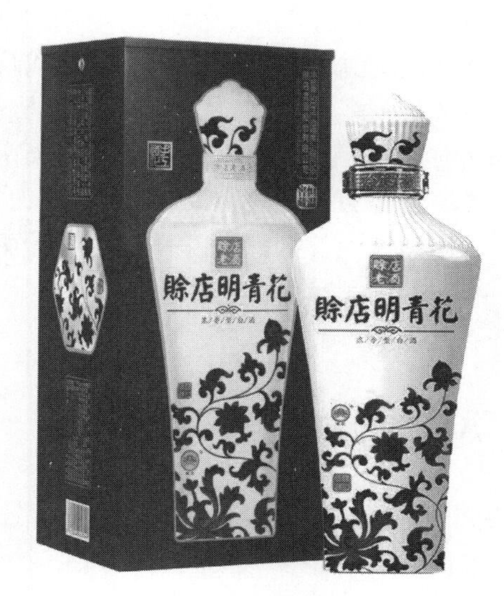

图10-93　赊店明青花酒

六、仰韶酒

河南仰韶酒业有限公司位于举世闻名的仰韶文化发祥地——河南省三门峡市渑池县，系中国白酒工业百强企业。

仰韶的酿酒史始于仰韶文化时期，并在7000年的发展历程中逐步沉淀为一种先进的工艺技术传承至今。河南仰韶酒业有限公司主打产品仰韶彩陶坊酒继承了古老的传统酿造工艺，并结合现代高新生物技术，精选高粱、小麦、大米等九种粮食作为原料，酿就了别具一格的“醨，雅，融”风格，被中国白酒权威专家组评定为中国白酒的第十三种香型——中国陶融型白酒，树立起了豫酒的品类标识。

仰韶酒（图10-94）自1979年以来多次荣获省部级优质产品奖、中国名牌、中国公认名牌、全国消费者推荐优质产品等称号30余个；荣获国际世界名优酒金、银奖10余项。

图10-94　仰韶酒

七、皇沟御酒

河南皇沟酒业有限责任公司（以下简称“皇沟酒业”）位于河南省东部的永城市浍河皇沟之滨，由历史上有名的陆楼酒坊发展而来。1958 年，永城当地政府在原先手工槽坊的基础上，成立了国营永城酒厂。20 世纪 90 年代中期，永城当地政府又在永城酒厂的基础上成立了河南皇沟酒业有限责任公司。

皇沟酒业的主导产品皇沟御酒 2003 年分别荣获河南省优质产品、河南省名牌产品，2005 年 5 月荣获中国浓香型优质白酒，同年 7 月又在广州首届国际酒饮博览会上荣获金奖，10 月被中国酿酒工业协会评为全国酒类产品质量安全诚信品牌，12 月摘取了河南省十大名酒桂冠；2006 年元月又被评为首批国优白酒，并与茅台、五粮液一起被评为首批国优白酒，进入全国国优白酒前 10 名（图 10-95）。

图 10-95　皇沟御酒

八、棠河原浆酒

河南棠河酒业有限公司始建于 1984 年，位于山清水秀的棠溪河畔——西平县出山镇，该公司秉承白酒酿造传统工艺，历经 30 多年的发展历程，现已成为以酿酒为主，集产品研发、生产、销售为一体的白酒骨干企业。

河南棠河酒业有限公司主导产品及生产工艺获省市科技成果 20 多项，国家发明专利 2 项，公司具有完整的产品开发、生产制造、检测检验和市场营销体系，产品销售网络覆盖面广阔。公司技术中心为驻马店市“白酒酿造工程技术研究中心”；主导产品“嫘祖故里酒”“棠河总统宴”“棠河金色珍藏”被评为全国农洽会白酒金奖三连冠。棠河酒被认定为“河南省名牌产品”，该酒酒质丰满、优雅、细腻、窖香浓郁，得到了广大消费者普遍认可（图 10-96）。

图 10-96　棠河原浆酒

九、豫坡老基酒

河南豫坡酒业有限责任公司成立于 1958 年，地处西平县老王坡，公司依托全国产粮大省中心区、无公害原粮生产基地的区位优势，利用原生态绿色环境，研发生产绿色生态酒，1993 年获得绿色食品标志使用权，至今已保持 27 年，是目前全国白酒行业为数不多的绿色食品生产企业。

河南豫坡酒业有限责任公司主导产品豫坡酒现有老基酒（图 10-97）、老基坊、豫坡粮液三大系列近 30 个品种，具有“绵甜香醇净、酱意兼浓香”的独特风味。豫坡老基酒是河南省名牌产品。天之基老基酒连续荣获第十七、十八届全国绿色食品博览会金奖，先后获得河南省十大名酒、河南文化名酒称号，“豫坡”商标是河南省著名商标、河南老字号。

图10-97　豫坡老基酒

第十七节　安徽省

一、古井贡年份原浆酒

安徽古井集团有限责任公司（以下简称“古井集团”）是中国老八大名酒企业，中国制造业 500 强企业，是以中国第一家同时发行A、B两只股票的白酒类上市公司安徽古井贡酒股份有限公司为核心的国家大型一档企业，坐落在历史名人曹操与华佗故里、世界十大烈酒产区之一的安徽省亳州市。

古井集团的前身为起源于明代正德十年（公元 1515 年）的公兴槽坊，1959 年转制为省营亳州古井酒厂。1992年古井集团成立，1996年古井贡股票上市。

古井贡酒是古井集团的主导产品，其渊源始于公元 196 年曹操将家乡亳州产的“九酝春酒”和酿造方法进献给汉献帝刘协，自此一直作为皇室贡品，曹操也被史学界称为古井贡“酒神”。古井贡酒（图 10-98）以“色清如水晶、香纯似幽兰、入口甘美醇和、回味经久不息”的独特风格，四次蝉联全国白酒评比金奖，在巴黎第十三届国际食品博览会上荣获金夏尔奖。古井品牌及产品先后获得中国地理标志产品、安徽省政府质量奖、全国质量标杆、国家级工业设计中心、国家级绿色工厂等荣誉。

图10-98　古井贡年份原浆酒

2008 年古井酒文化博览园成为AAAA景区，2013 年古井贡酒酿造遗址荣列全国重点文物单位。2016 年，古井集团成为“全国企业文化示范基地”，荣获中国酒业“社会责任突出贡献奖”。2017 年，全国首家古井党建企业文化馆开馆。2018 年，古井贡酒荣获“世界烈酒名牌”称号，古井贡酒酿酒方法“九酝酒法”被吉尼斯世界纪录认证为“世界上现存最古老的蒸馏酒酿造方法”。2019 年，“古井贡酒·年份原浆传统酿造区”成为国家级工业遗产。2020 年，古井集团获得“国家非物质文化遗产”“第六届全国文明单位”“全国五四红旗团委”等多项国字号荣誉。在“华樽杯”中国酒类品牌价值评议活动中，“古井贡”以1971.36亿元的品牌价值继续位列安徽省酒企第一名，中国白酒行业第四名。

目前，古井集团主打产品古井贡酒年份原浆，以“桃花曲、无极水、九酝酒法、明代窖池”的优良品质，先后成为上海世博会安徽馆战略合作伙伴，2012 年韩国丽水世博会、2015 年意大利米兰世博会、2017 年哈萨克斯坦阿斯塔纳世博会、2020 年迪拜世博会中国馆指定用酒，并于 2011—2013 年度连续三年总冠名“感动中国”人物评选活动，2016—2021 年连续六年特约播出央视春节联欢晚会，同时开展的读“亳”有奖活动受到广泛好评。2019 年，古井集团策划发起全新升级的“全球读‘亳’——挑战最易读错的汉字”向海内外华人宣传千年古城亳州，行业首倡“中国酿，世界香”，坚定中国白酒走向世界的自信。52%vol 古井贡酒年份原浆古20荣获2019年度中国白酒感官质量奖。2020 年12月，古井集团创新推出高端产品——古香型“年份原浆·年三十”，受到广泛赞誉。

二、金种子酒

安徽金种子酒业股份有限公司是安徽金种子集团有限公司的控股子公司，前身为阜阳县酒厂，始建于 1949 年 7 月，金种子股票于 1998 年在上交所上市，该公司先后荣获“全国绿色食品示范企业”“全国十佳新锐上市公司”“全国实施卓越绩效模式先进企业”“全国轻工业信息化与工业化深度融合示范企业”等100多项荣誉称号。

安徽金种子酒业股份有限公司现有“金种子”“醉三秋”“种子”“和泰”“颍州”等几大白酒品牌，其中，“金种子”“醉三秋”两个商标荣获中国驰名商标，“颍州佳酿”被认定为“中华老字号”，“金种子”牌、“种子”牌、“醉三秋”牌、“颍州”牌系列白酒，是国家地理标志保护产品。

图 10-99　金种子酒

安徽金种子酒业股份有限公司地处淮河支流——颍河之滨，这里自古素有“名酒之乡”的美誉。醉三秋酒是阜阳特产，曾于 1987 年荣获部优产品，其酿造历史可追溯到魏晋时期，其品名起源于公元 265 年“刘伶一醉三秋”的传说，迄今历史已有 1700 多年。金种子酒历史悠久，文化源远流长，与中原文明、黄淮文明一脉相承，底蕴深厚（图 10-99）。金种子明代古窖池被列入安徽省重点文物保护单位，“醉三秋酒传统酿造技艺”入选安徽省第四批省级非物质文化遗产名录。

三、口子窖

安徽口子酒业股份有限公司是以生产国优名酒而著称的国家酿酒重点骨干企业。

1949 年 5 月 18 日，当地人民政府赎买了私人酿酒作坊“小同聚”等酒坊，创立了“国营濉溪人民酒厂”。1951 年，国营濉溪人民酒厂在老濉河东岸“祥兴泰”“协源公”“协顺”“协昌”等古酒坊基础上征地扩建。1997 年由淮北市口子酒厂、濉溪县口子酒厂合并成立安徽口子集团公司（以下简称：口子集团）。2002 年 12 月，口子集团联合其他发起人股东发起成立安徽口子酒业股份有限公司（以下简称：口子酒业或公司）。2015 年 6 月 29 日，口子集团在上交所成功挂牌，成为全国第 17 家、安徽第 4 家白酒上市企业。目前公司员工 4000 余人，拥有首届中国酿酒大师等在内的技术创新队伍及一批国家级、省部级的评酒勾兑专家和现代化的省级技术中心、博士后科研工作站以及省级技能大师工作室。

公司先后荣获国家和省市多项殊荣：2003 年通过了ISO9001 和ISO14001 质量环境兼容管理体系认证，五年口子窖酒通过了国家级产品质量认证；2005 年通过了HACCP管理体系认证,“口子”商标被原工商总局评定为中国驰名商标，荣膺“中国白酒经济效益十佳企业”；2006年被首批认定为中华老字号。

公司拥有口子窖、口子坊、老口子等系列品牌产品，在安徽、江苏、河南、河北、山东、辽宁、北京等地区有较高的产品知名度并保持一定的市场占有率，近几年在东北和西北地区也表现出较快的市场拓展，口子窖酒（图 10-100）等高档产品在销售收入中的比重逐年增大，主导产品“口子窖酒”，以其独特的风格和卓越的品质得到了社会各界的高度认可。2002 年“口子窖”荣获中国白酒典型风格金杯奖称号并被国家批准实施原产地域产品保护；2005 年被评定为全国首届三绿工程畅销白酒品牌；2006 年被评定为中国白酒工业十大影响力品牌并通过了纯粮固态发酵白酒标志认定。

口子窖口感“香气馥郁，窖香优雅，富含陈香、醇甜及窖底香”，为中国兼香型白酒的典型代表。

图 10-100　口子窖酒

四、高炉家

徽酒集团股份有限公司（以下简称“徽酒集团”）始建于 1949 年 9 月的国营安徽高炉酒厂，酒厂坐落在古老涡河中游的五里长湾——高炉镇，占地 1000 亩，其中具有百年历史的老窖池 168 条，酒厂独特的双轮发酵、双重窖藏酿造工艺，开创与造就了与众不同、兼容并蓄、馥郁绵柔的双轮香型。

徽酒集团拥有注册商标近400个，其中，“高炉”和“高炉家”为中国驰名商标，同时还拥有国家各类技术专利120多项。目前，徽酒集团旗下品牌包括：高炉、双轮、高炉家、迎客松和中国徽酒（图10-101）。

高炉家酒以世代相守的祖传工艺酿制，其“浓香入口，酱香回味”的和谐口感，“浓酱相融，中庸和谐”的和谐品质，“偏高温制曲，原生态酿造”的和谐工艺，被白酒界专家和原国家质量检测中心的领导称赞为“浓头酱尾”，其特点突出，口感和谐，品质一流。

图10-101　高炉家酒

五、迎驾酒

安徽迎驾贡酒股份有限公司（以下简称“公司”）是安徽迎驾集团的核心企业，是全国酿酒骨干企业，是大别山革命老区的支柱产业，是北纬30度线中国名酒带上的明星企业，该公司坐落于中国天然氧吧、中西部第一个国家级生态县、首批国家级生态保护与建设示范区——安徽省霍山县。迎驾品牌源自公元前106年，汉武帝南巡霍山，当地官民献酒迎驾，武帝饮后御封为贡酒，“迎驾贡酒”由此得名。2015年5月28日，迎驾贡酒（股票代码：603198）在上交所A股主板上市，成为白酒行业第16家上市企业。

“迎驾贡酒”依托大别山自然保护区内的无污染山涧泉水，以中温包包曲为糖化发酵剂，运用多粮型传统工艺和现代科技手段精心酿造而成。公司是中国生态酿酒的倡导者与引领者，采用“生态产区、生态剐水（“剐”是去除的意思，是大别山区民间方言，指水流经茫茫竹海，经地下竹根层层过滤，作者注）、生态酿艺、生态循环、生态洞藏、生态消费”的全产业链生态模式，铸就了迎驾贡酒“醉得慢、醒得快、有点甜”的鲜明风格。公司拥有大型优质曲酒生产基地，年产原酒5万吨，白酒储存能力30万吨。现有生态洞藏、迎驾金银星、百年迎驾、迎驾古坊等多个系列产品（图10-102）。“迎驾贡酒”先后获得“国家地理标志保护产品”“中华老字号”等殊荣，生产酒传统酿造技艺被列入“非物质文化遗产名录”，生产酒厂被上海大世界吉尼斯总部认定为“中国生态环境最美的酒厂”。

图10-102　迎驾酒

迎驾贡酒，属浓香型白酒，是中华老字号、中国驰名商标，其传统酿造技艺被列入“非物质文化遗产名录”。

六、皖酒王

安徽皖酒制造集团有限公司（以下简称“公司”）始建于1949年，具有六十多年酿造白酒的历史，是中国最大的酒业集团之一，安徽省白酒行业支柱企业是民营股份制企业。

公司生产的系列皖酒有80多个品种，以皖酒王系列（图10-103）、百年系列、皖国系列和精品皖酒系列四大系列产品线为主，以浓香型为主，绵甜净爽、口味醇和、窖香浓郁、回味悠长。其中“皖”“皖王”“百年皖”“皖国春秋”商标连续被安徽省工商行政管理局评为“安徽省著名商标”。

图10-103　皖酒王

七、宣酒

安徽宣酒集团股份有限公司（以下简称“公司”）位于安徽省宣城市境内，南倚“江南诗山”——敬亭山，东邻丰饶秀美的水阳江，公司公私合营于1951年，2004年改制为股份制企业。酒厂园区占地面积1300余亩，拥有7600余条固态发酵小窖池，10条现代化包装生产线，年产白酒3万吨，是中国白酒工业50强。

江南小窖群的每个窖池体积均7~8立方米，排列整齐、大小均匀，自唐代起沿革至今，约1200多年。现已发掘的“宣酒古窖”，经过文物专家考证建于公元1750—1800年，时值清朝盛世，迄今已有200余年的悠久历史。宣酒开发的所有新窖池均采用古窖泥作为种泥扩大培养，用于宣酒酿制。宣酒酿造技艺全称为“宣酒古法小窖酿造技艺”，它源于唐代纪叟老春酒，是我国江南地区一项独特的酿造技艺，系传统手工酿造的典型代表之一。目前，宣酒独特的“纪氏古法酿造工艺”已经被列为非物质文化保护遗产（图10-104）。

图10-104　宣酒

正是由于利用本地特产优质原料、江南小窖酿制设备和独特的酿造技艺，才造就了宣酒原酒的典型风格：既有大曲酒的馥郁窖香，又有小曲酒的绵柔、醇和、回甜。“芝麻香·中国宣酒”幽雅飘逸、绵柔醇厚、协调自然、余味悠长，是徽酒新香型的开创者，被中国酒业协会评为“中国白酒技术和创新典范产品”。

八、文王贡酒

安徽文王酿酒股份有限公司（以下简称“文王酒业公司”）位于安徽省阜阳市临泉县，前身是地方国营临泉县酒厂，始建于1958年，是一家有着63年酿造历史的徽酒骨干企业，公司位于号称“天下粮仓”之一的淮北平原，具体位于安徽省阜阳市临泉县，占地750余亩，拥有曲酒窖池3000多条，14条灌装生产线，拥有中国评酒大师1名，国家级白酒评委1名，安徽省级白酒评委7名、安徽省级特邀白酒评委1名，国家级白酒品酒师13名，高级酿酒师3名等，并先后获得几十项国家级荣誉，一百多项省级荣誉。

2001年，文王酒业公司进入阜阳市纳税五强，中国白酒企业百强行列，2003年，公司迈入安徽省民营企业十强。2018年，全国知名白酒上市公司河北衡水老白干酒业股份有限公司全资收购了文王酒业公司，从此文王酒业公司成为上市公司老白干的全资子公司。

文王牌系列白酒被国家级酿酒大师赖高淮誉为“徽酒风格典范”（图10-105）。

图10-105　文王贡酒

九、店小二酒

安徽井中集团店小二酿酒有限公司（以下简称“井中公司”），是在井中酒厂的基础上发展壮大的，是安徽井中集团总公司食品、日化、酿酒和制药四大支柱产业之一，1998年兼并了国营企业亳州市老贡酒厂，经扩建、改造而建设成立的。

井中公司现有窖池2080条，年生产基酒3000多吨，全公司有6个科室，12个车间，1200多名员工。产品销往北京、广东、安徽、河南、河北、辽宁、黑龙江、新疆、青海、甘肃等20多个地区，100多个外埠城市。

采用固态法生产的店小二纯粮酒集古井贡酒和川酒之优点、特点，香、醇、甜、净、爽，酒体丰满，醇正和谐，备受消费者的青睐（图10-106）。

图10-106　店小二酒

十、金坛子酒

图 10-107　金坛子酒

安徽金口酒业有限公司位于中国名酒之乡——安徽亳州，公司占地 160 余亩，拥有职工和工程技术人员 500 余人，调酒师 6 名，国家级调酒师 4 名，省部级调酒师 2 名，国家级品酒师 5 名，年销售额 5.2 亿，年产原酒 3000 余吨，是一家集研发、酿造、包装和销售为一体的集团公司。

亳州环境优美，土地肥沃，气候湿润，尤其是地下矿泉，最适宜酿造浓香型白酒。安徽金口酒业有限公司继承了亳州酒之精华，生产的“金坛子”系列白酒，具有清如水晶，香如幽兰，入口绵甜，回味经久不息等特点（图 10-107）。

“金坛子”品牌荣获“中国驰名商标”“中国著名品牌”“中国白酒知名信誉品牌”等荣誉称号。

十一、老明光酒

图 10-108　老明光酒

安徽明光酒业有限公司始建于 1949 年，其前身是在四家私人槽坊基础上组建的国营安徽省明光酒厂，现已成为中国白酒百强企业。

安徽明光酒业有限公司主要代表产品为明光佳酿、明光大曲、明光优液、明光特曲、53 度明绿液（图 10-108）。老明光酿造技艺入选了第六批省级非遗名录。

十二、金不换酒

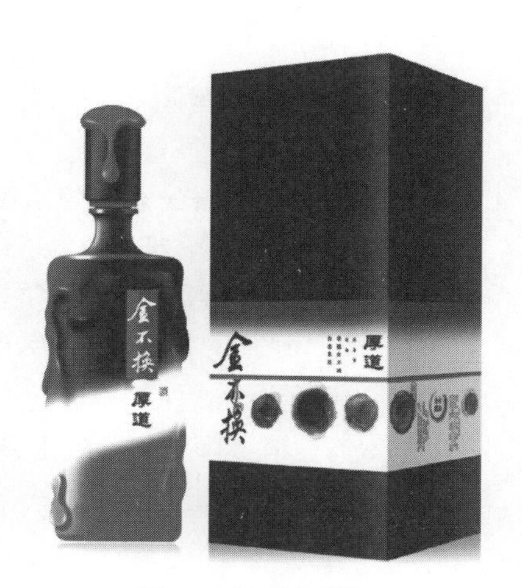

图 10-109　金不换酒

亳州市酒厂有限公司是中国白酒工业百强企业，该公司起源于明代宣德元年的永昌酒号，1958 年改建为地方国营亳县酒厂，1999 年改制为民营，组建金不换白酒集团。“金不换”品牌源自建安元年（196 年），曹操以“九酝酒法”酿制美酒迎汉献帝，九九工序，品质如金，“金不换酒”因此得名。

亳州市酒厂有限公司拥有明清、中华人民共和国成立时期窖池 1300 多条，年产万吨优质曲酒。金不换酒采用独特的九酝酒法、老五甑传统酿造技艺，以高粱、小麦、大麦、豌豆为原料，汲古泉深水，采菊花心曲，明清泥窖发酵，精心酿制而成。金不换酒（图10-109）有着商汤、汉魏文化，依托“三水交汇孕育古泉涌甘露，两岸抱滩沃壤老窖酿琼浆”的天然优势，铸就了“窖香浓郁、绵甜净爽、回味悠长”的独特风格，展现出传统工艺和鲜明的地方特色，金不换酒先后获得“中国绿色食品”“安徽老字号”等殊荣，金不换明清酿酒古窖池遗址荣获“省级文物保护单位”，金不换酒传统酿造技艺荣列“非物质文化遗产名录”。

十三、沙河王酒

安徽沙河酒业有限公司始建于1949年8月，在合并多家民间糟坊的基础上成立了安徽界首市酒厂，2007年酒厂改制更名为安徽沙河酒业有限公司。

安徽沙河酒业有限公司，拥有占地1000余亩的大型酿酒生态园，5600条老窖池，该公司建成大型储酒罐群及十万坛小坛老酒库，拥有原酒储藏能力10万吨，年产优质原酒3000多吨，现库存优质原酒10000多吨（图10-110）。

图10-110　沙河王酒

第十八节　江苏省

一、洋河蓝色经典酒

江苏洋河酒厂股份有限公司（以下简称“公司”），位于中国白酒之都——江苏省宿迁市，总占地面积10平方千米，总资产562.5亿元，员工3万人，下辖洋河、双沟、泗阳、贵酒、梨花村五大酿酒生产基地和苏酒集团贸易股份有限公司，是行业内拥有两大“中国名酒”、两个“中华老字号”、六枚“中国驰名商标”、两个国家4A级景区、两处国家工业遗产和一个全国重点文物保护单位的企业。公司坐拥“三河两湖一湿地”，所在地宿迁与法国干邑白兰地产区、英国苏格兰威士忌产区并称“世界三大湿地名酒产区”。

洋河酿酒，始于汉代，兴于隋唐，盛于明清，曾入选清朝皇室贡酒，素有“福泉酒海清香美，味占江南第一家”的美誉。得天独厚的自然环境、博大精深的文化根基孕育出洋河、双沟这两大中国名酒，江苏洋河酒厂股份有限公司（苏酒集团）扎根这方沃土，不断推进品牌建设和品质创新。2003年，公司率先突破中国白酒香型分类传统，首创以“味”为主的绵柔型白酒质量新风格。2008年，“绵柔型”作为白酒的特有类型被写入国家标准，作为绵柔型白酒代表作，梦之蓝、绵柔苏酒先后荣获“最佳质量奖”“价值典范品牌”“中国名酒典型酒”“中国白酒酒体设计奖”“中国白酒国家评委感官质量奖”等国家级质量大奖，开创了中国绵柔型白酒领袖品牌（图10-111）。作为公司的主导品牌，洋河还多次在全国评酒会上荣获国家名酒称号。2002年“洋河”商标被认定为中国驰名商标，洋河大曲获国家原产地标记保护。

图10-111　洋河蓝色经典酒

二、汤沟酒

“汤沟酒”源远流长，是我国享有盛誉的传统名产、历史文化名酒，国家地理标志、中国驰名商标、中华老字号产品。

江苏汤沟酒业有限公司位于江苏省连云港的西南侧，地处沂、沭、泗水下游的灌南县汤沟古镇。据《海州志》记载：早在宋时，汤沟地区就有了酿酒作坊，鼎盛时达到13家。到了明朝末年，汤沟酒经当时的滨海县殷福记商号运销日本和东南亚一带。清代著名诗人、戏剧家洪升曾写下“南国汤沟酒，开坛十里香”之名句。戏剧名家、《桃花扇》作者孔尚任题词“汤沟传奇水土，美酒绝世风华”，一时传为佳话，汤沟酒享誉四方。

图10-112　汤沟酒

目前，江苏汤沟酒业有限公司拥有汤沟系列、香泉系列等10多个系列产品（图10-112），“汤沟”商标为江苏省著名商标。自1915年汤沟大曲在莱比锡国际博览会上荣获银质奖章以来，相继在国家、部、省级历次质量评比中，荣获国家级金银质奖8枚，部级金银质奖15枚，蝉联历届省优，并获4枚国际金奖，企业通过了ISO9001国际质量管理体系和国际环保管理体系认证，属国家名优酒，中国白酒十大创新品牌，江苏省政府接待指定用酒，江苏省重点保护产品，江苏省名牌产品，“汤沟酒酿造技艺”还被列为江苏省非物质文化遗产。

三、高沟酒

江苏今世缘酒业股份有限公司（以下简称“今世缘”）是中国白酒“十强”企业，位于中华人民共和国总理周恩来的故乡淮安，坐落在“全国文明乡镇”高沟镇。现有员工近4000人，拥有“国缘”“今世缘”“高沟”三大品牌。2014年7月，今世缘在上海证券交易所A股主板上市。

江苏今世缘酒业股份有限公司地处江苏淮安，其前身是江苏高沟酒厂，历史悠久。1956年，高沟酒荣获江苏省人民政府颁发的“酿酒第一”奖旗；1984年，在全国第四届评酒会上，高沟酒以95.13分的成绩名列全国浓香型白酒第二名；1989年，在全国第五届评酒会上，高沟酒获“国家优质酒”称号；1995年，高沟酒被国家技术监督局认定为全国浓香型白酒标准样品（图10-113）。1996年8月25日，今世缘品牌诞生。

图10-113　高沟酒

从2008年起，今世缘主要经济指标位居全国白酒行业十强。2014年7月3日，今世缘首次公开发行A股股票上市仪式在上海证券交易所举行，今世缘（603369.SH）成为首次公开募股（IPO）重启后的白酒第一股、淮安市首家上市企业。今世缘拥有“国缘”“今世缘”“高沟”三大品牌。“国缘”“今世缘”获得“中国驰名商标”，“高沟”获得“中华老字号”。

四、双沟大曲酒

江苏双沟酒业股份有限公司（以下简称“双沟酒业”），坐落在淮河与洪泽湖环抱的千年古镇——双沟镇。双沟地区是人类文明的发祥地之一，1977年在双沟附近的下草湾出土的古猿人化石，经中国科学院古生物研究所的专家考证后，被命名为醉猿化石。科学家们推断，1000多万年前在双沟地区的亚热带原始森林中生活的古猿人，因为吞食了经自然发酵的野果液而醉倒不醒，成了千万年后的化石。此一论断，已被收入《中国现代大百科全书》，为了充分发掘双沟，2001年，考古专家第二次对双沟地区进行了更为详细的科考，结果发现早在1000多万年前，双沟地区就有古生物群繁衍生息。据此，古脊椎动物与古人类研究所研究员尤玉柱、徐钦琦、计宏祥三位著名学者联手撰写了《双沟醉猿》。双沟也因“下草湾人”“醉猿化石”的发现，被誉为“中国最具天然酿酒环境与自然酒起源的地方”。

独特的地理环境，铸就了悠久的双沟酿酒历史，据《泗虹合志》记载，双沟酒业始创于1732年（清雍正十年），距今已有近300年的历史。久远的历史长河中，双沟酒业积淀着深

图 10-114　双沟大曲酒

厚的文化底蕴。在民间流传着许多关于双沟美酒的美丽传说，最广为流传的有《曲哥酒妹》《神曲酒母传奇》等。古今文人墨客、将军、学者等也都为双沟酒留下动人的诗篇，如宋代的苏东坡、欧阳修、杨万里、范成大等，明代的黄九烟，当代的叶圣陶、陆文夫、陈登科、茹志鹃、绿原、邹荻帆等。

双沟大曲（图 10-114）以优质高粱为原料，并以品质优良的小麦、大麦、豌豆等制成的高温大曲为糖化发酵剂，采用传统混蒸工艺，经人工老窖长期适温缓慢发酵，分层出醅配料，适温缓慢蒸馏，分段品尝截酒，分级密闭贮存，经过精心勾兑和严格的检验合格后灌装出厂。双沟大曲以“色清透明、香气浓郁、风味醇正、入口绵甜、酒体醇厚、尾净余长”等特点著称，在历届全国评酒会上，均被评为国家名酒，荣获金质奖。1994 年由中国食品工业协会，中国质量协会等单位组织的全国名优白酒检评中，双沟大曲继续保持国家名优酒称号。双沟酒业 1999 年被评为“全国精神文明建设先进单位”，2000 年又被评为“全国质量管理先进单位”，2001 年荣获“中国十大文化名酒”称号，首批通过国家方圆标志认证和质量体系认证。

第十九节　浙江省

一、古越龙山酒

中国绍兴黄酒集团有限公司（以下简称“绍兴集团”）是中国黄酒行业领先企业，520 户国家重点企业之一，中国酒业协会副理事长单位，中国酒业协会黄酒分会理事长单位，总资产 70 亿元，员工 3500 余人。由绍兴集团独家发起组建的浙江古越龙山绍兴酒股份有限公司，是中国黄酒行业首家上市公司，致力于民族产业的振兴和黄酒文化的传播，拥有国家黄酒工程技术研究中心、一流的酿酒师团队，拥有丰裕的陈酒储量和国家 3A级景区“绍兴黄酒城”，是国家非物质文化遗产——绍兴黄酒酿制技艺的传承基地。

绍兴集团主业黄酒年产量达 17 余万千升，旗下拥有古越龙山、沈永和、女儿红、状元红、鉴湖等众多黄酒知名品牌，目前品牌群中拥有 2 个“中国驰名商标”，4 个“中华老字号”，其中“古越龙山”是中国黄酒行业标志性品牌（图 10-115），是“亚洲品牌 500 强”中唯一入选的黄酒品牌；始创于 1664 年的沈永和酒厂是绍兴黄酒行业中历史悠久的著名酒厂之一；“女儿红”和“状元红”是文化酒的代表；“鉴湖”是绍兴酒中首个注册商标。

古越龙山商标取材于 2500 多年前的吴越春秋的故事，商标图案也是越王勾践兴师伐吴

图10-115 古越龙山酒

时的点将台城门和卧薪尝胆的龙山背景。古越国是绍兴酒的发源地，龙山是古越国政治文化中心，“古越龙山”集中国黄酒行业标志性品牌、中国驰名商标、中国名牌产品、中华老字号诸荣誉于一身。古越龙山绍兴酒一方面体现黄酒的历史源远流长，另一方面体现其品质日臻完美。

2019年，绍兴集团荣膺2019中国经济传媒大会颁发的2019年中国创新领军企业称号；浙江绍兴黄酒产业创新服务综合体列入省级培育名单；百年老字号“鉴湖酒坊”凭借“原厂址、原厂房、原工艺、原品牌”四大优势，成功入选中华人民共和国工业和信息化部公布的第三批国家工业遗产名单。

二、会稽山酒

会稽山绍兴酒股份有限公司，前身为创建于1743年的“云集酒坊”。

1951年，云集酒坊被人民政府接收，更名为云集酒厂；1967年，云集酒厂更名为绍兴东风酒厂；2005年，更名为会稽山绍兴酒有限公司；2007年9月29日，该公司再次更名为会稽山绍兴酒股份有限公司（以下简称“会稽公司”），精功集团有限公司成为其第一大股东。2014年8月25日，会稽公司在上海证券交易所挂牌上市，成为国内黄酒行业第三家上市企业。

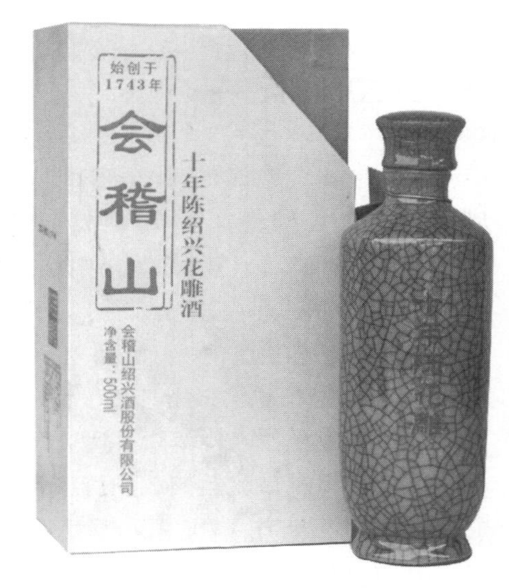

图10-116 会稽山酒

作为“绍兴黄酒酿制技艺”非物质文化遗产传承基地，会稽山酒传承千年历史，延续百年工艺，以精白糯米、麦曲、鉴湖水为主要原料精心酿制而成。产品经多年陈酿，酒精度适中，酒色橙黄清亮，酒香馥郁芬芳，幽雅自然，口味甘鲜醇厚，柔和爽口，营养丰富，是一种符合现代消费理念，具有较高鉴赏品位，适合世界潮流的低度营养酒，也是我国首批国家地理（原产地域）标志保护产品（图10-116）。

三、西塘优黄酒

浙江嘉善黄酒股份有限公司（以下简称“嘉善公司”）地处江、浙、沪三角腹地的嘉善西塘古镇，黄酒酿造历史可追溯到明万历四十六年（公元1618年）陆美煌酒坊首创的“梅花三白”酒酿制工艺。1952年，嘉兴专署在古镇西塘成立了“西塘建新土烧酒加工厂”，1956年，嘉善县酿酒行业合并而组成公私合营嘉善县西塘酒厂，1967年改为地方国营嘉善县西塘酒厂，后更名为嘉善县酒厂，1999年改制为浙江嘉善黄酒股份有限公司，2005年嘉善公司进行股权改革，会稽山绍兴酒股份有限公司与嘉善公司强强联合，组建新的浙江嘉善黄酒股份有限公司。经过几代人的励精图治，企业在百年沧桑中砥砺成长，从初创时家庭式小作坊发展成为家喻户晓的专业生产饮料酒的大型企业。

图10-117　西塘优黄酒

嘉善公司生产的黄酒自1984年以来，先后获得省优、部优、全国行业优质产品、名牌产品以及全国、全省性博览会金奖、银奖等质量奖共计20多项，中国名牌、中华老字号、地理标志保护产品、中国驰名商标等荣誉（图10-117）。

四、圣塔黄酒

浙江圣塔绍兴酒有限公司位于鉴湖水系东部，紧邻风景秀丽、中外闻名的活水景点东湖风景区，这里崇山峻岭、茂林修竹、水质清冽，酿造绍兴酒更是得天独厚。

圣塔牌绍兴酒是绍兴酒行业中较为著名的品牌之一，全部采用精白糯米和鉴湖佳水，用传统工艺手工酿制而成，因其色澄黄、香气馥郁、滋味醇厚而成为绍兴酒中的精品，曾获得首届中国国际食品博览会金奖、香港国际名优产品博览会金奖等国际荣誉（图10-118）。

图10-118　圣塔黄酒

圣塔牌绍兴酒采用传统手工工艺精酿。传统手工酒区别于机械化黄酒的关键在于手工酒采用混合菌种和敞开式自然发酵，发酵周期长，具有醇香浓郁协调、口味丰满而不腻、入口鲜爽柔和等特点，经陶坛陈酿更是酒中珍品。

五、乌毡帽酒

乌毡帽酒业有限公司坐落于中国竹乡——全国第一个生态县——浙江省安吉县，公司前身为始创于1948年的永绪酒坊，创始人张永绪。1954年酒坊改为第一联营酒厂，后经多次重组合并，1991年更名为浙江丰宝酒业总厂，1997年以138万元的高价购得“乌毡帽”商标，1999年转制为浙江安吉县乌毡帽酒业有限公司，2010年正式更名为乌毡帽酒业有限公司。

乌毡帽酒入口绵甜，回味悠长，连续五次获得国家原质检总局表彰，被评为“浙江名牌”（图10-119）。2007年，“乌毡帽”被认定为“中国驰名商标”“浙江省知名商号”。

图10-119　乌毡帽酒

第二十节　上海市

一、石库门酒

上海金枫酒业股份有限公司（以下简称“金枫酒业”）前身为上海市第一食品股份有限公司，是一家具有长三角跨区域布局的黄酒企业，拥有江、浙、沪三地多元酿造基地，拥有多年历史和丰富的酿造经验。1992年，金枫酒业前身——上海市第一食品股份有限公司在上海证券交易所上市。2008年，金枫酒业通过资产置换实施重组，成为以黄酒生产经营为核心主业的上市公司。

图10-120　石库门酒

金枫酒业旗下拥有“石库门”“和”“金色年华”“金枫”“侬好”“惠泉”“锡山”“白塔”等多个知名黄酒品牌（图10-120）。1982年，中华老字号“金枫”品牌诞生；1997年“和”品牌及2001年“石库门”品牌诞生，代表了黄酒行业发展史上的第三个里程碑。目前，金枫酒业拥有2个中国驰名商标、1个中华老字号、1个中华人民共和国地理标志保护产品“绍兴酒”、2个上海市著名商标、2个江苏省著名商标、1个江苏老字号、1个浙江省著名商标。

二、崇明老白酒

崇明老白酒是崇明区传统特色产品之一，它以糯米为原料，经淋饭后拌药加水精心酿造而成，加上该酒味道甜润，色呈乳白，故又有“甜白酒”“米酒”“水酒之称”。崇明老白酒（图 10-121）质量地道，风味独特，有别于一般的白酒与黄酒，该酒上口甜而微酸，香味醇厚，酒精度适中（12%~13%vol），后劲足，有回味，其中尤以“菜花黄”和“十月白”两个品种为最佳。崇明老白酒以纯大米酿制而成，又称“米酒”。早在百余年前，崇明老白酒已驰名沪苏地区。糯米蒸熟淋后拌上酒药，发酵之后加适量冷开水，去糟即成可口的老白酒。

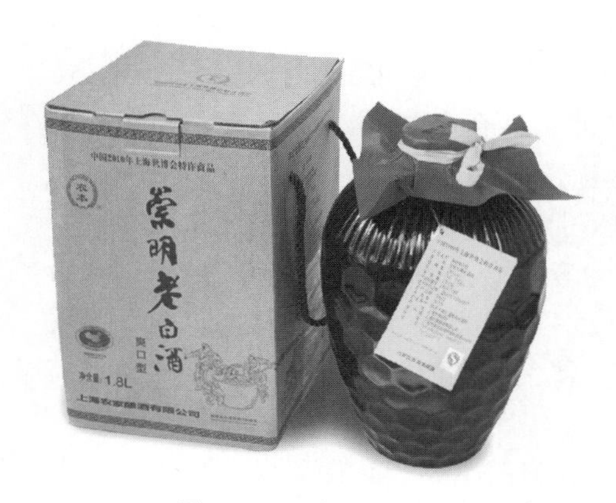

图 10-121　崇明老白酒

崇明老白酒不只是家常酒，而且足可“上台盘”：城乡居民娶嫁做寿，都用它款待宾客；有朋自岛外来，也必有“崇明十大农副产品”之一的崇明老白酒登台亮相。海外游子、服务于外省市的崇明籍人士回乡，呷上崇明老白酒，返乡之感觉油然倍增。

据史料记载，崇明老白酒的酿造历史已有 700 多年，此酒是崇明特产之一，2009 年被列为上海市非物质文化遗产名录，并获中华人民共和国国家质量监督检验检疫总局颁发的国家地理保护产品称号。

三、神仙大曲

神仙大曲为浓香型白酒，选用优质高粱、传统大曲为原料，采用续糟混蒸、窖池固态发酵、老五甑传统工艺，量质摘酒，经陈年老熟，结合现代技术精心勾调而成，酒体清澈透明、窖香浓郁、绵甜爽净、回味悠长，独具风格（图 10-122）。

神仙大曲为上海神仙酒厂有限公司生产，该酒厂创建于 1958 年，是中国白酒协会常务理事厂和上海市酿酒协会副会长厂，同时还是上海唯一的大曲酒酿造企业，企业占地 6 万平方米，年产各类白酒 6000 余吨，是“中国白酒工业百强企业”和“奉贤区财富百强企业”。

神仙酒系列产品已连续十多年被评为“上海名牌产品”，还先后荣获“国家质量达标食品”“中国名优白酒”“上海名优食品”等殊荣，“神仙”商标被连续认定为“上海市著名商标”。2009 年以来，神仙集团又荣获“中国成长型中小企业 100 强”“上海民营企业竞争力质量金奖”等殊荣；2011 年神仙酒酿造工艺被纳入“上海市非物质文化遗产”名录。

图 10-122　神仙大曲

第二十一节　江西省

一、四特酒

四特酒有限责任公司（以下简称“四特酒公司”）坐落于江西省樟树市，西临赣江，东靠“天下第三十三福地”的道教名山阁皂山，此地山川秀丽，土沃水清，自古就有“酒乡”美誉，酿酒条件得天独厚。四特酒公司创建于1952年，前身为国营樟树酒厂，1983年更名为江西樟树四特酒厂，2005年改制为四特酒有限责任公司，是“中国食品工业百强企业”“全国酿酒行业百名先进企业”“江西优强企业”。

图10-123　四特酒

2011年6月，全国白酒标准化技术委员会特香型白酒分技术委员会秘书处落户四特酒公司，四特酒（图10-123）成为特香型白酒代表。四特酒品质优良、口感独特，深得消费者青睐。1988年，四特酒荣获国家质量银质奖章，品牌享誉全国。

四特酒公司目前主要产品有：四特年份酒系列、四特东方韵系列、四特印象系列、四特特香经典系列、四特星级酒系列等。

二、清华婺酒

婺源县清华酒业有限责任公司坐落在千年古镇清华街。1952年清华镇上古老的酒坊进行了公私合营改造，成立了清华酒厂。改造壮大后的清华酒厂汇集了众家之长，酒的品质和产销量获得了很大的发展，1963年江西省第一届名酒评比会上，清华婺酒被评为江西省四大名酒之一（图10-124）。

图10-124　清华婺酒

清华婺酒由清华酒厂和珍珠山酒厂统一配方生产。清华婺酒采用优质大米和山泉水为原料，以大曲为糖化发酵剂，传统固态操作，以优质清香型大曲为酒基；然后用淡竹叶、当归、砂仁、檀香等十二种名贵中药浸汁；用冰糖、白砂糖煎成糖液；将酒、糖、药三液按科学配方精制，经过抽清、过滤、封缸，长期贮藏后出厂。清华婺酒色泽金黄透明，芳香浓郁，口味醇正，进口甜、落口绵，有健胃、养血、益气之功效，有益身体健康。

清华婺品牌被评为江西省著名商标，清华婺酒被评为江西名酒。

三、章贡酒

章贡酒为江西赣州本地特产白酒，其香气舒适，口味醇甜，香味协调，尾味爽净。

江西章贡酒业有限责任公司（以下简称“章贡公司”）是江西省重点白酒生产企业之一，前身为江西赣州酒厂，创建于1952年，该酒厂由国家收购私人企业万源协记酒栈而成立，后经公私合营等方式，规模逐渐扩大。1997年7月，赣州酒厂将大部分优良资产投入江西赣南果业股份有限公司；2002年5月新华社中国新闻发展深圳公司正式控股赣南果业股份有限公司，2007年4月赣南果业股份有限公司更名为江西章贡酒业有限责任公司。

图10-125 章贡酒

注册商标“章贡”源于1938年，章贡酒选用章江贡水的优质水源和高山梯田大米，融入馥合大曲，采用传统“老五甑”工艺，独创出“浓头酱尾米中间”的风味白酒，呈现了馥郁柔和、绵甜圆润、舒雅诱人的赣州客家传统白酒品格，是馥合赣香型白酒的缔造者。2020年，“馥合赣香”商标注册成功。

章贡牌系列白酒（图10-125），1997年至今连续被授予“江西省名牌产品”荣誉称号；2000年至今，“章贡”商标连续被认定为“江西省著名商标”；35%vol精品章贡王酒被评为“中国白酒质量优秀产品”。

四、堆花酒

江西堆花酒业有限责任公司创建于2005年8月，系江西省重点酿酒厂家，位于赣中名城吉安市，主要产品为堆花牌系列白酒。

堆花酒有千年的酿造历史，酒名出自南宋丞相文天祥之口，文天祥早年于白鹭洲书院求学时偶至县前街小酌，但见当地“谷烧甫”入杯中，酒花叠起、酒香阵阵，脱口道：“层层堆花真乃好酒！”从此堆花酒名渐渐传遍大江南北，成为当地的传统佳酿。素有“三千进士冠华夏，一壶堆花醉江南”之美誉，以“清亮透明、香气幽雅舒适、诸香协调、醇绵柔和、回味悠长”而享誉省内外（图10-126）。

图10-126 堆花酒

五、临川贡酒

江西临川酒业有限公司始创于1958年，前身为江西临川酒厂，是一家以生产酒类产品为主的公司，主导产品为临川贡酒（图10-127）。

临川贡酒以优质大米为原料，采用传统的酿酒工艺，结合现代酿酒技术，经过精心勾调而成，具有酒液醇清，闻香幽雅，口感醇正，甘绵爽净的风格特点。

临川贡酒系列产品先后荣获全国食品行业名牌产品、全国质量信得过食品、江西省名牌产品、江西省名酒、江西省优质酒、江西省用户满意产品、江西省重点保护产品、江西省“新产品、新技术、新发明”金奖、马来西亚博览会金虎奖、北京国际精品博览会金奖等。

图10-127　临川贡酒

六、李渡高粱酒

江西李渡酒业有限公司（以下简称“李渡酒业”）位于驰名江南的历史闻名古镇——李家渡，李渡酒业传承中国白酒古法匠艺，2006年被国务院核定为全国重点文物保护单位，2008年10月，金东投资集团有限公司并购李渡酒业，重新组建为江西李渡酒业有限公司，从生产工艺、经营模式、企业管理、资金运作等方面注入新鲜血液，以其雄厚的资金、先进的管理、精良的设备、优秀的人才，使李渡酒业成为全国酒类行业的新亮点。

图10-128　李渡高粱酒

李渡高粱酒是江西省的传统名酒（图10-128），已有二百多年酿造历史，据县志记载：清代中叶，李家渡就有以当地特产的优质糯米为原料酿制烧酒的习惯。到了清朝末年，李渡万茂酒坊广集民间酿酒技术，在糯米酒的基础上，引进了用大米为原料，用大曲为糖化发酵剂，用缸、砖结构的老窖发酵制白酒的新工艺。李渡高粱酒由此而发展起来，制酒作坊也随之增至七家，由于酒味醇浓纯净、清香扑鼻而名声大振。

李渡系列酒多次被评为江西省名酒、江西省优质白酒、消费者最喜爱的白酒、最佳日用工业品，荣膺乌兰巴托、巴黎国际食品博览会金奖，“李渡”被评为“江西省著名商标”。2015年“李渡高粱1955”荣获布鲁塞尔国际烈性酒大赛大金牌奖。

七、七宝山酒

江西七宝酒业有限责任公司（以下简称“七宝公司”），始创于1957年（原上高县酿酒厂），坐落在锦江中游，地处山清水秀、物产丰富、交通便利、水源甘美的赣西北部，具有悠久的酒文化史。七宝公司于2001年改制，由原来的国有企业转为现在的民营股份制企业，是江西省酿酒行业重点企业、全省16家名牌企业，同时也是江西省最早采用浓香型工艺的酿酒企业。

七宝公司开发了30多个品种，以七宝山牌老窖王、黄金酒、珍品、精品、福满星等陈酿老窖为高档酒；以七宝山牌老窖系列酒为中档酒；以七宝山牌特曲、头曲、四季香、七宝粮液、高粱酒、七宝福等为低档酒；还有纯净水、米酒等饮料食品。其中以七宝山老窖系列酒声誉较大，该产品曾荣获首届曼谷国际名酒博览会金奖，荣获“江西名酒”“江西省免检产品”“江西名牌”“全国食品名牌”“江西省重点保护产品”（图10-129）。

图10-129 七宝山酒

第二十二节 湖北省

一、枝江大曲

湖北枝江酒业股份有限公司前身为1817年创办于古镇江口的“谦泰吉”古酒坊，1949年，谦泰吉酒坊改名为维生公酒坊，1952年，该酒坊转为地方国营企业，更名为枝江县酒厂。

1954年，枝江县酒厂引进四川小曲酒的生产技术，对枝江小曲酒的工艺进行了改进，枝江小曲因秉承了烧春酒的配方，加上引进的新工艺，名气越来越大。1965年，枝江县酒厂用高粱酿出的50度白酒，其出酒率达62.1%以上，被湖北省的酿酒专家们视为一个奇迹，枝江县酒厂被评为一类酒厂，枝江小曲被定为一类产品。

1975年，继枝江小曲瓶装酒后，又生产出了枝江大曲（图10-130），枝江大曲属浓香型白酒，采用红高粱、纯大

图10-130 枝江大曲

米、优质小麦等为主料，属典型的粮食酒。酒体具有清亮透明、窖香浓郁、绵甜爽净、香味谐调、余味悠长的风格特点。

1988年，枝江大曲和枝江小曲双双获湖北省金钟奖，被定为湖北八大名酒之二。

1998 年，枝江县酒厂改制为湖北枝江酒业股份有限公司，经过多年的发展，该公司先后荣获全国五一劳动奖、全国质量管理先进企业、全国重合同守信用先进企业、中国十大新名酒、中国 500 最具价值品牌、中华老字号、中国地理标志产品、中国驰名商标等多项国家级荣誉和称号。

二、稻花香酒

湖北稻花香酒业股份有限公司（以下简称“稻花香公司”）坐落于举世瞩目的长江三峡大坝东侧，水电之都宜昌市东大门——夷陵区龙泉镇，属稻花香集团最大的核心企业，现拥有总资产 80 亿元，总占地 2000 多亩，是一家以生产稻花香系列白酒（图 10-131）为主的股份制企业，是湖北省最大的白酒生产基地。

图 10-131　稻花香酒

稻花香公司起步于 1982 年，1992 年创立“稻花香”品牌，2001 年改制为湖北稻花香酒业股份有限公司。三十年的探索与实践，稻花香系列白酒形成了独特的酿造工艺技术，完善的产品质量保证体系，深受广大消费者的青睐。稻花香酒是吸取传统五粮酿造工艺之精髓，选用优质红高粱、小麦、大米、糯米、玉米为原料，以独特的“包包曲”为糖化发酵剂，取“龙眼”优质矿泉水，采用传统的混蒸、混烧、泥窖发酵工艺精心酿造，长期贮存，精心勾调，精心包装而成的浓香型白酒。产品具有清澈透明、窖香浓郁、醇厚绵甜、协调净爽、回味悠长的特点，产品质量达到国家标准，得到国家许多著名白酒专家的充分肯定，专家们在品评稻花香后认为稻花香酒具有“多粮型、复合香、陈酒味”的显著特点。

稻花香公司拥有“稻花香”“清样”“君之红”等多个中国驰名商标，“稻花香”被认定为“中华老字号”，并入选“中国新八大名酒”“中华老字号品牌价值百强榜”。

三、白云边

湖北白云边酒业股份有限公司的前身为成立于 1952 年的湖北省白云边酒厂，1994 年成立湖北白云边酒业股份有限公司。

白云边酒（图 10-132）是兼香型白酒，2006 年，该酒被中国酒业协会正式认定为中国白酒兼香型代表。2008年，“白云边”被认定为中国驰名商标。2009年，以湖北白云边酒业股份有限公司为第一起草单位的《浓酱兼香型白酒国家标准》正式实施。

此外，白云边酒以长期过硬的产品品质连续20年获得“湖北名牌产品”殊荣。

图10-132　白云边酒

四、黄鹤楼酒

黄鹤楼酒业有限公司是集研发、生产、销售于一体的大型白酒企业，前身为1952年成立的国营武汉酒厂，主要生产黄鹤楼酒。

黄鹤楼酒作为湖北白酒的代表，自问世就斩获无数赞誉，在1984年第四届全国评酒会，获得“中国名酒”称号，1989年蝉联“中国名酒”称号；2006年获得“纯粮固态发酵”标志证书，成为湖北省首家通过认证的白酒品牌；2011年，黄鹤楼酒被认定为“中华老字号”（图10-133）。

图10-133　黄鹤楼酒

五、劲酒

1953年，劲牌有限公司（以下简称“劲牌公司”）诞生在青铜故里湖北大冶，历经十多年的稳步发展，现已成为一家专业化的健康产品企业。目前，劲牌公司拥有保健酒、白酒和中医药三大业务，以及中国劲酒、毛铺酒、持正堂三大品牌业务。劲酒已在国内市场实现了全覆盖，并销往韩国、日本等20多个国家或地区。

劲牌公司将传统酿造工艺与现代科技相融合，首创“固态法小曲白酒机械化酿造工艺”，克服了气候环境和人为因素对生产过程的影响，实现了酿造过程的机械化和信息化的有效融合，有效提升了原酒品质。2013年11月，该酿酒工艺被中华人民共和国工业和信息化部鉴定为整体技术达到国际领先水平。

劲酒（图10-134）以良好的口感秉承了酒的属性，又具有独到的保健功效，可以让消费者享受饮酒乐趣的同时，获得身体的滋补和调理。

图10-134　劲酒

六、演义酒

湖北古隆中演义酒业有限公司（以下简称“古隆中酒业”）前身为成立于1956年的襄樊市酒厂。目前，古隆中酒业已经成为涵盖科技研发、传统酿造、包装生产、市场营销、文化创意、电子商务和定制服务等领域的综合性企业。

古隆中酒业酿造工艺悠久，生产储存能力强，技术研发实力雄厚，专家团队阵容强大。古隆中洞藏原浆系列酒，集企业 60 多年的传统酿造工艺之大成，酿就了古隆中浓头酱尾的兼香型风格，生产出的古隆中足够年份的原浆酒不勾不兑、陶缸盛装、密封入坛、藏于洞中。在 8000 平方米的“睿龙洞”中经过时间的历练，出洞的原浆酒香气馥郁，幽雅爽净，酒体醇厚。

图10-135　演义酒

古隆中酒业拥有四大品牌：襄江、演义、古隆中、隆中对。“襄江”品牌是“湖北省著名商标”，首批“湖北老字号”“湖北老八大名酒”，“襄江特曲”荣获湖北省人民政府首届白酒质量大赛“金钟奖”（湖北老八大）；“古隆中”“隆中对”品牌是“湖北省著名商标”；“演义”品牌是“中国驰名商标”（图 10-135）。古隆中酒业生产的系列产品先后荣获“首届中国食品博览会金奖”“第五届全国白酒评比第四名”“首届香港国际名酒博览会特别金奖”“湖北省人民政府首届白酒质量大赛金钟奖”“楚天高档精品酒”“湖北省消费者满意商品”“广东国际酒饮博览会金奖”“比利时布鲁塞尔国际烈性酒大奖赛银奖”“湖北名牌产品”“五省一市白酒质量交流检评会金奖”（多项）及“2017 年度湖北省白酒评委感官质量奖”等荣誉和称号。

七、黄山头酒

湖北黄山头酒业有限公司（以下简称“黄山头酒业”）是一家有近百年历史的酿酒企业，其前身为 1951 年成立的石首人民制酒厂，形成规模化生产，后更名为“湖北藕池曲酒厂”，1994 年改制成立湖北黄山头酒业股份有限公司，2008 年由湖北凯乐科技股份有限公司正式收购重组。

图10-136　黄山头酒

黄山头酒业主要生产黄山头系列酒。黄山头酒在 1913 年问世于荆江之滨公安县黄山脚下南端的藕池镇，黄山头酒业在继承传统的混蒸续糟、泥窖固态发酵工艺的同时，不断引进新技术、新工艺，形成了黄山头酒“窖香浓郁、绵甜甘爽、香味协调、尾净余长”的独特风格（图 10-136），产品先后获得“湖北省浓香型白酒第一名”“湖北省优质酒”“轻工部优质酒”“湖北名酒”“湖北精品名牌”“中国公认名牌”“中华老字号”等众多殊荣。

八、关公坊酒

湖北关公坊酒业股份有限公司位于中国白酒名镇——龙泉镇，其前身是原湖北当阳关公酒厂，2002年2月由稻花香集团整体并购重组，生产基地迁址到酒城龙泉，并于2006年4月更名为湖北关公坊酒业股份有限公司，是稻花香集团白酒主业核心企业。

关公坊酒汲取传统五粮酿造工艺之精髓，精选优质高粱、糯米、大米、小麦和玉米五种粮食为原料，取优质“法官泉”水，融合现代科学技术，精心酿制而成，具有呈色晶莹剔透，纯净优雅，五粮复合陈香突出，口感细腻，绵甜醇爽的风格特点。关公坊白酒由稻花香集团13位国家级评委组建的专家技术团队为产品品质保驾护航，在酒体质量上连续7年获得中南六省一市质量检评金奖。

2005 年至今，关公坊酒（图 10-137）先后通过了质量管理体系认证、环境管理体系认证，并先后荣获“中国武汉农业博览会金奖产品”“全国质量信得过产品”“全国质量服务消费者满意企业”“湖北省消费者满意商品”“中国驰名商标”“湖北名牌产品”“湖北省守合同重信用企业”“三峡质量奖提名奖”等众多荣誉称号。

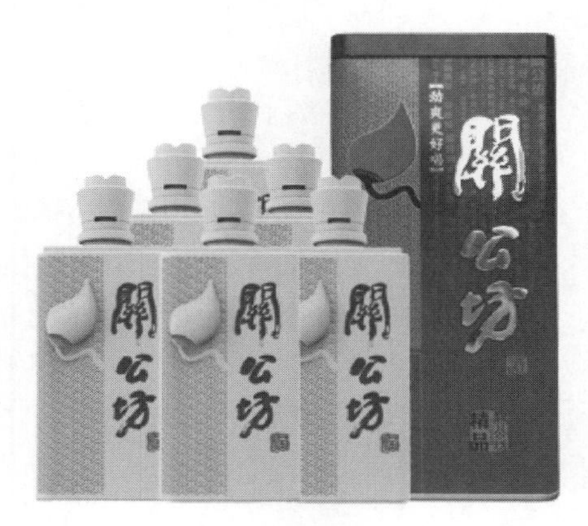

图 10-137　关公坊酒

九、珍珠液酒

原湖北珍珠液酒业有限公司位于历史悠久的湖北省襄阳市南漳县城。2013 年湖北日报传媒集团有限责任公司收购该公司，改名湖北楚天传媒珍珠液酒业有限公司。

珍珠液酒（图 10-138）酿造历史源于 3800 多年前楚文化的代表——苞茅缩酒，酿造用水取自三国名士、水镜先生司马徽隐居的水镜庄珍珠泉。《三国演义》第 35 回，司马徽于珍珠泉边向刘备举荐卧龙凤雏，由此引发三顾茅庐、三分天下的恢宏历史，襄阳南漳因此被称为“三国源头”，故有“珍珠液、三国源”之说。

图 10-138　珍珠液酒

中华人民共和国成立后的1952年，襄阳市南漳县人民政府在将中华民国时期四家私人酿酒坊收归国有的基础上，创建了珍珠液酒业，随后引进贵州茅台工艺开始生产大曲酱香酒。珍珠液酒（图10-138）先后20多次获得省部级以上质量大奖。“珍珠液”商标连续四届被评为“湖北省著名商标”；连续两届被选为人民大会堂会议活动指定用酒。2012年12月“珍珠液”牌商标被认定为“中国驰名商标”。

十、楚园春酒

湖北楚园春酒业有限公司位于楚文化发祥地湖北省远安县，地处风景秀丽的道教圣地鸣凤山脚下，占地面积500多亩，资产总额6亿元，拥有11家成员企业，拥有“楚”“楚派”“楚园春”三大品牌，是“国家级放心酒工程示范企业”。

图10-139　楚园春酒

湖北楚园春酒业有限公司拥有包括产品专利在内的27项自主知识产权，主导产品为“楚园春”白酒和“楚派”黄酒。楚园春酒以其“酒体醇和谐调、绵甜爽净、余味幽雅”和独特的淡雅型风格受到众多专家的赞赏（图10-139），先后被评为“湖北省消费者满意商品”“宜昌市地方名优产品”“首届湘鄂赣白酒质量检评优秀产品”“湖北名牌产品”等称号。2009年“楚园春”品牌被认定为“湖北省著名商标”。

十一、金龙泉啤酒

英博金龙泉啤酒（湖北）有限公司（以下简称“英博公司”）于1977年择业开始发展啤酒，拥有荆门、孝感、宜昌三大生产基地，年啤酒生产能力60万吨。英博公司由全球第一大啤酒酿造商百威英博集团与湖北金龙泉集团合资组建，是华中地区最大的啤酒酿造基地之一。

图10-140　金龙泉啤酒

英博公司拥有世界先进水平的啤酒酿造装备、在线检验检测装置及质量控制设备，自动化、机械化水平行业领先，被国家、省、市授予“两化融合示范企业”。英博公司坚持运用质量、环境、食品安全管理三位一体的管理体系和百威英博VPO工厂最佳管理模式。金龙泉啤酒采用达“直饮水”标准的富锶漳河水、优质麦芽、高档酒花匠心酿制而成（图10-140）。

英博公司产品研发能力强，拥有20多项国家专利，曾有三个新产品在行业内率先研发上市；纯生啤酒占公司啤酒总销量的60%以上，居行业领先水平。英博公司及主导产品金龙泉啤酒先后荣获“中国啤酒工业十强”“湖北省著名商标”“中国名牌产品”“中国啤酒行业十大成长品牌”“湖北省隐形冠军示范企业”“新中国60年湖北最具影响力品牌”“年度最受欢迎啤酒”等58项国际国内大奖，8° 金龙泉纯生金典08、9° 金龙泉啤酒纯生、9° 金龙泉啤酒活力源、12.8° 金龙泉啤酒1978四款产品获“绿色食品”认证。

十二、石花酒

湖北省石花酿酒股份有限公司（以下简称“石花公司”）坐落在闻名遐迩的千年古镇——石花镇，其前身是清朝同治九年（公元1870年）创立的石花街黄公顺酒馆，是中国白酒行业稀有的百年老店。

作为中国清香型白酒的龙头企业之一，著名的石花大曲曾畅销全国十八个省、市和中国香港、中国澳门地区，并远销马来西亚、新加坡等东南亚国家。石花公司先后被国家、省、市授予“质量信得过企业”“重合同守信用企业”“质量管理先进企业”“国家级放心酒工程·示范企业”“湖北名牌”“优秀企业公民”等荣誉称号。

图10-141 石花酒

石花公司开发的霸王醉酒，以“上好原浆、窖藏二十、原汁灌装”三大特质和七十度的曼妙口感，受到市场的热烈追捧。2019年，霸王醉酒荣获布鲁塞尔国际烈性酒大奖赛金奖，除旗帜产品霸王醉外，石花品级酒系列（图10-141）以石花一品、二品、三品、五品、七品酒为代表，已经成为鄂西北地区城乡最为畅销的产品；石花年份酒系列以石花20、18、15、12为代表，已经成为湖北年份酒市场引人瞩目的生力军；2016年开发的石花汉韵、楚风酒系列，酒体低醉酒度、窖香舒适、口感醇和绵甜，凸显大武汉、大荆江地域文化特色，专为武汉及环武汉八城市圈和荆江、鄂西南定制。

2016年10月，石花公司旗帜产品霸王醉和石花原浆酒系列，通过国家原质检总局生态原产地产品保护评定，成为湖北省首家获此殊荣的白酒企业，也是襄阳市首家获此殊荣的企业。

2020年，石花酒传统酿造技艺入选湖北省级非物质文化遗产名录。

十三、园林青酒

湖北园林青酒业股份有限公司（以下简称“园林青酒业”）坐落于江汉明珠潜江市，其前身是1951年集中当地十家大酒坊“十合作坊”合并而成的，是国内最早的国营酒厂之一。

园林青酒业旗下有白酒、露酒、保健酒三大系列酒（图10-142），经过几十年的发展，

图10-142　园林青酒

中国名酒园林青1985年、1990年、1995年蝉联三届国家金质奖。1984年获酒类质量大赛银杯奖，1988年园林青酒被授予首届中国食品博览会金奖，园林青酒还先后被评为第二届北京国际博览会金奖、第二十九届世界质协酒类评比银质奖；1992年荣获香港国际食品博览会金奖，1994年荣获中国果露酒行业名酒称号，1996年被认定为湖北省名牌产品，2001年被认定为中国国际农业博览会名牌产品。"园林青"1996年至今一直被认定为湖北省著名商标。园林青酒业1988年在省内同行业中率先进入国家二级企业，1993年通过国家方圆标志认证，1995年在省内同行业中率先通过ISO 9002质量体系认证，属省内酒行业中少数获GMP认证企业。2013年5月获得"湘鄂赣贵渝闽"五省一市白酒协会质量品评金奖；同年"园林青"还荣获湖北省非物质文化遗产。2014年"园林青"获得"湖北老字号"。

第二十三节　湖南省

一、酒鬼酒

酒鬼酒股份有限公司由创建于1956年的湘西第一家作坊酒厂——吉首酒厂发展而成；1985年更名为湘西吉首酿酒总厂；1992年更名为湘西湘泉酒总厂；1996年改制为湖南湘泉集团有限公司，成为湖南省50家最早进行现代企业制度改革的企业之一；1997年由湖南湘泉集团有限公司独家发起创立酒鬼酒股份有限公司，在深圳证券交易所上市；2007年全面完成改制重组，中皇有限公司成为公司控股股东；2015年，中粮集团有限公司成为公司实际控制人。

图10-143　酒鬼酒

酒鬼酒股份有限公司是湖南省农业产业化龙头企业，是湘西最大的工业企业，该公司主导"内参""酒鬼""湘泉"三大品系，其中"酒鬼""湘泉"是"中国驰名商标"，酒鬼酒（图10-143）是"中国地理标志保护产品"，其"馥郁香型"白酒酿制工艺为国内独创、自主研发、拥有独立知识产权，被列为湖南省非物质文化遗产名录，酒鬼酒曾荣获“中国十大文化名酒”，被誉为“文化酒鬼酒，和谐馥郁香”。

二、邵阳大曲

湖南湘窖酒业有限公司（以下简称“湘窖酒业”），是金东投资集团有限公司旗下的大型白酒酿造企业，其前身为1957年公私合营成立的邵阳市酒厂。

湘窖酒业酿造基地也是湘窖生态文化酿酒城，是湖南唯一以酒文化为主题的国家AAAA级旅游景区，位于湖南地理中心，龙山南麓、资水北岸，独享“龙山小气候”这一得天独厚的酿酒黄金产区。得天独厚的自然条件，几千年邵酒文化的历史传承，使湘窖酒业获得了长足的发展。湘窖酒业是湖南省内唯一的“一树三花”型酒企，生产酒的香型包括了浓香、酱香和兼香。

湘窖酒业旗下拥有“湘窖”“开口笑”“邵阳”三大品牌系列产品，其中“湘窖”“开口笑”被评为中国驰名商标。“邵阳大曲”曾荣获1988年中国首届食品博览会金奖（图10-144），2012年荣获湖南省第二届省长质量奖；“15年·开口笑酒”荣获2015年比利时布鲁塞尔国际烈性酒大奖赛金奖；2018年“邵阳大曲”被湖南省商务厅认定为湖南老字号；红钻·湘窖荣获2018比利时布鲁塞尔国际烈性酒大奖赛最高殊荣——大金奖。

图10-144　邵阳大曲

三、武陵酒

武陵酒（图10-145）历史源远流长，源自唐宋时期盛极一时的崔婆酒，是中国十七大名酒之一、酱香型三大名酒之一，产自湖南武陵酒有限公司，该公司是1952年原常德市酒厂在酿造崔婆酒的旧酒坊上建成的。1972年武陵酒工程师在传统酱香白酒酿造工艺的基础上，自主创新研制出独具风格的酱香武陵酒，1988年在全国第五届评酒会上荣获中国名酒称号，获得国家质量金奖，从此结束了湖南省没有“中国名酒”的历史。

图10-145　武陵酒

湖南武陵酒有限公司，坐落于风景秀丽的常德德山，现有员工500余人，国家级品酒师、省级品酒师、高级酿酒师等各类专业技术人员50余人。历经半个多世纪的发展，已成为一家集产品系列化、包装系列化和生产标准化的大型酒类生产企业，产品主要有酱香武陵酒——武陵元帅、武陵上酱、武陵中酱、武陵少酱、武陵王系列、武陵飘香系列、极客武陵系列，涵盖酱香、浓香、兼香三大领域。

武陵酒为酱香型大曲法白酒，酒液色泽微黄，酱香突出，幽雅细腻，口味醇厚而爽冽。

四、德山大曲

湖南德山酒业有限公司（以下简称“德山公司”）的前身是始建于1952年的常德市酒厂，德山公司拥有德山大曲（图10-146）、滴水洞、御品德山三大品牌。

德山大曲始创于20世纪60年代，由常德市酒厂（德山公司的前身）取当地“莲花池”优质水，以糯高粱为原料，小麦制曲生产，属浓香型大曲白酒，芳香浓郁，入口醇和，绵软甘洌，回味持久。于1963年、1984年、1989年全国评酒会上三次荣获国家质量奖银质奖。

图10-146　德山大曲

如今的德山公司，已成为常德市白酒产销龙头企业和地方利税大户，综合实力居湖南白酒企业前三甲，德山公司以湘派浓香之典型、中国“德”文化之代表屹立于中国白酒品牌之林。2011年，“德山”商标被认定为“中国驰名商标”。2012年，德山公司荣膺“湖南省工业旅游示范点”“全国酿酒行业节水示范单位”，公司企业技术中心成功晋级为“省级企业技术中心”，德山酒古法酿造技艺被列入常德市第三批非物质文化遗产名录。

五、浏阳河酒

浏阳河酒（图10-147）发源于唐代，兴盛于宋元，繁荣于明清，湖南浏阳河酒业发展有限公司是基于国营浏阳河酒厂实施战略重组的股份制企业，与20世纪初浏阳河“美利昌”等烧酒坊一脉相承，该公司拥有遍布全国的销售网络及全国十多家省级销售分公司，超过五千家实力经销商，逾万名精英营销团队，是中国著名白酒品牌大型企业。

图10-147　浏阳河酒

主要产品包括浏阳河、金世纪、青花瓷、金曲、醇香、绵雅、生态年份、年份酒、红色传承等

30 多个系列，荣膺“中国驰名商标”“全国重点保护品牌”“中国十大新名酒”，上海世博会“千年金奖”等数十项殊荣。

六、白沙液酒

长沙白沙酒业有限责任公司坐落在风景秀丽的岳麓山下，湘江之畔，其前身为长沙酒厂，始建于 1952 年 7 月，占地面积 8 万余平方米，年产白酒 4000 吨。白沙液酒（图 10–148）为长沙白沙酒业有限责任公司核心产品，是兼香型标杆酒。

白沙液酒沿用古法酿造，取古城名泉——白沙矿泉之水精心酿制而成，以其独特的酿酒工艺和卓越的品质获得诸多殊荣。

1989 年白沙液酒荣获中华人民共和国国家质量奖优质奖章，并获 1988 年首届中国食品博览会金奖、1991 年第二届北京国际博览会金奖、1992 年首届曼谷博览会金奖、1993 年德国KTC金奖、1993 年国际名酒香港博览会金奖、1994年第五届亚太博览会金奖等六大奖项。

图 10–148　白沙液酒

第二十四节　福建省

一、厦门高粱酒

亚洲酿酒（厦门）有限公司（以下简称“亚洲公司”），是菲律宾爱国华侨陈永栽财团旗下亚洲啤酒集团（中国）投资有限公司的全资子公司，于1998年2月并购原厦门酿酒厂而成立，亚洲公司拥有丰富的酿造经验，并融合现代科技，依托强大集团规模优势。亚洲公司主打传统名牌“丹凤”系列高粱酒，固本酒和“三堂”酒（松筠堂、万全堂、春生酒）。丹凤牌系列白酒分为清香型、浓香型、米香型三大类型，1998年“丹凤牌”获“福建省著名商标”称号。

厦门高粱酒（图 10–149）采用最优质的高粱与大麦为原料，经长达 100 多天的发酵周期，经过几次蒸馏，然后蒸馏后的原酒注入大酒池储藏，一年之后转移到酒缸中并放在

图 10–149　厦门高粱酒

十几米以下低温地窖储存几年，有的甚至储存几十年之久，酒体香气清香醇正、入喉绵甜醇厚、不苦不辣不呛、自然协调。

二、福建老酒

福建老酒酒业有限公司（以下简称“老酒公司”）是福建省大型的酒类加工和销售企业，老酒公司主要经营产品以“鼓山”牌福建老酒（图 10-150）、四半酒、红曲酒、闽越江山酒等黄酒系列产品为主。“鼓山”牌福建老酒既是福建的传统名酒，也是我国屈指可数的名黄酒之一，享有“中华老字号”的美誉。

图 10-150　福建老酒

福建老酒始建于福州下渡街大兴酒场，迄今已有五十多年历史，其生产工艺独特，酒质浓厚，风味独特，是福建地区的高级黄酒之一，该酒 1957 年参加福州市名牌评比得奖，1958 年被列为福建名酒。1963 年，福建老酒参加了全国第二届评酒会，被评为国家优质酒，荣获银质奖章。

“鼓山”牌福建老酒是福建老酒酒业有限公司的传统名牌产品，作为福建老酒的专业生产厂家，福建老酒酒业有限公司积极弘扬具有浓郁地方特色的“福建老酒”文化，让“福建老酒”这一中华老字号的品牌进一步发扬光大。

三、沉缸酒

龙岩沉缸酒业有限公司始建于 1957 年，公司位于龙岩市龙门镇赤水紫金山下。

沉缸酒（图 10-151）生产始于 1796 年，产于福建省龙岩市，源于上杭县古田镇，具有 200 多年的悠久历史，是久负盛名的营养、滋补的甜黄酒。传统型沉缸酒产品选用优质糯米，配以祖传秘方药曲（内含冬虫夏草等三十多种名贵中药材），精心酿制，陈酿而成。酒液鲜艳透明呈红褐色，有琥珀光泽，酒味芳香扑鼻，醇厚馥郁，饮后回味绵长。因在酿造过程中，酒醅经“三浮三沉”，最后酒渣沉落缸底，故取名“沉缸酒”。

图 10-151　龙岩沉缸酒

自 1963 年以来，龙岩沉缸酒先后获国际、国家级金质奖 21 次，并在全国第二、三、四届评酒会上蝉联全国名酒称号，为中国十八大名酒之一。沉缸酒的酿法集我国黄酒酿造的各项传统精湛技术于一体，“四曲精粹、三沉三浮”的祖传工艺更是福建的非物质文化遗产。

四、青红酒

青红酒（图 10-152），是以福建独有的古田红曲作为糖化发酵剂，选用上好的糯米，配以秘制药白曲，按照传统工艺结合现代生物技术精酿而成，色呈琥珀，口感柔顺绵长。

青红酒的酿造工艺复杂，酒品浓郁醇香且营养丰富。青红酒色泽青红，质地浓稠，入口极软，易咽爽口，后劲十足。从 1995 年开始，青红酒从民间走向现代化、科技化的生产线。福建省政府自该年开始，就把青红酒当作传播闽越文化、推广福建城市品牌的馈赠礼品之一。

“青红”是福建省著名商标，也是中国地理标志保护产品，中华老字号。“青红”牌青红酒，源于传统，超越传统，产自“中国红曲黄酒第一坊”——福建省宏盛闽侯酒业有限公司，该公司位于闽侯经济技术开发区二期，是福建省最大的黄酒基地，具有五十多年的酿酒历史，并拥有“青红”“闽江”等八大品牌。

图 10-152　青红酒

五、春生堂酒

春生堂始于公元 1820 年（清朝嘉庆年间），距今已有 180 多年的历史。1940 年春生堂益寿酒和春生堂秘制酒、伤风补酒在福建省工商品展览会展出，沿海地区属海洋性气候，潮气、湿气影响身体健康，容易引起风湿病。春生堂酒（图 10-153）具有防风湿、祛风湿、舒筋活络、增强免疫力、滋养健身的效果，深受消费者青睐。

1953 年春生堂郭氏传人带着春生堂的秘制工艺和配方合营于泉州市酒厂。由于政府投入资金扩大生产设备，春生堂在保持传统名牌秘制工艺的基础上，产品质量不断提高，成为泉州地方拳头产品。

1979 年“春生堂”商标获正式注册。多年来，春生堂品牌获得了社会认可和荣誉，先后获得北京国际博览会金奖和福建省人民政府等颁发的二十多个奖项。

2003 年泉州市酒厂改制正式成立福建泉州市春生堂

图 10-153　春生堂酒

酒厂有限公司（以下简称“春生堂公司”），该公司进入一个新的发展时期，全面开始专业化、标准化、规范化运营。2006 年“春生堂”获得“中华老字号”并进入品牌价值百强榜。春生堂公司 2006 年获得福建省食品质量安全达标企业，春生堂品牌荣获海峡青少年最喜爱的泉州酒品牌 100 强荣誉称号。2009 年春生堂酿造技术被列入福建省非物质文化遗产保护名录。

六、武夷王酒

图 10–154　武夷王酒

出产武夷系列白酒的福建省武夷酒业有限公司，位于世界级风景区武夷山南麓、崇阳溪畔，是福建省百家中小型明星企业之一，东南沿海重点酿酒基地，该公司酿酒历史悠久，技术力量雄厚，生产设备先进。1997 年、1998 年，公司连续荣获全国酒行业优秀企业称号。

武夷系列白酒秉承武夷文化之博大、吸收武夷风光之精华，采用优质大米、天然武夷山矿泉水，在工艺上采用传统续糙和大曲酒生产工艺，配以人工老窖泥发酵酿造而成，酒质清亮透明、窖香浓郁、绵甜适口、余味悠长，深受广大消费者青睐。

福建省武夷酒业有限公司近年来在狠抓白酒品质提升的同时，扩大市场的销售渠道，使武夷白酒系列的知名度不断扩大。以武夷王（图 10–154）、武夷特曲、建阳优质米烧为代表的武夷白酒，先后获得全国酒行业金爵奖、原福建省轻工业厅优质产品奖和福建省消费者满意产品称号，“武夷”商标获得福建省著名商标。

七、福矛窖酒

图 10–155　福矛窖酒

福建福矛酒业有限公司前身是始建于 1956 年的公私合营建瓯酒厂，经过几十年发展，现拥有福矛、黄华山、朱子三大系列品牌，主要生产酱香型、浓香型、兼香型和米香型四大系列白酒及黄酒，共有 130 多个品种。

福矛窖酒（图 10–155）作为福建特产名酒，拥有国家名片——中国驰名商标，曾荣获巴黎国际名优酒博览会金奖，是北京奥运会、伦敦奥运会“奥运冠军”中国国家举重队庆功用酒，在上海世博会福建馆成为八闽风物代表；“建瓯酱香型福矛窖酒酿造技艺”“黄华山乌衣红曲‘三冬老’黄酒酿造技艺”被列入福建省“非遗”；“金砖”国家领导人厦门会晤，福矛窖酒成为宴会用酒；福矛窖酒以优质美誉度进入国家级名酒梯队，成为中国白酒中南核心产区标志产品。

第二十五节　台湾省

一、金门高粱酒

金门高粱酒是指金门酒厂实业股份有限公司（以下简称“金门酒厂”）所生产的高粱酒（图 10-156），在台湾白酒市场占有率高达 80%，是台湾白酒第一品牌，此酒坚持纯粮固态发酵酿制所特有的自然之味，酒体香、醇、甘、洌。

图 10-156　金门高粱酒

据《金门县志》记载：昔金门用酒，除少数由厦门、漳泉等地输入外，余悉依土法酿制，以地瓜酒（甘薯酒）为最。他如米酒、高粱酒，亦能自产。后因部队进驻，人口激增，对酒的需求量快速增长，遂利用旧金城宝月泉之甘泉，民间以等重白米兑换高粱为酿酒原料，始酿“金门高粱酒”。酒厂之设，不仅使种植高粱农民收入大增，民众由食甘薯高粱改食白米，高粱秆则供作燃材。泉甘酒醇，金酒销路大增，遂成名产。

1952 年 9 月，酒厂初名九龙江酒厂，1956 年更名为金门酒厂，于 1998 年 2 月改制为金门酒厂实业股份有限公司，该公司独树一帜自创“金门香型”口感，其香、醇、甘、洌优良质量闻名遐迩，并一向以优质产品著称。

二、八八坑道酒

“八八坑道”品牌是统一企业旗下世华企业股份有限公司所拥有的白酒品牌，是台湾白酒市场主要领导品牌之一。

“八八坑道”位于台湾省马祖南竿岛牛角岭。坑道全由花岗岩石构成，全长两百多米，

图 10–157　八八坑道酒

因独特的经纬度，坑道内一年四季恒温，特别适合原酒窖藏陈酿。

八八坑道酒（图 10–157）在酿造用料上严选顶级高粱小麦，引马祖牛角岭天然纯净矿泉，以台式清香型白酒正宗的传统酿造工艺纯粮酿造。以固态低温长期发酵，清蒸清烧，坚持只撷取蒸馏过程中的原酒精华，再窖藏陈放于温、湿度环境独特的八八坑道中，经长年窖藏陈酿，让酒中的酸、酯、醇等物质熟陈，呈现出醇厚内敛的风格、刚中带柔的口感与平衡完美的风味，达到最完美的平衡阶段。

三、玉山茅台酒

图 10–158　玉山茅台酒

“玉山茅台酒”品牌（图 10–158）是台湾菸酒股份有限公司所拥有的白酒品牌“玉山原窖高粱酒”旗下的一个产品系列，该酒以高粱、小麦为原料，用固态发酵、固态蒸馏的古法酿造而成。酒龄一年以上，酒体清澈透明、酒香浓郁、香醇甜净，醇厚味长，瓷瓶装茅台酒 1978 年、1996 年、2002 年、2004 年荣获MONDE SELECTION世界烟酒评鉴会银质奖。

四、马拉桑小米酒

图 10–159　马拉桑小米酒

马拉桑小米酒（图 10-159）是一款台湾地区出产的特色小米酒，由梅子梦工厂为获得台湾金马奖多项提名的《海角七号》量身酿造，伴随着电影卖座而蹿红。

“马拉桑”是台湾当地人土语，意思是“喝醉酒、喝高了”。马拉桑小米酒入口就能立即感受到浓郁香醇的小米香味，香甜顺口。

第二十六节　云南省

一、玉林泉酒

云南玉林泉酒业有限公司坐落于玉溪市峨山县玉林泉水资源自然保护区内，距省城昆明120千米，距玉溪市30千米。玉林泉酒（图10–160），源于三国时期，扬名于清朝中叶，中华民国初期享誉滇中，1977年国家正式组建玉林泉酒厂，结束了数百年来民间零散作坊的状态；1984年，玉林泉酒厂转制为地方国有企业；1997年组建了有限责任公司；2002年公司以拍卖形式转制为民营企业。

2005年9月，泰国TCC集团独资并购成立了云南玉林泉酒业有限公司，该公司成为中国白酒行业第一家外商独资企业。2009年5月15日，云南玉林泉酒业有限公司纳入TCC集团旗下"国际酒业"，并在新加坡成功上市，成为"云南酒业第一股"。

泰国TCC集团于2009年在中国成立了英泰博（云南）贸易有限公司，负责旗下包括威士忌、啤酒、白酒及其他饮料品牌在中国大陆的业务运营。

玉林泉酒见图10–160。

图10–160　玉林泉酒

二、醉明月酒

云南醉明月酒业有限公司位于昭通市水富县，与酒都宜宾一江之隔，其前身为云南省国营水富县醉明月曲酒厂，1998年改制为有限公司，2012年9月，由原来的云南省水富三乘酒业有限公司更名为云南醉明月酒业有限公司。

1985年，水富县人民政府出资与宜宾五粮液酒厂服务公司签订了技术转让协议，全套引进五粮液浓香型白酒酿造工艺技术，同时购买了五粮液酒厂千年窖泥、百年母糟等酿酒核心材料，组建为国营水富县醉明月曲酒厂。在五粮液专家的精心指导下于1985年5月建厂，1986年实现投料生产并当年出酒，之后投放市场。醉明月酒（图10–161）具有绵甘净爽、舒适优雅等多粮浓香型特有的风格，酒体无色透明、窖香浓、味醇甜、尾净。

"醉明月酒"对传统古法酿造工艺不断参悟追求，以优异品

图10–161　醉明月酒

质先后荣获金爵奖、首届中国食品博览会金奖、云南省著名商标、云南省十佳名酒、云南省接待用酒。

三、杨林肥酒

云南杨林肥酒有限公司是云南龙润集团有限公司旗下子公司（以下简称“龙润集团”），前身是有127年生产历史的云南杨林肥酒厂，是云南省酒类生产著名企业，云南省诚信单位。杨林肥酒是云南历史名酒，云南十佳名酒，其酿造源于明朝云南著名药物学家、诗人兰茂所著的《滇南本草》。1880年，云南嵩明县杨林镇酿酒大师陈鼎依据《滇南本草》中的“水酒十八方”，创制了杨林肥酒（图10-162）。

图10-162　杨林肥酒

1956年，嵩明县政府成立了国营云南杨林肥酒厂，专营杨林肥酒的生产和销售，扩大了杨林肥酒的生产规模，有效地延续了这一品牌。2004年，龙润集团收购了云南杨林肥酒厂，成立了云南杨林肥酒有限公司和云南龙润酒业有限公司，生产、销售杨林肥酒、云南绿酒系列产品。

在传承杨林肥酒百年历史、发扬光大杨林肥酒品牌价值和人文价值的同时，为适应市场消费需求，龙润集团不断加强产品研发，目前杨林肥酒品牌已经形成杨林肥酒系列、杨林清酒系列、喜良缘酒系列和保健酒系列等20多个产品。

四、云酒

云南云酒投资有限公司响应云南省政府“做强做大云酒产业”号召，总投资规模10亿人民币，并毅然投入巨资将被省外抢注的“云酒”商标带回云南。“云酒”回归，是云南云酒投资有限公司对云南白酒行业的重大贡献。2009年11月，云南云酒投资有限公司主导产品“云酒”（图10-163）的生产运营正式开始。

图10-163　云酒

“云酒人”首创云酒的“云香”概念，意在促成我国白酒家族中独树一帜的“云香”香型，“云香”概念的提出，也是云南云酒投资有限公司对云南白酒行业的又一重大贡献。“云香”借鉴国家有关浓香型、酱香型白酒，以及新推出的“浓酱兼香”新型白酒标准，结合云南小曲清香型白酒地方标准，取各香型之所长，使“云酒”产品既有浓香型白酒的绵柔，又有酱香型白酒的厚重，更有符合云南人民消费水平的小曲清香白酒的净爽，可谓三香兼备，得到云、贵、川三省白酒专家的充分肯定。“云酒”目前有三个系列产品：“云酱”“云浓”“云清”，它们既保留了云南独有的小曲清香型的特点，又能和目前中高端白酒市场流行的“酱香型”“浓香型”等主流风格相融合，在酒体风格上各有侧重。

第二十七节　广东省

一、长乐烧酒

素有“南粤佳酿”美称的长乐烧酒是五华县民间的传统产品（图10-164），其酿造技术源于晋，成熟于明、清，纯青于今，得名于宋神宗熙宁年间（公元1071年）。清道光二十五年的《五华县志》记载：“县属出产烧酒甚多，长乐烧著称，岐岭为最佳。”

明代万历年间，具有“一滴沾唇满口香，三杯入腹浑身泰”之誉的长乐烧酒生产工艺已由玳瑁山下岐岭人民基本摸索出来，至20世纪40年代，有“祥隆老号”“祥隆正记”“广益”“裕春”酿酒小作坊。1956年，公私合营后改为五华县酒厂。20世纪70年代初，随着社会发展，人们生活水平提高，长乐烧酒已不能满足市场，于是五华县酒厂在岐岭街专设了长乐烧酒车间。1978年6月，岐岭镇的长乐烧酒车间从五华县酒厂脱颖而出，正式成立广东省五华长乐烧酒厂，2000年，该厂由广东瑞华集团有限公司整体接管并经营。2004年，广东省五华长乐烧酒厂正式更名为广东长乐烧酒业有限公司。2011年4月广东长乐烧酒业有限公司正式更名为广东长乐烧酒业股份有限公司（以下简称“长乐烧酒”）。

长乐烧酒位于五华县，长乐烧酒系列选用新鲜糙米为原料，采用自制特种饼曲为糖化发酵剂，吸取玳瑁山下130米深的地下岩层的优质泉水酿制，采用现代技术精工勾兑而成，使产品独具“蜜香幽雅，醇厚绵柔，舒适引口，回味怡畅，醉不上头”的独特风格而闻名遐迩（图10-164）。

图10-164　长乐烧酒

长乐烧酒1978年12月被评为广东省首批优质酒；1979年9月被评为全国优质酒；1984年荣获“轻工业酒类质量大赛铜杯”称号；1988年荣获中国首届食品博览会金奖；2001年，荣获“中国名优食品和国家质量达标食品”称号。2006年，长乐烧系列产品被评为“广东省名牌产品”；2007年“长乐”牌商标被认定为“广东省著名商标”。

2016年8月，国家地理标志产品保护技术审查会在四川省广元市举行，经过专家委员会的评审，长乐烧酒申报国家地理标志产品认证成功获得通过，正式成为国家地理标志产品。

二、红荔红米酒

红米酒是一种豉香型白酒，主要是赤米和大米混合酿造而成，是岭南地区常见的酒精类饮料。顺德红米酒选用大米与少量赤米一起精心酿造而成，成品酒以突显米香为主，偏于清淡可口的白酒，酒体较丰满、甘滑、圆润。

广东顺德酒厂有限公司（以下简称“顺德公司”）创立于1953年，原名为地方国营顺德县酒厂，1993年作为全国第一批试点转制企业，改名为广东顺德酒厂有限公司，成为股份合作的民营企业，现位于顺德五沙工业园内，地处德胜河畔，占地面积8万多平方米，建筑面积11万平方米，是著名的“中华老字号”专业酿酒企业、中国豉香型白酒产业基地龙头企业、中国酒业协会保健酒工作委员企业，拥有百年露酒生产经验，该公司先后获得“中国白酒工业百强企业”“广东省百强民营企业”等多个国家级和省级称号，并连年获得“佛山纳税超亿元企业”的称号。

2008年，“红荔”牌被认定为“中国驰名商标”。近年来顺德公司相继获得“中国白酒工业百强企业”“广东省百强民营企业”“中华老字号企业”等称号。

图10-165　红荔红米酒

除了主导产品“红荔”牌红米酒外（图10-165），“红荔”牌系列酒品种更是繁多，共有豉香型白酒、浓香型白酒、兼香型白酒、果酒、露酒、保健酒类等20个产品30多个品种。各类酒品以“名、优、新”著称，其中拳头产品“红荔牌”红米酒获“2012年广东十大名酒”，2006年获“广东省名牌产品”称号；“凤城液”是1977年广东三大名酒。红荔木瓜酒、红荔丰荷酒、青梅酒、南枣糯米酒等产品也有稳定的市场；顺德特曲、仙泉特酿米酒、顺德二曲酒等产品先后多次获得国家、省、市等级别优质产品称号。

三、石湾玉冰烧酒

广东石湾酒厂集团有限公司（以下简称“石湾集团”）位于佛山市禅城区石湾镇，其前身是创立于清朝道光十年（1830年）的陈太吉酒庄，迄今已有近200年历史，是广东省真正还在原址生产的中华老字号，善酿醇正的粮食酒。

石湾集团现有四个基地，其中禅城区基地为岭南酒文化街区、总部枢纽中心、豉香型清雅型产品酿造生产中心；三水区基地为豉香型产品配套项目中心；阳春市基地和三水区养生酒生产基地为岭南养生酒生产中心。石湾集团拥有四个核心品牌，其中："石湾"2017年品牌价值评估为71.85亿元，位列中国白酒六十强；而陈太吉品牌自1830年沿用至今，并于1951年重新取得注册；春花牌是广东省著名商标；禾花雀牌是广东老字号。

图10-166　石湾玉冰烧酒

主导产品石湾玉冰烧酒（图10-166）由百分百纯粮酿造，具有玉洁冰清、豉香独特、醇和细腻、余味甘爽、天然健康的特点，是中国白酒第六种香型——"豉香型"白酒的唯一代表产品，是国家优质酒和中国历史文化名酒，中国国家地理标志产品。

四、九江双蒸酒

广东省九江酒厂有限公司（以下简称"九江酒厂"）成立于1994年，其前身是1952年九江十二家酿酒作坊合作成立的九江酿酒联营社。九江酒厂处于传统制造业的白酒产业，主营的知名产品——九江双蒸酒（图10-167）、九江双蒸五年陈酒、滴珠糯米酒、九江十二坊酒、粤宴酒等，是珠江三角洲的特有酒种。

九江双蒸酿造技艺始创于清道光初年，承集数代九江先辈的辛劳与智慧，用大米、黄豆制成小酒曲，采用续添蒸饭、再度发酵、冷却馏酒、斋酒贮存、陈肉酝浸、精心勾调、过滤包装的方法酿造而成，具有"玉洁冰清、豉香醇正、醇滑绵甜、余味甘爽"的独特风格。2009年，九江双蒸酒的酿造技艺被评为广东省非物质文化遗产。2011年，九江酒厂摘得国家"中华老字号"和"中国驰名商标"的桂冠；2014年9月，九江双蒸酒正式被批准为国家地理标志保护产品，成为全国首个获得国家地理标志产品保护的豉香型白酒产品。

图10-167　九江双蒸酒

第二十八节　广西壮族自治区

一、桂林三花酒

桂林三花股份有限公司（以下简称“三花公司”）位于“山水甲天下”的桂林市内，依山傍水，得天独厚。1952年，由“安泰源”“品冽”等几家百年老字号酿酒作坊合并成立，1999年获认定为“中华老字号”。

图10-168　桂林三花酒

三花公司拥有白酒、果露酒两大类近百个产品，主导产品桂林三花酒（图10-168）具有“酒质晶莹、蜜香清雅、入口柔绵、落口爽冽、回味怡畅”的特点，1957年获得中国小曲酒评比第一名；1963年起获得历届国家评酒会国优银奖；1979年被国家确定为“中国米香型白酒的代表酒”；1984年、1989年两次获得国家经济委员会颁发的国家质量奖银质奖；2002年获国家地理标志保护产品注册，屡次获得广西著名商标、广西名牌产品称号；2008年，桂林三花酒传统酿造技艺入选广西非物质文化遗产名录。桂林三花酒是广西的名优产品，被誉为“桂林三宝”第一宝。

三花公司另一主导产品“老桂林酒”挖掘古代酿酒秘方，结合现代消费口味，是在米香型白酒基础上发展的创新产品，并以其优秀的品质获得国家白酒专家们和业内专家的盛赞。2004年，老桂林酒荣获“中国白酒质量优秀产品”称号。

二、湘山酒

桂林湘山酒业有限公司位于山清水秀的北部古城全州城东，湘江、灌江、万乡河汇合之滨，其前身是1954年7月1日由中国专卖公司组建全州私营酒联一社而成立的酒类加工厂，属国营企业，后几经变迁，于1979年更名为全州湘山酒厂。2008年全州县政府本着强强联合，发展企业的理念，于4月份由金东投资集团有限公司投资整合，成立了桂林湘山酒业有限公司。

图10-169　湘山酒

主要产品为米香型白酒、露酒、保健酒等产品，其重点产品湘山酒（图10-169）是中国米香型代表之一，它以优质大米为原料，加以特制纯根霉为糖化发酵剂，采用传统的半液态半固态小坛地缸糖化发酵，传统蒸馏，并贮存于陶缸中长期陈酿、精心勾兑而成，湘山酒以“酒色清亮透明，味蜜香清雅而芬芳，入口绵甜，落口甘洌而净，回味怡畅”的风格而闻名，1963—1989 年该酒参加全国评酒会评比，连续四届被评为国家优质酒，并历届被评为广西名牌产品，一直保持广西名酒称号，其商标“湘山牌”四次被评为广西著名商标，成为广大消费者信得过商品，是中国米香型酒的第一品牌。

三、红兰酒

红兰酒（图 10-170）源自明朝末年刘三姐故乡广西宜州市德胜镇，至今已有三百年历史，主料是优质糯米，佐以壮族人民称之为“仙草”的红兰草，制成后置于天然岩洞中，在冬暖夏凉的环境中醇化，窖存三年以上。酒体天然为红色，晶莹馥郁、香甜醇和。清代诗人郑献甫曾有：“人言德胜酒，色夺洞庭绿”“闻香十里远，开坛千人醉”的绝妙佳句赞誉宜州红兰酒。

图 10-170　红兰酒

广西德胜红兰酒业有限责任公司始建于 1958 年，公司前身是国营宜山县德胜红兰酒厂，始建于 1958 年，2008 年企业并购后更名为广西德胜红兰酒业有限责任公司，距今已有 60 多年历史，目前该公司是广西第三大白酒生产企业，是全国唯一一家生产红兰酒的企业。

红兰酒有着深厚的文化底蕴，从清朝末年起一直出口东南亚，在本地已作为一种特产，曾被评为广西名酒。1994 年被宜州市政府认定为“宜州市市酒”。

四、丹泉酒

图 10-171　丹泉酒

广西丹泉酒业有限公司（以下简称“丹泉酒业”）前身是国有南丹县酒厂，创建于 1956 年，为发挥品牌优势，做强做大丹泉酒业，2003 年 7 月，广西丹泉集团实业有限公司注入资金 5 亿元进行迁址扩建，目前，丹泉酒业已经发展成为广西最大的优质白酒生产基地，年产酱酒 1.5 万吨，储酒 6 万多吨，酱香型白酒产储量居全国前三。

丹泉酒业致力于丹泉洞藏系列白酒的市场营销（图 10-171），扩大丹泉酒的市场占有率及提升品牌价值。经不断地投入发展，目前丹泉酒业已发展成为颇具规模的酱香型白酒生产基地，其酒厂占地面积达 3000 亩。丹泉酒业还拥有“洞天酒海”天赐藏酒宝洞，为“大世界吉尼斯之最”，洞内藏有酱香酒 6 万吨。丹泉酒业现已打造出集酿酒、旅游、白酒文化展示为一体的千亩生态酿酒园。

五、龙山蛇胆酒

梧州龙山酒业有限公司（以下简称“龙山公司”）前身为龙山酒厂，1935 年创立于广西桂林，2003 年龙山酒厂改制为梧州龙山酒业有限公司，该公司有八十多年动、植物配制酒生产历史，是目前我国动、植物配制酒产销量最大、出口量最多的专业厂家之一。

龙山公司主要产品有：三蛇酒、蛇胆酒（图 10-172）、蛤蚧酒、蛤蚧大补酒、田七补酒、五龙二补酒、首乌酒、毛鸡酒、蛇鞭雄睾酒、南枣黑糯米酒、岭南神酒、广南香蛇酒、壮王酒、灵芝酒、马鬃蛇酒、罗汉果红米酒、鸡子补酒、龙虱补酒、跌打损伤酒、风湿酒等。

龙山公司的产品远销欧美、日本、东南亚及中国香港、澳门等二十多个国家和地区，为广西老名牌产品，曾荣获优质产品出口金奖、北京国际博览会金奖、广西名牌产品称号、中华老字号荣誉产品等。

图 10–172　龙山蛇胆酒

第二十九节　海南省

一、海口大曲酒

海南椰岛（集团）股份有限公司（以下简称“椰岛集团”）成立于 2015 年 5 月，该集团前身为国营海口市饮料厂，建厂于 1953 年，1993 年成功进行了股份制改制，2000 年在上海证券交易所上市（股票代码：600238）是中国保健酒唯一一家上市集团公司。

保健酒业是椰岛集团的核心产业，集团的主导产品为椰岛鹿龟酒、椰岛海王酒，“椰岛”是全国驰名商标。椰岛鹿龟酒运用传统中医理论，采用传统中医秘方，提炼融贯、科学配伍，融合现代酿造技术，传承传统精髓，曾获“中国名牌产品”称号，是“海南老字号”产品，其酿泡技艺入选海南省非物质文化遗产，是首个被列为非物质文化遗产的保健酒生产技艺。

椰岛集团多年以来坚持立足海南优质天然资源，专注健康生态食品，形成了以椰岛鹿龟酒和椰岛海王酒等保健酒为主导，健康白酒等为辅助的产业发展格局（图10-173）。

图10-173　海口大曲酒

二、山兰酒

山兰酒是当地少数民族采用所居山区的一种旱糯稻（山兰稻米）酿制而得名，并采用了当地山中特有的植物，运用传统自然发酵的方法制成。对于当地少数民族来说，山兰酒就像国外的香槟一样，一般逢贵客来临或重大节庆才拿出来痛饮。

制作方法：将山兰稻米蒸熟揉散成粒，再用黎山特定植物和米粉制成的“球饼”碾至粉状掺入其中，装进坛里。一日后取少量冷水沁入并封口，埋到芭蕉树下自然成酒。或者是将蒸熟的山兰稻米和碾碎的“球饼”混合放置在垫满芭蕉叶的锥形竹筐中，上面也用芭蕉叶封盖。三天后，朝下的竹筐尖部开始往筐下的陶罐里滴出浆水，这就是山兰纯液，呈乳白色。山兰酒根据存放的时间长短而味道不同，刚酿好的酒存放十天左右时是甜的，这时通常称其为“biang”。这种“biang”是大多数人特别喜爱的，甜而微辣、辣而不燥，如果是放在封闭的容器内久了，开坛时如香槟开瓶，会发出响声。据说，当地妇女生完孩子之后，都要喝此酒用以滋补养身，除湿防病。时间久了，“biang”的甜味慢慢消失，酒的香味渐浓，埋入地下一年后酒呈黄褐色，数载则显红色甚至黑色，此时成为真正的山兰酒。

三、椰子酒

椰子是热带农作物，也是东南亚地区的特产。椰子的品种很多，其中，可可椰子就是一种利用价值相当高的植物，可以制作饮料、点心，也可以榨油等。椰子酒就是在椰子还未成熟时，用刀片将其花芽剖开，取其汁液为原料，再经过自然发酵而酿成的酒。除可可椰子外，大王椰子汁、尼芭椰子汁、菠利椰子汁等也可以用来酿酒。

制作方法如下所示。

（1）酿酒前，先用绳子系住椰子的花芽，使其朝下，几天后剖开，提取汁液，这是一种有嫩竹香味的新鲜液体，含糖15%~18%（质量分数）。

（2）汁液的提取方法与提取橡胶液一样：将竹筒之类容器悬挂在椰子花芽下面，花芽每小时渗出 50~65 毫升的汁液。汁液滴入竹筒后，就直接在竹筒内自然发酵酿酒。为了抑制杂菌增殖，也可添加栲树皮来帮助酵母发酵。

（3）取液的竹筒一天早晚更换两次，一次取液量在 600~700 毫升。每更换一次，就用薄刀片将花芽切除。酿成的酒可以就这样从竹筒中倒出出售，也可以灌入罐中，补充糖质后再经发酵，制成酒精度为 10%vol的酒。也可进行蒸馏，只是经过蒸馏的酒，酒味较淡，饮用时可添加些干葡萄及甜香料等。

第三十节　重庆市

一、江小白酒

江小白酒是重庆江小白酒业有限公司旗下江记酒庄酿造生产的一种自然发酵并蒸馏的高粱酒。江小白酒业有限公司是一家集高粱育种、生态农业种植、技术研发、酿造蒸馏、分装生产、品牌管理、市场销售、现代物流和电子商务为一体的，拥有完整产业链布局的综合性酒业集团，集团现拥有占地约1300亩的生态种植示范基地——江记农业，总投资逾十二亿元的高粱酒酿造基地——江记酒庄，并占据重庆60%以上的酿酒专家团队，和布局全国的渠道网络和营销团队。

当前，江小白酒业有限公司旗下拥有江记酒庄和驴溪酒厂生产酿造基地，江记农庄高粱种植基地，以及“江小白”“江记酒庄”“驴溪”等高粱酒品牌，其中，“江小白”（图10-174）远销海内外20多个国家和地区。

图10-174　江小白酒

重庆江小白酒业有限公司致力于传统高粱酒的“老味新生”，其战略方向为在传承传统工艺的基础上，推动中国白酒利口化、时尚化和国际化，为消费者、合作伙伴和员工“创享愉悦”。

以“我是江小白，生活很简单”为品牌理念，坚守“简单包装、精制佳酿”的反奢侈主义产品理念，坚持“简单纯粹，特立独行”的品牌精神，以持续打造“我是江小白”品牌IP与用户进行互动沟通。

“简单纯粹”既是江小白的口感特征，也是江小白主张的生活态度。江小白提倡年轻人直面情绪，不回避，不惧怕，做自己。“我是江小白，生活很简单”的品牌衍生出“面对面约酒”“好朋友的酒话会”“我有一瓶酒，有话对你说”“世界上的另一个我”“YOLO音乐现场”“万物生长青年艺术展”“看见萌世界青年艺术展”“江小白Just Battle 国际街舞赛事”，《我是江小白》动漫等文化活动。随着时间的发酵，江小白“简单纯粹”的品牌形象已经演变为具备自传播能力的文化IP，越来越多人愿意借“江小白”来抒发和表达自己。

二、江津老白干酒

重庆市江津酒厂（集团）有限公司（以下简称“江津酒厂”），位于浩瀚东去的长江之滨，其酿酒历史源远流长。

据史料记载，江津酿酒业在明嘉靖年间即“邑中产酒甲于省”。20世纪初，江津沿街酒坊、酒肆无数，形成了酒香飘万里的壮美画卷，其中最为著名的是江津酒厂的前身——创立于1908年的“宏美糟坊”。

图10-175　江津老白干酒

江津酒厂在百余年的发展变迁中，得到了陈独秀、吴芳吉等无数英雄豪杰和文人墨客的赞誉，具有独特酿造工艺的川派小曲清香型白酒酿法也流传至今，江津白酒（图10-175）逐步演变发展成为今天的“金江津酒”。

近年来，江津酒厂秉承“不断创新 追求卓越”的精神理念，坚持以流传百余年酿造工艺生产的“几江”牌金江津酒，作为占领市场、树立百年品牌形象的拳头产品，实现了企业跨越式大发展：“几江”牌获得了“中华老字号”的荣誉；传承百年工艺的“几江”牌金江津酒当选“中国白酒小曲香型代表”。

三、诗仙太白酒

重庆诗仙太白酒业有限公司（以下简称“诗仙太白酒业”）坐落在长江三峡库区中心城市——万州，诗仙太白酒业始创于1917年。20世纪初，诗仙太白酒业的创建人鲍念荣先生，远赴泸州，重金购买了具有400年历史的温永盛酒坊窖泥和母糟，结合唐代沿袭下来的古老酿酒技艺，回万州建立了“花林春酒坊”。因唐代大诗人李白三过万州，曾滞于万州西岩，把酒吟诗弈棋，尤其钟情于万州的大曲酒，后人为纪念李白与巴酒的情缘，及李白在万州留下的快意人生的传说，遂改名为“诗仙太白酒”（图10-176）。

图10-176　诗仙太白酒

诗仙太白酒业以生产浓香型白酒为主业，经过90余年的不断发展，成为集酿酒、饮料、包装、贸易、物流为一体的大型企业集团，白酒年生产能力突破5万吨，是全国白酒二十强企业之一。

诗仙太白系列酒得万州古朴民风，继承商、周“古遗六法”酿酒技艺，采用传统固态发酵和“双重窖藏”工艺，精选三峡库区优质红粮、大米、糯米、玉米、小麦五种粮食为原料，引甘洌的歇凤山泉精心酿制而成。长年地窖储存和精湛的勾调工艺，使诗仙太白酒独具“窖香浓郁、醇和绵软、甘洌净爽、回味悠长”的独特风格。诗仙太白酒业拥有适应全国各区域市场不同口感、酒精度、包装的系列产品。

自1959年在青岛评酒会上被指定为“国庆十周年国宴用酒”以来，诗仙太白酒先后荣获了中国优质酒、全国酒类评比金奖、五届四川名酒、重庆名酒等220多项荣誉。2005年10月，通过国家认定，“诗仙太白”荣获中国驰名商标称号，是重庆白酒行业首家获此殊荣的企业；2006年5月，通过国家旅游局的认定，重庆诗仙太白酿酒工业园被评为“全国工业旅游示范点”；2007年1月，国家公布的首批获得国家酒类质量认证的29家企业，诗仙太白酒业成为重庆市唯一上榜的企业。

2017年“诗仙太白”品牌百年之际，泸州老窖集团有限责任公司正式入主，全面导入了泸州老窖集团先进的酿酒工艺技术和质量监管体系，由国家级张良大师工作室负责酒体设计及勾调，并新增高分子粒子吸附过滤技术，为诗仙太白酒的酒体质量保驾护航，实现了诗仙太白酒脱胎换骨的品质升级。

四、渝北老窖

“渝北老窖”是业兴实业集团有限公司旗下品牌，由酿制“渝北酒”的、始建于1919年的太和酒厂发展而来，距今已有百年历史，该酒厂创立之初，采用传统的仿泸型工艺，在生产过程中结合地方原料的特点不断改进和摸索，并根据渝酒的风格和自身特点，创造出独特的渝派浓香型酿造工艺，所产酒浆具有醇香、味醇、浓郁甘洌、回味悠长等特点（图10-177）。

迄今为止，渝北老窖获得过中国历史文化名酒、重庆十大名酒、重庆市著名商标、重庆老字号、重庆非物质文化遗产等称号。

图10-177　渝北老窖

五、乌杨白酒

乌杨白酒（图10-178），又名乌杨酒，原产于重庆市忠县乌杨镇，现由重庆忠州酒业有限公司生产。

重庆忠州酒业有限公司坐落在三峡库区腹心地带，这里有着得天独厚的酿酒资源和璀璨千秋的历史人文环境。早在唐朝时期，大诗人白居易避难江南时，乘舟至乌杨镇，夜路老酒坊，吟诗“绿蚁新醅酒，红泥小火炉。晚来天欲雪，能饮一杯无。”，使乌杨白酒美名远扬。

乌杨白酒采用传统固态小曲酒生产工艺，引用乌杨镇特有的山泉，选择上等高粱、大米、小麦等粮食为原料，采用传统的“泡、焖、蒸，糠、水、温，匀、透、适”的固态小曲酒生产工艺精心酿造，封坛地下窖藏而成，具有“饮后不刺喉、不上头、回味爽、余香久”的独特风格，多年来一直享有“沿河上下走、好喝不过乌杨酒”的赞誉。

图 10–178　乌杨白酒

乌杨白酒发展至今荣获了诸多殊荣。1992 年获得“四川省首届巴蜀食品节银奖”，2002 年获得“重庆市知名产品”，2001—2003 年连续两届获得“重庆市酒类行业产品质量评比金奖”，2011—2013 年连续三年获得“渝、湘、赣、鄂、闽、桂（五省一市）酒类行业产品质量检评金奖”，2012 年被评为“重庆名特食品”，荣获“忠县知名商标”，2013 年荣获“重庆名酒”“重庆老字号”“第十二届中国西部（重庆）国际农产品交易会消费者喜爱产品”“2013 年我最喜爱的生态农产品”称号，2013 年乌杨白酒传统生产技艺被列入重庆市非物质文化遗产代表性项目名录。

第三十一节　四川省

一、五粮液酒

四川省宜宾五粮液集团有限公司前身为 20 世纪 50 年代初几家古传酿酒作坊联合组建而成的中国专卖公司四川省宜宾酒厂，1959 年正式命名为宜宾五粮液酒厂，1998 年改制为五粮液集团有限公司和五粮液股份公司；同年，五粮液股份公司在深圳证券交易所挂牌上市；2020 年，五粮液股份公司被中华人民共和国农业农村部、中华人民共和国发展和改革委员会等八部委评定为农业产业化国家重点龙头企业。

五粮液集团有限公司总部位于有四千多年酿酒史的世界十大烈酒产区之一的宜宾，这里自然环境优越，三江生态得天独厚，冬无严寒，夏无酷暑，霜雪稀少，雨水充沛，年平均温度在 17.9℃左右，生物丰富多样，特别适宜酿酒微生物的繁衍生息，被联合国教科文及粮农组织誉为“在地球同纬度上最适合酿造优质醇正蒸馏白酒的地区”。

五粮液酒（图 10–179）是公司的主导产品，以高粱、大米、糯米、小麦、玉米五种谷物为原料，以古法工艺配方酿造而成，是世界上率先采用五种粮食进行酿造的烈性酒，其多粮固态酿造历史传承逾千年，自盛唐时期的“重碧酒”即开始采用多粮酿造。公元 765 年，大诗人杜甫途经宜宾，当地最高行政长官杨使君在东楼设宴，以重碧酒款待，杜甫饮后赞叹不已，写下了《宴戎州杨使君东楼》:“胜绝惊身老，情忘发兴奇。座从歌伎密，乐任主人为。重碧拈春酒，轻红擘荔枝。楼高欲愁思，横笛未休吹。”公元782年，经唐德宗下诏，重碧酒正式成为官方定制酒（郡酿）。

北宋时期，宜宾大绅士姚君玉开设姚氏酒坊，在重碧酒的基础上，经过反复尝试，用高粱、大米、糯米、荞子和蜀黍五种粮食加上当地的安乐泉水酿成了“姚子雪曲”。公元1098年，北宋著名文学家黄庭坚时任涪州别驾，居戎州（今宜宾），与当地名士多有交游，把酒言欢，写下了《安乐泉颂》盛赞姚子雪曲：“姚子雪麴，杯色争玉。得汤郁郁，白云生谷。清而不薄，厚而不浊。甘而不哕，辛而不螫。老夫手风，须此晨药。眼花作颂，颠倒淡墨”。

明初，陈氏家族创立“温德丰”酒坊，融合姚子雪曲酿制精要，将原五粮配方中的蜀黍替换为当时新从海外引进的玉米，最终形成了更趋完美的“陈氏配方”。

图10-179　五粮液酒

清末，邓子均继承“温德丰”酒坊后，将其改名为“利川永”；1909年，邓子均携酒参加当地名流宴会，晚清举人杨惠泉品尝后说：“如此佳酿，名为杂粮酒，似嫌凡俗，姚子雪曲名字虽雅，但不足以反映韵味，既然此酒集五粮之精华而成玉液，何不更名为五粮液？（图10-179）”言毕，举座为之喝彩，邓子均欣然采纳，五粮液自此正式得名。

五粮液以“香气悠久，滋味醇厚，进口甘美，入喉净爽，各味谐调，恰到好处”的风格享誉世界。自1915年获巴拿马万国博览会金奖以来，又相继在世界各地的博览会上多次荣获金奖。

此外，1963年，五粮液首次参加全国评酒大会，在众多白酒品类中脱颖而出，名列第一，被国家原轻工业部授予“国家名酒”称号，与古井贡酒、泸州老窖特曲、全兴大曲、茅台、西凤酒、汾酒、董酒一同被业界称为“老八大名酒”，并在其后连续三届的全国评酒会中以稳定如一的高品质蝉联国家名优白酒金质奖章，并首批入选中欧地理标志协定保护名录。1995年，五粮液集团有限公司在第50届世界统计大会上，荣获“中国酒业大王”称号，2003年再度获得“全国质量管理奖”。

五粮液酒在中国浓香型酒中独树一帜，为四川省的“六朵金花”之一，它是中国高档白酒之一，同时也是中国三大名酒之一。

二、泸州老窖

泸州老窖（图10-180）是中国最古老的四大名酒之一，以“醇香浓郁，清洌甘爽、饮后留香、回味悠长”的独特风格著称于世，有“浓香鼻祖，酒中泰斗”之称，是浓香型大曲酒的典型代表。

图10-180　泸州老窖

泸州老窖发源于四川泸州（古称江阳），这里四季分明，气候温润，是中国白酒“金三角”的核心腹地，被誉为中国酒城，其酿酒史足有数千年，自古以来便享有“江阳尽道多佳酿”的美誉。

泸州的酿酒史可追溯到秦汉时期，历经唐宋，到元朝，其制曲酿酒之技已得到千年传承。

宋代，泸州以盛产糯米、高粱、玉米著称于世，酿酒原料十分丰富，据《宋史食货志》记载，宋代也出现了“大酒”“小酒”之分。所谓小酒，当年酿制，无需（也不便）贮存。所谓“大酒”，就是一种蒸馏酒，从《酒史》的记载可以知道，大酒是经过腊月下料，采取蒸馏工艺，从糊化后的高粱酒糟中烤制出来的酒，而且，经过“酿”“蒸”出来的白酒，还要储存半年，待其自然醇化老熟，方可出售，即史称“侯夏而出”，这种施曲蒸酿、储存醇化的“大酒”在原料的选用、工艺的操作、发酵方式以及酒的品质方面都已经与泸州浓香型曲酒非常接近，可以说是今日泸州老窖大曲酒的前身。

元、明时期泸州大曲酒已正式成形，据清《阅微堂杂记》记载：元代泰定元年（公元1324年）泸州也酿制出了第一代泸州老窖大曲酒。明仁宗时期（公元1425年）酿酒大师施敬章研制出“窖藏酿制”法，酿制出了泸州老窖第二代大曲酒。明万历十三年，舒氏在泸州营沟头龙泉井附近建造泥窖十个，正式成为泸州第一家生产泸州老窖大曲的作坊，取名“舒聚源”，创始人舒承宗，是泸州大曲工艺发展史上继郭怀玉、施敬章之后的第三代窖酿大曲的创始人。舒承宗不仅继承了当地原有的大曲酒生产工艺，还创立了“泸州大曲老窖池群”，即为后世人们所共知的“1573国宝窖池群”。

清朝年间，泸州的烧酒业兴旺发达，最兴盛的时期达到600余家，先后出现了天成生、永兴诚、大兴和、洪兴和、顺昌祥、生发荣等酿酒作坊。在清末泸州大曲酒作坊已经发展到十八家之多。历经抗日战争和解放战争的萧条，中华人民共和国成立后，泸州酒业再次迎来了春天。1954年，四川省专卖公司泸州国营酿造厂与四川省国营第一酿酒厂合并，命名为地方国营泸州曲酒厂。1961年1月，地方国营泸州曲酒厂与泸州市公私合营曲酒厂合并为泸州市曲酒厂。1964年，泸州市曲酒厂更名为四川省泸州曲酒厂，1990年，又改名为泸州老窖酒厂；1994年，泸州老窖酒厂改制，正式命名为泸州老窖股份有限公司，这便是泸州老窖的前世今生。

泸州老窖的酿造技艺自元代郭怀玉酿制泸州老窖大曲酒开始，经明代舒承宗传承定型到中华人民共和国成立后的发展壮大，传承至今已有23代，工艺以泥窖为发酵容器，中高温曲为产酒、生香剂，高粱等粮谷为酿酒原料，开放式操作生产，多菌密闭共酵，续糟配料循环，常压固态甑桶蒸馏、精心陈酿勾调等工艺精心酿制，成就“无色透明，清洌甘爽，醇香浓郁，饮后留香，回味悠长”的独特风格，被称为“浓香鼻祖”。

泸州老窖发展至今获奖无数：1915年，荣获巴拿马太平洋万国博览会金奖；1952年，第一届酒评会上荣膺“国家名酒”，并成为蝉联历届“中国名酒”的浓香型白酒；1994年，获美国巴拿马万国名酒食品饮料品评会特别金奖等。始建于明代万历年间的1573国宝窖池群，于1996年12月经国务院批准成为行业首家“全国重点文物保护单位”；2006年，泸州老窖传统古法酿造技艺入选首批“国家级非物质文化遗产名录”，1573国宝窖池群入选中国“世界文化遗产预备名录”，这就是泸州老窖的“双国宝”。

三、水井坊酒

水井坊，一座位于成都老东门大桥外的元、明、清三代川酒老烧坊遗址，于1999年被发掘，是迄今为止我国发现的最古老、最全面、保存最完整、极具民族独创性的古代酿酒作坊，被我国考古界、史学界、白酒界专家誉为白酒行业的“活文物”，誉为“中国白酒第一坊”。

图10-181　水井坊酒

水井坊酒（图10-181）从古至今600余年来从未间断生产，是同都江堰一样的“活文物”，这里有完备的酿酒工艺设施，酒坊所呈现出的“前店后坊”的格局，也是我国发现的古代酿酒和酒肆的典型实例。2000年被水井坊国家文物局评为1999年度全国十大考古发现之一，2001年6月25日由国务院公布为全国重点文物保护单位。同时，水井坊被载入大世界吉尼斯之最——世界上最古老的酿酒作坊。

水井坊酒自古以来便以得天独厚的自然环境酿造出经典浓香风格，在众多浓香型白酒中独树一帜。历代酿酒大师心手相传，以传统酿造工艺潜心酿制出水井坊酒“陈香飘逸、甘润幽雅”的酒格，成为成都浓香型白酒淡雅风格的经典代表。古法酿造的主要步骤大致可分为：起窖拌料、上甑蒸馏、量质摘酒、摊晾下曲、入窖发酵、勾调储存等工艺流程。2008年，水井坊酒传统酿造技艺被列为“国家级非物质文化遗产”。

四、剑南春酒

四川剑南春（集团）有限责任公司（以下简称“剑南春”）是中国著名大型白酒企业，位于历史文化名城——绵竹，地处川西平原，自古便是酿酒宝地。剑南春以酒类经营为主业，从事酒类生产经营的职工约7000人。目前，剑南春的生产规模和贮存规模居全国白酒行业第二位。多年来，“茅五剑”就是中国顶级名酒的代名词。

剑南春是一家具有1500多年酿酒历史的中国大型白酒企业。1951年5月1日，绵竹人民政府将“朱天益”“杨恒顺”“泰福通”“天成祥”等30多家酒坊收归国有，成立了四川绵竹地方国营酒厂，1984年正式更名为四川省绵竹剑南春酒厂，1994年改制为四川剑南春股份有限公司，1996年组建成立四川剑南春集团有限责任公司。

图10-182　剑南春酒

剑南春酒（图10-182）的产地绵竹，酿酒历史已有三四千年。广汉市三星堆遗址出土的陶酒具和绵竹金土村出土的战国时期的铜罍、提梁壶等精美酒器、东汉时期的酿酒画像砖（残石）等文物考证以及《华阳国志·蜀志》《晋书》等史书记载都可证实：绵竹产酒不晚于战国时期。早在1200多年前剑南春酒就成为宫廷御酒而记载于《后唐书·德宗本纪》，中书舍人李肇所著的《唐国史补》中也将其列为当时的天下名酒。宋代，绵竹酿酒技艺在传承前代的基础上又有新的发展，酿制出“鹅黄”“蜜酒”，其中“蜜酒”被作为独特的酿酒法收于李保的《续北山酒经》和宋伯仁的《酒小史》。清康熙年间（公元1662—1722年），出现了朱、杨、白、赵等较大规模的酿酒作坊，剑南春酒传统酿造技艺得到进一步发展。《绵竹县志》记载：“大曲酒，邑特产，味醇香，色洁白，状若清露”。至1949年，专门经营绵竹大曲的酒庄、酒行、酒店已达50余家，绵竹大曲被称为成都“酒坛一霸”，还销往重庆、武汉、南京、上海等地。我国台湾省《四川经济志》称：“四川大曲酒，首推绵竹。”

剑南春拥有九大“国宝”：一是“中国十大考古新发现”“全国重点文物保护单位”。入选“中国世界文化遗产预备名录”的“天益老号”活窖群，其规模之宏大、生产要素之齐全、保存之完整，并且是仍在使用的活文物原址，举世罕见，是中国近代工业考古的重大发现。在“天益老号”古酒坊周围，明清保存至今还连续使用的古窖池有695条。

二是作为我国浓香型白酒的典型代表入选国家级非物质文化遗产名录的“剑南春酒传统酿造技艺”。三是入选首批“中华老字号”的“剑南春”品牌。

剑南春拥有六大“独有基因”如下所示。

第一：阳刚——源自青藏高原之雄浑。绵竹的高山为剑南春孕育着一种阳刚之气，为剑南春酿酒微生物的生长繁衍，剑南春美酒的发酵、储藏，孕育着得天独厚的气韵。

第二：圣洁——源自千年冰川之圣水。剑南春酿酒用水来自绵竹西北部龙门九顶山的冰川水，这里的地下矿泉水不受任何外来细菌和地表水的影响，得以安静从容地和源于几百万年前冰川时代的古老岩层、沙砾进行矿物质的交换，并最终被矿化，形成品质卓绝的天然弱碱性矿泉水。它们每一滴都至少历经16年天然渗透及矿化，富含钙、锶、钠、钾等多种天然矿物精华和微量元素，堪称世界顶级矿泉水。

第三：富贵——源自绵竹特产之酒米。绵竹位于成都平原的北端平坝区，因接近高原和具备特殊的冰川水资源，这里出产的酒米（糯米）、大米等粮食作物历来以颗粒饱满、滋味醇厚而闻名于世，为剑南春生产提供了特殊原料。

第四：幽香——源自1500年之古窖。1985年6月，在“天益老号”酿酒作坊的地下窖池中出土的纪年砖上发现有“永明五年”四字铭文，考古专家经过综合考察认为：“天益老号”酿酒作坊的地下窖池建造年代不晚于南北朝时期南齐永明五年，即公元487年，距今已有1500多年，是中国白酒不断代使用至今的最古老的酿酒窖池。在“天益老号”古酒坊周围，明清保存至今连续使用的古窖池有 695 条，面积达 6 万平方米，规模之巨在全行业绝无仅有。“千年老窖万年糟”，从现代微生物的角度看，古窖池已不是简单的泥池酒窖，而是集发酵容器、微生物生命载体和孕育摇篮于一身。

第五：匠心——源自传承创新之技艺。剑南春酒传统酿造技艺传承古法“泥窖固态发酵”，全部采用陶坛贮存。在科技创新方面，剑南春一直走在行业最前沿，是四川名酒中首家获“国家认定企业技术中心”授牌的企业。剑南春总工程师徐占成发现每种中国名酒的纳米级形态特征，绘制出白酒的“基因图谱”。2009 年，由剑南春独立研发的具有国际先进水平的“挥发系数判定法”获得国家发明专利，解决了蒸馏酒年份鉴别这一世界性难题。目前，剑南春有中、高级技术职称 956 人，享受国务院特殊津贴专家 4 人，中国酿酒大师 2 人，中国白酒委员会专家组成员 2 人，国家级白酒评酒委员 8 人，四川省酿酒大师 3 人，剑南春也由此成为中国白酒行业拥有国家评酒委员人数最多的企业之一。

第六：优雅——源自御酒尊贵之品格。唐中书舍人李肇撰《唐国史补》收录记载了开元至长庆年间（公元 713—824 年）的天下名酒：“酒则有郢州之富水，乌程之若下，荥阳之土窖春，富平之石冻春，剑南之烧春……”;《旧唐书·德宗本纪》记载：“剑南岁贡春酒十斛”，证明剑南春在唐代就是“国酒”。

剑南春及其系列品牌 30 年典藏剑南春、剑南春 15 年年份酒、剑南春 10 年年份酒、东方红、剑南老窖、绵竹大曲等，上百个品种，多次获得国家级、部级、省级质量奖，市场占有份额不断扩大。

五、郎酒

四川郎酒股份有限公司坐落于四川省古蔺县二郎镇赤水河畔，地处酱香白酒酿造优质地带。

二郎镇的酿酒历史可追溯到上千年前。据《史记·西南夷列传》，公元前 135 年，唐蒙受命出使南越，将带回来的蒟酱酒献给汉武帝品尝，受到汉武帝的大肆称赞，从此，蒟酱酒便成为贡品，年年贡奉朝廷。北宋年间，蒟酱酒的生产工艺得到进一步改良，二郎滩一带出现优质大曲酿造的“凤曲法酒”。至清末，“絮志酒厂”在二郎镇开办，后更名为“惠川糟房”，其主人邓惠川夫妇应用“凤曲法酒”的“回沙工艺”开始生产回沙郎酒。1925 年，经贵州茅台荣和酒坊酒师张子兴指导，郎酒开始用茅台工艺酿造回沙大曲，1929 年改名仁寿酒坊，产品命名为回沙郎酒，简称郎酒，后又几经停产与复产。1957 年，国营四川古蔺郎酒厂正式成立，郎酒恢复了生产。

郎酒在酿造流程上，继承和发扬传统工艺，经“高温制曲、两次投粮、晾堂堆积、回沙发酵、九次蒸酿、八次发酵、七次取酒、历年洞藏和盘勾勾兑”等工艺精酿，成就了酱香浓郁、醇厚净爽、入口舒适、甜香满口、回味悠长的酒体风格。

郎酒（图 10-183）发展至今荣获了无数嘉誉。1963 年，郎酒在首届四川省名酒评比会上获得金质奖章。1984 年，“郎”牌郎酒被评为第四届国家名酒，获国家产品质量金质奖章，荣获“中国名酒”称号；1989 年，53° 郎酒蝉联“中国名酒”称号，39° 郎酒被确认为“中国名酒”并获国家金质奖；2006年，红花郎酒获“中国白酒十大创新品牌”，并获历届“四川名牌产品”称号；郎酒被评为首批“中华老字号”企业；2008年，郎酒传统酿造技艺被评为“国家级非物质文化遗产”；2010年，中国酿酒工业协会认定酱香型郎酒为中国白酒酱香型代表。

图10-183　郎酒

六、沱牌特级酒（舍得）

舍得酒业股份有限公司（以下简称“舍得公司”）是白酒行业第三家全国质量奖获得者和第三家上市公司，拥有“沱牌”“舍得”两个白酒品牌。舍得公司位于素有“观音故里，诗酒之乡”美称的四川省遂宁市射洪县沱牌镇，地处北纬30.9°——世界上佳酿酒核心地带，是“中国名酒”企业和川酒“六朵金花”之一。

据《华阳国志》及《射洪县志》记载，射洪酿酒始于西汉，兴于唐宋，盛于明清。杜甫曾至射洪诗赞“射洪春酒寒仍绿”。1945年，前清举人马天衢取“沱泉酿美酒，牌名誉千秋”之意，命名为“沱牌曲酒”。1951年12月，射洪县政府对泰安作坊进行公有制改造，建立射洪县实验曲酒厂，沱牌曲酒从此新生。

沱牌因其“生态酿酒”而独具特色，依托得天独厚的酿酒自然条件，建立了全面的酿酒生态圈。甄选优质原粮主产区的生态原粮，配合“六粮浓香工艺”和“两缓一清”的酿酒工艺，历经数年生态窖藏，成就了“醇、甜、净、爽”的酒体风格，酒具有醇厚、柔爽、和谐、丰满的显著特点，陈香馨逸，酒比花香（图10-184）。

发展至今，沱牌酒获得了四川名酒、中国名酒、中华老字号等荣誉，同时，“沱牌曲酒传统酿造技艺”于2008年被评为“第二批非物质文化遗产”。

图10-184　沱牌特级酒

七、全兴大曲酒

四川全兴酒业有限公司（以下简称“全兴酒业”）前身是以成都市水井街全兴老烧坊为

基础，经公私合营、社会主义改造组成的“国营成都酒厂”，该厂创建于1951年，是专注于“全兴”“全兴大曲”等系列白酒生产和经营的企业，是老八大“中国名酒”及川酒“六朵金花”之一。

图10-185　全兴大曲酒

全兴酒的历史可追溯至1367年元末明初，历经650余年不断代传承和发展，获誉无数。中华人民共和国成立后，更几乎囊括了白酒行业所有重要奖项，曾于1963年、1984年、1989年三度荣获国家质量金奖和“中国名酒”称号；于1995年和2006年两次被授予“中华老字号”称号；2000年荣获“中国驰名商标”。

2013年，全兴酒业首创“和润”型风格酒体，“清雅、和顺、圆润、悠长”，成为业内对全兴酒的高度赞誉，而“传世水谱、秘制双曲、超长发酵、降度储存”四大工艺，更成为全兴酒品质的保证（图10-185）。

八、金六福酒

金东投资集团有限公司（以下简称“金东集团”）创立于1996年，前身为金六福企业和华泽集团，2016年10月更名为金东集团。金东集团历经20年发展，已形成“实业+投资”的商业模式。金东集团拥有15000名员工，总资产逾300亿元。金东集团下设三个板块：华泽酒业集团、华致酒行、金东投资，下辖金六福酒业、湘窖酒业、今缘春酒业、珍酒酒业、李渡酒业（以上均为简称）等12个酒类生产企业，其中，7家酒类生产企业拥有逾50年历史。

图10-186　金六福酒

金六福酒业诞生于1996年，经过十年的潜心打造，现拥有一支由100余名高级管理人才、2000多名销售精英、5000多名促销人员组成的素质过硬的专业销售团队。销售网络遍布全国，拥有2000余家一级代理商、10000多家重点二级批发经销商，直接辐射的大中型卖场5000多个，酒店8000余家，在册零售网点15万多个，网络覆盖到31个省、市、自治区（港澳台除外），拥有中国优秀的白酒分销覆盖网络。

发展至今，金六福酒业拥有金六福、六福人家、屋里厢、大元帅等全国知名品牌。金六福系列酒主销产品有星级系列、福星高照系列、福星系列、贵宾特贡系列、经典系列和礼盒系列等，目前共有338个品项（图10-186）。

九、丰谷特曲酒

四川省绵阳市丰谷酒业有限责任公司（以下简称“丰谷酒业”）是一家集生产、科研和销售于一体的综合型酿酒企业，该公司占地1700余亩，资产总额逾30亿元，拥有4个酿酒生产基地和数个成品包装中心，具有年产优质白酒10万吨的生产能力，拥有省级企业技术中心和国家CNAS认可实验室。

历经多年发展，丰谷酒业及其品牌先后荣获了“中华老字号”“中国驰名商标”“四川名牌产品”“四川省著名商标”“中国白酒国家评委感官质量奖”等荣誉。

丰谷酒业主要产品有丰谷壹号、丰谷酒王、丰谷生肖、丰谷特曲、丰谷墨渊、丰谷头曲、丰谷二曲等，继承传统工艺并融入现代微生物调控技术，选用高粱、大米、小麦、糯米精心酿制而成，具有饮中“醇厚绵甜、尾味爽净”，被全国著名白酒专家周恒刚、沈怡方、曾祖训、高月明、高景炎等赞誉为“丰谷香型”（图10-187）。

图10-187　丰谷特曲酒

十、江口醇酒

四川江口醇酒业（集团）有限公司（以下简称“江口醇集团”）是以酒类产销为主的跨行业集团公司，地处山清水秀的大巴山南麓——四川平昌县，其酿酒历史自晚清江苏无锡知县、海洲道员廖纶晚年所建“南台酒坊”伊始，距今已有130多年历史。

江口醇系列酒（图10-188）采用优质红粮和清香弥幽的纯天然山体泉水，辅之大巴山特有的20多种中草药制曲，经独特复式发酵工艺，生态酿制而成，此酒以“窖香浓郁、醇甜协调、余味净雅、酒体丰盈”的独特风格闻名，先后荣获“日本东京第三届国际酒饮料博览会质量金奖”“四川省名牌产品”“中华老字号产品”“中国驰名商标”“国家地理标志保护产品”等80余项殊荣，成为全国酒类行业知名品牌。

江口醇集团拥有主导产品13大系列200余个品种，年产白酒2.8万吨，荣膺“全国酒类行业优秀企业”“全国食品工业优秀龙头企业”“四川白酒8强企业”等称号。

图10-188　江口醇酒

十一、小角楼酒

小角楼酒的酿酒历史起源于汉末古巴子国。白衣翰林吴德溥先祖传承巴人酿造技艺，于1679年在白衣古镇小角寺旁创建小酢酒坊，人称“小角楼酒坊”，小角楼品牌由此得名。

小角楼酒起源于明末清初，扩建于1981年，1998年开始第二次创业，2001年改制为四川小角楼酒业有限责任公司，2013年被成都远鸿地产集团有限公司收购并改名为四川远鸿小角楼酒业有限公司，该公司现拥有资产总额4.5亿元，现已形成以白酒研发、生产、销售为主体，集红酒、包装、运输等多项产业于一体的企业。

小角楼酒（图10-189）凭借“窖香幽雅，陈香怡人，醇厚甘润，自然谐调，爽净适口”的风格特点，先后荣获“中商部优质产品奖”“中国驰名商标”“中华老字号”“四川省十朵小金花白酒企业”等多项殊荣。

图10-189 小角楼酒

十二、文君酒

文君酒是酩悦·轩尼诗-路易·威登集团（LVMH）倾力打造的高端白酒品牌，产自川酒四大产地之一的邛崃。

早在2300年前，邛崃已开始酿酒，酿造文君酒的“通天泉”水纯净甘洌，而其生产工艺流程完整保留了传统古法精髓：制曲车间前身为拥有200多年历史的“曾氏曲房”，至今仍坚持全手工制曲法。曲砖色泽金黄、外紧内松，有利于微生物充分发酵，给入窖的粮糟提供更多发酵所需的菌种；酿造车间前身为明代寇氏烧坊，拥有400多年历史的古法原酿工艺至今仍被鲜活演绎。文君酒（图10-190）精选100%纯头酒精粹，仅使用经数年宜兴陶坛储存的顶级原酒进行调配，对品质有着极高的要求。

图10-190 文君酒

文君酒的独特口感是“甜润幽雅，蕴含众香”——“甜”来自自然发酵所产生的香味成分的合理组合；“润”即不刺喉、不尖辣，口感醇厚；“幽雅”指文君酒入口十分舒适，饮后带给饮者飘逸清新的感觉；“众香”则指文君酒不仅融会贯通了白酒的传统五香，同时还包含层次丰富的花香与果香，自然协调，芬芳持久。

历年来，文君酒先后获得了“四川名酒”“国家商业部优质产品”“首届食品博览会金奖”“第13届法国巴黎国际食品博览会金奖”“第六届香港国际食品展金奖”等荣誉。

十三、潭酒

四川仙潭酒业集团有限责任公司（以下简称“仙潭酒业”），是一家集酱香型和浓香型白酒研发、生产、销售为一体的大型企业，下属的中国四川古蔺仙潭酒厂有限公司位于川、黔交界赤水河畔古蔺县太平镇，是赤水河酱酒核心产区老牌传统酱香酒厂。

仙潭酒业生产的浓香型和酱香型产品曾荣获国家原轻工部优质酒，国际博览会“国际特别金奖”、首届中国食品博览会金奖、“中国最具竞争力潜力白酒品牌”称号（图10-191）；仙潭酒业曾获国家、省、市级多种殊誉；“仙潭”牌和“潭”牌商标荣获“中国驰名商标”。

图10-191　潭酒

十四、高洲春酒

四川省宜宾高洲酒业有限责任公司（以下简称“高洲酒业”），地处四川南部中国白酒“金三角”腹地，坐落在万里长江第一支流南广河畔——高县文江镇。

高洲酒业运用古传秘方五粮浓香传统工艺酿造的“金潭玉液”系列酒，源于清朝乾隆年间“杨氏大曲烧坊”，距今已270多年，高洲酒业已通过ISO 9001：2008质量体系认证，酒类产品质量等级优级认证，实施HACCP食品体系认证，步入了良性发展的轨道。

金潭玉液系列酒秉承多粮型传统工艺，精选优质高粱36%、大米22%、糯米18%、小麦16%、玉米8%（均为质量分数，余同）五种粮食，选用中高温曲药，采用杨氏大曲烧坊之百年老窖，经长达90天的固态发酵，分层起糟，分层蒸馏，分段摘酒，按质并坛，长期贮存，自然老熟后与贮存20年、15年、10年的陈坛老酒及天然龙涎古井水精心勾调而成。经全国著名白酒专家鉴评，具有无色透明、窖香浓郁、绵甜醇和、香味协调、余味净爽、多粮型浓香风格突出等特点（图10-192）。拥有“高洲”牌系列酒、“金潭玉液”系列酒等多个成熟品牌。“高洲”牌连续四届被评为“四川名牌”，“金潭玉液”荣获“中国驰名商标”“四川名牌”和“四川省著名商标”等荣誉称号。

图10-192　高洲春酒

十五、红楼梦酒

宜宾红楼梦酒业股份有限公司位于“万里长江第一城”——酒都宜宾，公司的生产基地位于岷江之畔，丹山岩下，这里青山郁郁，流水淙淙，空气湿润，土层丰厚，黏软适度，回潮性好，更有“丹山碧水”的地下良泉，水质清澈、甘冽、无污染，富含多种微量元素，适宜多种微生物的生长，酿酒条件得天独厚。

图10-193　红楼梦酒

“梦”“红楼梦”“红楼梦金钗”酒等高雅浓香型白酒以优良的品质深受消费者喜爱，被评为中国文化名酒、四川名酒、四川省著名商标，并荣获首届中国食品博览会金奖、1992 年香港国际博览会金奖、第五届亚太国际博览会金奖等殊荣（图 10-193）。

十六、华夏春酒

四川省宜宾市华夏酒业有限公司成立于1995年，地处国家名酒产地宜宾江安县城。

中华人民共和国成立之初，江安县整合了十多家有着百年历史的酿酒作坊，成立了地方国营酒厂；20 世纪 80 年代，原地方国营酒厂更名为四川宜宾古龙洞曲酒厂，企业趁着改革开放的东风，依托两千多年传统酿造工艺和“五粮精酿”生产技术，推出自主品牌“古龙洞”头曲酒，获得专家和消费者广泛赞誉，被授予部优产品光荣称号；1993 年，古龙洞曲酒厂的创业者们以敢为天下先的开拓激情，果断决策，加大投资兴建二期工程，极大地提高了企业的生产能力；2002 年，古龙洞曲酒厂完成了股份制改造，成立了四川省宜宾市华夏酒业有限公司（以下简称“华夏酒业”）。

图10-194　华夏春酒

华夏酒业作为酒都宜宾以中国酒业大王为首的五大白酒龙头企业之一，先后通过ISO 9001：2008质量管理体系认证、定量包装C标志认证、中食联盟国优产品质量认证，并先后荣获“中国白酒工业百强企业”“四川省八大原酒企业”等荣誉称号。

华夏酒业拥有“华夏春”和“古龙洞”品牌 10 多个系列、40 多个品种，主导产品“华夏春”（图 10-194）是“中国驰名商标”“四川省名牌产品”“四川省著名商标”。

第三十二节　贵州省

一、茅台酒

贵州茅台集团的酒以及茅台镇的酒，将在第十一章专门介绍。

二、董酒

贵州董酒股份有限公司（以下简称“董酒公司”）位于世界三大名酒之乡的贵州省遵义市，是中国著名的白酒企业。1957 年，董酒厂由中华人民共和国成立之前的小作坊组建为企业，所酿之酒在全国第二、三、四、五届评酒会上四次蝉联“中国名酒”称号，并荣获国家金质奖章，其生产工艺和配方在当今世界上独一无二，在蒸馏酒行业中独树一帜，被国家权威部门永久列为“国家机密”。2008 年 8 月由国家主管部门正式确定“董香型”白酒地方标准，而董酒则是国内“董香型”白酒的典型代表。董酒是我国老八大名酒，贵州省仅有的两大国家名酒之一。

董酒引百草入曲，为中国传承数千年的酿酒文化脉络的活化石，是我国国粹——中医“平衡”健康理论和传统白酒健康文化相结合的结晶，其配方和酿造工艺体系是国家机密。酿造历史可以追溯到魏晋及南北朝，董酒 1957 年恢复生产，样品送上级鉴定，国务院批示：“董酒色、香、味均佳，建议加快恢复发展。”1963 年国家原轻工业部组织的第二届全国评酒会上，经专家们盲评严格筛选评定，董酒进入“中国八大名酒”行列，之后连续四届评为中国名酒。

董酒（图 10-195）采用优质高粱为原料，小曲小窖制取酒醅，大曲大窖制取香醅，酒醅香醅串蒸而成，其工艺简称为“两小，两大，双醅串蒸”。这一独特精湛的酿造工艺造就董酒的典型风格：既有大曲酒的浓郁芳香，又有小曲酒的绵柔、醇和、回甜，还有微微的、淡雅舒适的百草香和爽口的微酸，酒体丰满协调。同时，董酒在制曲过程中加入了纯天然的 130 多种本草，形成董酒中的很多对人体有益的微量成分，经常适量饮用，可达到调整机体协调、平衡的目的。

图10-195　董酒

董酒公司与贵州省原轻工业厅科研所合作初步探明董酒的香味组成成分十分独特。除了各种香味成分组成与其他名优白酒不一样，还具有“三高一低”的特点。“三高”：一是董酒丁酸乙酯高；二是高级醇含量高，其中主要是正丙醇和仲丁醇含量高；三是总酸含量较高，总酸含量主要由乙酸、丁酸、已酸和乳酸四大酸类及其他有机酸组成，总酸量是其他名优白酒的二至三倍。“一低”是乳酸乙酯含量低。董酒乳酸乙酯含量不到其他名优白酒的 1/2，这些香味成分的组成独特，对形成董酒独特风格和养生起到关键的作用。

董酒风格独特，归纳为：“酒液清澈透明，香气幽雅舒适，入口醇和浓郁，饮后甘爽味长。”具体一点讲，董酒既有大曲酒的浓郁芳香，甘洌爽口，又有小曲酒的柔绵醇和与回甘，并微带使人有舒适感的百草香及爽口的酸味。

三、青酒

贵州青酒集团有限责任公司（以下简称“青酒公司”）前身为贵州青溪酒厂，位于中国历史文化名城镇远市，1955 年在青溪市几个较大的酒坊上以公私合营成立，1956 年转为国营企业，早期产品有“青溪大曲”“泉酒”“金樱大曲”等，并多次被评为贵州名酒。

1997 年“青酒”系列产品问世，以全新的经营理念，从传承了数千年“以酒会友”的中国酒文化中，挖掘出了通俗易懂、朗朗上口、极富音律美的“喝杯青酒，交个朋友”的绝妙广告语，全面诠释了白酒的社交功能，表达了人们喝酒交友会友的愿望和目的，以人性与个性的完美结合，将白酒的社交功能以艺术的形式发挥到了极致。

2000 年原贵州青溪酒厂进行产权制度改革，组建成立贵州青酒集团有限责任公司，公司的多元化发展迅速。人均纳税在全省白酒行业名列前茅。贵州青酒（图 10-196）也相继被评为“中国食品工业协会推荐产品”“贵州省名牌产品”“中国驰名商标”“贵州省新八大名酒”“中国消费者信得过品牌”“贵州省创新企业”“重合同、守信用单位”“全国诚信企业”“贵州省知识产权试点单位”，并通过了HACCP食品管理认证、ISO 9000 质量体系认证、ISO 14000 环境管理体系认证。青酒公司拥有固定资产 3 亿元，从业人员 1500 人（其中大专以上文化程度 520 余人，各类专业技术人员 80 余人），占地面积达 200 多亩，绿化面积 1000 亩，该公司是以白酒酿造为主兼肉牛养殖、生物技术、广告、房产、餐饮、住宿、娱乐、商贸等产业为一体的大型实业集团公司。青酒公司现在拥有贵州青酒厂等 6 个子公司。

图 10-196　青酒

四、贵州醇酒

贵州醇酒业有限公司，位于贵州省黔西南州兴义市贵醇新路 1 号，地处滇、黔、桂三省交界处，中国最美峰林——神奇秀丽的兴义万峰林景区腹地，占地800余亩，厂区环境优美，总绿化率99%，森林覆盖率达80%以上，是名副其实的花园式工厂，2017年8月29日，在仁怀市举办的中国酒业十年高峰论坛上，公司获得“中国酒业10年最美酒厂”称号。

贵州醇酒见图10-197。

图10-197　贵州醇酒

五、金沙回沙酒

贵州金沙窖酒酒业有限公司（以下简称“金沙公司”），位于贵州省金沙县大水村，地处世界酱酒产业基地核心区赤水河中上游。金沙公司是贵州最早的国营白酒生产企业之一，2007年，中国500强企业湖北宜化集团增资扩股收购金沙窖酒厂，改制更名为贵州金沙窖酒酒业有限公司。

金沙地区酿酒历史源远流长，文化底蕴深厚。据《黔西州志续志》记载：早在清光绪年间，金沙所产白酒就有“村酒留宾不用赊”的赞美诗句。20世纪30年代，茅台酿酒师刘开庭引入茅台大曲酱香工艺，酿造了金沙美酒。

金沙公司的产品主要有金沙回沙纪年酒系列（图10-198）、真实年份酒系列、摘要酒系列等产品，是甄选金沙优质红缨子糯高粱为原料，小麦制曲、两次投料、九次蒸煮、八次发酵、七次蒸馏，秉承端午制曲、重阳下沙的传统工艺酿造而成，具有“微黄透明、酱香典雅、醇柔怡人、酒体丰满、回味绵长、空杯留香舒适”的醇柔酱香型独特风味。

图10-198　金沙回沙酒

金沙回沙酒（图10-198）是贵州老牌名酒，1963年，金沙回沙酒荣获首届贵州“八大名酒”称号，2011年，该酒通过纯粮固态发酵白酒标志认定，先后荣获中国驰名商标、贵州十大名酒、首届中国食品博览会金奖、酒文化节金奖、中国八大酱香白酒品牌、中国十大放心品质白酒品牌、中国白酒质量感官奖、布鲁塞尔国际烈性酒大奖赛大金奖、国家地理标志认定产品等。

六、鸭溪窖酒

贵州鸭溪酒业有限公司位于贵州省遵义市播州区鸭溪镇，公司现有厂区占地面积 100 万余平方米，建筑面积 65 万余平方米，员工 1000 余人，专业技术人员 100 余人，公司总资产 100 余亿元，注册资本 8100 万元。年半成品酒生产设计能力 8000 吨，勾调、包装生产能力 5000 吨，拥有制曲、酿酒、调酒、包装生产线及先进检验检测等配套完整的设备，是一家集酿酒生产、勾调、包装、销售于一体的白酒企业。

鸭溪窖酒（图 10–199）具有“窖香幽雅、陈香馥郁、绵柔醇厚、甘爽细腻、尾净悠长、略带酱味、空杯留香”的独特风格，素有“酒中美人”之雅称。早在清代中后期就名震黔北，尤以其前身“雷泉大曲”“荣华窖酒”最为驰名。

图 10–199　鸭溪窖酒

1963 年，鸭溪窖酒被首批评为“贵州名酒”，并蝉联历届省名优酒称号。1982 年，鸭溪窖酒由“凉亭”牌注册商标变更为“鸭溪”牌注册商标，正式生产“鸭溪”牌鸭溪窖酒。1986 年贵州省遵义县鸭溪窖酒厂更名为国营贵州省遵义县鸭溪窖酒厂，1997 年更名为贵州省鸭溪窖酒厂，2000 年，酒厂改制，更名为贵州鸭溪酒业有限公司。

20 世纪 80—90 年代，鸭溪窖酒进入鼎盛时期，规模达历史之最，拥有职工近 2000 人，跻身全国 500 强企业行业第 30 名。鸭溪窖酒因为极佳的品质，在当时的经济水平之下，此酒做到了以每瓶 6 元左右的价格创造了 2 亿多的销售额，税收达 7500 万元左右。鸭溪窖酒以其醇、甜、爽、净，余味悠长的浓香型白酒典型特点及“浓头酱尾、空杯留香”的独特风格在中国浓香型白酒中独树一帜。鸭溪窖酒也因其上乘的质量与独特的风格先后荣获历届贵州名酒、原轻工业部优质产品、原轻工业部出口产品金奖、普罗夫迪夫国际博览会金奖等几十项奖励和荣誉称号。1989 年，鸭溪窖酒参加保加利亚的第九届世界春季博览会，荣获博览会金奖。

“鸭溪”2011 年被认定为中华老字号，2012 年通过国家地理标志保护产品认证，“鸭溪”商标被评为中国驰名商标。

七、安酒

1930 年，出身中医世家的周绍成，在祖传中草药制曲秘方的基础上，优选百余种中草药，合成“百味散”，制成酒曲。同时，他通过与“华茅、王茅、赖茅”等反复比较、品鉴，历经多年苦心钻研，酿制出了“开甑半城香”的精品好酒，被当时的爱酒者誉为“安茅”。

中华人民共和国成立后，1951 年安茅和利民酒厂合并成立国营安酒厂，酒厂在继承“安茅”工艺的基础上，对产品做了重大改进，并更名为“安酒”。

1963 年，在首届贵州省名酒评比中，贵州安酒与茅台同列“省优”，荣获“贵州名酒”称号。此后，贵州安酒还分别在1979年、1983年、1986年蝉联“贵州名酒”称号，成为“贵州八大名酒”之一。

1988 年，贵州安酒集团有限公司成立，这是中国第一家白酒集团公司，集团公司成立后，在1988年、1989年、1990年、1991年连续四年稳居全国白酒产量第一位，创造了白酒生产历史上的“奇迹”。

1989 年，在第五届全国评酒会上，国家质量奖审定委员会从全国 362 种参评样品中，审定出国家名酒 17 种，国家优质酒 53 种。贵州安酒被评为“国家优质酒”，捧回“银质奖”。

安酒（图 10-200）专注酿造高品质酱香型白酒，严格恪守：100%酿自赤水河畔、100%选用红缨子糯高粱、100%采用“12987”传统大曲酱酒工艺、100%陶坛足置 5 年、100%自家酿造，以正宗原料、正宗工艺、正宗坛藏、正宗品质，提供色清透明、酱香突出、幽雅细腻、醇绵净爽的高品质酱酒体验。

图 10-200　安酒

八、匀酒

贵州都匀市匀酒厂有限责任公司（原都匀市白酒厂）历史可以追溯到明末清初，明军酒师张宝华随军迁入都匀市，取都匀人“苗曲”工艺，融合“烧酒”技法，独创“张氏制曲秘方”，率旗下酒师百众，开创“张氏酒坊”，开启了都匀地区辉煌的酿酒历史。

中华人民共和国成立后，都匀市匀酒厂于 1950 年在“张氏酒坊”基础上正式建立，酒厂结合“张氏制曲秘方”，采用“同甑串蒸”工艺，汲取都匀各大酒师酿酒之长，开始规模化酿造生产，并于 1951 年试产成功，定名为“匀酒”。

图 10-201　匀酒

匀酒（图 10-201）采用传统酿制方法，

结合现代工艺，用高粱、稻谷、小麦、绿豆、甜荞等作为香醅原料，同时用小麦磨碎加一百多味中药材，酒体最终具有清亮晶莹、馨香馥郁、柔绵爽口、尾净味醇的风格特点。

1963年55度匀酒获贵州省名酒称号，1988年又获首届中国食品博览会金奖，1993年35度匀酒系列获中国名酒节金奖。匀酒还获得贵州老八大名酒，中华老字号等荣誉。

九、平坝窖酒

贵州省平坝酒厂（集团）有限责任公司（以下简称“平坝公司”）前身是贵州省平坝酒厂，该厂始建于1952年，在20世纪80年代被授予国家大型二级企业称号，曾被国家原轻工业部及贵州省确定为名优白酒生产重点企业。

平坝公司主要从事兼香型白酒生产经营，是传统黔派兼香型白酒的开创者，该酒以高粱、小麦、稻谷和100多味中药材为原辅料，取珍珠泉水，采用“小曲糖化、大曲发酵、清蒸续糟、长期储存”的传统固态发酵生产工艺，成就了平坝窖酒“浓酱协调、幽雅馥郁、细腻丰满、回味爽净”的独特风格（图10-202）。

平坝酒是平坝窖酒的简称，是贵州省平坝酒厂有限责任公司的主要产品，该酒1962—1964年蝉联五届贵州名酒称号；曾30余次荣获中国白酒金杯奖。全国著名白酒专家周恒刚先生盛赞平坝酒为“酒国精英、黔中神品、平坝奇葩”。

图10-202　平坝窖酒

十、朱昌窖酒

朱昌窖酒（图10-203）产于贵州朱昌酒业有限公司，该酒以优质整粒高粱为原料，采用小米曲糖化，大曲发酵工艺酿造。在制曲时选用广香、山柰、陈皮、桂芝、砂仁等30多味中草药，严格按配方下药配料，然后发酵90天左右，再加进精华酒和其他不同酒质的酒调兑而成，酒体无色透明，具有舒适的药香，兼有窖香和酯香，同时酒体醇和，绵甜爽口，余香悠长。

1984年3月，朱昌窖酒荣获优质产品奖。在1993年的酒类产品鉴定会上，“朱昌窖酒”被评为“贵州名酒”之一。“朱昌窖酒”从此畅销省内外，并获优质产品称号和“银爵奖”。

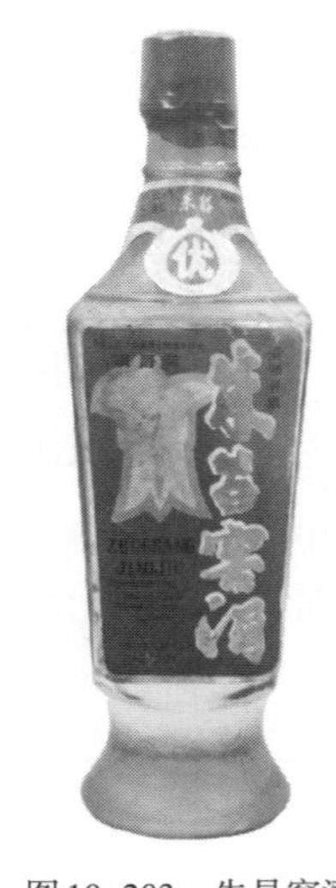

图10-203　朱昌窖酒

十一、珍酒

贵州珍酒酿酒有限公司始建于 1975 年“贵州茅台酒易地生产试验（中试）项目”。2009 年，金东集团全资收购贵州珍酒厂，正式更名为贵州珍酒酿酒有限公司。

珍酒（图 10-204）臻选优质高粱、小麦为原料配以当地甘洌泉水，采用中国传统独特工艺，科学精酿，长期窖藏，精心勾调而成，具有酱香突出、优雅圆润、醇厚味长、空杯留香持久的风格特点。

1988 年，珍酒荣获首届中国食品博览会金奖、首届中国酒文化节“中国文化名酒”、全国轻工业出口产品展览会银质奖。2011 年，珍酒被认定为“中国驰名商标”，2015 年荣获贵州省名牌产品称号。2016 年“珍酒 · 珍十五”荣获中国贵州第二届十大名酒金质名酒奖，“珍酒 · 珍三十”斩获 2021 年比利时布鲁塞尔国际烈性酒大奖赛金奖等。

图 10-204　珍酒

十二、刺梨糯米酒

刺梨糯米酒属黄酒，生产工艺为淋饭法。古老的传统工艺是用干刺梨和糯米一起蒸煮，拌入曲药入缸发酵，滤出酒汁饮用。酒中含有大量葡萄糖和淀粉细粒，黏度大、较稠浓，未经加热杀菌和下胶处理，沉淀较多，容易酸败，不能远销。

历史上利用刺梨酿制刺梨酒的记载，最早见于清道光十三年（公元 1833 年）的吴嵩梁在《还任黔西》中的诗句：“新酿刺梨邀一醉，饱与香稻愧三年。”

贝青乔的《苗俗记》记载：“刺梨一名送香归……味甘微酸，酿酒极香。”道光二十年（公元 1840 年）的《思南府续志》记载：“刺梨野生，实似榴而小，多刺，其房可酿酒……”

同年《仁怀直录厅志》也有刺梨酒的记载，道光三十年（公元 1850 年）的《贵阳府志》中有“……以刺梨掺糯米造酒者，味甜而能消食”的记载。章永康《瑟庐计草》：“葵笋家家饷，刺梨处处酤。”

据《布依族简史》载：“花溪刺梨糯米酒，驰名中外，它是清咸丰、同治年间，青岩附近的龙井寨、关口寨的布依族首先创造的。”

刺梨糯米酒色泽澄红，晶莹透明，香气柔和幽雅，带有独特的刺梨芳香，味醇厚甘美，酸甜爽口，酒体融柔协调，酒精度为 15%~17%vol，糖含量为 26g/100mL，酸含量为 0.5g/100mL左右。刺梨糯米酒不仅味美，而且含有多种有益于人体健康的氨基酸、维生素C 和活性物质。

早年的刺梨糯米酒，以在山村中家酿自饮为主，瓦坛酿制，土碗盛饮，很有农家风味。

20世纪40年代初，花溪青岩古镇办起了几家手工作坊，少量生产。中华人民共和国成立后，党和政府十分重视刺梨酒的发展。20世纪50年代中期，又将几个作坊合并而成青岩酒厂，后迁到青翠的花溪，并更名为花溪酒厂。

为了开发传统名产，花溪酒厂的工程技术人员经多年攻关，20世纪70年代前期改进了传统工艺，选用精白糯米为原料，用纯净甜美的花溪水酿为甜酒；再与贵州特产的刺梨共同发酵，经转制、澄清、加热杀菌、下胶、过滤等工序精制而成。从投料到成品出厂，生产周期为半年以上。改进后提高了质量，提高了酒体透明度，不会酸败，结束了不能远销的历史。

十三、贵酒

贵州贵酒集团有限公司（以下简称“贵酒公司”）属贵州省重点酿酒企业，公司始建于1950年，当时贵阳市140多家小作坊联合成立了贵阳联营酒厂，1968年转为国营贵阳酒厂，后期更名为贵阳酒厂。2010年，该厂改制并更名为贵州贵酒集团有限公司。

贵酒公司拥有先进的技术力量，生产酱香型和浓香型两种不同风格的系列产品，主要产品“贵阳大曲酒”“黔春酒”“贵酒”，曾先后荣获贵州省名酒、轻工业部优质产品、国家优质产品等省、部级以上的金、银奖牌30余枚。贵酒（图10-205）利用酱香型白酒的传统工艺精心酿制，达到了酱香香气香而不艳，低而不淡，醇香幽雅，不浓不猛，幽雅细腻。酒体醇厚丰满、回味悠长、空杯留香持久。

图10-205 贵酒

十四、湄窖酒

贵州湄窖酒业有限公司（以下简称“贵州湄窖”），其前身是贵州湄潭酒厂，始建于1952年。2011年，贵州湄窖酒厂成功实现资产重组，制订了新的发展规划、经营战略，结合新的产品结构制订出“浓香、酱香、茶香”三香并进的经营战略，调整了产品结构，全面提升企业形象力和产品力。贵州湄窖作为黔派浓香型白酒代表企业，旗下拥有“湄窖酒·复古版”“湄窖酒·金牌老字号”“湄窖酒·黑金”“湄窖酒·红金”等金牌浓香系列重点产品；在赤水河流域，集合优质酱香酒资源重金打造高端酱香“宝石坛”“88老酱”等贵州湄窖酱酒系列。

湄窖酒选用优质高粱、小麦为原料，采用浓香型白酒传统生产工艺，混蒸混糟、续糟发酵，经蒸馏、储存、勾调精制而成，具有清澈透明、芳香浓郁、绵甜爽净、回味悠长等特点（图10-206）。

湄窖系列产品自1983年以来，先后被评为省优、部优、国优产品，并多次荣获国内、国际食品博览会金奖。1988年，在具有800余年历史，被誉为“世界博览会之母”的德国莱比锡国际博览会上，该系列荣获当次博览会白酒金奖。

图10-206　湄窖酒

十五、贵州习水大曲酒

习水县习窖酒厂有限责任公司，位于贵州名酒之乡的习水县习酒镇，其前身为习湖酒厂。

贵州习水大曲酒以当地的优质糯高粱为原料，以小麦制成高温大曲，堆积糖化，二次投料，八次发酵，九次蒸馏，密封贮存，精心勾调而成，具有茅台酒的风味。酱香习酒，品质随着贮存时间的增长，对身体的刺激也越来越小，所以喝酒时感到不辣喉，醇和回甜。

贵州习水大曲（图10-207）为浓香型年份陈酿，其试制于1966年，问世于1967年，1979年被评为“贵州省优良产品”，1983年被评为“贵州省优质产品”和“贵州省名酒”等，获各种奖励30多次，并先后荣获“贵州八大名酒”“贵州省著名商标”等荣誉称号。

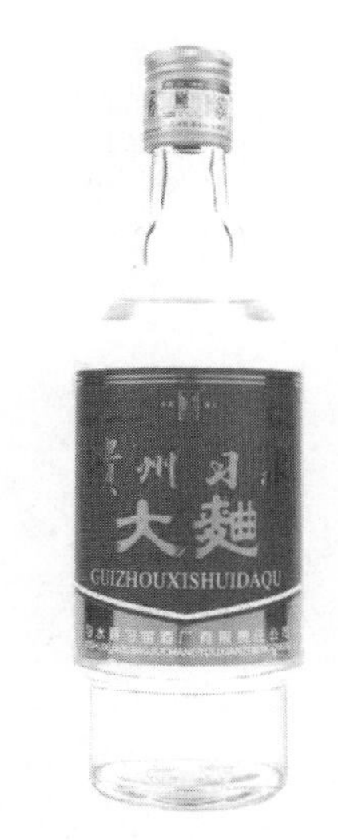

图10-207　习水大曲酒

第十一章

茅台历史、茅台集团和茅台镇其他著名酒厂

第一节 茅台历史

一、茅台镇和茅台酒

茅台酒出自贵州省遵义市下辖仁怀市的茅台镇，仁怀市位于贵州省西北部，位于赤水河中游，是黔北经济区与川南经济区的连接点，是茅台酒的故乡，2004年7月，仁怀市被正式认定为“中国酒都”。

茅台镇，是仁怀市的下辖镇，位于赤水河畔，赤水河航运贯穿全境。茅台镇历来是黔北名镇，是中国酱酒圣地，域内白酒业兴盛。茅台镇集古盐文化、长征文化和酒文化于一体，被誉为“中国第一酒镇”。

茅台镇地理环境条件特殊，地处赤水河谷地带，地势低凹。赤水河周围的大娄山海拔都在1000米以上，而茅台河谷一带，却只有400多米的海拔。茅台镇的地层为紫红色砾岩、细砂岩夹红色含砾土岩。受海拔高度和岩石风化后土质的影响，茅台地区紫色土广泛发育，这种土壤一般厚度50厘米左右，酸碱适度。土壤中砾石和砂质土含量高，渗水性很好，地下水、地表水通过红壤层时，对人体有益的多种微量元素被溶解，经过层层渗透过滤，形成了清洌的泉水。

茅台镇冬暖、夏热、少雨，炎热季节达半年之久。冬季无霜期长，年均无霜期多达359天。日照时间属贵州省内高值区，年可达1400小时。茅台镇炎热、少风、高温，使微生物群在此易于生长而不易被吹散，大量参与茅台酒的酿造过程。茅台镇的特殊小气候十分有利于酿造茅台酒的微生物的栖息和繁殖。

茅台镇出产的贵州茅台酒是与苏格兰威士忌、法国科涅克白兰地齐名的三大蒸馏名酒之一，是大曲酱香型白酒的鼻祖，拥有悠久的历史。

二、茅台镇的酿酒历史

茅台古镇一带早在公元前135年就生产出令汉武帝大赞“甘美之”的蒟酱酒，这便是酱香型白酒茅台酒的前身。黔北一带水质优良，气候宜人，当地人善于酿酒，前人把这一带称为“酒乡”，而“酒乡”中又以仁怀市茅台镇的酒最为甘洌，谓之“茅台烧”或“茅台春”。

茅台酒早在明代后期就有了酿酒的作坊，茅台酒独特的回沙工艺在这个时候基本形成。茅台酒最早有名称的酒坊据考证是“大和烧坊”。茅台酒在清代已相当兴旺，道光年间已远销滇、黔、川、湘。咸丰年间由于战乱生产一度中断。清同治一年（1862年）茅台酒坊在旧址上开始重建，这以后的发展主要有三家作坊，当时叫“烧房”，最先开设的是“成义烧房”，其次是“荣和烧房”“恒兴烧房”。

成义烧房的前身是成裕烧房，于同治年间开设，创始人华联辉。华联辉祖籍为江西临川，始祖于康熙年间来贵州经商后定居遵义，华联辉主要经营盐业，中过举人，曾闻茅台出好酒，于是决定设坊烤酒，经其三代经营，规模不断扩大。华联辉之子华之鸿接办之初酿酒仍只是附带业务，直至茅台酒于巴拿马万国博览会获得金奖之后才引起华氏的重视。1936年后，川黔、湘黔、滇黔公路通车，给茅台酒的外销创造了良好条件，1944年华联辉之孙华问渠扩大规模，窖坑增加到18个，年产量高达21000千克，其酒俗称“华茅”。

“荣太和烧房”于光绪五年（1879年）设立，后更名为荣合烧房，其本为几家合伙经营，几经周折1949年荣合烧房的经营权落到王秉乾之手。当时有窖坑四个，生产能力达12000多千克，但由于管理不善，常年产量仅有5000千克左右，其酒俗称“王茅”。

“恒兴烧房”前身为“衡昌烧房”，是由贵阳人周秉衡于1929年在茅台开办，周秉衡后因从事鸦片生意破产，酒房流动资金被挪用还债，生产停滞，一拖八年，到1938年周秉衡同民族资本家赖永初合伙组成“大兴实业公司”，赖永初出资八万银圆，周秉衡以酒房作价入股，扩大规模生产，后赖永初使用各种手腕迫使周秉衡把“衡昌烧房”卖给自己，并于1941年更名为“恒兴烧房”，到1947年年产酒量达32500千克。赖永初利用其在外地的商号扩大了酒的销路，其酒俗称“赖茅”。

1946年赖永初在上海设立“永兴公司”，先后销售赖茅10000千克，并利用在重庆、汉口、广州和长沙的商号推销赖茅。华茅也在上海、长沙、广州和重庆通过文通书局在当地售卖，王茅在重庆和贵阳都以“稻香村”为销售点，这样茅台酒的知名度进一步得以提高。茅台酒在抗日战争胜利后开始在香港试销，很快被抢购一空。

1951年、1952年地方政府把成义、荣和、恒兴三家烧房合而为一，成立了国营茅台酒厂，从此茅台酒厂不断发展壮大，虽几经波折仍艰难前进，1977年，酒厂总产量达763吨，销售387.8吨，达历史最高水平。

第二节　贵州茅台集团概况

中国贵州茅台酒厂（集团）有限责任公司前身为茅台镇“成义”“荣和”及“恒兴”三大烧房。1951年茅台酒厂成立，1996年改制成立中国贵州茅台酒厂（集团）有限责任公司（以下简称“茅台集团”）。总部位于贵州省北部风光旖旎的赤水河畔茅台镇，平均海拔423米，员工4.3万余人，占地面积15万亩。

茅台集团主导产品贵州茅台酒是中国一张飘香世界的名片，是中国民族工商业率先走向世界的代表，是我国大曲酱香型白酒的典型代表。

茅台集团属中国500强企业，“贵州茅台”多次入选《财富》杂志最受赞赏的中国公司，连续多年入选全球上市公司《福布斯》排行榜，多次入选“CCTV最有价值上市公司”。

茅台集团拥有全资子公司、控股公司36家，涉及的产业领域包括白酒、葡萄酒、证券、银行、保险、物业、科研、旅游、房地产开发等，现将与酒相关的子公司介绍如下。

一、贵州茅台酒股份有限公司（以下简称：茅台酒公司）

茅台酒公司主要产品有飞天茅台酒、五星茅台酒，15年、30年茅台酒等产品，我们一般所说的茅台酒，就是这几种酒。

茅台酒的酿制技术被称作“千古一绝”。茅台酒有不同于其他酒的整个生产工艺，生产周期7个月，蒸出的酒入库贮存4年以上，再与贮存20年、10年、8年、5年及30年、40年的陈酿酒混合勾调，最后经过化验、品尝，再装瓶出厂销售。

茅台酒的高质量有目共睹，且多年保持不变。全国评酒会对贵州茅台酒的风格做了“酱香突出，幽雅细腻，酒体醇厚，回味悠长”的概括，它的香气成分达110多种，饮后的空杯长时间余香不散，有人赞美其有“风味隔壁三家醉，雨后开瓶十里芳”的魅力。茅台酒香而不艳，它在酿制过程中从不加半点香料，香气成分全是在反复发酵的过程中自然形成的。茅台酒的酒精度一直稳定在52°~54°，曾长期是全国名白酒中度数最低的，具有饮后喉咙不痛，不上头，消除疲劳，安定精神等特点。

二、贵州茅台酒厂（集团）习酒有限责任公司（以下简称：习酒公司）

习酒公司，其前身为创建于明清时期的殷、罗二姓白酒作坊，1952年通过收购组建为国营企业，1998年加入茅台集团，属茅台集团全资子公司，是中国名优白酒企业。

习酒公司主要产品有酱香型君品系列、窖藏系列、金钻系列及浓香和特许系列等，主导品牌“习酒”先后被评为省优、部优、国优，旗下产品1988年荣获“国家质量奖”，2011年荣获“贵州十大名酒”，2014年被认定为“国家地理标志保护产品”等（图11-1）。1993年和2012年，习酒公司先后两次荣获“全国五一劳动奖状”；2019年，荣获第十八届“全国质量奖”；2020年，荣获第三届“贵州省省长质量奖”，同年，习酒公司高端酱香产品君品习酒荣获“第21届比利时布鲁塞尔国际烈性酒大奖赛大金奖”；2021年，习酒公司荣膺“亚洲质量卓越奖”，同年，在“华樽杯”第十三届中国酒类品牌价值评议中，以1108.26亿元品牌价值位列中国前八大白酒品牌，中国第二大酱香型白酒品牌，“君品习酒”品牌价值达到726.9亿元，位列全球酒类产品第22名，白酒类前八名。

图11-1　习酒

三、贵州茅台酒厂（集团）技术开发有限公司（以下简称：技开公司）

贵州茅台酒厂（集团）技术开发有限公司于1992年创建，是茅台集团的所属公司，也是贵州茅台酒股份有限公司的参股公司。

技开公司主要产品有茅台醇、天朝上品等（图11–2，图11–3），产品先后获贵州省名牌产品、中国名牌产品、中国名优产品、中国白酒典型风格奖等荣誉。随着茅台品牌影响力与日俱增，技开公司在茅台集团"一品为主，多品开发"的战略思想的指引下，以继承和发展茅台酒文化为己任，相继开发了富贵禧酒、茅台醇、富贵禧原浆、贵州大曲、贵州液、贵州王、贵州特醇、家常酒、富贵万年、茅仙酒、福满天下、百年盛世、京玉、国隆酒、小酒保、华香液、百世情、懿华醇、中国OA酒、白头到老、家谱酒、老贵州、全家福、舜锦鸿、左太傅、天朝上品等多个加盟系列产品。

图11–2　茅台醇

图11–3　天朝上品

四、贵州茅台酒厂（集团）保健酒业有限公司（以下简称：保健酒公司）

贵州茅台酒厂（集团）保健酒业有限公司位于黔北赤水河畔的茅台古镇，成立于1984年，是茅台集团全资子公司。经过30余年的发展，该公司现已成为集健康酒、配制酒、白酒产销于一体的酒类知名企业。

保健酒公司主营产品包括"茅台不老酒"（图11–4）"台源酒""茅乡酒"等多个系列产品。

图11–4　茅台不老酒

保健酒公司及产品先后荣获"亚太区最具影响力保健酒企业""中国企业最佳形象AAA级""企业质量信誉AAA等级""中国经济脊梁——百家明星企业"等60余项荣誉，其中，"茅台不老酒"先后荣获"世界保健酒名优产品""中华环境保护基金会绿色产品”“首届十大健康酒文化传播领军品牌”等称号。

五、贵州白金酒股份有限公司（以下简称：白金酒公司）

贵州茅台酒厂（集团）白金酒业有限责任公司成立于2013年，是中国酒业集研发、生产、供应、营销、服务一体化的“集成酱香酒新型服务平台”，是贵州省工业强省战略的重点企业之一，主要产品是茅台白金酒（图11-5）。

贵州茅台集团
白金酒
贵州茅台集团保健酒业公司

图11-5　白金酒

多年来，白金酒公司及品牌先后荣获中国驰名商标、金樽奖——中国酒业全国化新高端品牌大奖、健康食品示范基地、中国次高端酱酒领袖品牌、中国封坛酱酒标杆品牌、“大国酱香•超级单品”、中国白酒行业最具投资价值企业等国家级、省部级颁发的荣誉50多项，并连续多年被中国质量检验协会评为“全国质量检验稳定合格产品”“全国质量信得过产品”“全国产品和服务质量诚信示范企业”“全国质量诚信标杆典型企业”等荣誉。

六、贵州茅台酒厂（集团）循环经济产业投资开发有限公司（以下简称：循环经济公司）

贵州茅台集团作为全国白酒行业龙头企业，每年仅茅台酒生产就会产出十万吨以上的有机废弃物——酒糟，为此，茅台集团投资建设茅台生态循环经济产业示范园，力争完美解决酒糟污染问题。

循环经济公司产业园2013年11月落户遵义县鸭溪镇和平开发区内，产业园的核心是将酿完茅台酒后的酒糟再利用，采用高科技酿酒法，坚守茅台传统工艺，酿造具有茅台基因的大众酱香型白酒，实施以“酒、气、肥、农”为主线的系列项目，打造一、二、三产联动的循环产业园新模式。

循环经济公司主要产品有大黔门酒等（图11-6）。

图11-6　大黔门酒

七、贵州茅台（集团）生态农业产业发展有限公司（以下简称：生态农业公司）

贵州茅台（集团）生态农业产业发展有限公司是经贵州省国资委批准、中国贵州茅台酒厂（集团）有限责任公司出资设立的一家国有独资公司。生态农业公司于2015年2月在贵州省黔东南州丹寨县金钟经济开发区注册，主要经营范围为：农业开发；蓝莓配制酒、蓝莓果汁及食品、保健品生产及销售；种植、养殖及产品生产加工、销售；生态健康旅游开发等。生态农业公司注册资金3.1亿元人民币。

生态农业公司主要产品有悠蜜利口酒（图11-7）。

图11-7　悠蜜利口酒

八、贵州茅台酒厂（集团）昌黎葡萄酒业有限公司（以下简称：昌黎公司）

贵州茅台酒厂（集团）昌黎葡萄酒业有限公司于2002年7月组建成立，是中国贵州茅台酒厂（集团）有限责任公司投资在贵州省外的一家国有控股企业，昌黎公司位于被国家命名为“中国酿酒葡萄之乡”和“中国干红城”的河北省昌黎县，占地面积36512.2平方米，拥有设备先进的现代化发酵站，发酵站占地面积19622.91平方米。昌黎公司拥有5000亩标准化葡萄种植基地，年原酒发酵能力1.2万吨，成品酒生产能力1万吨，拥有总资产4.15亿元。

昌黎公司以优质赤霞珠、品丽珠、霞多丽、西拉等优良酿酒葡萄为原料，出品茅台专供、橡木桶陈酿、茅台庄园等系列，在风格设计上以“精”为导向，以“协调”为主旋律，打造优雅细致，具有东方特色的茅台葡萄酒（图11-8），主要推出的产品有共享、庄园、国粹、海马酒、经典、大师、老树等系列。

图11-8　茅台葡萄酒

第三节　茅台镇其他著名酒厂

茅台镇实际有大小酒厂约1500家以上，实际取得生产资质的不到400家。除茅台酒厂一枝独秀外，其他的大致可以分为4个层级如下所示。

第一层级如“国台”“小糊涂仙”“钓鱼台”“酒中酒”等自主品牌，销售额约在10个亿以上。

第二层级如“怀庄”“怀酒”“五星”“老掌柜”“夜郎古”等销售额约在1个亿以上的品牌。

第三层级是取得生产资质、规模在1000万以上的中小型酒厂。

第四层级是没有取得生产资质、靠卖零散基酒为主的家庭式酒坊。

下面介绍茅台镇较为有名的一些酒厂，排名不分先后。

一、贵州国台酒业集团股份有限公司（以下简称：国台公司）

贵州国台酒业集团股份有限公司，是天津天士力大健康产业投资集团有限公司历经20多年精心打造的政府授牌的茅台镇第二大酿酒企业，该公司拥有国台酒业、国台酒庄、国台怀酒、国台茅源四个生产基地，年产正宗大曲酱香型白酒5.6万吨。

图11-9　国台酒

历年来，国台公司获“全国就业与社会保障先进民营企业”、中华人民共和国工业和信息化部“绿色工厂”“贵州省省长质量奖提名奖”“贵州省履行社会责任五星级企业”等荣誉，连续七年被评为贵州省“双百强企业”；国台公司党委多次被评为“先进基层党组织”；“国台”品牌三获布鲁塞尔大奖赛国际金奖、两获贵州十大名酒金奖、美国第73届WSWA烈酒大赛中国白酒唯一金奖等上百项殊荣（图11-9）。

二、小糊涂仙酒业（集团）有限公司

小糊涂仙酒业（集团）有限公司成立于1997年，位于中国酒都茅台镇。历经多年发展，该公司先后创立了“小糊涂仙”“小糊涂仙睿”“心悠然”等全国知名品牌，其中，主要代表产品“小糊涂仙”系列白酒被评为“中国消费者放心产品信誉品牌”“质量合格达标食品”等，多次在质量抽查中脱颖而出（图11-10）。

图11-10　小糊涂仙酒

三、贵州酒中酒（集团）有限责任公司（以下简称：酒中酒公司）

贵州酒中酒（集团）有限责任公司创办于1992年，是一家集白酒生产、研发、销售于一体的大型民营企业。

酒中酒公司下设贵州酒中酒（集团）销售有限责任公司、贵州宋代官窖酒庄有限责任公司、贵州宋代官窖酒业销售有限公司、仁怀市天豪大酒店。酒中酒公司位于茅台白酒工业园区，占地面积1502亩，年生产酱香型白酒5000吨。

酒中酒公司的“本强牌”酒中酒霸酒（图11-11）被评为“贵州十大名酒”。酒中酒公司旗下有茅台古镇老酒、酒中酒、西部河谷酒、小品酒等系列产品。

图11–11　酒中酒霸酒

四、贵州钓鱼台国宾酒业有限公司（以下简称：国宾公司）

贵州钓鱼台国宾酒业有限公司成立于1999年，位于赤水河畔茅台镇核心产酒区，占地面积150余亩，已形成年产3000吨酱香型白酒的能力。国宾公司秉承“一流品质、优级品牌”的宗旨，坚持以质量为生命，以诚信为根本，致力于打造与“钓鱼台”品牌相匹配的名酒形象。钓鱼台国宾酒（图11–12）自问世以来，以其一流的品质在国宾公司各类高端活动中得到广泛使用。

贵州钓鱼台国宾酒业有限公司开发了总统酒、纪念酒、馆藏酒、国宾酒、贵宾酒等系列产品。

图11–12　钓鱼台国宾酒

五、贵州省仁怀市茅台镇金酱酒业有限公司（以下简称：金酱酒业）

贵州省仁怀市茅台镇金酱酒业有限公司位于中国酒都茅台镇，前身为汪家烧坊，始建于1909年，当时是茅台镇著名的烧坊之一，以生产“汪家老字号酱香散酒”为主，也是茅台镇第一家经营散酒的烧坊。经过一百多年的艰苦创业，于1996年成立贵州省仁怀市茅台镇

图11-13　领酱国酒

金酱酒业有限公司，该公司在1997年被评为茅台镇明星乡镇企业，2010年被评为贵州质量诚信4A级品牌企业，2013年与杭州娃哈哈集团有限公司达成战略合作，组建了贵州省仁怀市茅台镇领酱国酒业销售有限公司。

目前金酱酒业主要产品有：金酱酒、金酱老酒、金酱传奇酒、汪家老酱等，其中，金酱传奇（金典）酒2016年9月被贵州省酿酒工业协会评为贵州第二届十大名酒，金酱（金典）酒2017年5月被遵义市人民政府评为首届遵义十大名酒。金酱酒业生产的系列白酒（图11-13）于2012年被中国中轻产品质量保障中心评为“中国优质白酒”“中国著名品牌”。

六、贵州省仁怀市茅台镇糊涂酒业（集团）有限公司（以下简称：糊涂酒业）

贵州省仁怀市茅台镇糊涂酒业（集团）有限公司，成立于1988年，是一家被贵州省仁怀市人民政府授予“中国酒都十强民营企业”的白酒生产企业。

糊涂酒业生产基地位于驰名中外的茅台镇酿酒核心产区，园林式的生态厂区，占地面积1000多亩，拥有贵州省白酒行业标准化规模的大型单体酿造车间和万吨级的酿酒基地，现代的自动化生产设备和高科技的质量检验检测设备，配以国家级酿酒师、工程师等中高级技术员达30余人，高素质生产技术千人团队，并先后通过了国家ISO 9001质量管理体系、HACCP管理体系、定量包装商品生产企业能力、测量管理体系等的权威认证，技术和硬件实力一直处于行业领先地位，被贵州省仁怀市人民政府授予“中国酒都十强民营白酒企业”。

图11-14　百年糊涂酒

百年糊涂酒见图11-14。

七、贵州无忧酒业（集团）有限公司（以下简称：无忧酒业）

贵州无忧酒业（集团）有限公司是一家集生产、销售为一体的规模化酱香型白酒企业，该公司地处茅台镇核心酿造地质带。1983年贵州无忧酒业（集团）有限公司前身“仁怀县茅台镇渡口酒厂”成立，2002年该公司创始人团队收购仁怀县茅台镇渡口酒厂，并更名为贵州无忧酒业（集团）有限公司，该公司现有三大产区：无忧源、无忧山、无忧谷。三大产区占地总面积达280余亩，年产能达7000余吨。

图11-15　无忧酒

2008年，无忧酒（图11-15）荣获“贵州省著名商标”称号，2014年无忧酒被评为贵州首届十大民间酒文化遗产名酒，同年，无忧至尊酒等两款产品荣获中国食品工业协会颁发的“中国白酒感官质量奖”。

八、贵州五星酒业集团茅台镇五星酒厂（以下简称：五星集团）

五星集团成立于1993年，前身为贵州省仁怀市茅台镇五星酒厂，经过多年的发展，已经成为中国酒都十强民营企业，是遵义市白酒工业十星企业，省级诚信单位。五星集团旗下拥有五个基酒厂，传统发酵窖池600多个，年生产优质酱香型白酒6000多吨，储酒能力50000多吨，配有5条现代化的灌装和包装生产线及现代化的勾兑、过滤设备和一流的产品检验、化验设备，是茅台镇历史悠久的酱香白酒企业之一。

图11-16　镇酒

五星集团产品均选用本地优质高粱、小麦作为原料，按照传统工艺和现代科技纯粮酿造，长期窖藏、精心勾调而成，故酒质香醇味美，回味悠长，空杯留香，别具风格。

五星集团主营品牌“镇酒”（图11-16），多次被评为贵州省名牌产品，2010年被评为消费者最喜欢的十大“贵州白酒”品牌。

九、贵州省仁怀市茅台镇远明酒业（集团）有限公司（以下简称：远明酒业）

贵州省仁怀市茅台镇远明酒业（集团）有限公司前身系20世纪50年代茅台酿酒作坊体

系下的集体企业，1997 年 3 月转制为私营企业，现今该公司占地面积 22000 多平方米，拥有先进的酿酒设备、检测设备及现代化生产流水线，从原酒生产到酿造至成品包装实行一条龙的监控管理，实现了设备的现代化和管理科学化的有机结合。远明酒业拥有酱香型白酒标准化生产车间 8 栋，窖池 260 个，年生产酱香型白酒 3000 多吨，以经营酱香型白酒为主，市场主要品牌有“远明小醉仙”“远明酱酒”“福镇古台”“百年荣禄”等系列白酒（图 11–17）。

图 11–17 远明老酒

十、贵州台典酒业（集团）有限公司（以下简称：台典酒业）

贵州台典酒业（集团）有限公司组建于 2014 年，辖属子公司有贵州台典酒业（集团）酒乡酒业销售有限公司、贵州台典酒业（集团）毛将酒业有限公司、贵州台典酒业集团台康酒业销售有限公司，旗下的贵州省仁怀市茅台镇酒乡窖酒厂的前身为仁怀县冠英酒厂，酒乡窖酒厂重建于 1978 年 5 月，位于“中国酒都”——仁怀市茅台镇，该酒厂具备年生产大曲酱香型白酒 2000 余吨的生产能力，是一家具备生产、销售的实体酿酒企业。

贵州台典酒业（集团）有限公司历尽三十年的酿造积淀，出品了台典酒、酒乡酒（图 11–18）、宋家香酒、毛将酒、稀酒、华夏卯金氏酒、汉邦刘氏酒、金台酒、怀冠原浆酒、赤水原浆、百年杜氏烧坊原浆、韵台、洁台、台康、有道理酒以及燕楼国酒、酒韵酒、醉酱王子、赤怀酒、尚润泉酒等系列酒，“怀冠”商标于 2012 年 12 月荣获“贵州省著名商标”称号。

图 11–18 酒乡酒

十一、贵州茅台镇爱心酒业（集团）有限公司

贵州茅台镇爱心酒业（集团）有限公司创建于 1988 年，原名仁怀县茅台镇河滨酒厂，2008 年更名为贵州省仁怀市茅台镇爱心酒厂，2013 年组建贵州省仁怀市茅台镇爱心酒业（集团）有限公司，该集团由贵州省仁怀市茅台镇爱心酒厂、贵州省仁怀市茅台镇老酒王酒业销售有限公司、贵州省仁怀市爱心酒业有限公司、贵州省仁怀市爱心商贸有限公司、贵州省仁怀市金材寄卖有限公司组成。

贵州茅台镇爱心酒业（集团）有限公司拥有“鑫鑫”“王老七”“金材老酒王”等三大系列品牌20余个产品（图11-19）。2006年“鑫鑫”牌商标获评贵州省著名商标，2013年“王老七”商标获评贵州省著名商标。

图11-19　老酒王

十二、贵州酣客君丰酒业有限公司

贵州酣客君丰酒业有限公司，始建于1979年，前身为仁怀县醇泉酒厂（集体企业），1996年改制组建公司，该公司的“黔宝”“古黔”商标2011年获“贵州省著名商标”，2013年公司产品“黔宝酒”再获“贵州省名牌产品”殊荣（图11-20）。

图11-20　黔宝酒

十三、贵州中心酿酒集团有限公司（以下简称：中心酿酒集团）

贵州中心酿酒集团有限公司地处茅台镇的核心产区，由茅台酒厂前身、三大烧坊之首的衡昌烧坊传承而来。20世纪80年代中期，中心酿酒集团以衡昌烧坊的配方和传统酿酒工艺，重新恢复生产。

经过几十年的发展，中心酿酒集团现已成为一家集科研制曲酿造、洞藏封坛投资、文化体验休闲于一体的企业集团，该集团年产优质酱香型酒3600余吨，战略品牌“醬鄉國酒”荣获比利时布鲁塞尔国际烈性酒大奖赛金奖（图11-21），“招财猫酒”获银奖，“酱祖御酒”荣获醉美上海大赛总冠军。

中心酿酒集团的衡昌烧坊拥有非常稀缺珍贵的万吨恒温藏酒洞，并在技术上获得重大突破，掌握了酱香型白酒健康特性的核心技术，发现14种微生物发酵产生的金属硫蛋白等活性物质，并破译出14种微生物基因序列，是茅台镇的国家3A级景区，中华人民共和国原国家质量监督检验检疫总局认定的全国九家酱香型白酒酿造产业知名品牌创建示范企业。

图11-21　百年酱乡酒藏酒

十四、贵州省仁怀市茅台镇天长帝酒厂（以下简称：天长帝酒厂）

贵州省仁怀市茅台镇天长帝酒厂是一家主要从事白酒开发、生产、销售的综合性酒类专营企业，位于中国酒都——茅台镇，该酒厂的酿酒老作坊与茅台生产一车间（茅台酒最早的原始车间）仅一墙之隔，与茅台酒同享得天独厚的自然条件，天长帝酒厂多年来一直为众多品牌提供基酒，是茅台镇老牌的酱香基酒基地。

图11-22　盼红台酒

天长帝酒厂的销售网络覆盖全国多个省市，原有产品曾获中国中轻产品质量保障中心“质量、服务、信誉AAA品牌”、中华诚信品牌、中国市场公认十佳畅销品牌、消费者信得过产品、绿色食品企业等多项殊荣。天长帝酒厂多年自创品牌逾百个，是茅台镇老牌酱香酒十大规模厂家之一。

天长帝酒厂的主要产品有盼红台酒（图11-22）、尚武军酒、醉美之旅酒、古恒老酒、崇文尚武酒、龙斟酒、忆樽黔酒等三十多个品牌。

十五、贵州黔酒股份有限公司

贵州黔酒股份有限公司，始建于1958年原国营仁怀县商业局台乡窖酒厂，位于“世界三大蒸馏酒发源地之一”和“世界酱香白酒核心产区”的中国贵州茅台镇，该公司年产大曲酱香白酒4500余吨，现陈年窖藏大曲酱香白酒达8500余吨，系“贵州省仁怀市十大民营工业企业”和“贵州省仁怀市十大白酒工业企业”，总资产20亿余元。

贵州黔酒股份有限公司拥有包括“黔九”“黔九一号”“黔九王”“乡巴佬”“台乡酱”“台乡老号”“百年台乡”“天外飞仙”“福寿长”“金台乡”“台乡礼宾”等注册商标及产品（图11-23）。

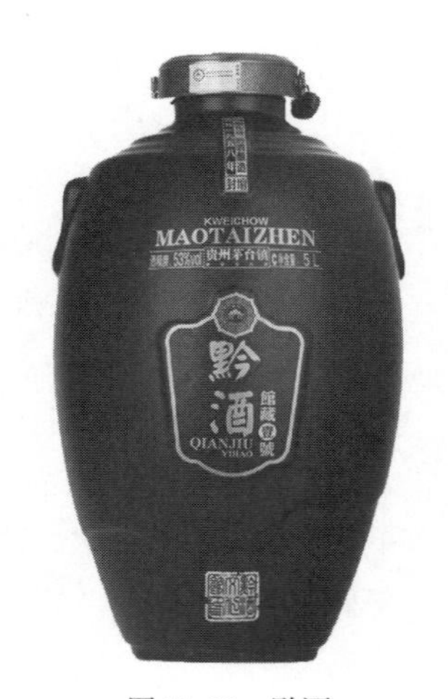

图11-23　黔酒

十六、贵州省仁怀市茅合酿酒（集团）有限责任公司（以下简称：茅合集团）

贵州省仁怀市茅合酿酒（集团）有限责任公司，坐落于环境优美的美酒河畔茅台镇，始建于1984年，其前身为茅台制酒厂。经过三十年的艰苦创业，茅台集团已发展成为占地面积5万多平方米，生产酱香型白酒8000多吨，拥有700多名职工的酿酒企业。

贵州省仁怀市茅合酿酒（集团）有限责任公司系仁怀市政府规模企业，省、市级纳税先进单位，重合同守信誉单位，绿色企业，绿色食品，中国名优白酒，回报社会先进单位，百家诚信企业，并于2009年荣获“贵州省创建保护消费者合法权益示范企业”称号。

茅合集团占据得天独厚的自然优势，依托历史悠久的传统工艺，结合现代科学技术，创造了系列著名产品：茅台成义酒庄、茅河窖、茅河酒、名镇酒、贵州王子酒、回沙土酒、老东家酒、成义国酱酒、国藏酱香酒、西部王子酒、掌门人酒、中台酒（图11–24）等，其中，茅河窖、西部王子、成义是贵州省著名商标。

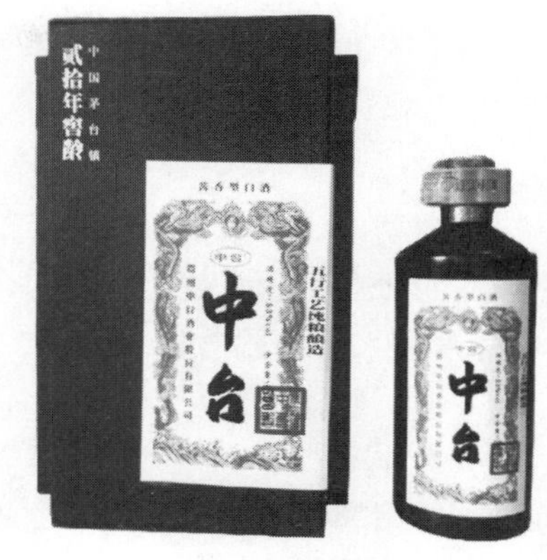

图11–24　中台酒

十七、贵州省仁怀市茅台镇黔台酒厂有限公司（以下简称：黔台酒厂）

贵州省仁怀市茅台镇黔台酒厂有限公司，位于中国酱香型酒核心产区贵州茅台镇，是茅台镇第一批酿酒民营企业。黔台地区的家族酿酒历史源自清朝乾隆五十四年（公元1789年），历经两百余年时光浸润、七代酿酒人风雨相守传承至今，是茅台镇家族酿造历史最长、人文根脉最深厚的酒企之一。早年所酿之酒，时称“白水曲”，1984年注册并赋名“黔台”。

2011年，经省三部门联合认定，黔台酒厂原始生产车间以“不可复制的酿造环境、悠久的家族酿造历史、深厚的人文根脉”入选仁怀市首批白酒工业旅游点。

主要产品有：黔台牌五十年珍品酒、三十年珍品酒、黔台牌十年珍品酒等（图11–25）。

图11–25　黔台酒

十八、贵州老掌柜酿酒（集团）有限公司（以下简称：老掌柜公司）

贵州老掌柜酿酒（集团）有限公司始建于1984年，经过30多年的艰苦创业，目前已发展成为由四个基地构成，占地面积400余亩，年产酱香、浓香白酒5000余吨，库存原酒上万吨，拥有职工800多人的规模企业。

老掌柜公司下属企业有贵州省仁怀市丰禾酒业销售有限公司、贵州省仁怀市三和商贸有限公司、贵州省仁怀市茅台镇老掌柜酒业销售有限公司，是集生产、供销于一体的实体集团企业。

老掌柜公司具有自主独立知识产权，拥有贵州省著名商标“老掌柜”“杨柳湾”，主要品牌有：老掌柜系列酒（图 11-26）、百年纯酱系列酒、杨柳湾系列酒等多个品牌。

图11-26　老掌柜酒

十九、贵州怀庄酒业（集团）有限责任公司（以下简称：怀庄酒业）

贵州怀庄酒业（集团）有限责任公司组建于 1983 年，是中国酒都酱香型白酒原产地——茅台镇建厂最早的民营酿酒集团企业。

怀庄酒业以生产酱香型白酒为主，产品以当地优质糯高粱、小麦、赤水河水为原料，采用茅台镇独特的酱香型传统工艺精心酿制而成。

怀庄酒业主导产品：怀庄烧坊酒、怀庄封坛酒、古镇怀庄酒、怀庄酒庄酒、红桃六定制酒、人民公社酒、政酒、酱霸天下酒等（图 11-27）。

图11-27　怀庄1983酒

二十、贵州省仁怀市茅台镇国宝酒厂有限责任公司（以下简称：国宝酒厂）

贵州省仁怀市茅台镇国宝酒厂有限责任公司地处中国酒都——茅台镇，其前身为奥梁烧坊，后于 1988 年组建为仁怀县奥梁酒厂，1992 年在仁怀县奥梁酒厂的基础上扩建并更名为贵州省仁怀市茅台镇国宝酒厂；2016 年劲牌有限公司控股该酒厂，成立劲牌茅台镇酒业有限公司，国宝酒厂更名为贵州省仁怀市茅台镇国宝酒厂有限责任公司，为劲牌茅台镇酒业有限公司子公司。国宝酒厂是国内酱香型白酒类集科研、生产、销售、管理与服务为一体，并享有“植物埋藏法”知识产权的股份制大型白酒企业，荣居贵州省仁怀市三大明星企业之一。

国宝酒厂占地面积 120 余亩，酿造车间 8 栋，窖池 280 余口，年产大曲坤沙酱酒 2000 吨，储存有优质酱香老酒两万余吨，库存酒量 22500 吨，是名副其实的全国酱香型原酒生产大型企业。国宝酒厂获得了“贵州省著名商标”“绿色消费企业认证”“贵州省AAA级信用企业”等荣誉。主要产品有国宝熊猫酒（图 11-28）、国宝原浆酒等。

图11-28　国宝熊猫酒

二十一、贵州茅台镇国威酒业（集团）有限责任公司（以下简称：国威酒业）

贵州茅台镇国威酒业（集团）有限责任公司前身为奥梁酒厂，始于1989年，是中国酱香酒酿酒大师、大国酱香首席工匠、国家高级品酒师、绵柔酱香酒创始人梁明锋先生所创。国威酒业继承了茅台先辈们留传的正脉茅香酿酒工艺，依靠雄厚的技术力量及严格的质量保证体系，生产高品质酱香型白酒。

图11–29　贵州迎宾酒

国威酒业通过多年生产实践中积累和储备的经验与技术，获得30余项发明专利，开创了绵柔酱香酒的先河，其生产的“国威”系列酒及“贵州迎宾”系列酒皆系贵州省名牌产品、“国威”及“迎宾”商标被评为贵州省著名商标。其中，“贵州迎宾酒（前身为茅台迎宾酒，被收购后改名）”更是获得了“贵州十大名酒”的殊荣（图11–29）。

二十二、贵州民族酒业（集团）有限公司（以下简称：民族酒业）

贵州民族酒业集团有限公司前身为“杨氏烧坊”，1984年根据国家法律法规成立民族酒厂，是茅台镇最早成立的酒厂之一。

图11–30　大民族酒

民族酒业在茅台镇7.5平方千米核心产区内拥有酿酒基地6个，总占地480余亩，窖坑618个，能产近6000吨优质大曲酱香酒；民族酒业拥有6条全自动灌装生产线，日可灌装20万瓶成品酒。

通过近40年的发展，民族酒业已发展成为集生产酿造、包装、仓储、物流为一体的配套综合型企业，旗下拥有大民族酒（图11–30）、贵人酒、原浆酒等系列品牌。

二十三、贵州荷花酒业（集团）有限公司（以下简称：荷花酒业）

贵州荷花酒业（集团）有限公司，位于仁怀市茅台镇醉泉路66号，创建于2006年，前身为贵州醉泉酒业（集团）有限公司。2017年，由贵州省仁怀市茅台镇荷花酒业有限公司、贵州醉泉酒业销售有限公司、贵州醉泉酒业物资供应有限公司、遵台酒业销售有限公司合并更为现名，荷花酒业占地面积6万平方米，建筑面积2万平方米；注册资金1255万元，固定资产4.2亿元。

主要产品有茅屋老酒（图11-31）、荷花酒等系列产品。

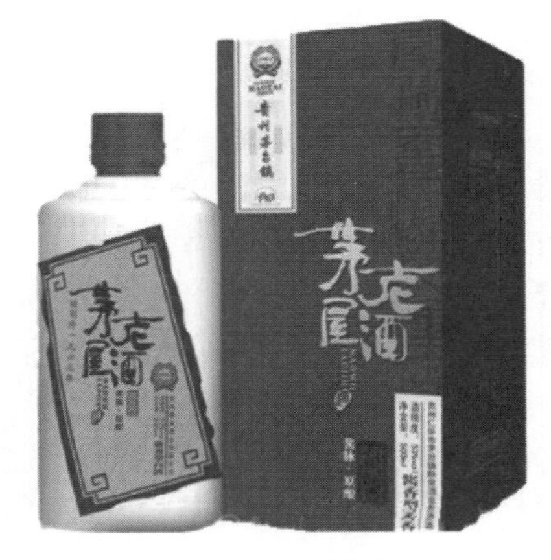

图11-31　茅屋老酒

二十四、贵州祥康酒业（集团）有限公司

贵州祥康酒业（集团）有限公司坐落于贵州省北部风光旖旎的赤水河畔茅台镇，是一家集酱香型保健白酒生产、仓储、包装、销售为一体的大型民营企业。2013年年初该公司启动修建新祥康工程，规划占地2000余亩，总投资60亿元，截止到目前该公司已累计投入生产、建设资金50多亿元，建成制酒生产厂房28栋，窖池1366口，年产酒能力达12000吨。建成2栋制曲厂房，年产曲药近10000吨。

二十五、贵州红四渡酒业集团有限责任公司

贵州红四渡酒业集团有限责任公司位于贵州省仁怀市茅台镇酱香白酒工业园区，占地六万多平方米，年生产酱香白酒7000多吨，为全机械自动化生产包装。

1986年，为了纪念红军二万五千里长征胜利五十周年以及红军四渡赤水战役创下的不朽奇迹，近六十年的宋氏烧坊更名为贵州茅台镇四渡红酒厂，主要产品“红四渡”系列酒畅销省内外（图11-32），并为省内外多家知名白酒企业提供优质基酒、调味酒，贴牌生产成品酒，也为各行业包装生产“行业专用定制酒”。

图11-32　红四渡

二十六、贵州省仁怀市茅台镇京华酒业（集团）有限公司

贵州省仁怀市茅台镇京华酒业（集团）有限公司成立于1997年，该公司拥有三个大型酱酒生产基地和三条现代化包装生产线，拥有窖池338个。2007年该公司为了更好地适应市场发展的需要，又在茅台镇征地新建第四个生产基地，该基地建成后年产量达2500余吨。

二十七、贵州省仁怀市茅台镇东方酒业有限公司（以下简称：东方酒业）

东方酒业是集酱香型、浓香型白酒的生产和销售为一体的大型酒业公司，下辖贵州茅台镇东方酒业有限公司、贵州习水县龟仙洞酒厂和四川泸州五斗粮酒业有限公司。

东方酒业拥有全球最大的天然溶洞白酒酿藏基地——贵州·习水县龟仙洞酒厂（已荣获吉尼斯之最，溶洞面积36000余平方米），开创并解决了恒温缓慢发酵的“洞酿酱香型白酒”的原生态生产工艺（已获得国家发明专利）；获得首届和第二届中国文化名酒；中华人民共和国原劳动部二等奖和三等奖；“洞酿·秘藏”，产品独具一格（图11-33）。

东方酒业现储存10年、20年、30年年份老酒3000余吨，基酒储存量突破20000吨。

图11-33　洞酿·秘藏30年酒

二十八、贵州酱酒吴公岩酒业有限公司（以下简称：吴公岩酒业）

贵州酱酒吴公岩酒业有限公司始建于1995年，前身为吴公岩酒厂，2001年注册为贵州省仁怀市茅台镇吴公岩酒业有限公司，2022年被贵州酱酒集团酒业生产有限公司并购，企业正式更名为贵州酱酒吴公岩酒业有限公司。

吴公岩酒业现有贵州省著名品牌“赤台”“满天香”等系列品牌酒（图11-34）。

图11-34　赤台酒

二十九、贵州省仁怀市茅台镇千喜年酒业有限公司

贵州省仁怀市茅台镇千喜年酒业有限公司成立于1999年3月，是生产“老土酒”系列品牌白酒（图11-35）的市级规模企业和贵州知名企业，该公司现有职工500余人，年产值达7000多万元。

图11-35　老土酒

三十、贵州雄正酒业有限公司（以下简称：雄正酒业）

贵州雄正酒业前身为茅台镇“张氏老酒坊”。1998 年，张氏家族传人张再彬秉承祖业，逐渐扩大酿酒作坊，迄今已完成从家庭作坊到集团公司的转型，贵州雄正酒业（集团）有限公司成立于 2021 年，下辖贵州雄正酒业有限公司、贵州省仁怀市茅台镇雄正酒业有限公司、贵州雄正酒文化发展有限公司、贵州雄正生态农业有限公司、贵州老土人家酒业有限公司、贵州佬土世家酒业有限公司、贵州濮佬酒业有限公司。

图 11-36　老土人家酒

目前，雄正酒业年生产优质酱香白酒 1.5 万吨（图 11-36），自 2006 年开始，随着该公司业务的不断增强和下辖企业的不断壮大，雄正酒业相继在云南、广西、湖南、山东、广东、河南等全国各地成立了省外分公司，并于其他省市建立了多个办事处。

三十一、贵州省仁怀市茅台镇黔国酒业有限公司（以下简称：黔国酒业）

贵州省仁怀市茅台镇黔国酒业有限公司成立于 2003 年，坐落于中国酱香酒核心产区——茅台镇，是一家以白酒酿造、销售为主，投资、旅游、商贸等产业并举的综合性企业。

黔国酒业茅台镇生产基地拥有大曲酱香酒窖池 592 口，全部分布于茅台河东西两岸，具备酿造酱香酒基酒 5000 吨以上、年包装各类成品酒 1 万吨的生产能力。2011 年黔国酒业斥资 3 亿元入驻仁怀名酒工业园区，占地 50 亩，现已建成办公综合楼、包装车间、酒库、成品和半成品车间、职工住宿综合楼、宾馆等，常年库存基酒 30000 吨，仓储能力 60000 吨。

图 11-37　黔国之酿酒

近年来，黔国酒业研制开发的中黔、黔国、不醉等不同档次、不同口味系列产品（图 11-37），满足了不同区域、不同层次市场的需求，受到广大消费者青睐，先后荣获贵州省著名商标、贵州省名牌产品等殊荣。

三十二、贵州省仁怀市茅台镇夜郎古酒业股份有限公司（以下简称：夜郎古酒业）

贵州省仁怀市茅台镇夜郎古酒业股份有限公司前身为茅台镇余家烧坊，1998 年余家烧坊第九代传人、中国酱香酒酿酒大师余方强先生将余家烧坊正式改制成为贵州省仁怀市茅台镇夜郎古酒厂，1999 年成立贵州省仁怀市茅台镇夜郎古酒业股份有限公司。

夜郎古酒业是一家集白酒生产、研发、销售为一体的酿酒企业，坐落于世界酱酒核心产区——贵州省茅台镇名酒工业园区，年产量达 8 万吨，并拥有 5 万吨的储酒能力。夜郎古酒业占地 800 余亩，员工 600 余人。

主导产品有“神秘夜郎古”“夜郎古 · 大金奖”“夜郎古盛宴”“夜郎古家宴”“夜郎春秋”等（图 11-38）。

图 11-38　夜郎古酒

附录

白酒知识90问

第1问：中国白酒有几种主要香型？

答：中国白酒目前共有浓香型、酱香型、清香型、米香型、凤香型、兼香型、芝麻香型、特香型、豉香型、药香型、老白干香型、馥郁香型12个香型。

第2问：按酿造工艺的不同，中国白酒可分为几种？

答：①固态法白酒。②半固态法白酒。③液态法白酒。

第3问：根据所使用酒曲的不同，中国白酒可分为几种？

答：①大曲白酒。②小曲白酒。③麸曲白酒。④小曲、大曲合制白酒。⑤其他糖化白酒。

第4问：中华人民共和国成立以来中国白酒共评选了几届名酒？历届名酒评选入选的白酒品牌都有哪些？

答：共评选了五届名酒。

第一届：1952年在北京举行，共评出四大名酒，有：泸州大曲酒、茅台酒、汾酒、西凤酒。

第二届：1963年在北京举行，共评出八大名酒：泸州老窖特曲、五粮液、古井贡酒、全兴大曲酒、茅台酒、西凤酒、汾酒、董酒。

第三届：1979年在大连举行，共评出八种名酒：泸州老窖特曲、茅台酒、汾酒、五粮液、剑南春、古井贡酒、洋河大曲、董酒。

第四届：1984年在太原举行，共评出十三种名酒：泸州老窖特曲、茅台酒、汾酒、五粮液、洋河大曲、剑南春、古井贡酒、董酒、西凤酒、全兴大曲酒、双沟大曲、特制黄鹤楼酒、郎酒。

第五届：1989年在合肥举行，共评出十七种名酒：泸州老窖特曲、茅台酒、汾酒、五粮液、洋河大曲、剑南春、古井贡酒、董酒、西凤酒、全兴大曲酒、双沟大曲、特制黄鹤楼酒、郎酒、武陵酒、宝丰酒、宋河粮液、沱牌曲酒。

第5问：中国白酒的制曲原料主要有哪些？

答：酒曲可分为大曲、小曲和麸曲，它们的制曲原料是不同的。大曲主要由大麦、小麦、豌豆制成，小曲原料一般采用籼米或米糠，麸曲则由麸皮制成。

第6问：不同香型白酒选择的大曲原料有什么区别？

答：北方一般多以大麦及豌豆为原料，用以生产清香型白酒；南方以小麦为主，用以生产酱香型及浓香型白酒。

第7问：为什么小曲原料要选择籼米或米糠？

答：小曲原料通常为精白度不高的籼米或米糠，因为籼米的糊粉层中蛋白质及灰分含量较高，糠层中的灰分更高，有利于酿酒有用微生物的生长和产酶。有的小曲还使用一些中草药，其中含有丰富的生长素，可以补充原料中生长素的不足，以及促进根霉和酵母菌的生长，还能起到疏松和抑制杂菌繁殖的作用。

第8问：不同类型白酒的酿造工艺各有其特点，但总的来说，其基本原理和工艺流程主要由哪几个步骤组成？

答：①酒精发酵。②淀粉糖化。③制曲。④原料处理。⑤蒸馏取酒。⑥老熟和陈酿。⑦勾兑调味。

第9问：什么是酱香型白酒？

答：以高粱、小麦、水为原料，经传统固态法发酵、蒸馏、储存、勾兑而成的，未添加食用酒精及非白酒发酵产生的呈香、呈味、呈色物质的白酒，酒体具有酱香突出，幽雅细致，酒体醇厚，回味悠长，清澈透明，色泽微黄的特点。

第10问：酱香型白酒有国标吗？哪一年颁布的?什么时候实施？

答：有，国标为GB/T 26760—2011；于2011年7月20日发布：2011年12月01日实施。

第11问：酱香型白酒国标起草单位有哪几个？

答：国家酒类及饮料质量监督检验中心、贵州省产品质量检验检测院、中国贵州茅台酒厂（集团）有限责任公司、四川郎酒集团有限责任公司、贵州茅台酒厂（集团）习酒有限责任公司、山东青州云门酒业（集团）有限公司。

第12问：正宗酱香型白酒的标准窖坑有什么要求？出产多少大曲酱酒？

答：以茅台镇为例，酱香型白酒标准生产用窖是用方块石与黏土砌成，容积较大，约25m^3（一般窖坑长3米，宽2.6米，高3米）。一个标准窖坑年产优质大曲酱酒6.5吨左右。

第13问：酱香型白酒的生产原料包括哪些？比例为多少？

答：酱香型白酒的生产原料主要是高粱和小麦，其中高粱为主粮。小麦为大曲原料，比例一般为1∶1（质量比）。

第14问：酿酒时，为什么每次发酵完，入窖前都要用尾酒泼窖？

答：尾酒泼窖可以使粮食发酵更加充分，加强产香。

第15问：小红粱指的是什么？

答：小红粱俗称糯高粱，主要产于茅台镇周边区域，糯高粱支链淀粉达到88%以上，此种高粱结构较疏松，适合微生物的生长。

第16问：大红粱指的是什么？

答：大红粱俗称粳高粱，主要产于东北等地方，粳高粱含一定的支链淀粉，结构复杂度高于糯高粱，蛋白质含量高于糯高粱。

第17问：茅台镇酱香型白酒用曲一般是什么曲？和药曲的含量区别是什么？

答：茅台镇酱香型白酒用曲一般为白水曲，也有极少数酒厂使用药曲。白水曲与药曲的区别：药曲在制曲过程中添加药材呈香呈味，而白水曲不添加任何药材，茅台酒采用白水曲。

第18问：什么是大曲？

答：大曲以纯小麦为原料，粉碎成粗麦粉，加曲母和水，踩曲制坯，经高温培养而成。

第19问：什么是麸曲？

答：麸曲采用纯种霉菌菌种，以麸皮为原料经人工控制温度和湿度培养而成，主要起糖化作用。

第20问：酱香型白酒酿造的基本工艺是什么？

答：酱香型白酒酿造的基本工艺是指“12987”工艺，即端午制曲、重阳下沙、1年生产周期、2次投料、9次蒸煮、8次发酵、7次取酒。

第21问：酱香型白酒为什么要端午制曲？

答：端午过后温度升高，满足了制曲对高温条件的要求，同时端午时节小麦成熟，满足制曲对原料的需求。

第22问：酱香型白酒生产过程中的“三高”工艺具体指什么？

答：“三高”工艺指高温制曲、高温堆积、高温馏酒。

第23问：酱香型白酒生产过程中的“三长”具体指什么？

答：“三长”指制曲时间长、馏酒时间长、储存时间长。

第24问：酱香型白酒制曲的基本工艺是什么？

答：酱香型白酒制曲的基本工艺为：选择制曲原料——曲料粉碎——曲料配比——踩曲制坯——曲坯培养——成品曲质量鉴定。

第25问：酱香型白酒工艺中有“重阳下沙”一说，其“沙”是指什么？

答：把酱香型白酒的生产原料——高粱称为“沙”。

第26问：酱香型白酒工艺中的“下沙”和“糙沙”分别指什么？

答：酱香型白酒生产的第一次投料称为下沙，一般都是在重阳节，即阴历的九月初九。每甑投高粱350kg，下沙的投料量占总投料量的50%。酱香型白酒生产的第二次投料称为糙沙，时间一般为下沙一个月后。

第27问：为什么要在重阳节下沙？

答：以茅台镇酱香型白酒酿造为标准，有两个主要原因：一是重阳节前后，赤水河河水清澈，满足酿酒对水质的要求；二是重阳节前后，当地小红粱成熟，满足酿酒对酿酒原料主粮的需求。

第28问：酱香型白酒的核心工艺是什么？

答：酱香型白酒的核心工艺是回沙工艺，即每轮酒醅都泼入上轮尾酒，回窖发酵，加强产香。酒尾用量应根据上一轮产酒好坏，以及堆集时醅子的干湿程度而定，一般控制在每窖酒醅泼酒15kg以上，随着发酵轮次的增加，应逐渐减少泼入的酒量，最后丢糟不泼尾酒。

第29问：酱香型白酒的七个轮次酒各有什么特点及区别？

答：一轮次：无色透明、无悬浮物；有酱香味，略有生粮味、涩味，微酸，后味微苦；酒精度≥57.0%vol。

二轮次：无色透明、无悬浮物；有酱香味、味甜，后味干净，略有酸涩味；酒精度≥54.5%vol。

三轮次：无色透明、无悬浮物；酱香味突出、醇和、尾净；酒精度≥53.5%vol。

四轮次：无色透明、无悬浮物；酱香味突出、醇和、后味长；酒精度≥52.5%vol。

五轮次：无色（微黄）透明、无悬浮物；酱香味突出、后味长、略有焦香味；酒精度≥52.5%vol。

六轮次：无色（微黄）透明、无悬浮物；酱香味明显、后味长、略有焦煳味；酒精度≥52.0%vol。

七轮次：无色（微黄）透明、无悬浮物；酱香味明显、后味长、有焦煳味；酒精度≥52.0%vol。

第30问：新酿造的酱香型白酒的存放年限有什么基本要求？

答：新酿造的酱香型白酒必须经过三年以上的存放陈化，才能勾调，所以酱香酒醅烤出来以后必须经过“长期陈酿”这一道工序。

第31问：为什么酱香型白酒都选择用土陶坛存放？

答：因为土陶坛的透气性较好，空气中的氧气能进入坛内，与酒产生“微氧循环”，使坛内酒液产生“呼吸”，从而加速酒中酯化、氧化、还原反应的速度。正是土陶坛这一独特的“微氧”环境和坛内酒液的“呼吸作用”，促使酱香型白酒在贮存过程中不断陈化老熟，越陈越香。经过氧化还原等一系列化学反应和物理反应，有效地排出了酒的低沸点物质，如醛类、硫化物等。除去了新酒的不愉快气味，乙醛缩合，辛辣味减少，增加了酒的芳香。陈化过程中甲醇等有害物质进一步挥发，酒体变得醇和；空气透过缸壁与酒液接触，缓慢氧化，使酒产生成熟的老陈味；同时酒中的酒精分子与水分子会以氢键形式进行缔合，从而使酒的口感变得更加柔和、适口，提高了酒的品质。

第32问：酱香型白酒的勾调工序是什么？

答：酱香型白酒的勾调工序为“盘勾”“调勾”“品勾”三道标准工序。

新酒入库以后，经检验品尝鉴定香型后，装入容量为几百千克的大酒坛内，酒坛上贴标签，注明该坛酒的生产时间，哪一班，哪一轮次酿制，属哪一类香型。存放一年后，将此酒盘勾，盘勾两年后，共经过三年的陈酿期，酒已基本老熟，进入调勾和品勾的精心勾调阶段。精心勾调后的酱香型白酒，还需要在酒库里继续陈酿。一年以后，通过检查，如果符合质量标准，即可送包装车间包装出厂。

第33问：酱香型白酒的年份酒是怎么勾调出来的？

答：年份酒的主体酒一般为存期在五年以上的基酒，再适量添加存期更久远的老酒勾调而成。具体勾调比例各有异同。

第34问：酱香型白酒有多少种香味成分？

答：据权威检测，酱香型白酒有1 400多种香味成分。

第35问：酱香型白酒可以添加外来物质吗？原因是什么？

答：酱香型白酒里无法添加外来物质。原因是酱香型白酒所含的1400多种具体物质成分用现有科技手段尚未完全检测清楚，自然无法添加外来物质。所以正宗酱香型白酒是以酒勾酒，属于真正的纯粮食品。

第36问：什么是“捆沙酒”？

答：“捆沙酒”又称为“坤沙酒”或“坤籽酒”，也就是常说的正宗的酱香型白酒，是严格按照传统的贵州茅台镇工艺进行生产的，采用当地糯高粱和小麦，生产周期长达一年，出酒率低，品质最好。捆沙酒的灵魂是“回沙”工艺，即1年生产、2次投料、9次蒸煮、8次发酵，7次取酒（也就是常说的“12987”生产工艺），并经过三年以上窖藏才能够出厂，其原料高粱不能够过度粉碎，破碎率≤20%。

第37问：什么是“碎沙酒”？

答：用粉碎的高粱酿出的酒称为“碎沙酒”，“碎沙酒”生产周期短，出酒率较高，但品质一般，不需要严格的“回沙”工艺，一般烤二三次就把粮食中的酒取完。此类酱香型白酒生产成本相对较低，目前市场上销售的中低档产品基本属于该类。

第38问：什么是“翻沙酒”？

答：将捆沙酒最后第9次蒸煮后丢弃的酒糟再加入一些新高粱和新曲药后酿出的酒称为“翻沙酒”，这种酒生产周期短、出酒率高、品质差。此类酱香型白酒生产成本低，属于目前市场上大众化产品。

第39问：什么是“串香酒”？

答：将捆沙酒最后第9次蒸煮后丢弃的酒糟加入酒精后蒸馏的产品称为“串香酒”，产品质量差，成本低廉。市面上出售的几元到20元一瓶的酱香型白酒，基本是这类产品，串香酒严格来说并不是酱香型白酒。

第40问：大曲酱香的出酒率一般是多少?

答：出酒率一般在23%左右。

第41问：酱酒香型的三种典型体的确立与命名是如何完成的?

答：酱酒香型的确立和三种典型体的发现是由原茅台酒厂的终生名誉厂长、一代酱酒勾调大师李兴发完成的，他分别为它们取名：酱香味道好，口感幽雅细腻的称为“酱香”；用窖底酒醅酿烤、有突出窖泥香味的称为“窖底”；香味不及酱香型但味道醇甜协调的称为“醇甜”。后来，这三种香型被证实为构成正宗酱香型白酒香型的三种典型体。三种香型的确定，为酱香酒实现质量稳定打下了坚实基础，为中国酱香型白酒的香味和工艺的标准化、规模扩大和品质提升均起了决定性的作用。1965年下半年，国家原轻工业部在山西召开的茅台酒试点论证会上正式肯定了酱香型白酒三种典型体的确立和酱香型的命名。

第42问：中国目前有哪些酱香型白酒主要产区?

答：中国酱香型白酒主要产区为：核心产区茅台镇产区、黄金产区赤水河产区、新派产区四川产区及湘桂鲁等其他产区。

第43问：中国酱香型白酒核心产区为什么是茅台镇7.5平方千米?

答：酱香型白酒对产区要求苛刻，中国酱香型白酒核心产区指的是茅台镇7.5平方千米，主要指茅台镇地区海拔400米以下的区域，其原因是海拔决定了气温，气温决定了这一区域独特的水、土、空气、微生物等酿酒小环境，酿酒小环境决定了酒的品质。

第44问：茅台镇产区酿酒用水有什么特点？

答：茅台镇的地层由沉积岩组成，为紫红色砾岩、细砂岩夹杂红色含砾土岩，具有良好的渗水性，地面水和地下水通过两岸红土层渗入赤水河，溶解了红土层中多种对人体有益的微量元素，又经过层层渗透过滤，变得纯净清澈，清甜可口，源源不断地渗进赤水河。赤水河水源从未受到污染，是酿造酱香型白酒的宝贵水源。在茅台镇上游100千米内，不能因工矿建设而影响酿酒用水，更不能建化工厂，至今赤水河上严禁修建任何有污染的企业。

第45问：茅台镇土壤结构有什么特点？

答：茅台镇的地质地貌结构非常特殊，其紫色砂页岩、砾岩形成于7000万年以前，土壤表面广泛培育着紫色土层，酸碱适度，无论地面水或地下水都通过两岸的紫土层流入赤水河中，并溶解了多种对人体有益的微量元素。中国科学院的土壤专家实地考察后得出的结论是：茅台镇这种紫色钙质土壤，全国少有，是茅台镇正宗酱香型白酒生产的重要基础。

第46问：茅台镇空气与气候环境有什么特点？

答：茅台镇地区年平均气温18℃，冬季最低气温2.7℃，夏季最高气温40.6℃，炎热季节持续半年以上，冬季温差小，无霜期长，年均无霜期达359天，年降雨量仅有800~900毫米，日照时间长，年累计可达1400小时，为贵州高原最高值。常年高温少雨成就了酱香型白酒独特的生产和窖藏环境。

第47问：茅台镇微生物环境有什么特点？

答：茅台镇地处河谷，风速小、冬暖、夏热、少雨的特殊小气候十分有利于酿造正宗酱香型白酒的微生物的栖息和繁殖。据贵州茅台集团科研人员初步分析，至少有100多种微生物参与了茅台酒的主体香——酱香的形成。微生物是茅台镇酱香型白酒物质中的精灵，没有茅台镇独特的微生物环境，就酿不出好的酱香型白酒，这是几百年实践形成的定论。因为从原料到成品酒的转化过程中，原料中的各组成物质通过化学作用和微生物作用发生了极其复杂的物质转化过程，而外部酿酒环境和工艺是为物质转化提供了外部环境。外因必须通过内因起作用，所有制曲和酿酒过程中，原料都是通过微生物和化学作用来产生香味物质。

第48问：为什么茅台异地试验无法成功？

答：正是茅台镇独特而不可复制的微环境决定了茅台酒异地试验不可能成功。因为酱香型白酒的生产过程处处受制于独特的水、土、空气、气候、微生物。所以即便完全按照茅台酒酿造工艺，在不同的区域环境酿造出的酱香型白酒差异还是十分明显的。

第49问：黄金产区——赤水河产区是指哪些区域？

答：赤水河产区是指赤水河上下约100千米的流域。赤水河横跨贵州、四川两省，在黔北和川南的交界位置形成了以赤水河流域为核心的独特的小气候和绝佳的酿酒环境，并成为中国酱香型白酒的发源地和最大产区。赤水河上至金沙镇，中至茅台镇，下至二郎镇，在百余千米的流域里形成了中国酱香型白酒的黄金河谷。赤水河谷是中国酱香型白酒最大的酒窖，是中国酱香型白酒的黄金产区。

第50问：赤水河流域酱香型白酒四大名镇主要指哪些？

答：四大名镇指：茅台镇、习水镇、二郎镇、土城镇。

第51问：中国17大名酒中，酱香型白酒品牌有哪些？

答：酱香型白酒品牌有茅台酒、郎酒、武陵酒。

第52问：贵州省政府组织评选的2011年“贵州十大名酒”分别是哪些品牌？

答：“贵州十大名酒”分别是：习酒、国台酒、青酒、百年糊涂酒、酒中酒霸酒、贵州醇、金沙回沙酒、茅台王子酒、董酒、鸭溪窖酒。

第53问：酱香型白酒的典型口味风格特点是什么？

答：酱香突出，幽雅细腻，酒体醇厚，空杯留香持久。

第54问：酱香型白酒鉴评的基本方法有哪些？

答：酱香型白酒鉴评一般以感官鉴评为主，也可以通过科学仪器分析酱香型白酒的详细指标。

第55问：感官鉴评酱香型白酒有几个基本维度？

答：感官鉴评有四个基本维度：色、香、味、格。

第56问：为什么酱香型白酒会空杯留香？

答：空杯留香的主要原因是聚合后的酒精分子团、多种含有芳香气味的酯类等物质挥发的速度慢。

第57问：酱香型白酒的典型颜色有什么特点？

答：酱香型白酒的典型颜色为无色或微黄，储存时间越长的酱香型白酒，颜色越会呈现出微黄或淡黄色。

第58问：酱香型白酒品鉴时闻香有什么要求？

答：（1）酒杯置于鼻下，头略低，杯与鼻保持1~3cm距离。

（2）只能对酒吸气，不要对酒呼气。吸气量要一致，不要忽大忽小，吸气要平稳。

（3）可轻晃酒液使香气溢出，以增强嗅感。用鼻进行嗅闻，记录其香气特征。

（4）闻香不尝酒，一轮闻完再尝。同时注意闻香的间隔，以防止杯与杯的影响。

一般来说，香味越重的酒酒龄越短。因为随着时间的推移，窖藏或装瓶的酒经过长时间的老熟，酒的柔和度增加，而香气则减弱了。

第59问：酱香型白酒品鉴时有什么要求？

答：（1）喝入少量样品（约2mL）于口中。

（2）酒液入口后，使酒液接触舌尖，舌边，并平铺于舌面和舌根部，全部接触味蕾，然后再用舌鼓动口中酒液，使之充分接触上腭、喉膜、颊膜进行全面辨味。仔细品尝，记下口味特征。

（3）品味酒的醇甜、醇厚、丰满、细腻、柔和、谐调、净爽及刺激性等情况。

（4）2~3秒钟后，可将酒咽下，然后使酒气随呼吸从鼻孔排出，检查酒气是否刺鼻及香气的浓淡，判断酒的回味。

第60问：为什么酱香型白酒的标准酒精度是53°？

答：53°是酱香型白酒的标准酒精度，因为53°是酱香型白酒中各种物质成分缔合最紧密、最融洽的度数。

第61问：酱香型白酒总酸与其他香型有什么区别？

答：优质酱香型白酒的总酸远远高于其他香型白酒，这也是酱香型白酒成为健康白酒的重要原因，优质酱香型白酒总酸的标准值不低于1.4g/100mL。

第62问：酱香型白酒指标中固形物指的是什么？

答：酱香型白酒指标中固形物是指在指定的温度（100~105℃）下，经蒸发排除乙醇、水分和其他挥发性组分后的残留物。酿造用水中的无机成分是固形物的主要来源，如果水中有较大量的无机盐和不溶物，不仅会使成品酒固形物超标，也会影响酒的口味，甚至出现沉淀或浑浊现象，这样的水质必须进行预处理。

第63问：是不是存期越长的酱香型白酒越好喝？

答：酱香型白酒存放年限越久其老熟度越高，香味越是幽雅，但是一般超过15年以上的老酒大多作为重要的调味酒使用，直接饮用并不见佳。

第64问：酱香型白酒的特点有什么？

答：酱香型白酒属于纯粮固态产品，并经过多轮次发酵、长期储存，标准体系非常复杂，且是用不同年份、不同轮次、不同典型体、不同酒精度的酒样来精心勾调而成，酱香型白酒经过长期陈酿和精心勾调后，不仅香味、香气成分组成十分复杂、丰富、协调，而且酒体中蕴涵多种有益健康的微量成分。

第65问：酱香型白酒分子结构和其他香型白酒有何区别？

答：酱香型白酒经高温蒸馏和三年以上陈酿后，容易挥发的小分子物质已经通过化学反应生成大分子物质。

第66问：酱香型白酒的年挥发率是多少？

答：在正常储存条件下，酱香型白酒在陈酿过程中年损失率不超过3%。

第67问：酱香型白酒主要含有哪些有益物质？

答：酱香型白酒含有大量的酸类物质。由于酒精相对容易挥发，所以接酒时开始酒精度高，后面越来越低，而酸相对来说不易挥发。酱香型白酒所含的酸类物质是其他白酒的3~4倍，而且以乙酸、乳酸和不饱和脂肪酸为主，有利于人体健康。同时，酱香型白酒的天然酚类物质多。根据白酒专家分析，酱香型白酒中的酚类化合物含量是其他名优酒的3~4倍。

第68问：喝酱香型白酒为什么不上头？不“烧心”？

答：酱香型白酒蒸馏时的接酒温度高达40℃以上，能最大限度地排除如醛类及硫化物等有害物质。酱香型白酒中易挥发物质相对较少，不易挥发物质相对较多，对人的刺激小，所以饮后不上头，不辣喉，不“烧心”。

第69问：人在正常情况下每天饮用多少克酱香型白酒为宜？

答：人体肝脏每天能代谢的酒精约为每千克体重一克。一个60千克体重的人每天摄入的酒精量应限制在100克以下。酱香型白酒每天饮用量控制在150克内为宜。

第70问：饮酒主要有什么忌讳？

答：不宜速饮；不宜喝闷酒；不宜空腹饮酒；不宜烟酒同用；不宜与咖啡同饮；服药后不能饮酒。

第71问：解酒主要有哪些方法？

答：食醋解酒；柑橘皮解酒；白萝卜解酒；鲜橙解酒；生梨解酒；糖茶水解酒；鲜牛奶解酒等。

第72问：与其他香型相比，收藏酱香型白酒有哪些优势？

答：酱香型白酒储存期越长越好，而其他香型白酒储存最佳时期一般只有三至五年。酱香型白酒随年份增加其市场价值也逐渐升高，而其他香型白酒不具备这一价值。

第73问：什么样的酱香型白酒才具有收藏价值？

答：酱香型白酒的收藏有三个方向：好产区的酱香型白酒、大品牌的酱香型白酒、大容器装的酱香型白酒。

第74问：酱香型白酒应该收藏多少度数为宜？

答：53°的大曲酱香型白酒具备较好的收藏价值，其他度数或非大曲酱香型白酒不具备收藏价值。

第75问：目前市面上拍卖价格最贵的单瓶酱香型白酒是哪个品牌？其拍卖成交价格是多少？

答：1935年赖茅酒，单瓶拍卖成交价1070万元。

第76问：为什么说酱香型白酒收藏容器越大越好？

答：大容器更有利于酱香型白酒的老熟和醇化，更有利于口感和风味的提升。大容器一般选用陶瓷而不是玻璃等其他材质。因为陶瓷的材质才保证了酒体和空气之间的“互动和呼吸”。

第77问：酱香型白酒储藏对环境有什么要求？

答：一般要求恒温、恒湿、避震、通风且相对稳定的环境。

第78问：酱香型白酒收藏是不是原产地储存效果更好？

答：是。一般情况下，原产地气候环境更有利于大坛酱香型白酒老熟，并且在原产地，档次酒更有利于保持其品质稳定。

第79问：如何辨别藏酒的品相价值？

答：看酒瓶瓶体，是否完好无损；瓶贴是否齐全、完整，正背标是否干净，是否损坏，是否有污渍；瓶口封膜是否完整，是否开裂；瓶盖密封是否完好，瓶内酒液是否装满，有无挥发跑液；外包装是否完整、干净，是否损坏、有无污渍。

第80问：中国贵州茅台酒厂（集团）有限责任公司（以下简称“茅台酒厂”）是哪一年公私合营的？

答：现代意义上的茅台酒厂是中华人民共和国成立后茅台镇最大的三家私营酒厂“成义”“荣和”“恒兴”于1952年公私合营后成立的。

第81问：什么是葵花牌茅台？

答：1966 年，茅台酒原出口商标“飞天牌”因采用敦煌壁画的飞天图案，有“四旧”嫌疑被停用。经过讨论取而代之的是“葵花牌”茅台，它是 20 世纪 60~70 年代的特殊产物。

第82问：什么是五星牌茅台？

答：中华人民共和国成立初期，地方国营的茅台酒厂成立后，最初注册商标为“贵州茅苔”，商标上正中为工农携手图案，左右两边有波浪形线条，其下有“贵州茅苔酒”五个红色大字和“地方国营茅台酒厂出品”十个白色小字，1956 年 3 月，“苔”字被恢复成“台”字。1953 年，茅台酒开始向国外销售，商标图案也改由金色麦穗和红色五星组成。麦穗在外，五星居中，注册商标为“车轮”牌，即今天“五星”商标的前身，寓意茅台酒是中华人民共和国工农联盟的结晶。

第83问：什么是飞天牌茅台？

答：茅台酒外销商标于 1958 年改为“飞天”牌，图案借用在西方社会影响很大的敦煌“飞天”形象，为两个飘飞云天的仙女合捧一盏金杯，寓意茅台酒是外交友谊的使者。

第84问：为什么说茅台酒的工艺复杂？

答：在中国数千年的酿造史上，茅台镇酱香型白酒工艺复杂，尤其是酿造工艺最为复杂，可以用“1”到“10”来总结：一年一个生产周期；两次投料和两种发酵；三种典型体和“三高”工艺（拥有醇甜、窖底、酱香三种主体香和高温制曲、高温堆积、高温接酒等独特传统工艺）；四十天制曲发酵；五月端午制曲；六个月存曲；七次取酒；八次加曲、堆积、入池发酵；九次蒸煮；十种独特工艺（高温制曲、高温堆积、高温接酒、轮次多、用粮多、用曲多、出酒率低、糖化率低、窖藏陈酿、精心勾调）。

第85问：贵州茅台集团是哪一年上市的？

答：2001 年 8 月上市。

第86问：为什么说低价格定位不适合酱香型白酒？

答：酱香型白酒的长生产周期及高生产成本决定了酱香型白酒的市场表现价格不应该低端化，否则不具备说服力。

第87问：茅台镇酱香型白酒为什么好喝？

答：其他香型的酒很容易用酒精勾兑而得到，而酱香型白酒的香味是无法用酒精勾兑出来的，所以，市场上的酱香型白酒很少有酒精勾兑酒的说法，这是茅台镇酱香型白酒为什么被大家认为是“高品质健康白酒”的原因之一。酿造酱香型白酒的原料是纯天然绿色高粱，酿酒过程更是二次投粮、九次蒸馏、八次发酵、七次取酒，历经春夏秋冬四季才最终酿成；新酒酿造出来后需要窖藏3年以上才能出售，这保证了酱香型白酒的高品质，加上酱香型白酒回味悠长、酒后不上头、不口干、扣杯隔日香以及醒酒快等特点，才被大家所喜爱。

第88问：茅台镇酱香型白酒为什么要窖藏？

答：一般来说，新酒刺激性大，气味不正，往往带邪杂味和新酒气，经过一定时期的贮存，酒体变得绵软，香味突出，显然比新酒醇芳、柔和，这种现象称为白酒的老熟。白酒在老熟过程中的变化，大体分为物理变化和化学变化。

（1）物理变化

①酒中分子重新排列：白酒中自由度大的酒精分子越多，刺激性越大。随着贮存时间的延长，酒精与水分子间逐渐构成大的分子缔合群，酒精分子受到束缚，活性减少，在味觉上便给人以柔和的感觉。

②挥发：一些低沸点的不溶性物质，如硫化氢及其他低沸点醛类、酯类，能够自然挥发，经过贮存，可以减轻邪杂味，也不致刺鼻辣眼。但是，过长时间的贮存也会使香味降低。

（2）化学变化

①慢的酯化反应：即醇酸生成酯，使总酯增加，酸度、酒精度降低。

②氧化还原反应：醇氧化生成醛、酸，使酒精度降低。

③缩合反应：醇醛重排，减少刺激性。

上述白酒老熟变化进行的过程受种种条件影响，如温度、时间和封闭条件等。

第89问：如何窖藏出好的酱香型白酒？

答：想要窖藏出好的酱香型白酒，必须遵守严格的酿酒工艺条件和标准，在密封、温度、时间等条件上，都必须遵循以下步骤进行。

（1）贮存期间必须封好容器口，避免经常开启，勿使白酒过多地接触空气，适当地控制氧化过程，提高酯化的比例。如封口不严，过多的氧化造成醛酸过多，挥发又造成醇、酯的损失，这样贮存就非但无益反而有害。有些厂贮存的陈酒，今天开，明天开，最后只剩半缸酒，再加封口不严，贮存了几年，越存越不好，酒味变得十分寡淡。

（2）如欲取得较快的贮存效果，流酒温度宜稍高些（三十几度），最好用小容器贮存，这样杂味逸散得快。

（3）必须给以适当的温度，一般以20℃左右为宜。温度太高，挥发损失较大；温度过低，影响贮存效果。

（4）酒的贮存期并非越长越好，不同香型要求不同。茅台镇生产的酱香型白酒高沸点物质较多，贮存时间宜长。以酯香为主的酒，贮存期越长，酯类的挥发越多，酒味反而寡淡。例如，西凤酒贮存2~3年，总酯上升；贮存期过长，反而下降，虽然酒体绵软，但口味变淡。

（5）应先将七个轮次酒调兑然后贮存。实践证明，提前勾调然后贮存，水和酒分子经过重新排列结合，可提高白酒质量，保持香、味平衡。反之，贮存后进行勾调，打乱了分子的排列，使酒味燥辣，影响了原来的贮存效果。

第90问：什么样的酱香型白酒才算是好酒？

答：（1）一看　将酒倒入杯中，观察酒体，好的酱香型白酒，色泽微黄，没有悬浮物及沉淀，倒入杯时呈流线状，且酒花均匀细腻，经久不散，若对着日光或月光举杯轻摇，则可看到细细的酒丝沿杯而生，挂杯明显。

（2）二闻　最简单的方法是将这坛酒打开等2分钟，100平方米的屋子里都将充满酒香，而且这种酒香是让人心情愉快的香味。

（3）三品　就是要留意酒在口腔内的感觉，好的酱香型白酒应该是酸甜苦辣涩五味俱全，但是五味却很融合，不单一凸显一味；一杯酒下肚后，酒将在肚子里慢慢发热，不辣喉，这是优质茅台镇酱香型白酒带给人的真实感受。

参考文献

[1] 单铭磊. 酒水与酒文化（第2版）[M]. 北京：中国财富出版社，2015.

[2] 聂鑫林. 杯光酒韵 [M]. 北京：金城出版社，2011.

[3] 过常宝，黄玉将. 酒文化 [M]. 北京：中国经济出版社，2013.

[4] 王勇，吴卫东. 酒水知识与调酒 [M]. 武汉：华中科技大学出版社，2016.

[5] 刘奕云. 中国酒文化 [M]. 合肥：黄山书社，2017.

[6] 朱宝镛，章克昌. 中国酒经 [M]. 上海：上海文化出版社，2000.

[7] 胡普信. 中国酒文化概论 [M]. 北京：中国轻工业出版社，2014.

[8] 张文学，谢明. 中国酒及酒文化概论 [M]. 成都：四川大学出版社，2010.

[9] 郭燕，王上嘉. 一口气读懂中国酒文化 [M]. 北京：民主与建设出版社，2011.

[10] 康明官. 科学饮酒知识问答 [M]. 北京：化学工业出版社，2000.

[11] 刘近祥. 趣说葡萄酒 [M]. 天津：天津科学技术出版社，2014.

[12] 管斌. 中国酒生产技术与酒文化 [M]. 北京：化学工业出版社，2016.

[13] 吕少仿. 职场酒文化 [M]. 武汉：华中科技大学出版社，2012.

[14] 吕少仿，张艳波. 中国酒文化 [M]. 武汉：华中科技大学出版社，2015.

[15] 周卫东. 中国酒文化大典 [M]. 北京：东方出版社，2009.

[16] 张长兴. 壶觞清酌：中华酒文化大观 [M]. 郑州：中原农民出版社，2014.

[17] 徐海荣. 中国酒事大典 [M]. 北京：华夏出版社，2002.

[18] 蒋雁峰. 中国酒文化 [M]. 长沙：中南大学出版社，2013.

[19] 何跃青. 中国酒文化 [M]. 北京：外文出版社，2013.

[20] 木空. 中国人的酒文化 [M]. 北京：中国法制出版社，2015.

[21] 徐兴海. 中国酒文化概论 [M]. 北京：中国轻工业出版社，2010.

[22] 王鲁地. 中国酒文化赏析 [M]. 济南：山东大学出版社，2008.

[23] 罗启荣，何文丹. 中国酒文化大观 [M]. 南宁：广西民族出版社，2001.

[24] 陈君慧. 中华酒典 [M]. 哈尔滨：黑龙江科学技术出版社，2012.